典型数控机床案例学习模块化丛书

SIEMENS 系列数控机床维修案例

胡家富　主编

上海科学技术出版社

图书在版编目(CIP)数据

SIEMENS 系列数控机床维修案例 / 胡家富主编. —
上海:上海科学技术出版社,2014.1
(典型数控机床案例学习模块化丛书)
ISBN 978 - 7 - 5478 - 1984 - 5

Ⅰ. ①S… Ⅱ. ①胡… Ⅲ. ①数控机床—维修—职业
技能—鉴定—教材 Ⅳ. ①TG659

中国版本图书馆 CIP 数据核字(2013)第 215925 号

上海世纪出版股份有限公司
上海科学技术出版社 出版、发行
(上海钦州南路 71 号 邮政编码 200235)

新华书店上海发行所经销
常熟市兴达印刷有限公司印刷
开本 889×1194 1/32 印张 13.625
字数:390 千字
2014 年 1 月第 1 版 2014 年 1 月第 1 次印刷
印数:1—3050
ISBN 978 - 7 - 5478 - 1984 - 5/TH·40
定价:38.00 元

内 容 提 要

本书以数控机床装调维修工的技能鉴定标准相关内容为依据进行编写,并按照 SIEMENS 系列数控机床装调维修工岗位的实际需要进行内容编排。内容包括数控车床装调维修、数控铣床装调维修、加工中心(复合中心)装调维修和其他数控机床装调维修。

本书可供数控车床、数控铣床、加工中心和其他数控机床装调维修工上岗培训和自学使用,适用于初、中级数控机床装调维修工的技术培训和考核鉴定,对于初学数控机床装调维修的技术工人,是一本可供自学和参考的实用书籍。本书也可供数控机床装调维修工岗位职业培训和技能鉴定部门参考使用。

本书有大量的装调维修和鉴定考核实例,可有效帮助读者掌握 SIEMENS 系列数控机床常见故障的维修基础知识和相关知识,帮助读者达到数控机床装调维修工岗位各项技能要求。

前　言

　　数控机床装调维修工是机械制造业紧缺的技术人才,数控加工机床是柔性自动化加工的主要机床设备。数控车床、数控铣床和加工中心是数控金属切削加工机床中最常用、最典型的数控机床设备;数控磨床、数控专用机床、数控电加工机床、数控成形加工机床也是各种制造业常用的数控机床。本书以 SIEMENS 系列数控车床、数控铣床、加工中心和其他数控机床装调维修的岗位能力要求为主线,以数控机床装调维修工职业鉴定标准为依据,将数控机床装调维修的知识和技能通过通俗易懂、循序渐进、深入浅出的实例叙述,引导读者克服数控机床装调维修"难"的障碍,抓住数控机床维修诊断中常见的问题,把数控机床装调工岗位必须掌握的技术基础、诊断方法、维修技能、经验积累融入各种典型和特殊的故障维修实例,使初学者通过实例,了解和熟悉 SIEMENS 系列数控车床、数控铣床、数控加工中心、数控磨床和数控专用机床等的常见故障现象观察、原因分析、诊断技术和维修方法。在岗人员能通过实例分析,熟悉故障诊断维修的基本方法、学会生产中数控机床常见故障的维修方法、解决生产中的典型故障的诊断分析方法、指导难以解决故障的排除途径。读者在实际工作中,遇到问题可得到书中实例对照的现场帮助;面临难题可通过书中实例借鉴而茅塞顿开。

　　本书中按各项任务综合实例特点进行简要介绍,实例通过故障现象、故障原因分析、故障诊断和排除、维修经验归纳和积累四个基本模块,融入数控机床装调维修的基本知识和技能,解决生产实际问题的方法,职业鉴定知识和技能考核范围的主要内容,精辟通俗、图文并茂、步骤清晰、便于借鉴,可供装调维修 SIEMENS 系列数控机床的初、中级工参考选用。本书的内容除了基本知识和技能外,还介绍了数控机床装调维修经验的归纳、积累、技巧的启示和分析,以便读者在本书指导下,快速达到数控机床装调维修工岗位要求,在岗位实践中逐步提高独立解决问题的能力。读者结合生产实际和数控机床装调维修的仿真演示,按本书实例进行自学训练,便能从容应对数控机床装调维修工计算机模拟培训和考核方式。

　　本套丛书的编写人员有胡家富、尤道强、王庆胜、李立均、韩世先、周其荣、程学萍、李国樑、纪长坤、何津、王林茂、朱雨舟、储伯兴；其中胡家富担任主编，李国樑、纪长坤、何津、王林茂、朱雨舟、储伯兴等同志主要负责本书编写，限于编者的水平，书中难免有疏漏之处，恳请广大读者批评指正。

目　　录

模块一　数控车床装调维修

内 容 导 读

数控车床的装调维修包括机械部分、气液系统、电气部分、数控系统和辅助装置的装调维修。数控车床的装调维修是本专业工种中级技能鉴定标准的主要内容，也是数控机床维修工岗位的上岗技能要求。维修配置 SIEMENS 系统数控车床，首先应熟悉数控车床的基本配置和结构特点，掌握数控车床的操作和程序释读方法，SIEMENS 系统的组成和特点，重点掌握伺服系统和装置的故障诊断和维修，兼顾报警显示故障和典型无报警显示故障的诊断分析方法、检测排除和维修调整方法。在实践中应注重直观法、隔离法等故障基本检测方法的训练，掌握数控车床安装验收方法，基本组成部分（主轴伺服、进给伺服和刀架、尾座等）的装拆、调整和检修方法。

项目一　机械部分故障维修

数控卧式车床由数控系统和机床本体组成。机床本体包括床身、主轴箱、刀架、纵横向驱动装置、冷却系统、液压系统、润滑系统和安全保护系统等。数控卧式车床按其导轨类型可分为平床身数控车床和斜床身数控车床。图 1-1 所示为 CKA6150 数控卧式平床身车床的基本组成；图 1-2 所示为典型数控车床的结构系统组成。

任务一　数控车床床身导轨部件故障维修

1. 数控机床导轨的技术要求与典型结构

（1）数控机床导轨的技术要求　机床导轨的主要功能是为运动部件（如刀架、工作台等）提供导向和支承，并保证运动部件在外力作用下能准

图 1-1 CKA6150 数控卧式车床的基本组成

1—前床腿；2—主电动机；3—床身；4—主轴箱；5—电气箱；6—全封闭防护；
7—卡盘；8—床鞍及横向驱动；9—刀架；10—尾座；11—操纵箱；12—集中润
滑箱；13—冷却水箱；14—后床腿；15—纵向驱动；16—接屑盘

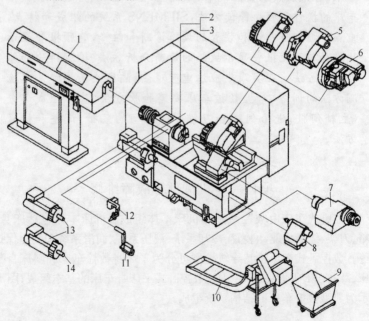

图 1-2 典型数控车床的结构系统组成

1—自动送料机；2—三爪卡盘；3—弹簧夹头；4—标准刀架；5—VDI 刀架；
6—动力刀架；7—副主轴；8—尾架；9—集屑车；10—排屑器；11—工件接收
器；12—接触式机内对刀仪；13—主轴电动机；14—C 轴控制主轴电动机

确地沿着预定的方向运动。导轨的精度及其性能对机床加工精度,承载能力等有着重要的影响,因此对数控机床的导轨有如下技术要求:

① 具有较高的导向精度;

② 具有良好的摩擦特性;

③ 具有良好的精度保持性;

④ 结构简单,工艺性好,便于加工、装配和维修。

(2) 数控机床常见滑动导轨截面的形式及其特点(表1-1)

表1-1　数控机床常用滑动导轨截面形式及其特点

截面形式	示　图	特　　点
山形截面		山形截面导轨导向精度高,导轨磨损后靠自重下沉自动补偿,下导轨用凸形,有利于污物排放
矩形截面		矩形截面导轨制造方便,承载能力大,新导轨导向精度高,磨损后不能进行自动补偿,需用镶条调节导向间隙

(3) 数控机床导轨的常用种类(表1-2)

表1-2　数控机床常用导轨的种类

按不同的接触面间摩擦性质分类	种　　类
滚动导轨	滚动导轨常用的有滚珠导轨、滚柱导轨和滚针导轨
塑料导轨	塑料导轨常用的有贴塑导轨和注塑导轨
静压导轨	静压导轨常用的有液体静压导轨和气体静压导轨

(4) 数控车床的床身导轨布局　数控车床的床身导轨布局有多种形式,见表1-3。

表1-3　数控车床的床身导轨布局形式及其应用

布局形式	示　图	特　点　与　应　用
平床身平滑板		平床身平滑板布局形式,因床身工艺性好,易于提高刀架移动精度等特点,一般用于大型数控车床和精密数控车床

（续表）

布局形式	示　图	特点与应用
斜床身斜滑板	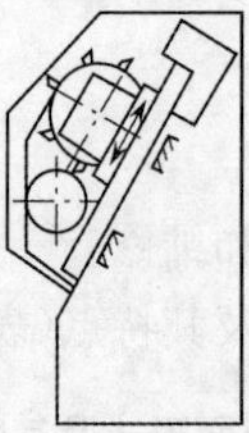	这种布局形式因排屑容易、操作方便、易于安装机械手实现单机自动化、容易实现封闭式防护等特点而为中小型数控车床普遍采用
平床身斜滑板	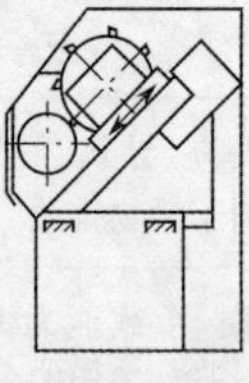	这种布局形式因排屑容易、操作方便、易于安装机械手实现单机自动化、容易实现封闭式防护等特点而为中小型数控车床普遍采用
立床身	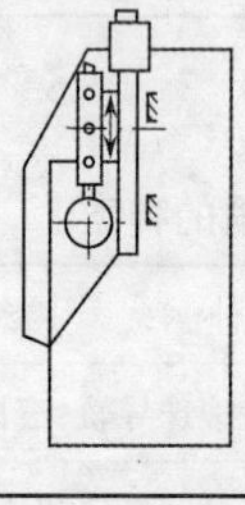	立式床身是斜床身和倾斜导轨的特殊形式，用于中小规格的数控车床，其床身的倾斜度以 60°为宜

（5）数控车床底座、鞍座和滑板的结构　如图 1-3 所示，数控车床的导轨部件与滑板、鞍座和底座有安装连接关系，典型数控车床的底座、鞍座和滑板都是通过滚动导轨提供导向和支承的。

2. 滚动导轨的结构特点

（1）滚动导轨基本特点　滚动导轨是在导轨工作面间放入滚珠、滚柱或滚针等滚动体，使导轨面间形成滚动摩擦的机床导轨。滚动导轨摩擦因数小（$\mu=0.0025\sim0.005$），动、静摩擦因数很接近，且不受运动速度变化的影响，因而运动轻便灵活，所需驱动功率小，摩擦发热少，磨损小，精度保持性好，低速运动时，不易出现爬行现象，定位精度高。滚动导轨可以预紧，通过预紧可显著提高刚度。因此，适用于要求移动部件运动平稳、灵敏，能实现精密定位的数控机床。

（2）常用滚动导轨的种类与特点（表 1-4）

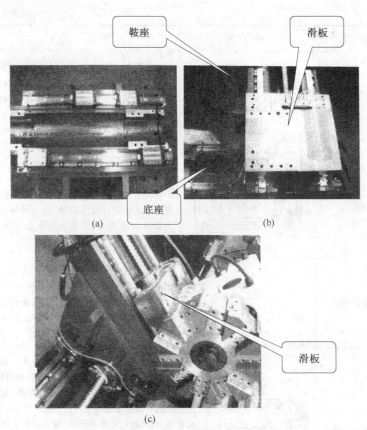

图 1-3 典型数控车床的底座、鞍座和滑板

表 1-4 常用滚动导轨的特点

滚动导轨种类	示 图	特 点
滚珠导轨		这种导轨结构紧凑,制造容易,成本较低,由于是点接触,因而刚度低,承载能力小;因此适用于载荷较小(小于 2 000N)、切削力矩和颠覆力矩都较小的机床。导轨用淬硬钢制成,淬硬至 60~62HRC

滚动导轨种类	示　图	特　点
滚柱导轨	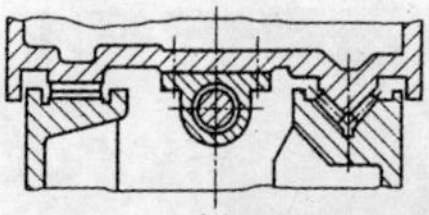 (a) 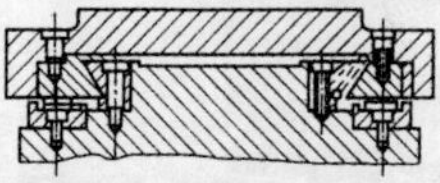 (b) 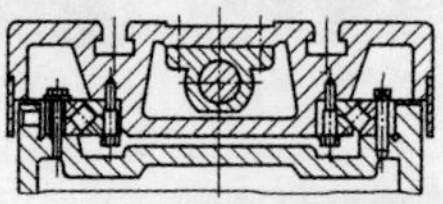 (c)	这种导轨的承载能力和刚度都比滚珠导轨大，适用于载荷较大的数控机床，滚柱导轨对导轨面的平行度要求比较高，否则会引起滚柱的偏移和侧向滑动，使导轨磨损加剧和精度降低。图 a 所示的滚柱导轨结构比较简单，制造较方便，导轨一般采用镶钢结构，如图 b 所示。图 c 为十字交叉短滚柱导轨，滚柱长度比直径小 0.15～0.25mm，相邻滚柱的轴线交叉成 90°排列，使导轨能承受任意方向的力，这种导轨结构紧凑，刚性较好，不易引起振动，但制造比较困难
滚针导轨	—	滚针比滚柱的长径比大，由于直径尺寸小，故结构紧凑。与滚柱导轨相比，可在同样长度上排列更多的滚针，因而承载能力大，但摩擦也相应大一些。通常适用于尺寸受限制的场合
直线滚动导轨块(副)组件	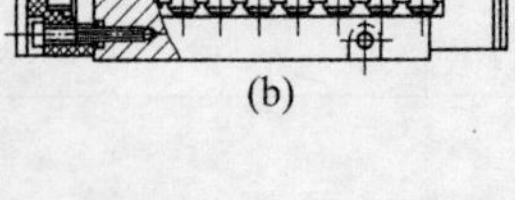 (a) 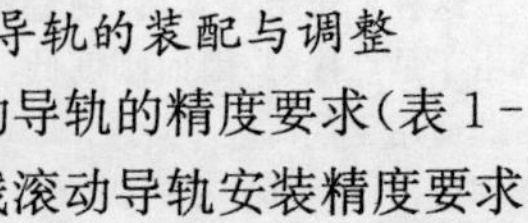 (b)	近年来数控机床常采用由专业生产制造厂制造的直线滚动导轨块或导轨副组件。这种导轨副组件本身制造精度很高，对机床的安装基准面要求不高，安装、调整都非常方便，现已有多种形式、规格可供选择使用。图示是一种滚柱导轨块组件，其特点是刚度高、承载能力大，导轨行程不受限制。当运动部件移动时，滚柱 1 在支承部件的导轨与本体 2 之间滚动，同时绕本体 2 循环滚动。每一导轨上使用导轨块的数量可根据导轨的长度和负载的大小决定

3．机床导轨的装配与调整

（1）滑动导轨的精度要求（表 1－5）

（2）直线滚动导轨安装精度要求（表 1－6）

4．机床导轨的常见故障与诊断方法（表 1－7）

5．数控车床导轨部件的故障维修实例

表1-5 滑动导轨的精度要求

检 测 项 目	精 度 要 求
导轨面平面度	0.01～0.015mm
长方向的直线度	0.005～0.01mm
侧导轨面的直线度	0.01～0.015mm
侧导向面之间的平行度	0.01～0.015mm
侧导向面对导轨底面的垂直度	0.005～0.01mm
镶钢导轨的平面度	0.005～0.01mm
镶钢导轨的平行度、垂直度	0.01mm 以下
贴塑导轨	应保证粘接剂厚度均匀、粘接牢固

表1-6 滚动导轨的安装精度要求

检 测 项 目	精 度 要 求
直线滚动导轨精度等级	一般选用精密级(D级)
安装基准面平面度	一般取 0.01mm 以下
安装基准面两侧定位面之间的平行度	0.015mm
侧定位面对底平面安装面之间的垂直度	0.005mm

表1-7 机床导轨副的常见故障诊断及排除

故障现象	故 障 原 因	排 除 方 法
导轨研伤	1) 机床失准：机床经长期使用，地基与床身水平有变化，使导轨局部单位面积负荷过大 2) 使用不当：长期加工短工件或承受过分集中的负载，使导轨局部磨损严重 3) 维护不好 ① 导轨润滑不良 ② 导轨里落下脏、异物	1) 定期进行床身导轨的水平调整，或修复导轨精度 2) 注意合理分布短工件的装夹位置，避免负荷过分集中 3) 加强机床保养，调整导轨润滑油量，保证润滑油压力；保护好导轨防护装置

（续表）

故障现象	故障原因	排除方法
导轨研伤	4）制造质量差 ① 刮研质量不符合要求 ② 导轨材质不佳	4）采用改进措施 ① 刮研修复提高导轨精度 ② 采用电镀加热自冷淬火对导轨进行处理，导轨上增加锌铝铜合金板，以改善摩擦情况
导轨上移动部件运动不良或不能移动	1）导轨面研伤 2）导轨压板研伤 3）导轨镶条与导轨面接触不良 4）导轨镶条与导轨间隙太小，调得太紧 5）导轨镶条调节螺钉锁紧螺母松动	1）用 180♯ 砂布修磨机床导轨面上的研伤部位 2）卸下、修复压板，重新调整压板与导轨间隙 3）卸下镶条，研刮修复镶条 4）松开镶条止退螺钉，调整镶条螺栓，使运动部件运动灵活，保证 0.03mm 塞尺不得塞入，然后锁紧止退螺钉 5）检查锁紧螺母螺纹，若损坏应更换
加工面在接刀处不平	1）导轨直线度超差 2）机床水平失准，使导轨发生弯曲 3）滑动导轨接触面不良 4）工作台镶条松动或镶条弯曲度太大 5）静压导轨油膜厚度不均匀 6）静压导轨油膜刚度差 7）贴塑导轨精加工精度差 8）贴塑导轨局部磨损	1）调整或修刮导轨，控制导轨直线度在 0.015mm/500mm 以内 2）调整机床安装水平，保证平行度、垂直度在 0.02mm/1 000mm 之内 3）修复导轨接触面和接触刚度 4）修复镶条，镶条弯度在自然状态下小于 0.05mm/全长，调整镶条间隙 5）工作台各点的浮起量应相等，并控制好最佳原始浮起量（油膜厚度） 6）各油腔均需建立起压力，并应使各油腔中的压力 p_1 与进油压力 p_s 之比接近于最佳值；在工作台全部行程范围内，不得使有的油腔中的压力为零或等于进油压力 p_s 7）检测贴塑导轨的研刮精度 8）检测配对金属导轨的硬度和表面粗糙度，并进行修复

【实例 1-1】

（1）故障现象　某 SIEMENES 810T/M 系统数控卧式平床身车床，车削端面时出现绸纹形状的痕迹，并沿 X 向具有一定的排列间距规律。

（2）故障原因分析　本例数控车床 X 向中滑板为燕尾导轨,采用镶条进行导轨间隙调整;传动丝杠为滚珠丝杠,采用直流伺服调速电机驱动。查阅有关资料和故障显示的含义,因系统能执行程序指令运行正常,推断系统基本无故障;用替换法检查伺服电机,故障现象依旧。初步分析为机械部分故障,故障原因如下:

① X 向导轨有故障;

② X 向滚珠丝杠有故障。

（3）故障诊断与排除

① 故障诊断方法。检查导轨面,未发现有研伤和异物粘附;用手转动丝杠,发现有周期性的阻滞现象,脱离负载后检查滚珠丝杠及其轴承,未发现有异常情况;检查导轨的镶条,并调整配合间隙后重新试车,故障依旧。由此,判断镶条与导轨的配合面精度有问题。拆下镶条进行研点检查,发现镶条的平面度和研点不符合精度要求。进而检查导轨的平面精度,符合精度要求。由此确定镶条的平面度精度降低是造成中滑板周期性阻滞的基本原因。

② 故障排除方法。用标准平板对镶条进行研刮修整;基本符合要求后与机床上的滑板导轨配合部位进行对研配刮,进一步修整镶条的斜度及其与导轨面的配合精度,用 0.03mm 的塞尺检测保证配合间隙。配刮、安装调整后,用不同的 X 向进给速度进行端面车削试车,端面出现等间距绸纹的故障排除。

【实例 1-2】

（1）故障现象　某 SIEMENES 810T/M 系统数控卧式斜床身车床,车削端面时出现接刀不平或平面度失准现象,并无一定的规律。

（2）故障原因分析　数控车床出现接刀不平等故障,常见的原因是导轨配合间隙失调、滑动导轨接触面不良、水平失准等。

（3）故障诊断与排除

① 故障诊断方法。检查导轨接触面,未发现接触不良现象;检查配合间隙,未发现间隙过大的现象;用电子水平仪检查机床的水平安装精度,发现机床失准。初步诊断由于机床失准,引起导轨变形发生弯曲,引起滑板运动精度误差,导致接刀不平的故障现象。

② 故障排除方法。用电子水平仪复核机床的水平安装精度,并通过调整底座安装的调整垫块,使机床安装精度达到机床说明书的安装找正要求。启动机床对原故障发生状态进行重演,故障被排除。

（4）维修经验积累

① 对新安装的数控机床在使用一段时间后,要进行安装水平精度的

复核检查,以免失准影响加工精度。

② 在选用安装调整垫块时,应注意机床的切削负荷、周围的加工环境对机床安装精度保持性的影响。

【实例 1 - 3】

(1) 故障现象 某 SIEMENES 820D 系统数控车床,在加工过程中,工件表面某些部位有啃刀痕迹,并无一定的规律性。

(2) 故障原因分析

① 修前调查。连续加工多个零件,故障现象间断性出现,加工表面某些位置有啃刀的痕迹。

② 查阅资料。查阅驱动电气原理图和说明书;查阅机械结构图。

③ 现象观察。采用外圆加工和端面加工进行切削试验,外圆加工和端面加工后都有某些位置出现啃刀痕迹。

④ 检查分析。先检查数控系统部分,因系统能执行各种加工的指令,指令的位置准确,推理判断数控系统基本无问题。初步推断故障原因可能是机械部分。

⑤ 罗列成因。估计主轴轴承或滚珠丝杠、导轨部分有问题。

a. 主轴轴承有损伤或异物。

b. 丝杠滚道有损伤或异物。

c. 导轨之间有异物或不规则研伤。

d. 导轨上移动部件运动不良或不能移动。

(3) 故障诊断和排除

① 故障诊断步骤。对机床主轴轴承进行检测,无间断性卡阻现象;对丝杠滚道和导轨进行检查,发现有异物粘附。机床断电,用手拧转丝杠,注意传动机构的间断性异常情况。

② 故障部位确认。检查滚珠丝杠,丝杠部分无故障迹象。但某些位置,转动丝杠感觉有轻微的卡滞,转矩有所增加,将滑板退回去,检查导轨的相应部位,发现导轨面上对应部位有异物粘附,很牢固,将粘连的东西用砂纸除去一部分,然后再试运行一段时间,发现加工表面有痕迹的故障有所改善。由此确认,故障是由于传动部位有异物,致使机床导轨上粘附的异物造成滑板移动不顺畅,出现轻微的卡滞而产生进给运动误差,从而出现表面加工有啃刀的痕迹的故障现象。

③ 故障排除方法。

a. 用刮刀、砂纸和油石等导轨维修工具,把导轨上粘连的异物除去,对该部位的导轨面进行清洁修复。

b. 为了保障导轨的清洁和润滑，避免异物的粘附，对机床导轨的润滑部分进行疏通检修，使机床导轨面达到润滑的技术要求。

c. 对润滑系统进行检修检查，对润滑油的牌号和清洁度进行检查，防止润滑油中的异物和杂质对导轨精度造成影响。

d. 试运行数小时，没有出现问题。观察数日，间断出现加工啃刀痕迹的故障未重现，故障被排除。

【实例1-4】

（1）故障现象　某SIEMENES 810T数控车床，X轴移动时，经常出现 X轴超差错误报警，指示 X轴伺服系统有问题。

（2）故障原因分析

① 故障重现。运行机床，调整机床 X轴的进给速度，发现进给速度相对较高时，出现伺服报警的概率比较低，进给速度相对较低时，出现伺服超差报警的概率比较频繁。

② 报警释义。根据系统报警手册超差报警的解释为：X轴的指令位置与机床实际位置的误差在移动中产生的偏差过大。

③ 罗列成因。

a. X轴伺服系统有故障；驱动模块有故障。

b. X轴机械部分有故障，如滚珠丝杠故障、导轨部分故障等。

（3）故障诊断和排除

① 参数分析。为了排除伺服参数设定的影响，将该机床的机床数据与其他同类机床对比，基本一致，没有改变。

② 强电检查。检查伺服系统的供电，三相电压平衡，幅值正常。

③ 模块替换。用替换法检查伺服驱动模块，故障依旧。

④ 参数调整。适当调整机床的数据设定：调整机床位置环增益数据、X轴快进加减速时间常数和 X轴手动进给加减速时间常数，故障依旧。

⑤ 检查连接部分。对 X轴伺服系统连接电缆进行检查，未发现异常现象。

⑥ 检查机械部分。将 X轴伺服电动机拆下，直接转动 X轴的滚珠丝杠，发现某些位置转动的阻力比较大。将 X轴的滑台护罩打开，观察导轨，发现润滑不均匀，有些位置明显没有润滑油。进一步检查润滑系统，发现润滑泵的工作不正常。

⑦ 故障排除方法。更换同一型号的润滑泵，机床滑台导轨充分润滑

后,运行恢复正常,X 轴超差报警故障被排除。

【实例 1-5】

(1) 故障现象 某 SIEMENES 810T 数控车床,使用中更换较长的加工零件后,发现表面有接刀痕迹。

(2) 故障原因分析 常见的原因是导轨研伤、机床水平失准、镶条间隙调整不当等。

(3) 故障诊断和排除

① 现场调查:在故障出现前,本机床加工某一规格的轴类零件,长期固定产品。调换零件后出现接刀痕迹故障。

② 检查机床导轨,发现在固定部位有研伤痕迹。

③ 进一步检查分析,发现痕迹位置与长期加工某一固定产品零件有关,即导轨研伤痕迹的产生是由于长期加工某一固定产品引起的。

④ 检查导轨的直线度,发现直线度精度不符合要求。

⑤ 根据以上诊断结果,采用以下维修维护措施:

a. 对机床导轨有研伤痕迹的部位进行刮研修整。

b. 对机床导轨直线度进行检测。

c. 在生产安排中,加工零件按直径大小和轴向长度不同的尺寸进行合理安排,消除长期加工固定长度和直径零件对机床导轨的局部磨损所引发的导轨局部研伤故障现象。

(4) 故障维修经验积累 在维修批量生产的数控车床时,应注意生产零件对机床导轨精度的影响,尤其是长期加工某一固定直径和长度的零件,应与生产部门沟通,建议合理安排零件的周转加工,消除导轨的局部磨损对加工精度的影响。

【实例 1-6】

(1) 故障现象 某 SIEMENES 810T 数控车床,使用中发现有工作台重载切削和快速进给振动现象。

(2) 故障原因分析 常见的原因是导轨的间隙调整不当或与滚动导轨的预紧力不够,导致刚性较差。

(3) 故障诊断和排除 检查本例的滚动导轨副,其调整机构如图 1-4所示。根据故障原因分析,检查滚动导轨对支承导轨的间隙和预加载荷,发现与说明书的精度要求有偏差。根据本例调整机构的特点,采用以下调整修复方法。

① 检查楔铁 1 与楔铁 4 的接触精度。

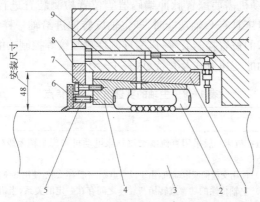

图 1 - 4　导轨间隙调整实例

1,4—楔铁；2—标准滚动导轨；3—支承导轨；5,7—调整螺
钉；6—刮板；8—楔铁调整板；9—润滑油路

② 旋动调整螺钉 5、7 可使楔铁 4 移动,使固定在楔铁 4 上的滚动导轨 2 随之移动,调整标准滚动导轨对支承导轨的间隙和预加载荷。

经过以上调整和检查,发现机床滑板有爬行现象,估计是预紧力过大,再次进行调整获得合理间隙和预紧力,试车后故障被排除。

(4) 维修经验积累　导轨副的维修维护很重要的一项作业内容是保证导轨面之间具有合理的间隙。间隙过小,摩擦阻力大,导轨磨损加剧;间隙过大,则运动失去准确性和平稳性,失去导向精度。对于不同结构的导轨结构,应采用不同形式的间隙调整方法。同时应注意楔铁、压板等的精度和调整螺钉的螺纹精度和锁定的可靠性。

任务二　数控车床主轴部件故障维修

1. 主轴部件典型结构

(1) 主传动系统特点

① 转速高,功率大,能进行大功率切削和高速切削,实现高效率加工。

② 主轴的变速迅速可靠,能实现自动无级变速,使切削工作始终在最佳状态下进行。

③ 车削中心的主轴上设有刀具的自动装卸、主轴定向停止(或称为准停装置)和主轴孔内的切屑清除装置。

(2) 主传动伺服装置　主要是指主轴转速控制装置,以实现主轴的旋转运动,提供切削过程的转矩和功率,并保证任意转速的调节,完成转速范围内的无级变速。当数控机床具有螺纹加工、准停和恒线速度加工功能时,主轴电动机需要配置脉冲编码器等位置检测装置进行主轴位置反馈。当数控机床具有 C 轴功能时,即主轴旋转像进给轴一样,则需要配置与进给轴类似的位置控制装置,以实现刚性攻螺纹等控制功能。

(3) 主轴的变速方式及其特点(表 1-8)

表 1-8 主轴的变速方式及其特点

变速方式	特　　点
无级变速	数控机床一般采用直流或交流伺服电动机实现主轴无级变速,具有以下特点 　1) 使用交流伺服电动机,由于没有电刷,不产生火花,使用寿命长,可降低噪声 　2) 主轴传递的功率或转矩与转速之间存在一定的关系,当机床处在连续运转状态下,主轴的转速在 437~3 500r/min 范围内,主轴传递电动机的全部功率(一般为 11kW),称为主轴的恒功率区域。在这个区域内,主轴的最大输出转矩(一般为 245N·m)随着主轴转速的增高而变小。在 35~437r/min 范围内,主轴的输出转矩不变,称为主轴的恒转矩区域,在这个区域内,主轴所能传递的功率随主轴转速的降低而减小 　3) 电动机的超载功率一般为 15kW,超载的最大输出转矩一般为 334N·m,允许超载的时间为 30min
分段无级变速	在实际生产中,数控机床主轴并不需要在整个变速范围内均为恒功率,一般要求在中、高速段为恒功率传动,在低速段为恒转矩传动。由此,一些数控机床在交流或直流电动机无级变速的基础上,配置齿轮变速,使之成为分段无级变速。在带有齿轮变速的分段无级变速系统中,主轴的正、反起动与停止、制动由电动机实现,主轴变速由电动机转速的无级变速和齿轮有级变速配合实现。齿轮有级变速通常用以下两种方式 　1) 液压拨叉变速机构。液压变速机构的原理和形式如图 1-5 所示,滑移齿轮的拨叉与变速液压缸的活塞杆连接,通过改变不同通油方式可以使三联齿轮获得三个不同的变速位置 　2) 电磁离合器变速。这种方式是通过安装在传动轴上的电磁离合器的吸合和分离的不同组合来改变齿轮的传动路线,以实现主轴的变速。采用这种方式,使变速机构简化,便于实现自动操作
内置电动机主轴变速	将电动机与主轴合成一体(电动机转子即为机床主轴),这种变速方式大大简化了主轴箱体与主轴的结构,有效提高了主轴部件的刚度,这种方式一般用于主轴输出转矩要求较小的机床。这种方式的缺点是电动机发热会影响主轴的精度

(4) 主轴的支承与润滑

① 数控机床主轴的支承配置主要有三种形式,见表 1-9。

图 1-6 所示为 TND360 数控车床主轴部件结构。其主轴是空心轴,内孔可通过长的棒料,直径 60mm,也可用于通过气动、液压夹紧装置。主

轴前端的短圆锥面及其端面用于安装卡盘或拨盘,主轴支承配置为前后支承都采用角接触球轴承的形式。前轴承三个一组,4、5 大口朝向主轴前端,3 大口朝向主轴后端。前轴承的内外圈轴向由轴肩和箱体孔的台阶固定,以承受轴向负荷。后轴承 1、2 小口相对,只承受径向载荷,并由后压套进行预紧。前后轴承一般都由轴承生产厂配套供应,装配时不需修配。

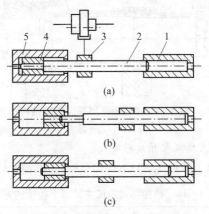

图 1-5 三位液压拨叉作用示意图

1,5—液压缸;2—活塞杆;3—拨叉;4—套筒

表 1-9 数控机床主轴支承的配置形式及其特点

支承形式	示图	特点
圆锥孔双列圆柱滚子轴承和 60°角接触球轴承组合支承		主轴前支承采用这种配置形式使主轴的综合精度大幅度提高,可以满足强力切削的要求,因此在各类数控机床中得到广泛应用
主轴前轴承采用高精度双列(或三列)角接触球轴承,后支承采用单列(或双列)角接触球轴承		采用这种配置形式,角接触球轴承具有较好的高速性能。主轴最高转速可达 4 000r/min,但这种轴承的承载能力小,因而适用于高速、轻载和精密的数控机床主轴
前后轴承分别采用双列和单列圆锥滚子轴承		这种配置形式的轴承径向和轴向刚度高,能承受重载荷,尤其能承受较大的动载荷,安装和调试性能好,但这种轴承配置形式限制了主轴的最高转速和精度,故适用于中等精度、低速与重载的数控机床

② 数控机床主轴轴承的润滑可采用油脂润滑,迷宫式密封;也可采用集中强制型润滑,为保证润滑的可靠性,通常配置压力继电器作为润滑油压力不足的报警装置。

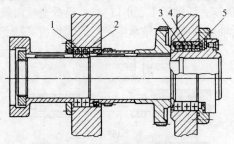

图 1-6　TND360 型车床主轴结构

1,2,3,4,5—轴承

2. 数控车床主轴装配精度检验

表 1-10 列出了数控车床(CKA6150 型)主轴精度检验的方法。

表 1-10　数控卧式车床主轴精度检验的方法

机床型号:CKA6150	装配部门	试车工段	工序内容	主轴轴向窜动及轴肩支承面的跳动
简　图	允　差		检验工具	检　验　方　法
百分表 *b* *a* 检验棒 CM71-1571 G4项	*a*—主轴轴向窜动: 0.008mm *b*—轴肩支承面的跳动: 0.016mm		检验棒: CM71-1571 表架: CM19-44 百分表 磁力表座	在主轴锥孔装入检验棒,将百分表及磁力表座固定在溜板上,使百分表测头触及 *a*—检验棒端部的钢球上,*b*—主轴轴肩支承面上。旋转主轴检验。*a*、*b* 误差分别计算,百分表读数的最大差值就是轴向窜动误差和轴肩支承面的跳动误差
机床型号:CKA6150	装配部门	试车工段	工序内容	主轴定心轴颈的径向跳动
简　图	允　差		检验工具	检　验　方　法
百分表 G5项	0.008mm		百分表 磁力表座	将百分表及磁力表座固定在溜板上,使百分表测头触及轴颈的表面。旋转主轴检验。百分表读数的最大差值就是径向跳动误差

（续表）

机床型号：CKA6150	装配部门	试车工段	工序内容	主轴锥孔轴线的径向跳动
简 图	允 差		检验工具	检 验 方 法
百分表 a　　b 检验棒 CM71-1571 G6项	a—根部： 0.008mm b—300处： 0.016mm		检验棒： CM71-1571 百分表 磁力表座	将检验棒插入主轴锥孔内，将百分表及磁力表座固定在溜板上，使其测头触及检验棒的表面：a—靠近主轴端面，b—距离a处300mm长。旋转主轴检验 　拔出检验棒，相对主轴旋转90°，重新插入主轴锥孔中，依次重复检验三次，a、b的误差分别计算，四次测量结果的平均值就是径向跳动误差

机床型号：CKA6150	装配部门	试车工段	工序内容	主轴轴线对溜板移动的平行度
简 图	允 差		检验工具	检 验 方 法
百分表 a b 检验棒　磁力表座 CM71-1571 G7项	a—上母线： 冷检精度： −0.002～ +0.005mm/300mm 热检精度： 0.002～0.018mm （只许向上偏） b—侧母线： +0.003～ +0.008mm/300mm 热检精度： 0.002～0.013mm （只许向前偏）		检验棒： CM71-1571 百分表 磁力表座	将百分表及磁力表座固定在床鞍上，使百分表测头触及检验棒表面，移动溜板检验 　将主轴旋转180°，再同样检验一次。a、b误差分别计算，两次测量结果的代数和的一半，就是平行度误差

（续表）

| 机床型号：CKA6150 | 装配部门 | 试车工段 | 工序内容 | 顶尖的跳动 |
| 简　图 | 允　差 | 检验工具 | 检　验　方　法 | |

百分表
F
顶尖
CM72-135
G8 项

	允差	检验工具	检验方法
	0.012mm	顶尖 CM72-135 百分表 磁力表座	将顶尖插入主轴孔内，固定好百分表，使其测头垂直触及顶尖锥面上。旋转主轴检验，百分表读数除以 $\cos\alpha$（α 为锥体半角）后，就是顶尖跳动误差

3. 主轴部件的常见故障及其诊断（表 1-11）

表 1-11　数控机床主轴部件常见故障与诊断

故障现象	故　障　原　因	排　除　方　法
主轴 无变速	1) 电气失控 ① 电器变速信号丢失 ② 变档复合开关失灵 2) 液压系统压力不足 ① 变档液压缸窜油或内泄 ② 检测或调定元件失控 3) 变速零件失控或损坏 ① 变速液压缸研阻或卡死 ② 变档液压缸拨叉脱落 ③ 变档电磁阀卡死 ④ 主轴箱拨叉磨损	1) 电气检查或维修 ① 检查有无变档信号输出，并进一步进行排除 ② 更换新开关 2) 液压系统维修 ① 检查和更换密封件 ② 更换损坏的元件或按要求调定系统工作压力 3) 更换或修复变速零件 ① 修复液压缸，清洗后重新装配 ② 复位装配或更换损坏的拨叉 ③ 检修、清洗电磁阀或更换电磁阀 ④ 更换拨叉、调整液压变速活塞的行程与滑移齿轮的定位、调整或更换垂直滑移齿轮下方平衡弹簧
主轴 不转动	1) 主轴转动指令输出信号丢失 2) 连锁环节故障原因 ① 保护开关没有压合 ② 卡盘未夹紧工件 ③ 变档复合开关损坏 ④ 变档电磁阀体内泄失控等	1) 检查主轴转动指令输出信号，并进一步排除故障 2) 检修排除连锁环节故障 ① 检修或更换压合保护开关 ② 调整或修理卡盘 ③ 更换复合开关 ④ 更换电磁阀

（续表）

故障现象	故 障 原 因	排 除 方 法
主轴箱噪声大	1) 主轴、传动轴部件故障原因 ① 主轴部件动平衡精度差 ② 主轴、传动轴轴承损坏 ③ 传动轴变形弯曲 ④ 传动齿轮精度变差 ⑤ 传动齿轮损坏 ⑥ 传动齿轮啮合间隙大 2) 带传动故障原因 ① 传动带过松 ② 多传动带传动各带长度不等 3) 润滑环节原因 ① 润滑油品质下降 ② 主轴箱清洁度下降 ③ 润滑油量减少不足	1) 排除主轴、传动部件故障 ① 重新进行动平衡校核 ② 修复或更换轴承 ③ 校直传动轴或更换轴 ④ 更换齿轮 ⑤ 更换齿轮 ⑥ 调整齿轮啮合间隙或更换齿轮 2) 排除带传动故障 ① 调整传动带张紧量或更换带 ② 更换传动带 3) 改善润滑 ① 更换润滑油 ② 清洗主轴箱更换润滑油 ③ 按规定量调整润滑油
主轴发热	1) 主轴轴承预紧力过大 2) 轴承研伤或损坏 3) 润滑油不符合要求(规格不对、变质、有杂质等)	1) 按要求调整预紧力 2) 按精度等级更换轴承 3) 清洗主轴箱、更换新油
切削振动大加工精度下降	1) 主轴箱与床身连接松动 2) 主轴与箱体精度超差 3) 主轴部件轴承预紧力不足 4) 轴承损坏 5) 机床水平失准 6) 机床运送过程受冲击影响几何精度	1) 校正精度后紧固连接螺钉 2) 修复主轴或主轴箱,达到位置、配合精度要求 3) 更换轴承或调整轴承游隙 4) 检查和更换拉毛和损坏的轴承 5) 重新安装、调平、紧固 6) 按标准检测机床几何精度,并进行相应的调整
主轴拉不紧刀具	1) 主轴拉刀碟形弹簧变形或损坏 2) 拉刀液压缸动作不到位 3) 拉钉与刀柄夹头间的螺纹连接松动	1) 更换碟形弹簧 2) 调整拉刀液压缸(活塞)移动位置 3) 调整拉钉位置并锁紧

4. 数控车床主轴部件的故障维修实例

主轴部件的故障常与一些关联的电器故障和连接部分的故障混合在一起,数控车床主轴常见故障的维修可借鉴以下实例。

【实例 1-7】

(1) 故障现象　CK7815 型车床加工表面精度下降。

（2）故障原因分析　查阅有关技术资料,本例机床主轴的结构如图 1-7 所示。查阅机床维护维修档案,本例机床使用的时间比较长,经几何精度检测主轴各项精度指标有所下降,主要原因是机械部分配合间隙等失调。因此需要进行拆卸检查和装配调整。

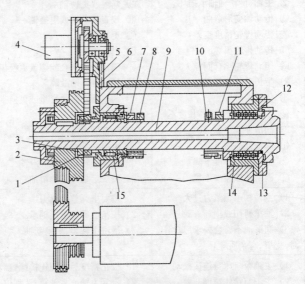

图 1-7　CK7815 型数控车床主轴部件结构

1—同步带轮;2—带轮;3,7,8,10,11—螺母;4—主轴脉冲发生器;5—螺钉;6—支架;9—主轴;12—角接触球轴承;13—前端盖;14—前支承套;15—圆柱滚珠轴承

（3）故障诊断和排除

① 主轴结构分析。CK7815 型数控车床主轴部件结构如图 1-7 所示,该主轴工作转速范围为 15~5 000r/min。主要结构分析如下:

a. 主轴 9 前端采用三个角接触轴承 12,通过前支承套 14 支承,由螺母 11 预紧。

b. 后端采用圆柱滚子轴承支承,径向间隙由螺母 3 和螺母 7 调整。螺母 8 和螺母 10 分别用来锁紧螺母 7 和螺母 11,防止螺母 7 和 11 的回松。

c. 带轮 2 直接安装在主轴 9 上(不卸荷)。

d. 同步带轮 1 安装在主轴 9 后端支承与带轮之间,通过同步带和安装在主轴脉冲发生器 4 轴上的另一同步带轮,带动主轴脉冲发生器 4 和主

轴同步运动。

e. 在主轴前端,安装有液压卡盘或其他夹具。经过结构分析,需要按规范进行维修拆卸,并进行清洗和装配调整,以恢复主轴的回转精度。

② 主轴部件的拆卸。主轴部件在维修时需要进行拆卸。拆卸前应做好工作场地清理、清洁工作和拆卸工具及资料的准备工作,然后进行拆卸操作。拆卸操作顺序大致如下:

a. 切断总电源及主轴脉冲发生器等电器线路。总电源切断后,应拆下保险装置,防止他人误合闸而引起事故。

b. 切断液压卡盘(图1-4中未画出)油路,排掉主轴部件及相关各部润滑油。油路切断后,应放尽管内余油,避免油溢出污染工作环境,管口应包扎,防止灰尘及杂物侵入。

c. 拆下液压卡盘及主轴后端液压缸等部件,排尽油管中余油并包扎管口。

d. 拆下电动机传动带及主轴后端带轮和传动键。

e. 拆下主轴后端螺母3。

f. 松开螺钉5,拆下支架6上的螺钉,拆去主轴脉冲发生器(含支架、同步带)。

g. 拆下同步带轮1和后端油封件:

h. 拆下主轴后支承处轴向定位盘螺钉。

i. 拆下主轴前支承套螺钉。

j. 拆下(向前端方向)主轴部件。

k. 拆下圆柱滚子轴承15和轴向定位盘及油封。

l. 拆下螺母7和螺母8。

m. 拆下螺母10和螺母11以及前油封。

n. 拆下主轴9和前端盖13。主轴拆下后要轻放,不得碰伤各部螺纹及圆柱表面。

o. 拆下角接触球轴承12和前支承套14。

以上各部件、零件拆卸后,应进行清洗及防锈处理,并妥善存放保管。

③ 主轴部件装配及调整。装配前,各零、部件应严格清洗,需要预先加涂油的部件应加涂油。装配设备、装配工具以及装配方法,应根据装配要求及配合部位的性质选取。操作者必须注意,不正确或不规范的装配方法,将影响装配精度和装配质量,甚至损坏被装配件。

CK7815数控车床主轴部件的装配过程,可大致依据拆卸顺序逆向操

作。主轴部件装配时的调整,应注意以下几个部位的操作:

a. 前端三个角接触球轴承,应注意前面两个大口向外,朝向主轴前端,后一个大口向里(与前面两个相反方向)。预紧螺母 11 的预紧量应适当(查阅制造厂家说明书),预紧后一定要注意用螺母 10 锁紧,防止回松。

b. 后端圆柱滚子轴承的径向间隙由螺母 3 和螺母 7 调整。调整后通过螺母 8 锁紧,防止回松。

c. 为保证主轴脉冲发生器与主轴转动的同步精度,同步带的张紧力应合理。调整时先略松开支架 6 上的螺钉,然后调整螺钉 5,使之张紧同步带。同步带张紧后,再旋紧支架 6 上的紧固螺钉。

d. 液压卡盘装配调整时,应充分清洗卡盘内锥面和主轴前端外短锥面,保证卡盘与主轴短锥面的良好接触。卡盘与主轴连接螺钉旋紧时应对角均匀施力,以保证卡盘的定位精度。

e. 液压卡盘、驱动液压缸安装时,应调好卡盘拉杆长度,保证驱动液压缸有足够的、合理的夹紧行程储备量。

【实例 1-8】

(1) 故障现象 某 SIEMENES 805 系统数控卧式车床开机后出现主轴不转动故障。

(2) 故障原因分析 主轴不能转动,需要沿主轴驱动和传动系统进行逐级检查,若驱动正常,可沿机械传动系统进行检查,常见的原因为传动键损坏、V 带松动、制动器异常、轴承故障等。

(3) 故障诊断与排除

① 故障诊断检查:

a. 检查驱动电路,处于正常状态。

b. 检查电动机及其输出轴的传动键,处于完好状态。

c. 检查 V 形带,无损坏;调整 V 形带松紧程度,主轴仍无法转动。

d. 检查测量电磁制动器的接线和线圈均正常;检查制动器弹簧和摩擦盘,处于完好状态。

e. 检查传动轴及其轴承,发现轴承因缺乏润滑而烧毁。拆下传动轴,用手转动主轴,主轴回转状况正常。

② 故障排除方法:

a. 更换损坏的轴承,仔细装配和调整后进行试车,主轴转动正常,排除主轴不能转动的故障。

b. 合理调整主轴制动的时间,调整摩擦盘与衔铁之间的间隙,调整时先松开螺母,均匀地调整 4 个螺钉,使衔铁与摩擦盘之间的间隙为 1mm,用螺母将其锁紧后试车,主轴的制动时间在规定范围以内。

c. 检查主轴传动系统的润滑系统,轴承的润滑状态,防止相关轴承出现类似的故障。

(4) 维修经验总结和积累

① 检查主轴不能转动的故障,在排除电气故障的前提下,可脱开制动和传动部分,先单独检查主轴的回转情况,然后逐级检查各传动环节和制动器的故障部位和故障零部件。

② 在排除某一主要故障部位的同时,应注意相关部位的检查和调整,尤其是拆卸调整的全过程涉及到的零部件,都需要进行复核检查或调整,以便顾此失彼,引起牵连故障。

【实例 1-9】

(1) 故障现象　某 SIEMENES 810T 系统数控卧式车床,主轴变速无法实现。

(2) 故障原因分析　检查主轴驱动系统无故障,初步判断为机械部分故障。主轴变速无法实现的常见机械故障原因:

① 拨叉液压系统故障,如液压泵、电磁阀、液压缸故障等。

② 拨叉磨损或损坏。

③ 传动齿轮故障。

④ 连接部位松动等。

⑤ 传动轴轴承损坏。

(3) 故障诊断和排除

① 检查液压系统,按变速指令运行正常。

② 检查传动齿轮,各传动齿轮完好无损。

③ 检查各连接部位和连接零件,处于正常状态。

④ 检查传动轴轴承,无阻滞和异常噪声,润滑状态完好。

⑤ 检查拨叉,发现拨叉有磨损现象。进一步进行变速运行检查,发现拨叉在拨动变速齿轮时不能到位。故障原因诊断为拨叉磨损。

⑥ 根据故障原因,采取以下维修作业:

a. 更换拨叉,重新进行变速运行,主轴变速运行正常。

b. 检查活塞的行程与滑移齿轮的定位是否协调,进行适当的调整,避免拨叉过载。

c. 按液压原理图,检查和调整变速液压回路的压力,避免变速液压缸压力过大,产生冲击。

经过以上维修作业,主轴变速不能实现的故障排除,同时能有效预防拨叉的早期磨损。

(4) 维修经验积累　拨叉的损坏应注意检查变速过程中,拨叉与转动的齿轮端面是否有接触磨损。调整拨叉的移动速度和行程应作为维修的内容之一。

【实例 1 – 10】

(1) 故障现象　某数控卧式车床主轴变速箱噪声过大。

(2) 故障原因分析　常见的故障原因如下:

① 带轮动平衡差。

② 主轴与电动机传动带张力过大。

③ 传动、变速齿轮啮合间隙不均匀;齿轮损坏。

(3) 故障诊断和排除

① 拆卸传动带轮进行动平衡检测,按有关技术参数进行判定,本例大、小传动带轮均处于合格动平衡状态。

② 按有关技术参数检查传动带的张紧力,本例传动带的张紧力在许可的范围内。

③ 检查传动齿轮和变速齿轮的啮合间隙及啮合宽度等,发现一个传动齿轮齿面磨损严重,有局部破损。有一组齿轮啮合间隙较小。

④ 根据故障诊断,本例的主轴变速箱噪声由齿轮传啮合状态不良引起。由此采用以下维修作业:

a. 检测间隙较小的齿轮副,采用齿距误差和公法线长度变动量等方法检测齿轮的等分精度和尺寸精度,并用常规的齿轮啮合间隙检测方法检测啮合状态的实际间隙。本例应用齿轮替换的方法进行试车,发现噪声有明显降低。

b. 更换齿面磨损和局部破损的传动齿轮,试车发现噪声进一步降低,主轴运转正常。

c. 检查主轴变速箱的润滑系统,避免润滑不良引发不正常磨损。

d. 检查张紧装置的稳定性,调整传动带的张紧力,避免张紧力过大,引起噪声。

【实例 1 – 11】

(1) 故障现象　某数控卧式车床采用SIEMENS 810T/M系统,车削端面和端面槽时,出现明显的波纹;车削矩形槽和切断工件时,槽底有明显的振纹,而且刀具有较大的振动。

(2) 故障原因分析 常见的故障原因有主轴轴承间隙过大,滚珠丝杠有故障、主轴驱动电路有故障。也有可能是滑板导轨间隙调整不当。

① 主轴轴承间隙调整不当,可能会引起主轴径向跳动和轴向窜动,在加工中会引起表面振纹。本例因是端面振纹,因此轴线窜动的因素比较多。

② 进给传动部分滚珠丝杠有故障,也会导致加工表面出现振纹。

③ 步进电动机出现故障,驱动电路有故障,也可能导致进给速度不稳定引发表面振纹。

④ 导轨间隙调整不当可能导致切削振动,影响表面粗糙度。

(3) 故障诊断与排除

① 用故障重现的方法检查车外径时的状态,发现在车削外径时也出现波纹和振动痕迹,可判断故障在 X 轴及 Z 轴。

② 用机电综合分析的方法,打开电器柜,检查 X 轴步进电动机的驱动板,五项输出电压显示正常,对应环的分信号输出指示灯全部发亮,表明输出信号正常。

③ 检查 X 轴的滚珠丝杠,各部分均处于完好状态。

④ 检查 X 向滑板导轨间隙处于正常状态。

⑤ 经过多次的故障重现和仔细观察,发现在靠近床头时,工件振动很大,振动痕迹比较明显,加工大直径的工件时,振动更明显。由此判断是主轴与轴承之间的间隙过大引发故障。

⑥ 断电后打开主轴箱进行检查,测试间隙,证实以上故障原因。排除故障时,应按技术要求进行主轴轴承间隙的调整,值得注意的是,在主轴轴承间隙调整中应严格控制间隙值,过大的间隙不能排除故障,过小的间隙,会导致主轴发热,引发轴承过早磨损。经过仔细的调整和检测,端面、槽底出现振纹的故障排除。

(4) 维修经验积累 在调整主轴轴承间隙时,应按主轴精度检测方法进行检测,保证主轴的径向和轴向跳动量在允差范围之内。

【实例 1 - 12】

(1) 故障现象 某数控卧式车床采用 SIEMENS 810T 系统,使用过程中发现主轴有发热和异常噪声故障。

(2) 故障原因分析 常见的原因如下:

① 主轴轴承预紧力过大。

② 轴承研伤或损坏。

③ 润滑油不符合要求(规格不对、变质、有杂质等)。

(3) 故障诊断和排除

① 检查主轴支承轴承,适当减小预紧力,发现发热和噪声都有减少。根据机床资料,本例的轴承预紧力调整结构如图1-8d所示,将紧靠轴承右端的垫圈做成两个半环,可以径向取出,修磨其厚度可控制预紧力的大小,调整精度较高,调整螺母采用细牙螺纹,而且调整好后能锁紧防松。

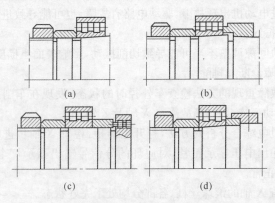

图 1-8   轴承内圈移动预紧力调整结构

(a) 单螺母与套筒;(b) 双螺母与套筒;

(c) 螺母螺钉与套筒;(d) 螺母套筒与半环

② 重新调整预紧力后进行加工,没有发现表面振动现象。

③ 清洗检查润滑系统和润滑油质,发现润滑油不够清洁。

④ 进一步检查润滑油箱和油泵及滤网,发现滤网上有不少污物,且滤网有堵塞和局部网孔损坏的情况。更换滤网和润滑油。

经过以上维护维修,机床主轴发热和噪声的故障被排除。

(4) 维修经验总结和积累

① 主轴承的噪声和主轴箱传动齿轮的噪声是有区别的,在检查中应注意测听。

② 主轴滚动轴承的预紧力应注意调整结构的特点,如图1-8a所示结构预紧力不易控制;如图1-8b所示结构,应注意两端螺母的配合调整;如图1-8c所示结构,注意用几个螺钉应均匀调整,避免造成垫圈歪斜。

任务三   数控车床刀架部件故障维修

1. 自动换刀装置的结构

（1）自动换刀装置的类型与典型结构

① 自动换刀装置的基本要求。为了进一步提高生产效率，压缩非生产时间，实现一次装夹完成多工序加工，一些数控机床配置了自动换刀装置。数控机床对自动换刀装置的基本要求为：

a. 刀具换刀时间短。

b. 刀具重复定位精度高。

c. 足够的刀具储存量。

d. 刀库的占地面积、占用空间小。

② 自动换刀装置的主要形式与特点见表1-12。

表1-12 自动换刀装置的形式与特点

形　式	特　点　与　应　用
回转刀架换刀装置	数控机床上使用的回转刀架是一种最简单的自动换刀装置，通常有四方形、六角形或其他形式，回转刀架可分别安装四把、六把或更多的刀具，并按数控指令回转、换刀。回转刀架在结构上必须有较好的强度和刚性，并具有尽可能高的重复定位精度。数控车床常采用此类自动换刀装置
更换主轴头换刀装置	在带有旋转刀具的数控机床中，更换主轴头换刀是一种简单的自动换刀装置，主轴头通常有卧式和立式两种，通常使用转塔的转位来更换主轴头以实现自动换刀。各个主轴头上预先装有各工序加工所需要的旋转刀具，当受到换刀数控指令时，各主轴头一次转到加工位置，并接通主运动使相应的主轴带动刀具旋转，而其他处于不加工位置的主轴都与机床主运动脱开。数控铣床常采用此类自动换刀装置
带刀库的自动换刀装置（系统）	带刀库的自动换刀系统一般由刀库和刀具交换装置组成，这种自动换刀装置的结构比较复杂，目前在多坐标数控机床上大多采用这类自动换刀装置（系统）。在数控机床的自动换刀系统中，实现刀库与机床主轴之间传递和装卸刀具的装置称为刀具的交换装置

（2）回转刀架换刀装置的典型结构　数控车床上的回转刀架是一种最简单的自动换刀装置。随着数控机床的发展，机床多工序功能的不断拓展，逐步发展和完善了各类回转刀具的自动更换装置，扩大了换刀数量，从而能实现更为复杂的换刀操作。

① 四方回转刀架结构与换刀过程见表1-13。

② 盘式回转刀架结构与换刀过程。MJ-50数控车床自动回转刀架结构如图1-9所示，结构特点与工作过程见表1-14。

表 1-13 螺旋升降式四方回转刀架结构与换刀过程

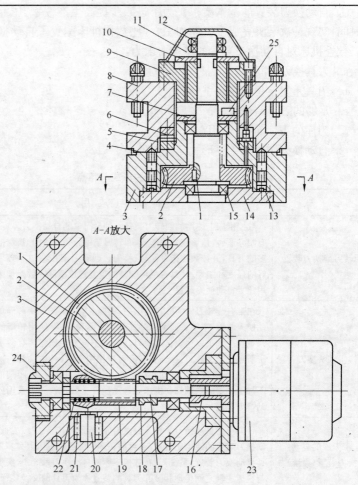

A-A放大

1,17—轴；2—蜗轮；3—刀座；4—密封圈；5,6—齿盘；7,24—压盖；8—刀架；
9,21—套筒；10—轴套；11—垫圈；12—螺母；13—销；14—底盘；15—轴承；
16—联轴套；18—套；19—蜗杆；20,25—开关；22—弹簧；23—电动机

换刀过程	说　　明
刀架抬起	当数控装置发出换刀指令后，电动机 23 正转，经联轴套 16、轴 17，由滑动键（花键）带动蜗杆 19、蜗轮 2、轴 1、轴套 10 转动。轴套 10 的外圆上有两处凸起，可在套筒 9 内孔中的螺旋槽内滑动，从而举起与 9 相连的刀架 8 及上端齿盘 6，使上端齿盘 6 与下端齿盘 5 分开，完成刀架抬起动作

（续表）

换刀过程	说　明
刀架转位	刀架抬起后，轴套 10 仍在继续转动，同时带动刀架 8 转过 90°（如不到位，刀架还可继续转位 180°、270°、360°），并由微动开关 25 发出信号给数控装置
刀架压紧	刀架转位后，由微动开关发出信号使电动机 23 反转，销 13 使刀架 8 停住而不随轴套 10 回转，于是刀架 8 向下移，上下端齿盘啮合并压紧。蜗杆 19 继续转动则产生轴向位移，压缩弹簧 22，套筒 21 的外圆曲面压缩开关 20 使电动机 23 停止旋转，从而完成本次转位

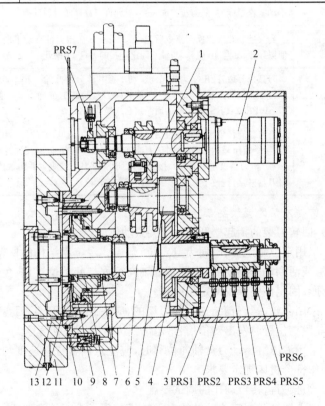

图 1-9　数控车床回转刀架结构简图

1—平板共轭分度凸轮；2—液压马达；3—锥环；4,5—齿轮；
6—刀架主轴；7,12—推力球轴承；8—双列滚针轴承；9—活
塞；10—刀架鼠齿盘；11—刀盘；13—刀盘鼠齿盘

表 1-14 盘式回转刀架结构特点与换刀过程

项 目		说 明
结构特点		1) 回转刀架的夹紧与松开、刀盘的转位均由液压系统驱动 2) 采用 PC 顺序实现动作控制 3) 用鼠齿盘啮合定位刀盘的换刀位置 4) 刀盘回转传动为平板共轭分度凸轮和齿轮传动机构 5) 刀盘主轴采用推力球轴承和滚针轴承支承 6) 在机床自动工作状态下,当指定待装刀的刀号后,数控系统可以通过内部的运算判断,实现刀盘就近转位换刀,即刀盘可正转也可反转。但当手动操作机床时,从刀盘方向观察,只允许刀盘顺时针转动换刀
转位换刀过程	刀盘松开	当数控装置发出换刀指令后,活塞 9 及轴 6 在压力油推动下向左移动,使鼠牙盘 13 与 10 脱开,与轴 6 固定连接的刀盘 11 松开
	刀盘转位	刀盘松开后,液压马达 2 起动带动平板共轭分度凸轮 1 转动,经齿轮 5 和齿轮 4 带动主轴 6 和刀盘 11 旋转。刀盘旋转的准确位置,通过开关 PRS1、PRS2、PRS3、PRS4 的通断组合来检测确认
	刀盘夹紧	当刀盘旋转到指定的刀位后,接近开关 PRS7 通电,向数控系统发出信号,指令液压马达停转,这时压力油推动活塞 9 向右移动,使鼠牙盘 10 和 13 啮合,刀盘被定位夹紧。接近开关 PRS6 确认刀盘夹紧并向数控系统发出刀盘夹紧,转位结束信号,从而完成本次转位

2. 回转刀架的调试要点

(1) 回转刀架的抬起松开或定位夹紧动作的调试要点

① 采用定位销定位、端面齿盘定位、鼠齿式定位盘结构的回转刀架,用液压缸或活塞动作驱动的,应调整好轴向行程与起始位置,避免刀架回转时碰牙或因定位销未脱离定位卡死。

② 采用凸轮、螺旋槽结构抬起刀架的,应注意调整刀架、刀盘抬起至定位齿盘脱离位置时发出转位信号,定位到位时发出完成信号。

③ 采用液压缸驱动刀盘轴向位移时,应注意调整位移速度与系统压力,使动作符合机床规定要求。

(2) 刀架刀盘转位动作的调试要点

① 刀盘转轴和中间传动轴的支承轴承的预紧力应符合要求,否则可能造成转位阻滞。

② 转位凸轮机构的间隙应调整至刀盘抬起后窜动和摆动在允差范围之内。

③ 调整上下齿盘的定位间隙和位置精度,轴向定位啮合承受夹紧力

时不应发生松动。

④ 采用蜗杆副转位传动机构的应调整蜗轮蜗杆啮合间隙,以及蜗杆支承轴承的预紧力,蜗轮与转轴的连接精度。

⑤ 注意机床换刀位置的设定和实际到达位置,避免转位换刀碰撞和干涉。

3. 自动换刀装置的常见故障及其诊断

自动换刀装置的种类和形式很多,结构上有较大的差异,汇集的常见故障和诊断适用于一些普通、典型结构的刀架、刀库和换刀机械手,在进行故障诊断时必须了解自动换刀装置的结构原理、动作过程,才能循序渐进地找出故障原因,制订和实施故障的排除方法。刀架、刀库和换刀机械手的常见故障诊断及排除见表 1 - 15。

表 1 - 15 回转刀架的常见故障诊断及排除

故障现象	故 障 原 因	排 除 方 法
转塔转位速度缓慢或不转位	1) 无转位信号输出 2) 转位电磁阀断线 3) 控制阀阀杆卡死 4) 系统压力不够 5) 控制转位速度的节流阀卡死 6) 液压泵磨损卡死 7) 凸轮轴压盖过紧 8) 抬起液压缸体与转塔平面产生摩擦、磨损 9) 安装附具不配套	1) 检查转位继电器动作 2) 修复电路接线 3) 修理或更换控制阀 4) 检查、调整系统至额定压力 5) 清洗或更换节流阀 6) 检查、修复或更换液压泵 7) 调整调节螺钉 8) 松开连接盘进行转位试验,取下连接盘配磨平面轴承下的调整垫,并使相对间隙保持在 0.04mm 9) 重新安装调整附具,减少转位冲击
转塔不正位	1) 转位盘上的撞块与选位开关松动,使转塔到位时传输信号超前或滞后 2) 上下连接盘与中心轴花键间隙过大,产生位移偏差大,落下时易碰牙顶,引起转位不到位 3) 转位凸轮与转位盘间隙大 4) 凸轮轴向窜动 5) 转位凸轮轴的轴向预紧力过大或有机械干涉,使转位不到位	1) 拆下护罩,使转塔处于正位状态,重新调整撞块与选位开关的位置 2) 重新调整连接盘与中心轴的位置;间隙过大可更换零件 3) 用塞尺测试滚轮与凸轮,将凸轮置中间位置;转塔圆周窜动量保持在二齿中间,确保落下时顺利啮合;转塔抬起用手摆动,摆动量不超过二齿的1/3 4) 调整并紧固转位凸轮的固定螺母 5) 重新调整预紧力,排除干涉

（续表）

故障现象	故障原因	排除方法
转塔刀架没有抬起动作或转塔转位时碰牙	1）控制系统无 T 指令输出信号 2）抬起控制电磁阀断线或抬起阀杆卡死 3）系统压力不够 4）抬起液压缸磨损或密封圈损坏 5）与转塔抬起连接的机械部分磨损 6）抬起延时时间短，造成转位碰牙	1）检查信号输出，排除相关故障 2）修理或清除污物，更换电磁阀 3）检查系统压力并重新调整压力 4）修复磨损部分或更换密封圈 5）修复磨损部分或更换零件 6）调整抬起延时参数，增加延时时间
转塔刀重复定位精度差	1）液压夹紧力不足 2）上下牙盘受冲击，定位松动 3）两牙盘间有污物或轴承滚针脱落在牙盘间 4）转塔落下夹紧时有机械干涉（如夹入切屑） 5）夹紧液压缸拉毛或磨损 6）转塔座落在二层滑板之上，由于压板和楔铁配合不好产生运动偏差大	1）检查系统压力并调到额定值 2）重新调整固定牙盘 3）清除污物保持转塔清洁，检修更换滚针轴承 4）检查排除机械干涉，清除杂物 5）检修拉毛、磨损部位，更换活塞密封圈 6）修理调整滑板压板和楔铁，用 0.04mm 塞尺检测不能塞入
转塔转位不停	两计数开关不同时计数或复置开关损坏转塔上的 24V 电源断线	调整两个挡块的位置及两个计数开关的计数延时，修复复置开关 接好电源线

4. 数控车床回转刀架的故障维修实例

【实例 1-13】

（1）故障现象　SIEMENS 810T 系统数控车床，出现报警 6063 "TURRET LIMIT SWITCH"（刀塔限位开关）。

（2）故障原因分析　6063 号报警提示"刀塔限位开关"有问题。

（3）故障诊断和排除

① 故障检查：对刀塔进行检查，发现刀塔没有锁紧，刀塔锁紧开关没有闭合，导致 6063 报警。

② 查阅资料：查阅有关技术资料，工件机床的工作原理，刀塔锁紧是靠液压缸完成的，液压缸的动作是 PLC 控制的，如图 1-10a 所示是刀塔

锁紧电气控制原理图。

③ 过程分析：PLC 的输出 Q2.2 控制刀塔锁紧电磁阀，利用系统 DIAGNOSIS 功能检查 Q2.2 的状态，发现"1"没有问题。但检查继电器 K22 常开触点没有闭合，线圈上也没有电压。进一步检查发现 PLC 输出 Q2.2 为低电平，说明 PLC 的输出口 Q2.2 有故障。

④ 故障处理：系统有备用输出口，用机外编程器将 PLC 用户梯形图中的所有 Q2.2 改成备用点 Q3.7，并将继电器 K22 的控制线路接到 Q3.7 上，如图 1 - 10b 所示。

⑤ 检查无误后开机试运行，故障被排除，机床恢复正常运行。

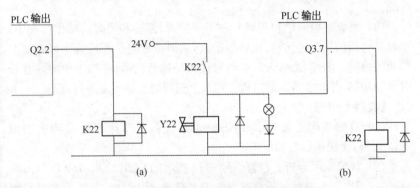

图 1 - 10 刀架报警维修实例参考图

(a) 刀塔锁紧电气控制原理图；(b) PLC 使用备用输出口连接图

(4) 维修经验归纳和积累 报警故障的提示通常是按相关元件的状态失常提示的，因此获得提示后，应对相关的部位进行检查，尤其应重视对 PLC 控制信号进行检查。

【实例 1 - 14】

(1) 故障现象 某 SIEMENS 系统经济型数控车床，在车削加工过程中，尺寸不能控制。加工出来的工件尺寸总是在变化，也看不出变化的规律，部分工件因此而报废。

(2) 故障原因分析 故障发生时机床的工作是车削内孔，尺寸不能控制，一般是伺服进给系统存在着故障，或刀架定位不准确。

(3) 故障诊断和排除

① 替换检查：交换 X 轴与 Z 轴的伺服驱动信号，故障现象没有变化，说明 X 轴驱动信号没有问题。再检查 X 轴电动机和传动机构，均处于正

常状态。

② 推理分析：X 轴的尺寸控制，除 X 轴伺服系统之外，还有一个重要部件——电动刀架。如果电动刀架定位有偏差，加工出来的尺寸也不准确。对刀架各个刀位的定位情况进行检查，发现定位的确有误差。由于加工尺寸的变化无规律可循，不像是刀架自身的机械故障。

③ 检查刀架：对刀架的转位动作进行仔细观察。当刀架抬起时，发现有一块金属切削屑片卡在定位齿盘上，造成齿盘定位不准。

④ 故障处理：拆开电动刀架，用压缩空气将切削屑片吹扫干净。修整局部微量变形的齿盘，重新安装电动刀架，加工尺寸不能控制的故障被排除。

（4）维修经验归纳和积累　在刀架抬起、回转和回落的动作过程中，很容易将周围粘附的污物、切屑等带入，从而造成定位不准确而影响加工尺寸的故障。因此，维修人员应与操作人员进行沟通，在加工中应注意及时清除切屑，并注意清除的时段。在以上过程时段决不能进行清扫。

【实例 1 - 15】

（1）故障现象　某 SIEMENS 840C 系统数控车床刀塔运转中出现 9177 报警，无法进行自动加工。

（2）故障原因分析　报警信号 9177 提示"TOOL COLLISION"（刀具碰撞）。因出现报警时实际没有发生刀具碰撞，因此估计反馈信号处理部分有故障。

（3）故障诊断和排除

① 据理分析：根据本例机床的工作原理，为了防止机床碰撞损坏，安装传感器监视刀塔的运行，如果发生碰撞立即停机，防止进一步损坏。接线方式如图 1 - 11 所示，U415 为声波传感器，检测碰撞的噪声信号，U45 为反馈信号处理电路，然后将碰撞信号连接到 PLC 输入 I9.0。

② 手动旋转刀塔即出现碰撞报警，而此时的实际状态根本没有可能发生碰撞。

③ 在刀塔旋转时利用系统 DIAGNOSIS 功能检查 PLC 输入 I9.0 的状态也确实变成"1"，初步诊断检测反馈电路有问题。

④ 利用互换法与另一同类机床的反馈信号处理板对换，本例机床恢复正常，而另一台机床出现报警，确定诊断结果：本例机床反馈信号处理板损坏。

⑤ 更换损坏的反馈信号处理板，机床恢复正常工作，出现 9177 报警

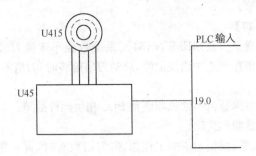

图1-11　刀架碰撞信号检测连接图

的故障被排除。

（4）维修经验归纳和积累　"互换法"是检查和诊断数控机床故障原因的常用方法。本例刀架碰撞的报警故障现象与实际情况不符,在检查过程中应注意防止发生进一步损坏;采用互换法检查有关控制电路时,应仔细观察故障现象转移的情况,以便确诊故障的部位或元器件。

【实例1-16】

（1）故障现象　某SIEMENS系统经济型数控车床自动刀架不动。

（2）故障原因分析　造成刀架不动的原因如下:

①　电源无电或控制开关位置不对。

②　电动机相序反。

③　夹紧力过大。

④　机械卡死,当用6mm六角扳手插入蜗杆端部,顺时针转不动时,即为机械卡死。

（3）故障诊断和排除

①　检查电动机是否旋转。

②　检查电动机转向是否正确。

③　用6mm六角扳手插入蜗杆端部,顺时针旋转,如用力可以转动,但下次夹紧后仍不能启动,可将电动机夹紧电流按说明书调小些。

④　检查夹紧位置的反靠定位销、重新调整锁死的主轴螺母、检查润滑情况等。通过上述各项措施,故障被排除。

（4）维修经验归纳和积累　在检修西门子经济型数控车床时,应参照表1-11所示的回转刀架工作过程和结构调整方法进行诊断和维修。维修中应注意了解、熟悉和掌握其中各个零部件的作用和动作原理,以便正确进行维护维修。

【实例 1 - 17】

（1）故障现象　某 SIEMENS 840C 系统数控车床换刀装置采用旋转刀塔。这台车床在加工中出现故障，启动刀塔旋转时，刀塔不转，没有报警显示。

（2）故障原因分析　常见原因是 PLC 相关元件故障。

（3）故障诊断和排除

① 据理推断：根据刀塔的工作原理，刀塔旋转时，首先靠液压缸将刀塔浮起，然后才能旋转。观察故障现象，当手动按下刀塔旋转的按钮时，刀塔根本没有反应，也就是说，刀塔没有浮起动作。根据电气原理图，PLC 的输出 Y4.4 控制继电器 K44 来控制电磁阀，电磁阀控制液压缸使刀塔浮起。

② 排除方法：首先通过系统 DIAGN 菜单下的 PLC - I/O 功能，观察 Y4.4 的状态，当按下刀塔旋转手动按钮时，其状态变为"1"，没有问题。继续检查发现，是其控制的直流继电器 K44 的触头损坏了。更换新的继电器，刀塔恢复正常工作，故障被排除。

（4）维修经验归纳和积累　在维修中，若有无报警的动作失调类型的故障，通常应检查 PLC 系统的故障，包括 PLC 输入元件和输出元件的故障。基本方法是：检查 PLC 信号状态，如输入端信号不正常，可继续检查输入元件；如输出端信号正常，可继续检查输出元件是否正常。本例输出信号正常，因此故障部位是有关的输出元件。

【实例 1 - 18】

（1）故障现象　某 SIEMENS 系统数控车床，在自动换刀过程中，刀塔连续旋转不能停止，CRT 上显示报警："TURRET INDEXING LINE UP"（刀塔分度时间超过）。

（2）故障原因分析　根据使用说明书上"刀塔分度时间超过"报警的含义，表明刀塔的转位机构、信号传递等有故障。

（3）故障诊断和排除

① 强行将车床复位，刀塔旋转停止，但是又出现了报警："TURRET NOT CLAMP"，提示"刀塔没有卡紧"。

② 观察刀塔位置发现，刀塔实际上没有回落。

③ 检查信号，利用数控系统的诊断功能检查 PMC。在刀塔转位找到第一把刀具后，PMC 的输出点 Y48.2 的状态立即变为"0"，这说明系统已

经发出了"刀塔回落"的指令。

④ Y48.2 的控制对象是"刀塔推出"电磁阀,即电磁阀是执行刀架回落指令的元件。

⑤ 对该电磁阀进行性能检查,检测发现,电磁阀电源在按照指令被切断后,阀芯没有脱开,使液压缸没有动作,导致刀塔没有回落。

⑥ 检查结果表明液压系统执行刀架回落的控制元件电磁阀有故障。更换新的电磁阀,故障得以排除。

(4) 维修经验归纳和积累　本例与上例不同的是有报警信号提示,故障检查的方法也是检查 PLC 状态,然后继续检查相关的执行元件,以确定故障的部位和元件或零部件。本例为输出执行元件的机械部分有故障(电磁阀的阀芯复位动作有故障),从而造成报警故障。

【实例 1 - 19】

(1) 故障现象　某 SIEMENS 810T 系统数控卧式车床刀架奇数刀位号能定位,偶数刀位号不能定位。

(2) 故障原因分析　常见的故障原因是编码器故障。

(3) 故障诊断和排除

① 转位控制分析:从机床侧输入的 PLC 信号中,刀架位置编码器有 5 根线,这是一个 8421 编码,它们对应的输入信号为:X06.0、X06.1、X06.2、X06.3、X06.4。在刀架的转换过程中,这 5 个信号根据刀架的变化而进行组合,从而输出刀架的各个位置的编码。

② 故障原因推理:若刀架的位置编码最低位始终为"1",则刀架信号将恒为奇数,而无偶数信号,从而产生奇偶报警。

③ 故障诊断方法:根据上述分析,将 PLC 的输入参数从 CRT 上调出来观察,刀架转动时,X06.0 恒为"1",而其余 4 个信号由"0"、"1"之间变化,从而证实刀架位置编码器发生故障。

④ 更换编码器,故障排除。

(4) 维修经验归纳和积累　在回转刀架中,转位动作通常由编码器控制,编码器的输出是 PLC 的输入,维修中应了解编码的组合方式,以便诊断故障的原因。

【实例 1 - 20】

(1) 故障现象　某 SIEMENS 系统 CK6140 经济型数控车床,在加工过程中刀具经常损坏,固定部位的加工尺寸不稳定。

(2) 故障原因分析　刀具经常损坏的常见原因如下:

① 机床主轴运转精度差。

② 进给伺服系统有故障。

③ 刀架定位不准确。

(3) 故障诊断和排除

① 检查机床的数控系统,各方向轴均处于正常状态。检查主轴系统和机械部分,均处于正常状态。

② 这台机床使用国产 LD4 - 1 型电动刀架,共有 1 号~4 号四个刀位。检查电动刀架的机械部分,没有任何问题。

③ 对各个刀位进行比较,发现除了 3 号刀位之外,其他刀位定位都很正常。选择 3 号刀位时,有时电动刀架连续旋转,不能停止下来。

④ 采用交换法,将其他刀位的控制系统去控制 3 号刀位,3 号刀位都不能定位。

⑤ 用 3 号刀位的控制信号可控制其他刀位,因此判断是 3 号刀位失控。

⑥ 在电动刀架中,用霍尔元件进行定位和检测,霍尔元件对准确选择刀号,完成工件加工有着重要的作用。

⑦ 检查霍尔元件,1 号、2 号、4 号刀位所对应的霍尔元件正常,而 3 号刀位所对应的霍尔元件有时不能传送信号。

⑧ 更换不正常的霍尔元件,故障得以排除。

(4) 维修经验归纳和积累 霍尔元件是检测元件,在四方回转刀架中应用广泛,维修中应注意参照有关说明书,对霍尔元件进行检测,以便发现由元件的性能变化造成的转位动作和定位精度故障。

任务四 数控车床进给传动部件故障维修

1. 进给传动部件的技术要求与滚珠丝杠螺母副的结构

(1) 进给传动机构的技术要求 数控机床进给系统机械传动机构是指将电动机的旋转运动传递给工作台或刀架,以实现进给运动的整个机械传动链,包括齿轮传动副、滚珠丝杠螺母副及其支承部件等,为了确保数控机床进给系统的传动精度、灵敏度和工作稳定性,对进给传动系统机械传动机构总的技术要求是:消除传动间隙,减少摩擦,减小运动惯量,提高传动精度和刚度。

(2) 滚珠丝杠螺母副的工作原理和结构特点

① 滚珠丝杠螺母副工作原理。滚珠丝杠螺母副是数控机床进给传动系统的主要传动装置,其结构如图 1 - 12 所示,其工作原理和过程为:在丝

杠和螺母上加工有圆弧形螺旋槽,两者套装后形成了滚珠的螺旋滚道,整个滚道内填满滚珠,当丝杠相对螺母旋转时,两者发生轴向位移,滚珠沿着滚道流动,并沿返回滚道返回。按照滚珠的返回方式,可将滚珠丝杠螺母副分为内循环和外循环两种方式。

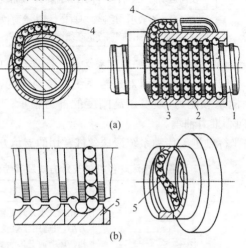

(a)

(b)

图 1-12 滚珠丝杠的结构

1—丝杠;2—螺母;3—滚珠;4—回珠管;5—返回器

外循环方式的滚珠丝杠螺母副如图 1-12a 所示,螺母螺旋槽的两端由回珠管 4 接通,返回的滚珠不同丝杠外圆接触,滚珠可以做周而复始的循环运动,管道的两端可起到挡珠的作用,以免滚珠沿滚道滑出。

内循环方式的滚珠丝杠螺母副如图 1-12b 所示,这种返回方式带有反向器 5,返回的滚珠经过反向器和丝杠外圆之间的滚道返回。

② 滚珠丝杠螺母副的传动特点。在传动过程中,滚珠与丝杠、螺母之间为滚动摩擦,其传动特点见表 1-16。

表 1-16 滚珠丝杠螺母副的传动特点

特　点	说　　　　明
传动效率高	传动效率可达到 92%～98%,是普通丝杠螺母副传动的 2～4 倍
摩擦力小	因为动、静摩擦系数相差小,因而传动灵敏,运动平稳,低速不易产生爬行,随动精度和定位精度高
使用寿命长	滚珠丝杠副采用优质合金制成,其滚道表面淬火硬度高达 60～62HRC,表面粗糙度值小,故磨损很小

（续表）

特　点	说　　　　明
刚度高	经预紧后可以消除轴向间隙，提高系统的刚度
反向无空程	反向运动时无空行程，可以提高轴向运动精度
自锁性能差	滚动摩擦系数小，不能实现自锁，用于垂向位置时，为防止突然停、断电而造成主轴箱下滑，必须设置制动装置

2. 滚珠丝杠的支承方式和安装调整方法　滚珠丝杠的支承和螺母座的刚性，以及与机床的连接刚性，对进给系统的传动精度影响很大。为了提高丝杠的轴向承载能力，须采用高刚度的推力轴承；当轴向载荷很小时，也可采用向心推力轴承。

（1）水平坐标轴进给传动系统滚珠丝杠常用的支承方式（表 1-17）

表 1-17　数控机床滚珠丝杠的支承方式及其特点

支承方式	示　　图	特　　点
一端装推力轴承，另一端自由		此种支承方式的轴向刚度低，承载能力小，只适用于短丝杠，如数控机床的调整环节或升降台式数控铣床的垂直进给轴等
一端装推力轴承，另一端装向心轴承		此种方式用于较长的丝杠支承。为了减少丝杠热变形的影响，热源应远离推力轴承一方
两端装推力轴承		两个方向的推力轴承分别装在丝杠的两端，若施加预紧力，可以提高丝杠轴向传动刚度，但此种支承方式对丝杠的热变形敏感
两端均装双向推力轴承		丝杠两端均装双向推力轴承和向心轴承或向心推力球轴承，可以施加预紧力。这种方式可使丝杠的热变形转化为推力轴承的预紧力，这种支承方式适用于刚度和位移精度要求高的场合，但结构比较复杂

（2）支承轴承的配合公差。合理选择高速、高精度数控机床滚珠丝杠两端支承轴承的配合公差，可保证支承轴承孔与螺母座孔之间的同轴度要求，能提高滚珠丝杠支承部分的接触刚度和使用寿命。滚珠丝杠固定轴承、支持轴承与轴、孔推荐配合公差见表 1-18。

表1-18　支承方式与推荐配合公差

	固　定　部		支　承　部	
	配合 （理想间隙）	推荐公差	配合 （理想间隙）	推荐公差
丝杠轴支承部外径 与轴承内径	零间隙	h5、h6	零间隙或(0～5μm) 间隙配合	h5
轴承外径 与轴承座孔内径	零间隙	JS5、JS6	零间隙或(0～5μm) 间隙配合	h5

（3）伺服电动机与滚珠丝杠的连接方式　伺服电动机与滚珠丝杠的连接必须保证无传动间隙，以保证准确执行系统发出的指令。在数控机床中伺服电动机与滚珠丝杠的连接方式见表1-19。

表1-19　数控机床滚珠丝杠与伺服电动机的连接方式

连接方式	示　　图	说　　明
直连式	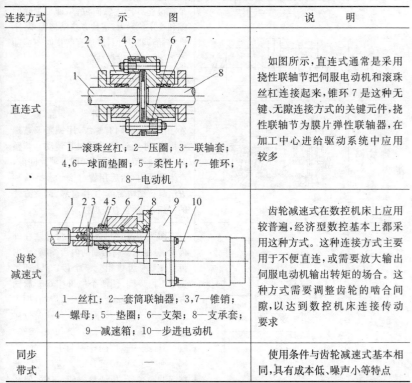 1—滚珠丝杠；2—压圈；3—联轴套； 4,6—球面垫圈；5—柔性片；7—锥环； 8—电动机	如图所示，直连式通常是采用挠性联轴节把伺服电动机和滚珠丝杠连接起来，锥环7是这种无键、无隙连接方式的关键元件，挠性联轴节为膜片弹性联轴器，在加工中心进给驱动系统中应用较多
齿轮 减速式	1 2 3　4 5　6 7 8　9　10 1—丝杠；2—套筒联轴器；3,7—锥销； 4—螺母；5—垫圈；6—支架；8—支承套； 9—减速箱；10—步进电动机	齿轮减速式在数控机床上应用较普遍，经济型数控基本上都采用这种方式。这种连接方式主要用于不便直连，或需要放大输出伺服电动机输出转矩的场合。这种方式需要调整齿轮的啮合间隙，以达到数控机床连接传动要求
同步 带式		使用条件与齿轮减速式基本相同，具有成本低、噪声小等特点

（4）滚珠丝杠螺母副的间隙调整方法（表1-20）

表 1-20 滚珠丝杠螺母副的间隙调整方法

目的与方法	示　图	说　明
目的与基本方法	—	为了保证滚珠丝杠反向传动精度和轴向刚度,必须消除滚珠丝杠螺母副的轴向间隙。消除间隙的方法通常采用双螺母结构,即利用两个螺母的轴向相对位移,使两个滚珠螺母中的滚珠分别紧贴在螺旋滚道的两个相反的侧面上。用这种方法预紧消除轴向间隙时,应注意预紧力不宜过大,预紧力过大会使空载力矩增大,从而降低传动效率,缩短使用寿命
垫片调整法	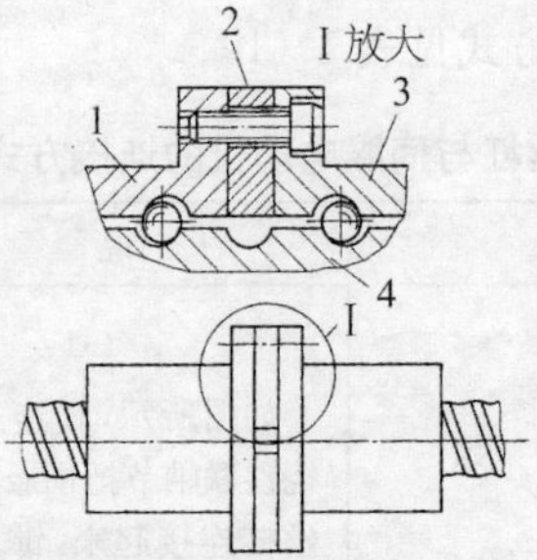	如图所示,调整垫片 2 厚度,使左右两个螺母 1、3 产生轴向位移,即可消除间隙和产生预紧力,这种方法结构简单,刚性好,但调整不便,滚道有磨损时不能随时消除间隙和进行预紧
螺纹调整法	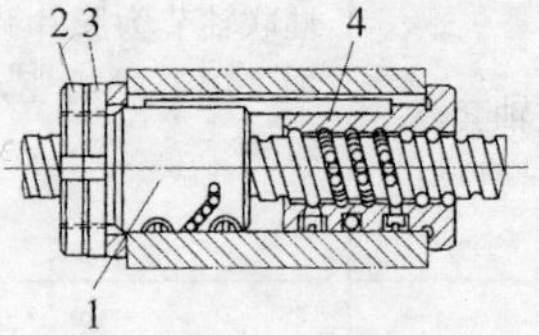	如图所示,螺母 4 外端有凸缘,螺母 1 外端没有凸缘而有螺纹,用锁紧调整螺母固定,并通过平键限制其转动。调整时,只需拧动调整螺母 3 即可消除间隙,产生预紧力,然后用螺母 2 锁紧。这种方法具有结构简单、工作可靠、调整方便的特点,但预紧力较难控制
齿差调整法	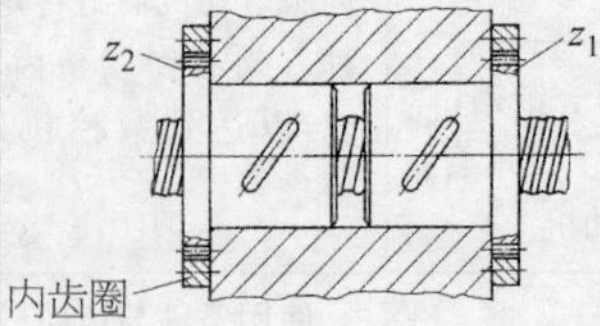	如图所示,两个螺母的凸缘是圆柱外齿轮,分别与套筒两端的内齿圈啮合,内齿圈 z_1、z_2 齿数相差一个齿。调整时,先取下两内齿圈,使两个螺母相对套筒同方向转过一个齿,然后再插入内齿圈,则两个螺母便产生相对角位移,其轴向位移量 $s = (1/z_1 - 1/z_2)P_h$。例如,$z_1 = 80$,$z_2 = 81$,滚珠丝杠的导程为 $P_h = 6mm$,则 $s = 6/6480 \approx 0.001mm$。这种方法能精确调整预紧量,调整方便、可靠,但结构尺寸大,都用于高精度的传动

目的与方法	示 图	说 明
螺距变位调整法	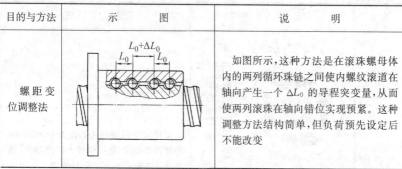	如图所示，这种方法是在滚珠螺母体内的两列循环珠链之间使内螺纹滚道在轴向产生一个 ΔL_0 的导程突变量，从而使两列滚珠在轴向错位实现预紧。这种调整方法结构简单，但负荷预先设定后不能改变

（5）进给系统齿轮间隙的消除调整方法　数控机床进给系统中的减速齿轮，除了本身要求很高的运动精度和工作平稳性外，还需尽可能消除传动齿轮副间的传动间隙，否则，齿侧间隙会造成进给系统每次反向运动滞后于指令信号，丢失指令信号并产生反向死区，从而影响加工精度。消除进给系统齿轮间隙的调整方法见表 1-21。

表 1-21　消除进给系统齿轮间隙的调整方法

方法	示 图	说 明
直齿圆柱齿轮传动间隙刚性调整法	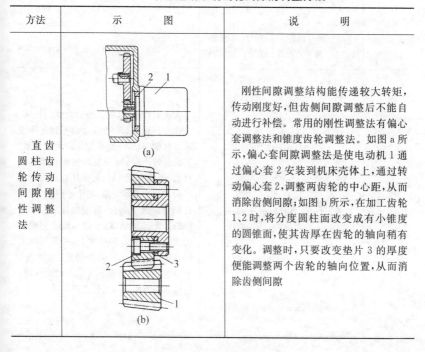	刚性间隙调整结构能传递较大转矩，传动刚度好，但齿侧间隙调整后不能自动进行补偿。常用的刚性调整法有偏心套调整法和锥度齿轮调整法。如图 a 所示，偏心套间隙调整法是使电动机 1 通过偏心套 2 安装到机床壳体上，通过转动偏心套 2，调整两齿轮的中心距，从而消除齿侧间隙；如图 b 所示，在加工齿轮 1、2 时，将分度圆柱面改变成有小锥度的圆锥面，使其齿厚在齿轮的轴向稍有变化。调整时，只要改变垫片 3 的厚度便能调整两个齿轮的轴向位置，从而消除齿侧间隙

方法	示　图	说　明
直齿圆柱齿轮传动间隙柔性调整法	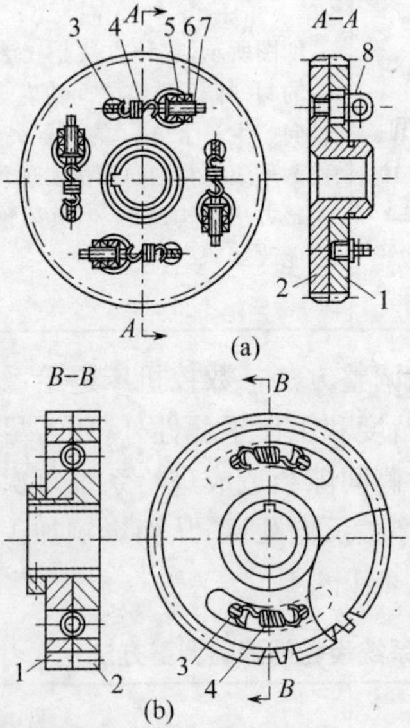 (a) (b) 1,2—薄片齿轮；3,8—凸耳或短柱；4—弹簧；5,6—螺母；7—螺钉	柔性间隙调整结构装配好后，齿侧间隙能自动消除，始终保持无间隙啮合，通常适用于负荷不大的传动装置。如图所示是两种形式的双片齿轮周向弹簧间隙调整结构，两个齿数相同的薄片齿轮通过弹簧拉力发生相对回转，齿形错位后与宽齿轮啮合，即两个薄齿轮的左右齿面分别紧贴宽齿轮齿槽的左右齿面，从而消除齿侧间隙
齿轮齿条传动间隙调整方法	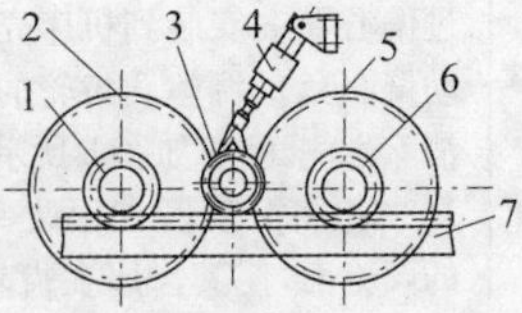	大型数控机床(如大型数控龙门铣床)工作台行程长，其进给运动不宜采用滚珠丝杠副传动，一般采用齿轮齿条传动。当载荷较小时，可用双片薄齿轮错齿调整法，当载荷较大时，可采用如图所示的径向加载法消除间隙，两个小齿轮1和6分别与齿条7啮合，并用加载装置4在齿轮3上预加负载，于是齿轮3使啮合的大齿轮2和5向外伸开，与其同轴上的齿轮1、6也同时向外伸开，与齿条7上齿槽的左、右两侧相应贴紧而无间隙。齿轮3一般由液压马达直接驱动

（续表）

方法	示 图	说 明
斜齿圆柱齿轮传动间隙调整方法	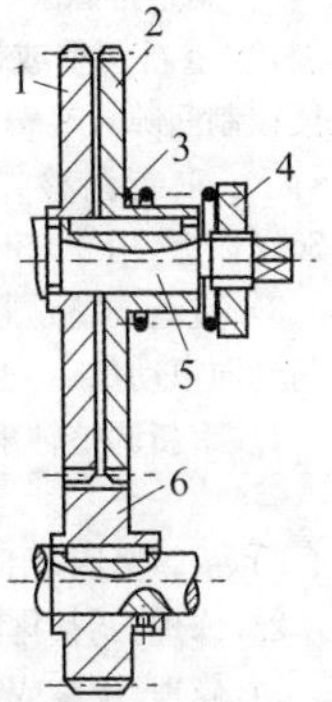 1,2—薄片齿轮；3—轴向弹簧； 4—调节螺母；5—轴；6—宽齿轮	与上述方法类似,斜齿圆柱齿轮常用轴向垫片调整法和如图所示的轴向压簧调整法
圆锥齿轮传动间隙调整方法	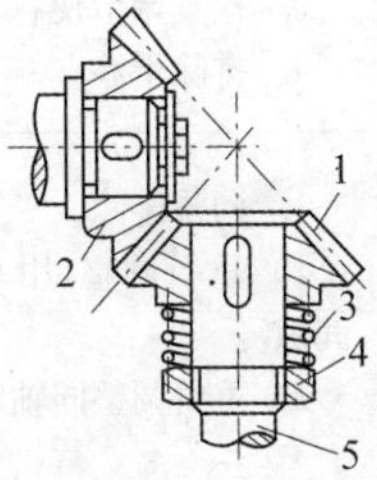 1,2—圆锥齿轮；3—压缩弹簧； 4—螺母；5—轴	与上述方法类似,圆锥齿轮常用周向弹簧和如图所示的轴向压簧调整法

3. 进给传动部件的常见故障及其诊断(表1-22)

表1-22 数控机床进给传动部件(滚珠丝杠副)常见故障与诊断

故障现象	故 障 原 因	排 除 方 法
加工件表面质量精度差	1) 导轨润滑不良,滑板爬行 2) 滚珠丝杠局部拉毛或磨损 3) 丝杠轴承损坏,运动精度差 4) 伺服电动机未调整好,增益过大	1) 排除润滑油路故障 2) 修复或更换丝杠 3) 更换轴承 4) 调整伺服电动机控制系统

故障现象	故 障 原 因	排 除 方 法
反向误差大,加工精度不稳定	1. 调整原因 1）丝杠轴滑板配合压板过紧或过松 2）丝杠轴滑板配合镶条过紧或过松,面接触率低 3）滚珠丝杠预紧力不适当 4）丝杠支座轴承预紧力不适当 5）丝杠轴联轴器锥套松动 2. 零件质量原因 1）滚珠丝杠螺母端面与结合面不垂直,结合过松 2）滚珠丝杠制造精度差或轴向窜动 3. 润滑油不足或没有 4. 其他机械干涉	1. 调整排除 1）重新调整或研修,用 0.03mm 塞尺控制间隙 2）重新调整或研修,使接触率达 70% 以上,用 0.03mm 塞尺控制间隙 3）重新调整预紧力,按 0.015mm 控制轴向窜动量 4）重新调整轴承预紧力 5）重新紧固,用百分表进行检测 2. 修理、调整排除 1）修理、调整或加垫处理 2）用控制系统进行间隙自动补偿,调整丝杠的轴向窜动 3. 检查调节使各导轨面充分润滑 4. 排除干涉
滚珠丝杠在运转中转矩过大	1. 装配调整原因 1）二滑板配合压板过紧或过松 2）伺服电动机与丝杠连接不同轴 3）滚珠丝杠轴端螺母预紧力过大 2. 零件损坏 1）二滑板配合压板研损 2）滚珠丝杠螺母反向器损坏,滚珠丝杠卡死 3）滚珠丝杠磨损 3. 润滑不良 1）分油器不分油 2）油管堵塞 3）缺润滑脂 4. 电器原因 1）超程开关失灵 2）伺服电动机过热	1. 调整排除 1）重新调整,用 0.03mm 塞尺控制间隙 2）重新调整同轴度并紧固连接座 3）精心调整预紧力 2. 修复或更换 1）修研压板,调整控制间隙 2）更换丝杠,重新调整 3）更换丝杠 3. 调整排除润滑油路故障 1）检查调整分油器 2）清除污物使油管畅通 3）用润滑脂润滑的丝杠重涂润滑脂 4. 分析检查排除 1）检查电器及控制故障并排除 2）检查电器及控制故障并排除

（续表）

故障现象	故 障 原 因	排 除 方 法
滚珠丝杠运动不灵活	1) 轴向预加载荷过大 2) 滚珠丝杠与导轨不平行 3) 螺母轴线与导轨不平行 4) 丝杠变形 5) 支承轴承预紧力过大	1) 调整预加载荷 2) 调整滚珠丝杠支座位置，使丝杠与导轨平行 3) 调整螺母座位置，使螺母座轴线与导轨平行并与丝杠同轴 4) 校正丝杠或更换丝杠 5) 重新调整预紧力
滚珠丝杠副噪声	1) 滚珠丝杠轴承压盖压合情况不好 2) 滚珠丝杠润滑不良 3) 丝杠滚珠破损 4) 电动机与丝杠联轴器松动 5) 滚珠丝杠支承轴承破损	1) 调整轴承压盖，使其压紧轴承端面 2) 检查分油器和油路，使润滑油充足 3) 更换滚珠 4) 调整、拧紧联轴器锁紧螺钉 5) 更换新轴承

4. 数控车床进给传动部件的故障维修实例

【实例 1 - 21】

（1）故障现象　SIEMENS 840C 系统 CK3263/1500 型数控车床，在车削加工过程中，X 轴偶然出现"栽刀"现象，使加工的工件存在较大的误差，有时甚至使工件报废。

（2）故障原因分析　"栽刀"是操作工人的常用语，实际上是指工件尺寸加工出现的误差。由于故障时隐时现，给故障原因分析和诊断检查带来困难。常见的故障原因是进给伺服系统和进给传动机构有故障。

（3）故障诊断和排除

① 检查 X 轴的滚珠丝杠。用百分表测量丝杠间隙，再进行补偿，然后进行加工，故障现象不变，说明问题不在此处。

② 检查 X 轴的伺服电动机、传动带、编码器等，都在完全正常的状态。

③ 因故障时隐时现，推断连接部位有故障，拆下编码器与滚珠丝杠之间的精密弹性联轴器检查，发现它的一个弹性片上有一条小的裂纹，弹性联轴器已经损坏。

④ 根据诊断结果，用同型号的弹性联轴器进行替代检查，装上后通电试车，故障不再出现。于是更换弹性联轴器进行维修，时隐时现的"栽刀"

故障被排除。

【实例 1－22】

(1) 故障现象 某 SIEMENS 810T 数控车床,在加工过程中,工件出现尺寸误差。故障无规律地反复出现,从而导致部分工件报废。

(2) 故障原因分析 常见的故障原因是进给伺服驱动、传动机构和电动机等有故障。

(3) 故障诊断和排除

① 电气检查。检查步进电动机和步进驱动模块,没有异常情况。

② 机械检查。检查步进电动机轴与减速箱的主动齿轮结合部位,发现连接圆锥销松动。圆锥销有扭曲变形,且与圆锥孔的锥度不一致,两者接触面积不到 60%。

③ 机理分析。连接圆锥销松动,会造成步进电动机换向时空步起步,使步进电动机失步,并导致复位和定位不准确,从而使加工工件的尺寸出现误差。

④ 维修方法。根据诊断结果,采取以下方法进行维修:

a. 提高圆锥销的力学性能,原来的圆锥销用普通钢材制作,现在采用强度高、脆性小的金属材料,并进行合格的热处理,以防止圆锥销扭曲断裂。

b. 保证圆锥销与圆锥销孔的接触面积大于 70%。

c. 齿轮孔与步进电动机的传动轴达到配合精度要求。

d. 更换损坏的圆锥销,修复圆锥销孔。安装后进行试加工,工件尺寸控制稳定,故障被排除。

(4) 维修经验归纳和积累 机械传动的连接部位是故障的常见部位。如连接锥环、定位连接销等。本例的圆锥销变形,接触面积减少等细微异常,引起传动精度降低的故障,值得借鉴。维修圆锥销连接的松动部位时,也可采用小端带螺纹的圆锥销,用螺母加弹性垫圈锁紧,防止圆锥销因快速转换引起松动。这种方法因小端有螺母,必须确保有一定的回转空间。

【实例 1－23】

(1) 故障现象 某 SIEMENS 系统数控车床,在车削加工过程中,工件的尺寸出现了严重的误差,有的误差达到 0.01mm 以上,致使部分工件报废。

(2) 故障原因分析 本例数控车床属于开环控制系统,采用步进电动机驱动和定位,机床没有配置检测和反馈装置,刀具的实际加工量不能反馈到数控系统,因而不能与给定值进行比较以修正加工量的偏差,因此工件的加工尺寸容易出现误差。引起误差的主要因素有刀具磨损、步进电动机失步、滚珠丝杠故障等。

(3) 故障诊断和排除 本例故障按下列步骤进行检修:

① 将转换开关置于手动高速挡处,检查滚珠丝杠、步进电动机、导轨及滑块的运行情况,没有听到异常的响声。

② 检查主轴支承轴承、滚珠丝杠支承轴承,运转灵活且没有异常的噪声,说明轴承没有磨损和失调。

③ 用百分表仔细测量电动刀架在丝杠各个部位的偏差。这是因为滚珠丝杠与螺母之间,以及导轨与滑板的滑动配合处,由于长期运行会造成磨损,各点松紧不匀。测量结果说明,有三处的偏差比较严重。

④ 根据检测数据,对这三个部位进行调整或刮研修理。对有严重磨损零件,按磨损极限标准更换零部件。

⑤ 维修后进行安装、调整和检测,各配合部位达到精度要求。

⑥ 试加工,机床达到加工精度要求,故障被排除。

(4) 维修经验归纳和积累 失调和局部磨损是数控机床常见的故障引发原因,本例的传动间隙检测调整、导轨的研刮修整是维修加工误差等机械故障常用的方法。

【实例 1-24】

(1) 故障现象 某 SIEMENS 系统数控车床,在加工过程中,工件的 Z 轴尺寸发生变化,从而造成部分工件报废。

(2) 故障原因分析 通常是进给伺服系统和机构有故障。

(3) 故障诊断和排除

① 检查发现,每次车孔后,Z 轴不能返回到参考点。用百分表测量,误差在 0.01mm 左右,且误差向一个方向变化。

② 根据检修经验,如果尺寸向某一个方向出现误差,一般是伺服进给机构不正常。试更换伺服驱动器,故障现象不变。检查电动机,三相绕组平衡,绝缘层和轴承也没有问题。

③ 将 Z 轴电动机拆下,在其端部的传动齿轮处用画笔做好标记,然后空载运行加工程序,并观察标记处位置的变化。多次运转后,标记的起始位置都没有改变。这说明伺服电动机也是正常的。

④ 旋转滚珠丝杠,发现有轻微阻滞;拆下滚珠丝杠进行检查,发现其内部的珠粒已严重磨损,从而造成位移出现误差。

⑤ 更换滚珠丝杠磨损的珠粒后,机床恢复正常工作,故障被排除。

(4) 维修经验归纳和积累　滚珠丝杠的滚珠磨损是造成进给轴传动误差的常见原因之一。在更换滚珠的同时,应注意检查滚道的表面精度,如果滚道有异常,应更换滚珠丝杠。同时注意检查支承轴承和连接部位零部件的精度,并进行维护修复的必要调整。

【实例 1 - 25】

(1) 故障现象　某 SIEMENS 810T 系统数控车床,在进行端面车削加工时,工件表面出现周期性振纹。车削圆弧 R 时小滑板丝杠抖动,导致表面粗糙度较差。

(2) 故障原因分析　数控车床在车削工件的端面和圆弧时,有多种因素会造成工件表面出现振纹。在机械方面,通常是刀具、丝杠、主轴、导轨等部件配合或安装精度不符合要求,造成机床的精度下降;在电气方面,通常与位置检测系统等有关。

(3) 故障诊断和排除

① 检查机床主轴和刀具的各个部分,没有发现变形、挪位、刀具磨损等异常情况。

② 检查机械传动装置中的滚珠丝杠,以及伺服电动机与滚珠丝杠之间的连接件—同步齿形带,也未发现不正常现象。

③ 仔细观察发现,振纹与 X 轴的丝杠螺距相对应,故障呈现周期性且有一定的规律,分析认为与 X 轴的位置检测系统有关。

④ 本例数控系统采用的是分离型位置编码器。仔细检查后,发现编码器的转轴轴线与丝杠轴线同轴度超差,即存在着偏心现象。

⑤ 根据检查结果推断,由于编码器轴线和滚珠丝杠轴线同轴度超差,使得 X 轴移动的过程中,编码器的旋转不均匀,导致工件端面出现周期性的振纹。

⑥ 检查小滑板丝杠和步进电机,发现丝杠磨损严重。步进电机运行正常。

⑦ 根据诊断结果,采用以下方法进行维修:

a. 调整编码器的位置,纠正偏心现象,检测编码器转轴与滚珠丝杠轴线同轴度符合位置精度要求。

b. 更换小滑板的滚珠丝杠,按规范进行安装调整。

经过以上装调维修,机床运行正常,端面和圆弧面加工中出现振纹和抖动的故障被排除。

（4）维修经验归纳和积累 本例属于一个故障现象，两个故障原因的典型案例，在数控机床的维修中，要注意多种因素引发故障的情况，若只发现和排除其中部分原因，就无法整体排除故障现象。

【实例 1 - 26】

（1）故障现象 SIEMENS 系统数控车床，机床返回参考点的基本动作正常，但参考点位置随机性大，每次定位的坐标值都有微量变化。

（2）故障原因分析 常见的故障原因可能是脉冲编码器的"零脉冲"不良，或滚珠丝杠与电动机之间的连接部位有故障。

（3）故障诊断和排除

① 检查伺服电动机、滚珠丝杠和导轨，各部分均处于完好状态。

② 对返回参考点动作进行仔细观察，发现虽然参考点位置每次都不完全相同，但基本处于减速挡块放开之后的位置上。

③ 本例机床的伺服系统为半闭环系统。现在采用分割方法，脱开伺服电动机与丝杠间的联轴器，单独试验脉冲编码器。手动压下减速开关，进行返回参考点试验。经过多次试验，发现每次回参考点之后，伺服电动机总是停止在某一固定的位置上，这说明脉冲编码器的"零脉冲"没有问题。

④ 检查电动机与丝杠之间的联轴器，发现联轴器的弹性胀套存在间隙。据此推断，参考点坐标值的微量变化与此有关。

⑤ 更换弹性胀套，并进行安装调整，执行返回参考点指令，参考点位置微量变化的故障被排除。

（4）维修经验归纳和积累 本例数控车床纵向滑板的传动系统如图 1-13 所示，在诊断和分析中，应逐级进行检查分析，本例检查分析中发现弹性胀套存在间隙，因而造成参考点坐标值的微量变化，此类故障的检查和分析需要熟悉机床传动系统的结构，并熟悉其工作原理和性能要求。

【实例 1 - 27】

（1）故障现象 CK6125 型卧式数控车床在加工过程中，X 轴伺服驱动器出现"位置超差"报警。

（2）故障原因分析 由伺服驱动器的使用说明书可知，报警提示伺服轴"位置超差"，一般有以下几种原因：

① 伺服电路板故障。

② 伺服电动机 U、V、W 引线接错。

③ 编码器故障或编码器电缆接错。

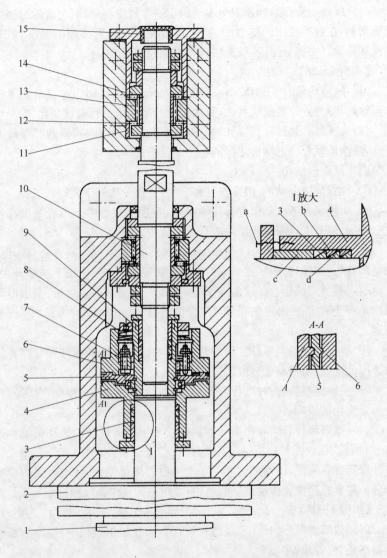

图 1－13　典型数控车床纵向滑板传动系统

1—旋转变压器和测速发电机；2—直流伺服电动机；3—锥环(b—外圈；
d—内圈)；4,6—半联轴器；5—滑块；7—钢片；8—蝶形弹簧；9—套；
10—滚珠丝杠；11—垫圈；12,13,14—滚针轴承；15—堵头
a—夹紧结构；c—夹紧块

④ 设定的位置超差检测范围太小。

⑤ 伺服系统位置比例增益太小。

⑥ 电动机转矩不足或过载。

（3）故障诊断和排除

① 分析认为，由于报警是在加工过程出现的，故障原因①～③可以先排除，重点针对④～⑥几个方面进行检查。

② 检查设定的位置检测范围和伺服系统位置比例增益，均符合系统设定的要求。

③ 检查电动机的负载。将电动机和滚珠丝杠分开，准备移动 X 轴并观察是否报警，此时发现丝杠的螺母座内有很多切屑。丝杠用扳手也转不动，表明故障原因是机械卡死，导致电动机过载。

④ 用汽油将螺母座上的切屑清洗干净，用手转动滚珠丝杠，检查滚珠丝杠的性能，未发现异常。重新安装调整拆卸的部位，机床运行正常，报警解除，故障被排除。

（4）维修经验归纳和积累　逐级拆卸和检查，寻查故障的部位和原因是维修中常用的基本方法，本例在拆卸检查过程中发现的切屑堆积等现象，为诊断分析提供了可见异常现象和可能导致故障的原因，及时排除后，机床恢复正常。此例提示维修人员，在检查中，观察到的有些异常现象，虽然不在预先推断的原因中，但也有可能是导致故障的原因，应及时予以排除，不能随便轻易放过，以免错失排除故障的良机。

项目二　气动、液压系统故障维修

数控机床的液压（气动）系统通常由动力、控制、执行和辅助部分及其传动介质组成，整个系统由若干个基本液压回路组成的，如数控车床的卡盘夹紧、松开液压（气动）控制系统，由压力控制回路、速度控制回路和方向控制回路等组成，以实现卡盘的夹紧、松开（方向控制），夹紧力大小的调节（压力控制），以及夹紧、松开速度快慢（速度控制）等动作要求。基本液压（气动）回路是由若干个液压（气动）元件组成，用以完成某种特定功能的简单回路。熟悉和掌握基本液压（气动）回路的组成、原理和性能，才能熟悉数控机床液压（气动）系统的组成和工作原理，才能正确分析数控机床液压（气动）系统的故障原因，进而排除液压（气动）系统的常见故障。

任务一 数控车床气动系统故障维修

1. 气动系统的基本组成

(1) 气动系统的特点与组成 气压传动是以气体作为工作介质,依靠密封工作系统对气体挤压产生的压力能来进行能量转换、传递、控制和调节的一种传动方式。与液压传动相似,它也有压力和流量两个重要参数。气压传动与液压传动相比,气压传动有如下特点:

① 工作介质空气可从大气中直接汲取,用过的气体可直接排入大气,处理方便。

② 空气黏性很小,在管路中输送时阻力损失远小于液压传动系统。

③ 气压传动工作压力低,一般在 1.0MPa 以下,对元件的材质和制造精度要求较低。

④ 维护简单,使用安全,无油的气动控制系统特别适用于实现数控机床的辅助功能动作。

⑤ 气压传动的信号传递速度限制在声速(约 340m/s)范围内,故其工作频率和响应速度不如电子装置,并且会产生较大的信号失真和延滞。

⑥ 空气具有压缩性,故其工作速度和工作平稳性方面不如液压传动。

⑦ 气压传动工作压力低,系统输出力较小,传动效率较低。

(2) 气压传动系统的基本组成(表 1-23)

表 1-23 气压传动系统的基本组成

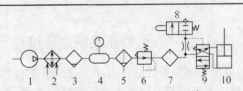

1—空气压缩机;2—冷却器;3—除油器;4—储气罐;5—空气过滤器;6—减压阀;7—油雾器;8—行程阀;9—换向阀;10—气缸

组成部分	说　　　　明
动力部分	空气压缩机(气泵)1 是动力元件,它将电动机的机械能转变成气体的压力能,为各类气动设备提供动力。用气量较大的一般都专门建立压缩空气站,通过输送管道向各用气点分配压缩空气 　　使用真空气压传动的气源是用真空泵作为动力元件的

（续表）

组成部分	说　　　明
执行部分	气缸10或气马达是执行元件,执行部件将气泵提供的气压能转变为机械能,输出力和速度(转矩和转速),用以驱动工作部件,如数控机床的防护门、真空卡盘等
控制部分	减压阀6、行程阀8、换向阀9等是控制元件,用以控制压缩空气的压力、流量和流动方向,以保证执行元件具有一定的输出力(转矩)和速度(转速)
辅助部分	冷却器2、除油器3、储气罐4、空气过滤器5、油雾器7等是辅助元件,用以保证系统可靠、稳定地工作

2. 气动系统的常见故障诊断与排除方法

（1）气动系统故障诊断的常用方法

① 经验检查法。这是一种依靠维修经验,借助简单测试仪表对故障的部位、原因进行诊断的方法。如通过"闻"——电磁线圈与密封件因过热产生的异味,来判断电磁阀电磁线圈和密封件的故障。又如通过"量"——检测各测压点的压力表示值、执行元件的运动速度,来判断系统、回路压力故障点和执行元件运动速度达不到要求的故障。这种方法具有一定的局限性,但应用得当,十分简便迅速。

② 推理分析法。这是一种运用逻辑推理对故障原因进行诊断的方法。即从故障的现象,不断进行试探反证,直至推断出故障的本质和直接原因、故障引发的具体元件,以便进行检修。

例如气缸不动作故障,可首先判断气缸、电磁阀漏气;若都不漏气,可进一步判断电磁阀是否切换;若电磁阀不切换,须进一步判断是主阀还是先导阀故障;若采用手动按钮操纵先导阀,主阀仍不切换,则主阀有故障。此时推断至故障元件,随后由主阀故障的诸多原因,逐步排除,直至找到引起主阀不切换的具体原因,予以一一排除。这种方法需要维修人员对气动系统工作原理、元件工作原理和结构比较熟悉,并且具有一定的逻辑思维方法。采用这种方法可以较全面地诊断出故障的原因和部位,并有利于确定故障排除和检修的方法。

（2）气动系统常见故障及其排除方法(表1-24)

表 1-24　气动系统常见故障及其排除方法

现　象	原　因	排除方法
元件和管道阻塞	压缩空气质量差,水汽、油雾含量过高	检查过滤器、干燥器,调节油雾器的滴油量
滑阀动作失灵,流量阀的排气口阻塞	管道内的铁锈、杂质造成阻塞	清除管道内的杂质或更换管道
元件表面锈蚀或阀门元件严重阻塞	压缩空气中凝结水的含量过高	检查、清洗过滤器、干燥器
元件失压或产生误动作	安装和管道连接不符合要求	合理安装元件与管道,尽量缩短信号元件与主控阀的距离
气缸出现短时输出力下降	供气系统压力下降	检查管道是否泄漏,管道连接处是否松动
气缸的密封件磨损过快	气缸安装时轴向尺寸配合不好,使缸体和活塞杆产生支承力	调整气缸安装位置,或加装可调支承架
活塞杆速度有时不正常	由于辅助元件的故障,引起系统压力下降	提高系统供气量,检查管道是否泄漏、阻塞
活塞杆伸缩不灵活	压缩空气中含水的质量分数过高,气缸内润滑不好	检查冷却器、干燥器、油雾器工作是否正常
系统停机几天后起动,运动部件动作不畅	润滑油结胶	检查、清洗油水分离器或调小油雾器的滴油量

3. 数控车床气动系统的故障维修实例

【实例 1-28】

(1) 故障现象　某 SIEMENS 810T 系统数控车床,在加工过程中,发生气动夹头不能动作,工件不能夹紧故障。

(2) 故障原因分析　气动夹头是由夹头气缸带动的,夹头不动作,常见的故障原因如下:

① 管路连接部位松动脱落。

② 空气压缩泵故障。

③ 控制阀故障。

④ 控制信号传输故障。

⑤ 气缸故障。

（3）故障诊断和排除

① 气动系统检查。夹头采用气缸控制夹头的夹紧和放松,检查气缸,正常;检查系统气压,正常;检查气源,空压机输出正常。检查输气管路,未发现接头松脱等故障。

② PMC 状态检查。

a. 检查 PMCDGN X0012.0 的状态正常,说明 COLLET/CHUCK 键的信号已经输入到 PMC 控制器。

b. 对比另一台同一型号的机床,发现 PMC 控制器上部分输入和输出信号不正常。正确的状态是:执行夹头放松指令时,输入中的 B4、输出中的 A2 点亮,完成夹头放松动作;执行夹头夹紧指令时,输入中的 B3、输出中的 A7 点亮,完成夹头夹紧动作。而故障机床在以上两种指令下,都是 B4、A2 点亮,即始终处于夹头放松状态。

③ PMC 输出元件检查。检查控制气缸使夹头夹紧和放松的电磁阀,发现电磁阀在控制信号输入的状态没有工作,造成空气压力检测开关不能动作,PMC 无法执行有关的控制指令。

④ 故障排除方法。

a. 更换同一规格型号的电磁阀进行替换试验,故障排除。

b. 对故障的电磁阀进行清洗,加油润滑阀芯,并进行性能试验。

c. 将修复后的电磁阀在气动系统中安装复位,开机试车,机床恢复正常工作,故障排除。

（4）维修经验归纳和积累　根据气动系统的特点,介质中可能含有水分,因此控制元件的阀芯等位置常见阻塞等故障。因此采用替换法后,若故障被排除,并不一定需要更换控制阀,可以对故障控制阀进行清洗检修,加油润滑,通常可以继续使用。对锈蚀严重,无法达到控制性能的控制阀等应及时更换,以免故障重现。

【实例 1-29】

（1）故障现象　某数控车床真空卡盘不能吸住工件。

（2）故障原因分析　数控车床的真空卡盘如图 1-14 所示,用来装夹薄形工件,根据夹紧的原理和该机床的气动回路工作原理,采用经验检查法分析故障原因。

① 检查被装夹的工件:装夹表面的精度、工件装夹面的面积和工件重量等都应符合要求。

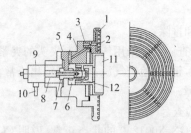

图 1-14　真空卡盘的结构简图

1,4,5—电磁阀；2—调节阀；3—真空罐；

6—继电器；7—压力表

② 检查吸盘表面,是否有损坏、拉毛、凸起等影响真空夹紧的因素。

③ 检查吸盘至卡盘真空输入管口各连接环节是否泄漏,造成系统真空度损失。

④ 检查松夹气源电磁阀是否有故障,无法复位,致使吸盘常通大气。

⑤ 检查夹紧控制换向阀是否有故障,不能换向,致使吸盘未造成真空,卡盘无夹紧力。

⑥ 检查真空罐真空度,若真空度下降,造成吸盘夹紧力不足。

⑦ 若采用接点式真空表控制真空罐压力,应检查接点式真空表的接线、触点和表的精度。

⑧ 检查过滤器滤芯是否堵塞。

⑨ 检查真空调节阀是否有故障,引起系统真空度下降。

⑩ 检查真空泵的真空度和抽气速率。

(3) 故障诊断和排除　系统检修时,从故障部位开始,逐步检查排除,故障未排除,进行下一步检查,直至系统故障排除为止。真空夹具的工作原理如图 1-15 所示,系统控制过程:

真空吸盘的夹紧是由电磁阀 1 的换向来进行的,即打开包括真空罐 3 在内的回路以造成吸盘内的真空,实现压紧动作。气路走向:吸盘→空滤器→阀 1 右位→阀 2→空滤器→真空罐→真空泵→大气。

真空吸盘松压时,在关闭真空回路的同时,通过电磁阀 4 迅速地打开空气源回路,以实现真空下瞬间松压的动作。气路走向:松压气源→阀 7→阀 4 右位→空滤器→吸盘→大气。

电磁阀 5 是用以开闭压力继电器 6 的回路。在压紧的情况下此回路打开,当吸盘内真空度达到压力继电器的规定压力时,给出压紧完成的信

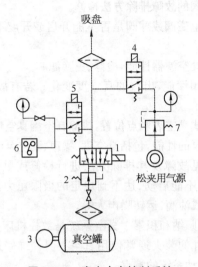

图 1-15 真空卡盘控制系统

1,4,5—电磁阀；2—调节阀；3—真空罐；

6—继电器；7—压力表

号。在吸盘松压的情况下，回路已换成空气源的压力了，为了不损坏检测真空的压力继电器，将此回路关闭。

根据被加工工件的尺寸、形状，调节真空调节阀2可选择最合适的吸附压紧力的大小。

本例顺序检查、排除和检修方法：

① 被夹紧工件不符合重量、吸附面积和表面精度要求，应进行调整。各项要求都符合后，能夹紧，故障排除。

② 检查吸附表面，进行夹紧面的修正。

③ 卸下卡盘的真空输入管，若输入管口处真空压力正常，判定卡盘内部有泄漏，检查内部泄漏部位，并进行泄漏排除检修。

④ 检查负载的过滤器是否堵塞，若堵塞，更换滤芯。

⑤ 断开松夹气路，若吸盘能夹紧工件，判断松夹换向阀有故障，针对换向阀故障予以排除。

⑥ 检查夹紧控制换向阀能否换向，工作是否正常，也可用橡胶板吸附在阀口检测真空度。正常情况下，橡胶板应吸附在阀口，中间凹陷。若换向阀有故障，针对故障进行排除。

⑦ 检查真空调节阀是否正常，真空压力是否调节过高，造成夹紧力不

足。若有故障,按阀的故障排除方法检修。

⑧ 检查单向电磁阀或球阀是否不能开启或开度不足,若有故障可更换或进行检修。

⑨ 检查气源处空滤器性能,检修、更换滤芯。

⑩ 检查调节阀性能,出口的真空度变化。若有故障,检修或更换调节阀。

⑪ 检查接点式真空表触点位置,排除真空罐真空度低对夹紧的影响。

⑫ 检查真空泵的性能,包括真空度、噪声、真空泵油的质量等,若有故障,按真空泵的常见故障及其排除方法进行检修或更换新真空泵。真空泵的常见故障包括不能启动、达不到规定的极限压力、抽气速率下降、油耗大、排气有油雾或油滴、运转噪声大等。

(4) 维修经验归纳和积累 真空系统是数控机床夹具等常用的气动系统,对薄板类零件的装夹通常使用真空夹具。维修过程中要掌握真空系统属于负压的气动系统的特点。

【实例 1-30】

(1) 故障现象 某数控车床气动尾座不动作。

(2) 故障原因分析 尾座顶尖采用气动系统控制工件顶入动作,顶尖不动作的常见原因如下:

① 气源故障:如空压泵或气源无压缩空气输出等。

② 气源三联件故障:包括空滤器堵塞、化油器故障等。

③ 控制阀故障:包括阀芯阻滞不动作等。

④ 气缸故障:活塞阻滞、密封件失效等。

⑤ 顶尖套筒机械故障:如滑动部位无润滑油、配合间隙过小或拉毛等。

(3) 故障诊断和排除

① 检查气源压力,本例气源压力正常;检查压力表状态,压力表检测数据正常。

② 检查气源三联件的状态:检查分水过滤器滤芯,发现有网眼堵塞情况,采用更换滤芯方法处理;检查油雾器,发现油滴不正常,油量调节螺钉失效,对调节螺钉进行检修处理。

③ 检查方向控制阀,发现阀的滑动阻力较大,润滑不良,进行润滑处理。

④ 检查气缸,发现气缸体内润滑不良,有局部锈蚀,进行针对性的维

修,并合理调节油雾器。

经过以上的维护维修,故障排除。

(4) 维修经验归纳和积累 气动系统气源三联件是指空气过滤器、减压阀和油雾器,这三个元件是气动系统必不可少的,因而常将三联件组合在一起,将其称为气源调节装置。在数控机床气动系统维修中,若气源有故障,通常需要检查三联件的性能,进行必要的检修和调整。

任务二 数控车床液压系统故障维修

1. 数控车床的典型液压系统

(1) 系统组成与原理

① 如图 1-16 所示为 MJ50 数控车床的典型液压系统原理图,MJ-50 数控车床卡盘的夹紧与松开、卡盘夹紧力的高低压转换、回转刀架的松开与夹紧、刀架刀盘的正转反转、尾座套筒的伸出与退回都是由液压系统驱动的,液压系统中各电磁阀电磁铁的动作是由数控系统的 PC 控制实现的。

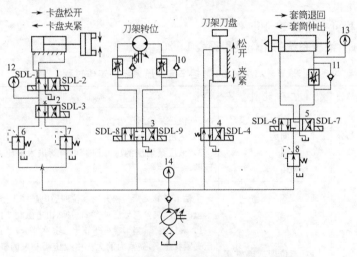

图 1-16 MJ50 数控车床的典型液压系统原理图

1,2,3,4,5—电磁阀; 6,7,8—减压阀; 9,10,11—调速阀; 12,13,14—压力表

② 如图 1-17 所示为 CK6150 数控车床的典型液压系统原理图,与 MJ50 相比,卡盘的夹紧和松开、卡盘夹紧力的高低压转换、回转刀架的松开和夹紧,刀架盘的正转和反转、尾座套筒的伸出和退回基本相同,其中增加了防护门的开启和关闭的控制部分。

(2) MJ50 数控车床工作过程与控制顺序 典型数控车床液压系统工

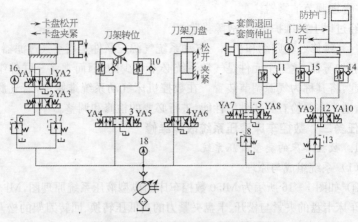

图 1-17 CK6150 数控车床液压系统原理

1,2,3,4,5,12—换向阀；6,7,8,13—减压阀；9,10,11,14,15—调速阀；

16,17,18—压力表

作过程可参见图 1-16。

① 液压系统的工作过程见表 1-25。

表 1-25 MJ50 数控车床液压系统的工作过程

组成部分	工作元件	工作、控制说明
动力部分 （辅助部分）	1）单向变量液压泵 2）单向阀 3）滤网 4）油箱	1）液压泵输出压力调整到 4MPa 2）输出压力由压力表 14 显示 3）液压泵输出的压力油经单向阀进入液压控制回路
主轴卡盘控制	1）二位四通电磁阀1、2 2）减压阀 6、7 3）卡盘液压缸 4）压力表 12	主轴卡盘的夹紧与松开由二位四通电磁阀 1 控制。卡盘的高压夹紧与低压夹紧的转换，由电磁阀 2 控制 1）高压夹紧：当卡盘处于正卡（也称外卡）且在高压夹紧状态下，夹紧力的大小由减压阀 6 来调整，由压力表 12 显示卡盘压力。系统压力油经减压阀 6→电磁阀 2（左位）→电磁阀 1（左位）→液压缸右腔，活塞杆左移，卡盘夹紧。这时液压缸左腔的油液经阀 1（左位）直接回油箱 2）高压松开：系统压力油经减压阀 6→电磁阀 2（左位）→电磁阀 1（右位）→液压缸左腔，活塞杆右移，卡盘松开。这时液压缸右腔的油液经阀 1（右位）直接回油箱

（续表）

组成部分	工作元件	工作、控制说明
主轴卡盘控制	1）二位四通电磁阀1、2 2）减压阀6、7 3）卡盘液压缸 4）压力表12	3）低压夹紧：当卡盘处于正卡且在低压夹紧状态下，夹紧力的大小由减压阀7来调整。系统压力油经减压阀7→电磁阀2（左位）→电磁阀1（左位）→液压缸右腔，卡盘夹紧 4）低压松开：系统压力油经减压阀7→电磁阀2（右位）→电磁阀1（右位）→液压缸左腔，卡盘松开
回转刀架控制	1）三位四通电磁阀3 2）二位四通电磁阀4 3）调速阀9、10 4）刀架转位液压马达 5）刀盘夹紧松开液压缸	回转刀架换刀时，首先是刀盘松开，之后刀盘就近转位到达指定的刀位，最后刀盘复位夹紧 刀盘的夹紧与松开，由一个二位四通电磁阀4控制。刀盘的旋转有正转和反转两个方向，由一个3位四通电磁阀3控制，其旋转速度分别由调速阀9和10控制 1）回转刀架正转：电磁阀4右位，刀盘松开→系统压力油经电磁阀3（左位）→调速阀9→液压马达，刀架正转→电磁阀4左位，刀盘夹紧 2）回转刀架反转：电磁阀4右位，刀盘松开→系统压力油经电磁阀3（右位）→调速阀10→液压马达，刀架反转→电磁阀4左位，刀盘夹紧
尾座套筒控制	1）减压阀8 2）三位四通电磁阀5 3）调速阀11 4）压力表13 5）尾座套筒驱动液压缸	尾座套筒的伸出与退回由一个三位四通电磁阀5控制，套筒伸出工作时的预紧力大小通过减压阀8来调整，并由压力表13显示 1）尾座套筒伸出：系统压力油经减压阀8→电磁阀5（左位）→液压缸左腔，套筒伸出。这时液压缸右腔油液经阀11→电磁阀5（左位）回油箱 2）尾座套筒退回：系统压力油经减压阀8→电磁阀5（右位）→阀11→液压缸右腔，套筒退回。这时液压缸左腔的油液经电磁阀5（右位）直接回油箱

② 回转刀架转位换刀的控制流程见表 1-26。

③ 液压系统的动作控制　液压系统的动作顺序和电磁阀电磁铁动作见表 1-27。

2. 液压系统的常见故障诊断与排除方法

（1）常见故障现象　数控机床液压系统的常见故障与一般的机床液压系统故障类似，故障一般现象有：压力不能提高、液压冲击、振动与噪声、速度不稳爬行、系统液压油温度过高、系统内外泄漏等。

表 1-26 回转刀架回转换刀流程

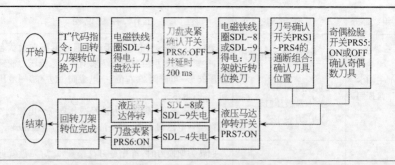

如图所示,回转刀架的自动转位换刀是由 PC 顺序控制实现的。在机床自动加工过程中,当完成一个工步需要换刀时,加工程序中的 T 代码指令回转刀架转位换刀。这时,由 PC 输出执行信号,首先使电磁铁线圈 SDL-4 得电动作,刀盘松开,同时刀盘的夹紧确认开关 PRS6 断电,并延时 200ms。之后,根据 T 代码指定的刀具号,由液压马达驱动刀盘,就近转位选刀,若 SDL-8 得电则刀架正转,若 SDL-9 得电则刀架反转。刀架转位后是否到达 T 代号指定的刀具位置,由一组刀号确认开关 PRS1~PRS4 并与奇偶校验开关 PRS5 来确认。如果指令的刀具到位,开关 PRS7 通电,发出液压马达停转信号,使电磁铁线圈 SDL-8 或 SDL-9 失电,液压马达停转。同时,SDL-4 失电,刀盘夹紧,即完成了回转刀架的一次转位换刀动作。这时,开关 PRS6 通电,确认刀盘已夹紧,机床可以进行下一个动作

表 1-27 MJ50 数控车床液压系统电磁铁动作顺序表

电磁铁线圈号 动　作			SDL-1	SDL-2	SDL-3	SDL-4	SDL-8	SDL-9	SDL-6	SDL-7
卡 盘 正 卡	高 压	夹紧	+	-	-					
		松开	-	+	-					
	低 压	夹紧	+	-	+					
		松开	-	+	+					
卡 盘 反 卡	高 压	夹紧	-	+	-					
	低 压	夹紧	-	+	+					
		松开	+	-	+					
回 转 刀 架		刀架正转					+	-		
		刀架反转					-	+		
		刀盘松开				+				
		刀盘夹紧				-				
尾 座		套筒伸出							+	-
		套筒退回							-	+

（2）常见故障原因 液压系统的故障是由多种因素综合影响的结果，基本原因有：使用维护不合理、装配调整不到位、点检维修不及时、维修检修质量差等。

（3）常用维修方法 故障引发的原因是综合性、多因素的，因此故障检修的部位也往往是多部分、多元件的。对于同一故障现象，故障引发的部分和元件也是不一样的。因此，熟悉机床液压系统，掌握系统的基本原理和组成元件的检测方法，由表及里，逐步排除，是数控机床液压系统故障排除的基本方法。

3. 数控车床液压系统的故障维修实例

【实例 1 - 31】

（1）故障现象 某 SIEMENS 810T 系统数控立式车床，刀架上下运动时，刀架顶端进油管路出现异常，连续冒油，系统报警润滑油路油压过低。

（2）故障原因分析 常见原因是润滑油路及相关控制元件故障。

（3）故障诊断和排除

① 检查润滑液压系统管路无损坏。

② 检查润滑油路的 PLC 状态正常。

③ 进一步检查润滑液压系统控制元件，发现刀架润滑油路中的一个两位三通电磁阀线圈烧坏，致使阀芯不能复位。

④ 检查诊断结果：由于电磁阀损坏，导致刀架润滑供油始终处于常开状态，润滑油大量泄流，从而产生润滑油压过低报警。

⑤ 根据故障成因，更换故障电磁阀，加入润滑油调整油液面，系统报警消除，故障被排除。

（4）维修经验归纳和积累 润滑油路的控制一般是比较简单的，但在一些润滑要求比较高的数控机床上，设置了润滑油路监控的系统，检查润滑油路控制元件的控制状态和元件性能是排除此类故障的基本方法。

【实例 1 - 32】

（1）故障现象 某 SIEMENS 810T 系统数控车床，在工件装夹时出现报警 6013"CHUCK PRESSURE SWITCH"。

（2）故障原因分析 根据机床说明书，报警 6013 提示卡紧压力开关和工件卡紧压力不足。通常原因为卡盘或控制信号有故障。

（3）故障诊断和排除

① 检查工件卡紧机械装置。经检查，工件卡紧装置相关的机械传动

部位无故障。

② 检查工件卡紧的液压控制系统。压力正常,系统无泄漏,工件夹紧状态正常。

③ 检查夹紧装置信号传递系统。根据机床工作原理,如图 1-18 所示,压力开关 B05 检测工件夹紧压力,接入 PLC 的输入 I0.5。

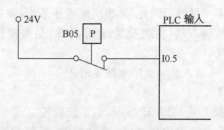

图 1-18 工件夹紧系统压力检测开关连接图

④ 检查 PLC 输入状态。利用机床 DIAGNOSIS 功能检查 I0.5 的状态为"0",表明没有压力检测信号输入。

⑤ 检查输入元件。输入元件是压力开关 B05,检测压力开关的性能,发现已损坏。

⑥ 更换输入元件。根据检查诊断结果,更换损坏的压力开关 B05,机床报警解除,恢复正常运行。

(4)维修经验归纳和积累 液压或气动控制的数控车床工件夹紧装置,夹紧力的控制信号传递通常是通过压力开关实现的,压力开关的性能直接影响夹紧动作的控制信号的传递。因此在日常维护维修中应重视压力开关的性能检测和发信压力的调整。

【实例 1-33】

(1)故障现象 某 SIEMENS 805C 系统数控车床,开机后发现液压站发出异常响声,液压卡盘无法正常装夹工件。

(2)故障原因分析

① 现场观察。经现场观察,发现机床开机起动液压泵后,即产生异常响声,同时,液压站无液压油输出。

② 罗列成因。液压站由液压泵、电动机、液压油箱和管路等组成,产生异常响声的原因可能是:

a. 液压站油箱内液压油太少,导致液压泵因缺油而产生空转。

b. 液压站油箱内液压油长期未更换,污物进入油中,导致液压油黏度太高。

c. 液压站输出油管堵塞，产生液压冲击。

d. 液压泵与液压电动机连接处发生松动。

e. 液压泵损坏。

f. 液压电动机轴承损坏。

（3）故障诊断和排除

① 系统检查。

a. 检查液压泵起动后的出口压力为"0"。

b. 检查液压油箱的油位处于正常位置。

c. 检查液压油的油质和清洁度属于正常范围。

d. 检查管路无堵塞现象。

② 元件检查。

a. 拆卸、检查液压泵，叶片液压泵无故障现象。

b. 检查液压电动机，电动机运转正常，电动机轴承无故障现象。

c. 检查液压泵与液压电动机的连接用尼龙齿式联轴器，发现联轴器啮合齿损坏。

③ 故障排除方法。

a. 根据故障元件的损坏情况，需要进行尼龙联轴器的更换。安装联轴器时，应按要求调整液压泵与液压电动机的轴向和轴线位置。更换联轴器后，液压泵输出正常压力的液压油，异常响声和卡盘无法装夹工件的故障排除。

b. 按系统设计和联轴器的承载能力，检查调整液压站的输出压力，避免输出液压油压力过高，导致联轴器的啮合齿超载损坏。

c. 建立联轴器维修更换记录，控制联轴器的使用寿命，避免重复的故障检查诊断。

（4）维修经验归纳和积累 联轴器是液压站的动力连接部件，联轴器有一定的负载能力，超载后会损坏结合齿。在维修液压卡盘的过程中，若出现超载故障，应同时兼顾检查联轴器的完好程度。

【实例 1 - 34】

（1）故障现象 某 SIEMENS 系统数控车床，刀塔旋转启动后，旋转不停，并出现报警"TURRET INDEXING TIME UP"，指示刀塔分度超时。

（2）故障原因分析 液压驱动转塔刀架的典型结构如图 1 - 19 所示。转塔刀架用液压缸夹紧，液压马达驱动分度，端齿盘副定位。根据刀塔的工作原理和电气原理图,PMC 输出 Y48.2 通过一个直流继电器控制刀塔推出电磁阀,如图 1-20 所示。按以上分析,常见的故障原因如下:

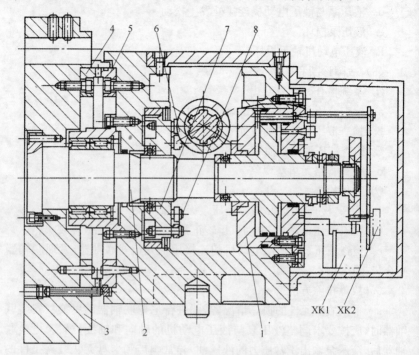

图 1-19　数控车床液压驱动转塔刀架典型结构示意

1—液压缸;2—刀架中心轴;3—刀盘;4,5—端齿盘;

6—转位凸轮;7—回转盘;8—分度柱销;

XK1—计数行程开关;XK2—啮合状态行程开关

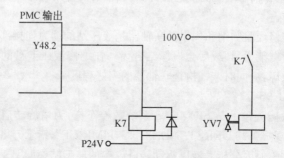

图 1-20　刀塔推出电气控制原理图

① 计数开关故障。

② 夹紧液压缸电磁阀故障。

③ 直流继电器故障。

④ 数控系统 PMC 信号传输故障。

(3) 故障诊断和排除

① 状态诊断检查。利用机床 DGNOS PARAM 功能观察 PMC 输出状态,在刀塔旋转找到第一把刀后,Y48.2 的状态变成"0",说明刀塔回落的命令已经发出。

② 信号传输检查。检查刀塔推出的电磁阀在 PMC 输出 Y48.2 的状态变成"0"时,控制电源已经断开。

③ 推理诊断。因能找到第一把刀,显示计数开关无故障;因 PMC 状态显示正常,指示刀塔回落的信号已经发出;因电磁阀控制电源断开,显示信号传输无故障,表明直流继电器无故障;电磁阀控制电源断开,但刀塔没有回落动作,而液压缸能抬起刀塔,液压缸无故障,因此故障应在控制电磁阀上。

④ 故障排除方法。

a. 用更换同型号的电磁阀进行维修,刀塔运行正常,刀塔旋转不停和没有卡紧的故障排除。

b. 检查电气线路,测量控制线路的电压,注意排除电磁阀线圈损坏的过电压情况。

c. 检查液压油的质量和清洁度,检查液压系统过滤装置,预防因液压油污染变质引发电磁阀阀芯阻滞等故障。

(4) 维修经验归纳和积累　换向电磁阀的常见故障包括阀芯不动或不到位、电磁铁过热或线圈烧毁等。在液压控制系统中,出现动作控制有故障时,在检修中应注意检查电磁阀的性能,主要检查阀芯的机械动作和电磁线圈、电磁铁的性能。

【实例 1 - 35】

(1) 故障现象　某 SIEMENS 810T 系统数控车床发现尾座行程不到位,尾座顶尖顶不紧现象。

(2) 故障原因分析　常见故障原因如下:

① 系统压力不足。

② 液压缸活塞拉毛或研伤。

③ 密封圈损坏。

④ 液压阀断线或卡死。

⑤ 套筒和尾座壳体内孔的配合间隙过小。

⑥ 行程控制开关位置调整不当。

（3）故障诊断和排除

① 用压力表检查系统压力，发现系统压力不稳定。

② 拆卸检查液压缸，缸筒内壁和活塞无损坏；承载能力正常。

③ 检查密封圈，密封圈变形损坏。

④ 检查液压电磁阀线圈、控制线和阀芯动作，无故障现象。

⑤ 检查套筒和壳体内孔的配合间隙，间隙偏小。

⑥ 检查行程开关的位置，调整不当。

⑦ 故障排除维修方法。

a. 更换液压缸和活塞的密封圈。

b. 研修套筒和尾座壳体内孔，或经过锥套调整，使两者配合间隙达到技术要求。如图 1-21 所示的尾座结构，轴承的径向间隙用螺母 8 和 6 进行调整，尾座套筒与尾座孔的间隙，用内、外锥套 7 进行微量调整，当向内

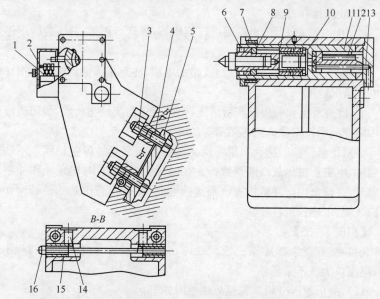

图 1-21 数控车床尾座的典型结构

1—行程开关；2—挡铁；3,6,8,10—螺母；4—螺栓；5—压板；7—锥套；
9—套筒内轴；11—套筒；12,13—油孔；14—销轴；15—楔块；16—螺钉

压外锥套时,内锥套内孔缩小,可使配合间隙减小;反之变大,压紧力用端盖来调整。

c. 检查溢流阀和减压阀,按技术要求调整系统和回路压力。

d. 合理调整行程开关的位置。

e. 检查和维护尾座部位的导轨润滑。

经过以上维修保养,尾座行程不到位和顶尖顶不紧的故障排除。

(4) 维修经验归纳和积累 数控车床的液压系统维修涉及机械负载、液压系统承载和控制性能等几方面的维护维修内容,在实际维修中,应熟悉各机械组件配合和传动精度,液压元件的性能检测,以便进行合理的检修和元件更换与调整。

项目三 电气部分故障维修

任务一 数控车床电源和主电路故障维修

数控机床强电电路一般由主回路、控制电路和辅助电路等部分组成。各部分电路都是由低压电器等构成的。低压电器包括配电电器和控制电器。如图 1-22 所示为数控车床强电电路图,TK40A 数控车床主轴采用变频调速,三挡无级变速,数控系统实现机床的两轴联动。机床配有四工位刀架,可开闭的半防护门。设备主要器件见表 1-28。

表 1-28 设备主要装置和元器件

名称	规 格	主 要 用 途	备注
数控装置	HNC-21TD	控制系统	HCNC
软驱单元	HFD-2001	数据交换	HCNC
控制变压器	AC380/220V 300W	伺服控制电源、开关电源供电	HCNC
	AC380/110V 250W	交流接触器电源	
	AC380/24V 100W	照明灯电源	
伺服变压器	3P AC380/220V 2.5kW	为伺服供电	HCNC
开关电源	AC 220V 或 DC 24V 145W	HNC-21TD、PLC 及中间继电器	明玮
伺服驱动器	HSV-16D030	X、Z 轴电动机伺服驱动器	HCNC
伺服电动机	GK6062-6AC31-FE(7.5N·m)	X 轴进给电动机	HCNC
伺服电动机	GK6063-6AC31-FE(11N·m)	Z 轴进给电动机	HCNC

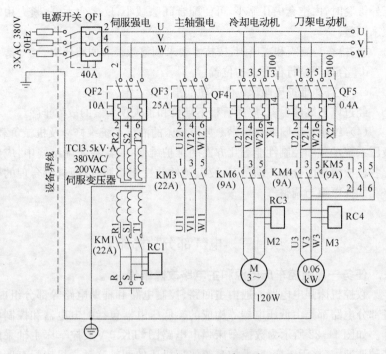

图 1 - 22　TK40A 强电回路

1. 典型数控车床电源与主电路分析

（1）主回路分析　图 1 - 22 所示是 380V 强电回路。图中 QF1 为电源总开关。QF3、QF2、QF4、QF5 分别为主轴强电、伺服强电、冷却电动机、刀架电动机的空气开关，作用是接通电源及短路、过电流时起保护作用。其中 QF4、QF5 带辅助触头，该触点输入 PLC，作为报警信号，并且该空气开关的保护电流为可调的，可根据电动机的额定电流来调节空气开关的设定值，起过电流保护作用。KM3、KM1、KM6 分别为主轴电动机、伺服电动机、冷却电动机交流接触器，由它们的主触点控制相应电动机。KM4、KM5 为刀架正反转交流接触器，用于控制刀架的正反转。TC1 为三相伺服变压器，将交流 380V 变为交流 200V 供给伺服电源模块。RC1、RC3、RC4 为阻容吸收，当相应的电路断开后，吸收伺服电源模块、冷却电动机、刀架电动机中的能量，避免产生过电压而损坏器件。

（2）电源电路分析　图 1 - 23 所示为电源回路图。图中 TC2 为控制变压器，一次侧为 AC380V，二次侧为 AC110V、AC220V、AC24V，其中

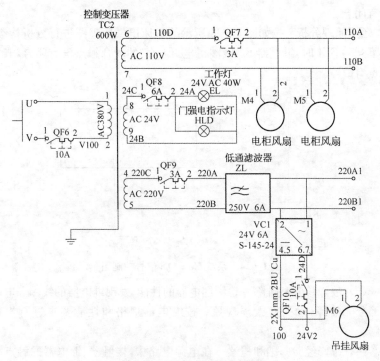

图 1-23 TK40A 电源回路图

AC110V 给交流接触器线圈和强电柜风扇提供电源；AC24V 给电柜门指示灯、工作灯提供电源；AC220V 通过低通滤波器滤波后给伺服模块、电源模块、24V 电源提供电源。VC1 为 24V 电源，将 AC220V 转换为 AD24V 电源，给机床数控系统、PLC 输入/输出、24V 继电器线圈、伺服模块、电源模块、吊挂风扇提供电源。QF6、QF7、QF8、QF9、QF10 空气开关为电路的短路保护。

2. 数控车床电源和主电路的故障维修实例

【实例 1-36】

（1）故障现象 某 SIEMENS 810T 系统数控车床，机床开机后系统无法启动，面板和 CPU 模板上的 LED 没有显示。

（2）故障原因分析

① 初步诊断。根据故障现象，首先怀疑为系统供电的 24V 电源有故障，检查电源模块上的直流 24V 电源正常。

② 信号检查。检查连接到电源模块上的 NC ON 信号在系统启动时没有闭合。

③ 原理分析。按如图 1-24 所示的机床电气原理图进行分析检查，按下开关 SB1 时，继电器 K1 线圈得电，但 K1 的动合触点没有闭合，表明触点有故障。

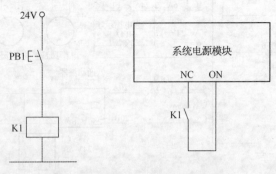

图 1-24　系统 NC-ON 信号控制图

（3）故障诊断和排除　检测继电器的性能，发现继电器的线圈和电磁铁部分无故障，触头有毁损现象。按继电器规格和性能要求进行更换维修。

（4）维修经验归纳和积累　在电源电路中，接触器、继电器的触点故障占很大的比例，在检修中应注意检查触点的接触面情况。

【实例 1-37】

（1）故障现象　某 SIEMENS 810T 系统数控车床，在工件装卸过程中，突然断电，再次通电后，机床不能启动。

（2）故障原因分析　因机床不能启动，通常是电源单元有故障。

（3）故障诊断和排除

① 检查机床配套的电源单元。根据报警显示，电源单元的报警灯 ALM 亮，表明电源单元有故障。进一步检查，发现回路保护熔断器 F14 已经熔断。

② 分析电源熔断器熔断的原因。对照电源单元原理图，发现系统提供给外部的＋24V 电源与地之间存在短路。＋24V 电源是系统提供给机床 PMC 外部输入、输出电路的直流 24V 电源，由此可以初步判定故障部位在机床侧。

③ 检查直流电源的负载。对 PMC 的各个输入、输出点进行逐一检

测,由于故障在装卸工件时发生,因此对脚踏开关等进行了重点检查,最后发现车床的脚踏开关有故障,其连接线对地短路。

④ 确认故障原因和部位后,采用以下维修措施。

a. 更换短路的连接线,或排除连接线的短路故障。通电试车机床恢复正常。

b. 对脚踏开关和连接线的位置进行检查调整,进一步排除导致开关接线造成短路的各种因素,如开关松动、切屑堆积等,防止发生类似故障。

（4）维修经验归纳和积累

① 熔断器是电路的过电流保护电器,熔断器熔断一般是该回路中有短路故障。

② 对地短路是数控机床常见的强电电路故障之一,数控车床为了装夹工件时便于操作,通常采用脚踏开关控制卡盘松开和夹紧,脚踏开关接线对地短路是夹紧控制电路典型的短路故障。

【实例 1－38】

（1）故障现象　某 SIEMENS 系统数控车床,在操作过程中突然断电,再次开机时,系统显示报警"PMC SYSTEM ALM"。

（2）故障原因分析　在数控系统中,系统报警 "PMC SYSTEM ALM",提示"PMC 模块不正常,或 RAM 模块不良"。

（3）故障诊断和排除

① 检查电源,主电路熔断丝熔断。

② 检测控制电源,输入电源正常,输出的 24V 直流电压有短路现象,并将熔断丝熔断。导致 PMC 模块上无 24V 电源。

③ 询问操作人员的故障发生过程,了解到故障是在试运行中发生的,故障在改变进给倍率时发生的。因此初步判定故障与倍率开关有关联。

④ 对倍率开关进行检查,发现操作面板上的倍率开关连接线有短路现象。进一步检查,引起短路的原因是倍率开关与面板的连接松动,在转动倍率开关时,造成开关连接线对地短路,从而引起熔断器熔断。

⑤ 确认故障原因和部位后,采用以下维修措施。

a. 重新安装倍率开关,采用放松措施,排除倍率开关转动时的转位松动,检修引起短路的连接线。

b. 更换熔断器,通电试车,机床故障排除,恢复正常。

（4）维修经验归纳和积累　控制电源输出短路,主要故障原因是控制电器、负载及接线短路,引起过电流。

【实例 1－39】

（1）故障现象　某 SIEMENS 805C 数控车床，正常关机后，再次开机，系统电源无法启动。

（2）故障原因分析　电源无法启动的常见原因是保护电器启动，或控制电器故障，如熔断器熔断、热继电器过载动作、主继电器电磁部分或触点故障等。

（3）故障诊断和排除

① 检查模块指示。观察电源单元的指示灯（发光二极管）亮，表明内部输入单元的 DC24V 辅助电源正常。同时 ALM 灯也亮着。

② 查阅原理图。表明系统内部的＋24V、±15V、＋5V 电源模块报警，或外部的报警信号接通，使继电器吸合，引起控制电路互锁而无法通电。

③ 报警故障追踪。进一步检查发现外部报警信号 ALM 已接通，根据机床电器原理图，逐一检查该报警号接通的各个条件，最终查明故障原因是液压马达液压系统电动机主电路跳闸，但检查液压马达并无过载现象。

④ 进一步检查主电路的保护电器调整值，发现主电路热继电器的整定值过小。

⑤ 确认故障原因和部位后，采用以下维修措施。

a. 检查液压马达的性能，确定无过载现象。

b. 检测和核对液压马达的液压系统电动机启动电流和额定电流。

c. 检查热继电器的完好状态，并适当调整热继电器整定值，与液压马达的驱动电动机起动电流匹配。

（4）维修经验归纳和积累　液压马达是一种能量转换装置，其功能是将油液的液压能转换为机械能，来驱动机构转动，是液压系统中的执行元件。液压马达的主要性能参数有：排量、效率、转速、输出转矩、输出功率等。在数控机床液压系统中，由于负载的动作要求，需要液压马达适应负载速度大，有变速要求，负载转矩较小，低速平稳性要求高的工况。液压系统电动机的功率是与系统的负载相适应的，若电路的保护电气整定电流过小，会发生无法启动的故障。

任务二　数控车床电气控制电路故障维修

1. 典型数控车床控制电路分析

（1）主轴电机控制分析　图 1－25、图 1－26 所示分别为交流控制回

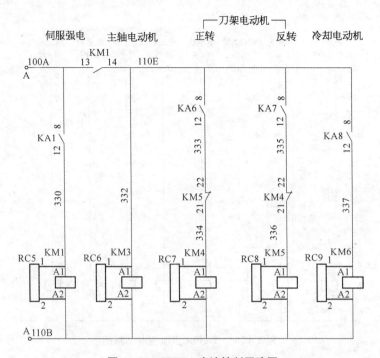

图 1 - 25　TK40A 交流控制回路图

路图和直流控制回路图。先将 QF2、QF3 空开合上(参见图 1 - 23 强电回路),当机床未压限位开关、伺服未报警、急停未压下、主轴未报警时,KA2、KA3 继电器线圈通电,继电器触点吸合,并且 PLC 输出点 Y00 发出伺服允许信号。KA1 继电器线圈通电,继电器触点吸合;KM1 交流接触器线圈通电,交流接触器触点吸合;KM3 主轴交流接触器线圈通电,交流接触器主触点吸合。主轴变频器加上 AC380V 电压,若有主轴正转或主轴反转及主轴转速指令时(手动或自动),PLC 输出主轴正转 Y10 或主轴反转 Y11 有效,主轴 AD 输出对应于主轴转速的直流电压值(0~10V),主轴按指令值的转速正转或反转。当主轴速度到达指令值时,主轴变频器输出主轴速度到达信号给 PLC 输入 X31(未标出),主轴转动指令完成。主轴的启动时间、制动时间由主轴变频器内部参数设定。

(2) 刀架电动机控制分析　当有手动换刀或自动换刀指令时,经过系统处理转变为刀位信号。这时使 PLC 输出 Y06 有效,KA6 继电器线圈通电,继电器触点闭合,KM4 交流接触器线圈通电,交流接触器主触点吸合,

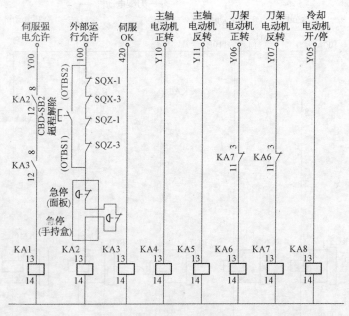

图 1 - 26   TK40A 直流控制回路图

刀架电动机正转。当 PLC 输入点检测到指令刀具所对应的刀位信号时，PLC 输出 Y06 有效撤消、刀架电动机正转停止；PLC 输出 Y07 有效，KA7 继电器线圈通电，继电器触点闭合，KM5 交流接触器线圈通电，交流接触器主触点吸合，刀架电动机反转。延时一定时间后（该时间由参数设定，并根据现场情况作调整），PIC 输出 Y07 有效撤消，KM5 交流接触器主触点断开，刀架电动机反转停止，换刀完成。为了防止电源短路，在刀架电动机正转、继电器线圈、接触器线圈回路中串入了反转继电器、接触器动断触点。值得注意的是，刀架转位选刀只能一个方向转动，取刀架电动机正转。刀架电动机反转只为刀架定位。

（3）冷却电机控制分析　当有手动或自动冷却指令时，这时 PLC 输出 Y05 有效，KA8 继电器线圈通电，继电器触点闭合，KM6 交流接触器线圈通电，交流接触器主触点吸合，冷却电动机旋转，带动冷却泵工作。

2. 数控机床电气控制电路的常见故障及其原因

（1）故障现象——熔断器熔断　常见故障原因：

① 操作电路中有一相接地。

② 若主接触器接通时熔断，为该相接地。

（2）故障现象——接触器不能接通 常见故障原因：

① 线路无电压。

② 应闭合的闸刀或紧急开关未合上。

③ 控制电路的熔断器熔断。

④ 过电流保护电器元件的连锁触点未闭合。

⑤ 线路主接触器的吸引线圈断路。

（3）故障现象——过电流继电器动作 常见故障原因：

① 若主接触器接通时动作，原因是控制器的电路接地。

② 过电流继电器的整定值不符合要求。

③ 电动机定子线路有接地故障。

④ 机械部分故障，导致电流过载。

（4）故障现象——电动机只能单向旋转或无法断电 常见故障原因：

① 配线发生故障。

② 限位开关故障。

（5）故障现象——连锁或保护控制动作未达到要求 常见故障原因：

① 配线错误。

② 接线松脱。

3. 数控车床控制电路的故障维修实例

【实例 1-40】

（1）故障现象 某 SIEMENS 系统数控车床，在加工过程中，机床突然停电，CRT 上的显示全部消失，呈现黑屏状态，无法再次启动。

（2）故障原因分析 常见故障原因是电源单元和控制单元有故障，电源单元和控制电源的接线如图 1-27 所示。

（3）故障诊断和排除

① 检查电源单元 MATE-E2，交流电源和直流电源都处于正常状态。启动按钮 SB1、停止按钮 SB2，都处于完好状态。

② 检查控制单元的 CU-M3 的连接电缆 J27、J37 和 J38，都处于正常状态。

③ 用万用表检查各连接导线，发现 SB2 左侧的端子与电源单元的端子 2 之间断路。

④ 将断路的两点直接短接，机床立即恢复正常。

⑤ 进一步检查发现，故障根源是接插件 XP/S62(2) 上的导线脱焊，相

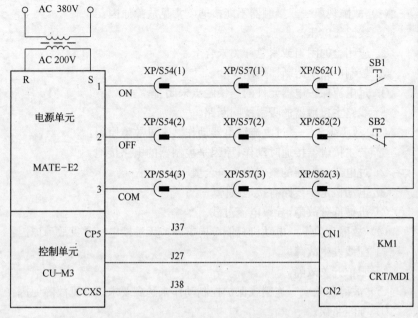

图 1-27 数控车床电源单元和控制电源接线示例

当于停止按钮 SB2 断开动断触头断路,致使系统始终处于停止状态。

⑥ 根据诊断部位和结果,对脱焊的导线端子重新进行焊接,故障被排除。

(4) 维修经验归纳和积累 控制电路是由电器元件和接线组成的,控制电路失控故障,通常是由于断路造成的。因此需要逐级检查连接端子和接线的导通情况。对控制电器的常闭触点(动断触点)也应进行检查,以便诊断出断路的部位进行修复。

【实例 1-41】

(1) 故障现象 某 SIEMENS 810T 系统数控车床,机床在工作时,MDI 手动数据输入接口有时工作正常,有时送不上电。CRT 也是相同情况。

(2) 故障原因分析 常见故障原因是电源单元和控制单元有故障。

(3) 故障诊断和排除

① 检查电源系统,交流输入电压正常。

② 检查系统电压+5V 和+12V 处于正常状态。

③ 检查控制按钮和继电器等元器件,都处于完好状态。

④ 检查控制电路所有接线、接插件都处于正常状态。

⑤ 检查控制电路中的 24V 直流电压,不稳定,电压在 10V～18V 波动。

⑥ 拆开 24V 稳压电源装置,取出印刷电路板仔细观察,发现有一个 22Ω 的电阻烧黑,用万用表测量其电阻,阻值变为几百千欧。

⑦ 根据稳压电源的工作原理分析,电阻改变阻值后,稳压电源失去稳压性能。

⑧ 更换 22Ω 电阻,电压恢复正常,控制电路不稳定的故障被排除。

(4) 维修经验归纳和积累 数控机床稳压电源的电压不稳定,常见的故障有稳压管击穿、分压电阻毁损且阻值不稳定、调整管参数变化等。检查和维修中应进行仔细地观察和检测。本例电阻外表发黑,阻值变大等,为故障部位及元器件诊断提供了线索,值得借鉴。

【实例 1－42】

(1) 故障现象 某 SIEMENS 810 系统双工位数控车床(每一个工位配置一个系统),在自动加工过程中,右工位的数控系统经常自动断电关机。每次关机时,工件的加工位置不同。数控系统再次启动后,又可以正常工作。

(2) 故障原因分析 常见的故障原因是电源不稳定。

(3) 故障诊断和排除

① 采用交换法检查。初步判断硬件有故障,将左、右工位的控制板进行交换,故障依然出现在右工位控制系统。

② 故障原因推断。如果数控系统的电压不稳定,系统会自动关机。本例双工位车床两套系统共用一个 24V 直流电源,推断电源电压有波动引起系统自动关机。

③ 检查检测直流电源。测量发现直流电源输出电压偏低,不足 24V。分别对两套系统进行电源测量,左工位系统电压 23V;右工位系统电压不足 22V。

④ 据理诊断分析。本立机床的 24V 直流电源安装在电气控制柜中,而数控系统的控制板安装在机床前面的操作位置。两者之间的供电电路比较长。当机床负荷加大时,电压会向下波动,右边系统的电路比左边更长,则电路压降会进一步增大。当机床停机后,电压会自动升高,因此又能重新启动。

⑤ 故障维修方法：

a. 将右边系统的 24V 供电电源的导线线径加大，减少电路压降对供电电压的影响。

b. 调整直流电源的电压，减少电压的波动幅度。

c. 控制机床的输入电源电压波动幅度。

（4）维修经验归纳和积累 在系统启动电压临界的情况下，供电电路的压降也会引起机床系统自动关机。由于机床的负载是变动的，在使用过程中，应保证系统电源电压控制在合理的范围之内。

【实例 1-43】

（1）故障现象 某 SIEMENS 系统数控车床，机床工作一段时间后，主轴电动机停止运行，不能再次启动。

（2）故障原因分析 常见的原因为电动机过载、变频器故障等。

（3）故障诊断和排除

① 检测主轴电动机三相绕组，无故障现象。

② 电动机运行中用手触摸外壳，温度正常，说明电动机没有过载，可排除机械部分过载因素。

③ 检查变频器的三相输入电压 R、S、T 都正常，而三相输出电压 U、V、W 均为零，表明变频器没有工作。

④ 本例机床主轴使用 FR-SF-2-15K 型变频器，对变频器的控制电路进行检查。如图 1-28 所示为变频器的外部接线，主轴电动机过载保

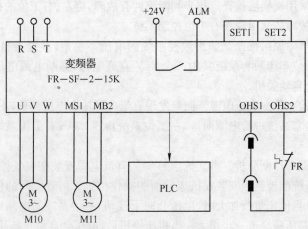

图 1-28 变频器的外部接线

护热继电器 FR 通过 OHS1 和 OHS2 两个端子与变频器连接,按图检查连接线,未发现故障现象。

⑤ 进一步检查发现 OHS1 和 OHS2 的外部呈开路状态,故障应为 FR 没有闭合。

⑥ 检测 FR,发现 FR 触头接触不良,虽然电动机没有过载,但因 FR 触头未闭合,导致变频器内部的保护电路动作,变频器不能启动。

⑦ 更换相同规格的热继电器,控制电路正常,变频器启动,机床主轴恢复正常工作。

(4) 维修经验归纳和积累 热继电器是控制电路中常用的过电流保护元器件,当控制电路发生故障时,应注意检查检测串接在控制电路中的热继电器,重点是对控制电流的调整和触点的恢复闭合功能进行检查检测。

项目四 数控系统故障维修

数控机床的数控系统主要由数控装置和伺服装置两大部分组成,标准型数控系统(CNC 系统)的基本构成如图 1-29 所示。

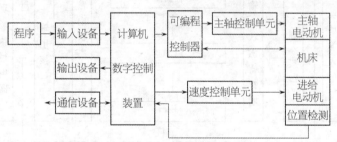

图 1-29 CNC 系统的基本构成

(1) 数控装置 数控装置是数控机床的核心,主要包括硬件(各种电子线路板,如中央数据处理器、存储器、接口板、显示卡、显示器、键盘、电源等)及软件(如操作系统、插补软件、补偿软件、机床控制软件、图形处理软件等)两大部分。其主要作用是完成零件程序的输入、输出及处理、加工信息的存储及处理、插补运算、坐标轴运动控制及机床所需的其他辅助动作的控制(如冷却的启动、停止,主轴的旋转方向控制及变速等)。

(2) 驱动装置 驱动装置是数控机床的执行机构,一般包括进给驱动单元、进给电动机与主轴驱动单元、主轴电动机两大部分。通常由速度控制器、位置控制器、驱动电动机和相应的位置检测装置组成。驱动装置根据数控装置发出的运动控制脉冲指令,带动机床的工作台、主轴自动完成相应的运动,并对运动或定位的速度和精度进行控制。每一个指令脉冲信号使机床运动部件产生的位移量称为脉冲当量。常用的脉冲当量为0.01mm/脉冲、0.005mm/脉冲和0.001mm/脉冲。目前数控机床中常用的伺服驱动电机是功率步进电机、交流伺服电机和直流伺服电机。常用的位置检测装置是光电编码器、光栅等位置检测元件。

任务一　数控车床 PLC 控制系统故障维修

1. 数控机床 PLC 控制方式和主要功能

1) 控制方式　PLC 控制为存储程序控制,其工作程序存放在存储器中,系统要完成的控制任务是通过存储器中的程序来实现的,其程序是由程序语言来表达的。控制程序的修改不需要改变 PLC 的内接线(即硬件),只要通过编程器来改变存储器中某些语句的内容就可实现。PLC 系统的结构组成如图 1-30 所示,由输入、输出和控制逻辑三部分组成。

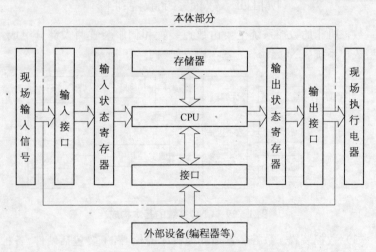

图 1-30　PLC 系统结构框图

　　PLC 控制系统的输入、输出部分与传统的继电器控制系统基本相同,其差别仅在于其控制部分,其控制元器件和工作方式是不一样的,熟悉和了解两者的区别和联系,有利于分析和排除 PLC 控制模块的故障。

2) 主要形式和功能

(1) 主要形式　数控系统内部处理的信息大致可分为两大类:一是控

制坐标轴运动的连续数字信息,这种信息主要由 CNC 系统本身去完成;另一类是控制刀具更换、主轴启动停止、换向变速、零件装卸、切削液的开停和控制面板、机床面板的输入输出处理等离散的逻辑信息,这些信息一般用可编程序控制器来实现。数控装置、PLC、机床之间的关系如图 1 - 31 所示。

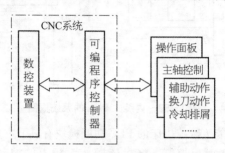

图 1 - 31 数控装置、PLC、机床之间的关系

PLC 在 CNC 系统中是介于 CNC 装置与机床之间的中间环节。它根据输入的离散信息,在内部进行逻辑运算并完成输出功能。数控机床 PLC 的形式有两种:一是采用单独的 CPU 完成 PLC 功能,即配有专门的 PLC。如果 PLC 在 CNC 的外部,则称为外装型 PLC(或称作独立型 PLC)。采用独立型 PLC 的 CNC 系统结构如图 1 - 32 所示。二是采用数控系统与 PLC 合用一个 CPU 的方法,PLC 在 CNC 内部,称为内装型 PLC(或称作集成式 PLC)。采用内装式 PLC 的 CNC 系统结构如图 1 - 33 所示。

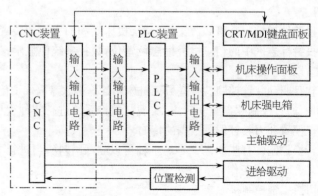

图 1 - 32 独立型 PLC 的 CNC 系统框图

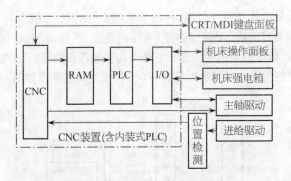

图 1 - 33   内装式 PLC 的系统框图

(2) 主要功能   数控机床的 PLC 功能模块有以下主要功能:

① 机床操作面板控制。将机床操作面板上的控制信号直接送入 PLC,以控制数控系统的运行。

② 机床外部开关输入信号控制。将机床侧的开关信号送入 PLC,经逻辑运算后,输出给控制对象。这些控制开关包括各类按钮开关、行程开关、接近开关、压力开关和温控开关等。

③ 输出信号控制。PLC 输出的信号经强电柜中的继电器、接触器,通过机床侧的液压或气动电磁阀对刀库、机械手和回转工作台等装置进行控制,另外还对冷却泵电动机、润滑泵电动机及电磁制动器等进行控制。

④ 伺服控制。控制主轴和伺服进给驱动装置的使能信号,以满足伺服驱动的条件。通过驱动装置,驱动主轴电动机、伺服进给电动机和刀库电动机等。

⑤ 报警处理控制。PLC 收集强电柜、机床侧和伺服驱动装置的故障信号,将报警标志区中的相应报警标志位置位,数控系统便显示报警号及报警文本,以方便故障诊断。

⑥ 软盘驱动装置控制。有些数控机床用计算机软盘取代了传统的光电阅读机。通过控制软盘驱动装置,实现与数控系统进行零件程序、机床参数、零点偏置和刀具补偿等数据的传输。

⑦ 转换控制。有些加工中心的主轴可以立/卧转换,当进行立/卧转换时,PLC 完成下述工作:

a. 切换主轴控制接触器。

b. 通过 PLC 的内部功能,在线自动修改有关机床数据位。

c. 切换伺服系统进给模块,并切换用于坐标轴控制的各种开关、按键等。

2. 数控机床 PLC 的输入输出元器件和故障形式

（1）常用输入元件 数控机床中 PLC 部分的输入元件主要是按钮开关、行程开关、接近开关以及其他元器件。数控机床其他的机床信号，如电流信号、电压信号、压力信号、温度信号都要由相应的传感器检测，然后送入系统进行判断，如果工作超常则进行报警等动作。另外，机床电路中的接触器、中间继电器等的常开（动合）触头和常闭（动断）触头信号也要进入PLC，从而判断接触器或继电器的状态。

（2）常用输出元件 数控机床中 PLC 的常用输出元件主要是接触器、各种继电器，另外，在数控机床中，与 PLC 相关的输出元件还有用于控制液压元件、气动元件的电磁阀，用来指示机床运行状态的 LED 指示灯等。

（3）故障表现形式 当数控机床出现有关 PLC 方面的故障时，一般有三种表现形式：

① 故障可通过 CNC 报警直接找到故障的原因。

② 故障虽有 CNC 故障显示，但不能反映故障的真正原因。

③ 故障没有任何提示。

对于后两种情况，可以利用数控系统的自诊断功能，根据 PLC 的梯形图和输入，输出状态信息来分析和判断故障的原因，这种方法是解决数控机床外围故障的基本方法。

3. SIEMENS 810T/M 系统的 PLC 状态显示功能

SIEMENS 810T/M 系统在诊断菜单中，可以实时显示 PLC 的各种状态，如输入状态、输出状态、标志位、数据位状态及定时器和计数器的状态等，以便用于故障原因的检测。具体应用时，可在任何操作状态下，找到DIAGNOSIS（诊断）功能。如图 1-34 所示为 DIAGNOSIS 诊断菜单，图1-35所示为 PLC 输入状态显示。

4. 数控车床 PLC 的故障维修实例

【实例 1-44】

（1）故障现象 某数控车床采用 SIEMENS 810T 系统。在自动加工时，发现没有切削液浇注故障。

（2）故障原因分析 在西门子数控车床中，切削液的浇注是由 PLC控制的，常见原因是输入输出元器件、电动机故障和接线故障。

（3）故障诊断和排除

① 现象观察：在手动操作状态下，用手动按钮控制也没有切削液浇注。

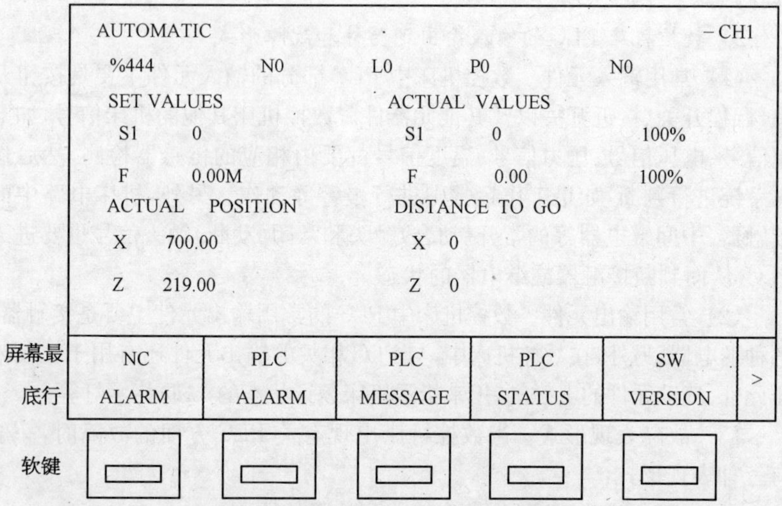

```
AUTOMATIC                                              - CH1
  %444           N0        L0       P0           N0
  SET VALUES                ACTUAL VALUES
   S1      0                 S1       0           100%

   F      0.00M              F       0.00         100%
  ACTUAL   POSITION        DISTANCE TO GO
   X    700.00              X   0

   Z    219.00              Z   0
```

屏幕最	NC	PLC	PLC	PLC	SW	>
底行	ALARM	ALARM	MESSAGE	STATUS	VERSION	

软键

图 1 - 34　DIAGNOSIS 诊断菜单

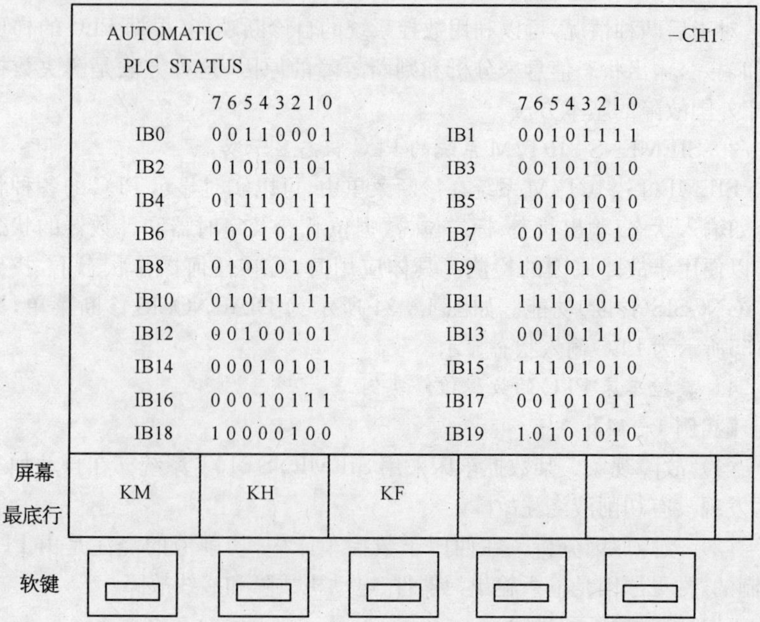

```
AUTOMATIC                                              - CH1
  PLC STATUS

             7 6 5 4 3 2 1 0                 7 6 5 4 3 2 1 0
   IB0       0 0 1 1 0 0 0 1        IB1       0 0 1 0 1 1 1 1
   IB2       0 1 0 1 0 1 0 1        IB3       0 0 1 0 1 0 1 0
   IB4       0 1 1 1 0 1 1 1        IB5       1 0 1 0 1 0 1 0
   IB6       1 0 0 1 0 1 0 1        IB7       0 0 1 0 1 0 1 0
   IB8       0 1 0 1 0 1 0 1        IB9       1 0 1 0 1 0 1 1
   IB10      0 1 0 1 1 1 1 1        IB11      1 1 1 0 1 0 1 0
   IB12      0 0 1 0 0 1 0 1        IB13      0 0 1 0 1 1 1 0
   IB14      0 0 0 1 0 1 0 1        IB15      1 1 1 0 1 0 1 0
   IB16      0 0 0 1 0 1 1 1        IB17      0 0 1 0 1 0 1 1
   IB18      1 0 0 0 0 1 0 0        IB19      1 0 1 0 1 0 1 0
```

屏幕	KM	KH	KF		
最底行					

软键

图 1 - 35　PLC 输入状态显示

② 图样分析:根据如图 1-36a 所示机床控制原理,机床的切削液浇注是通过 PLC 输出 Q6.2 控制切削液电动机的,切削液电动机带动冷却泵工作,产生流量和压力,进行喷淋。

③ 状态检查:为了诊断故障,进行以下状态检查。

a. 首先手动启动切削液电动机,利用系统 DIAGNOSIS 功能检 PLC 输出 Q6.2 的状态(如图 1-36b 所示),发现"1",状态正常。

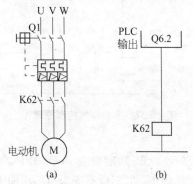

图 1-36 数控车床切削液浇注故障分析

(a) 切削液电动机电气控制原理图;

(b) 相关 PLC 输出状态图

b. 接着检查 K62 已吸合,无故障迹象。

c. 检查切削液电动机,发现电动机线圈绕组已经烧坏断路。

④ 维修切削液电动机后,冷却系统恢复正常工作。

(4) 维修经验归纳和积累 在数控机床中,输入/输出信号的传递,一般都要通过 PLC 的 I/O 接口来实现,因此,许多故障都会在 PLC 的 I/O 接口通道上反映出来。数控机床的 PLC 特点为故障诊断提供了方便,只要不是数控系统硬件故障,可以不必查看梯形图和有关电路图,直接通过查询 PLC 的 I/O 接口状态,找出故障原因。维修中的关键是要熟悉或查阅有关控制对象的 PLC 的 I/O 接口的通常状态和故障状态。

【实例 1-45】

(1) 故障现象 某配置 SIEMENS 810T 系统数控车床,工件加工完毕后,出现卡具不能松开,工件无法取下故障。

(2) 故障原因分析 常见原因是卡具控制系统及其控制元器件故障。

(3) 故障诊断和排除

① 现象观察:在自动加工时,工件松不开。在手动状态下,使用脚踏

开关也不能松开卡具。

② 据理分析:如图 1-37 所示,工件夹紧是电磁阀 Y14 控制的,电磁阀 Y14 由 PLC 输出 Q1.4 控制。

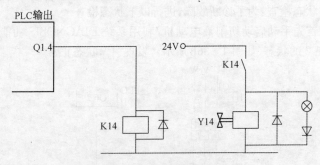

图 1-37　卡具电气控制原理图

③ 状态检查:

a. 利用系统 DIAGNOSIS 功能检查 PLC 输出 Q1.4 的控制状态,在踩脚踏开关时,Q1.4 的状态为"0",没有变为"1",说明 PLC 没有给出卡具松开的控制信号。

b. 查阅 PLC 输出 Q1.4 有关梯形图(图 1-38),发现标志位 F141.2 和 F146.2 的状态为"0",使 PLC 输出 Q1.4 的状态不能置位。

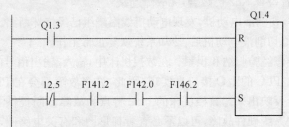

图 1-38　PLC 输出 Q1.4 梯形图

c. 查阅标志位 F142.2 的梯形图(图 1-39),观察其置位的各个元件的状态,发现标志位 F146.2 的状态为"0",使标志位 F141.2 不能置位。

③ 原因追踪:

a. 根据以上查阅,发现 PLC 输出 Q1.4 和标志位 1421.2 不能置位的原因都是标志位 146.2 的状态为"0"。

b. 查阅关于标志位 146.2 的梯形图(图 1-40),检查各元件的状态,发现 PLC 输入 I4.7 的状态为"0",使标志位 146.2 的状态为"0"。

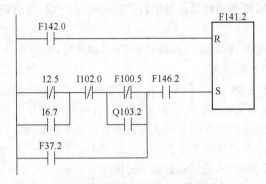

图 1-39 标志位 F141.2 梯形图

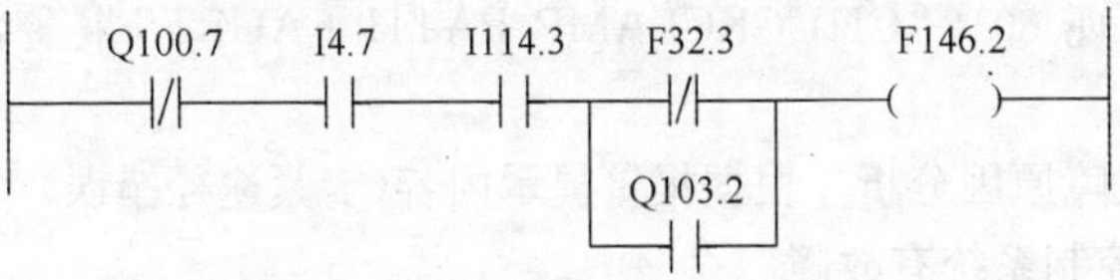

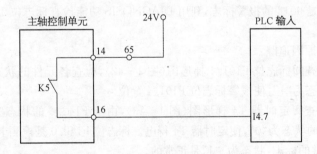

图 1-40 标志位 F146.2 梯形图

④ 诊断确认：PLC 输入 I4.7 是主轴静止信号，接入主轴控制单元，如图 1-41 所示。

主轴控制单元 24V PLC 输入

图 1-41 PLC 输入 I4.7 的电气连接图

a. 检查工件主轴已经停止。

b. 测量 I4.7 的端子没有电压。

c. 断电测量 K5 闭合无故障。

d. 检测主轴 24V 输入端子 14 无电压信号。

e. 检查发现接线端子 65 有松动现象，造成电源线虚接。

由此确认,虽然主轴静止继电器已经动作,但 PLC 没有得到主轴静止信号。

⑤ 故障维修:将电源线连接端子 65 紧固好后,机床卡具不能松开,工件不能取下的故障排除。

(4) 维修经验归纳和积累　在应用查阅 PLC 状态诊断故障原因时,可以通过检查相关标志位的状态,或数据位、定时器和计数器的状态进行推断,检查中应注意其中的关联和逻辑关系。如本例故障分析是根据 PLC 输出 Q1.4 状态不正常检查标志位的状态,然后根据有关的标志位状态检查 PLC 输入 I4.7 的状态,最后确诊相关的接线端子 65 松动导致故障产生。

【实例 1 - 46】

(1) 故障现象　某配置 SIEMENS 810T 系统数控车床,在机床加工过程中,出现 6012 "CHUCKCLAMP PATH FAULT" 报警,不能进行加工。

(2) 故障原因分析　根据报警提示内容(卡紧途径错误),常见故障原因是 PLC 控制系统有故障。

(3) 故障诊断和排除

① 机理推断:本例报警内容涉及危险报警,因此为防止工件卡不紧,主轴旋转时飞出,系统禁止加工运行。

② 查阅状态:6012 报警是 PLC 报警,根据系统报警机理,标志位 F101.4 是 6012 的报警标志,利用 DIAGNOSIS 功能检查标志位 101.4 状态为 "1"。

③ 原因追踪:

a. 查阅标志位 F101.4 梯形图(图 1 - 42),检查各元件的状态,发现 T4 的状态为 "1",使报警标志位 F101.4 置位。

b. 查阅定时器 T4 梯形图(图 1 - 43),由于 F142.0 的状态为 "1" 和 F142.4 的状态为 "0",使定时器 T4 得电。标志位 F142.0 是检测卡紧压力是否正常的标志,状态为 "1" 是正常的。

c. 查阅标志位 F142.4 梯形图(图 1 - 44),因 I5.5 及 F117.4 均正常,故障原因是 PLC 输入 I0.6 的状态为 "0"。

④ 诊断确认:根据机床工作原理,如图 1 - 45 所示,查阅 PLC 输入 I0.6 连接的开关 S06 用于检测卡具的机械移位是否到位,实际检查机械位置已经到位,因而确认开关 S06 有故障。检查该开关发现开关已经损坏。由此诊断故障原因是开关 S06 损坏,引起 I0.6 无输入。

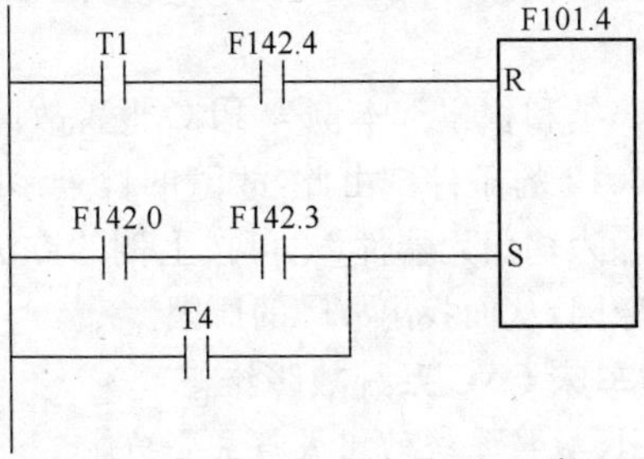

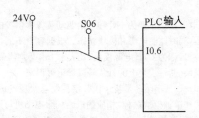

图 1 - 42 标志位 F101.4 的梯形图

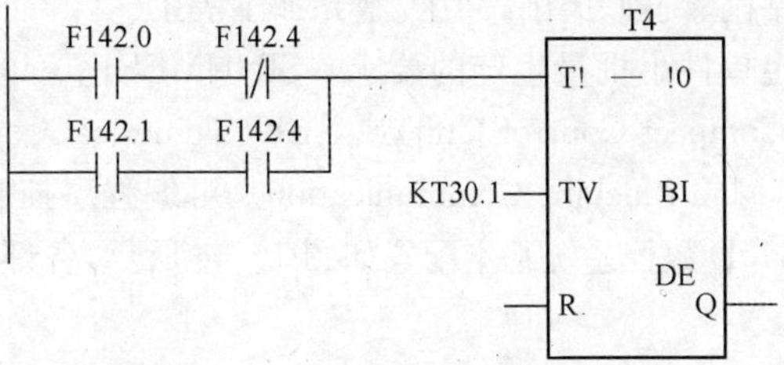

图 1 - 43 定时器 T4 的梯形图

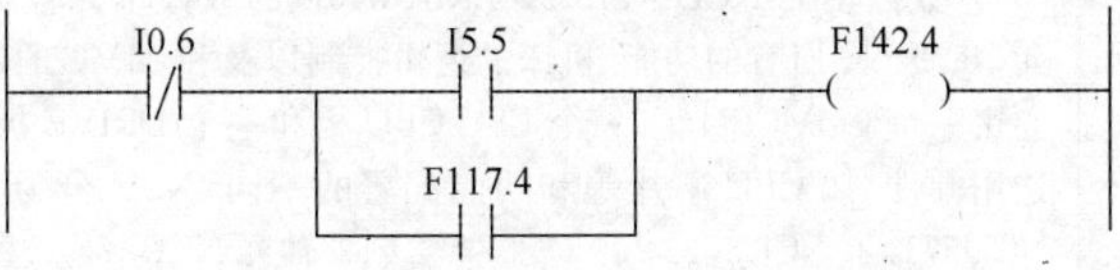

图 1 - 44 关于 F142.4 的梯形图

图 1 - 45 PLC 输入 I0.6 的连接图

⑤ 故障维修:更换检测开关 S06,机床"卡紧途径错误"报警解除,机床恢复正常运行。

(4) 维修经验归纳和积累　本例为 PLC 报警故障处理实例,标志位 101.4 置位为报警 6012 的条件。由此,故障的检查诊断可按提示检查工件卡紧途径相关的输入输出元器件,也可按上例的方法,追踪导致报警标志位 101.4 置位的原因,从而找出故障的原因。

任务二　数控车床 CNC 系统故障维修

1. SINUMERIK 数控系统的组成与主要功能

(1) SINUMERIK 数控系统的基本配置　SINUMERIK 840D 是典型的 SINUMERIK 数控系统之一,适用于所有机床及所有的工艺功能,广泛应用于车削、钻削、铣削、磨削、冲压、激光加工等工艺,既能适用于大批量生产,也能满足单件小批量生产的要求。SINUMERIK 840D 由数控及驱动单元 CCU(Compact Control Unit)或 NCU(Numerical Control Unit)、人机界面 MMC(Man Machine Communication)、可编程序控制器 PLC 模块三部分组成,840D 数控系统基本配置如图 1-46 所示,各部分的组成与功能见表 1-29。

表 1-29　SINUMERIK 840D 系统各组成部分及其功能

组成部分	组成及其功能说明
数控及驱动单元	1) 数控单元 NCU。SINUMERIK 840D 的数控单元被称为 NCU 单元,负责 NC 所有的功能、机床的逻辑控制以及和 MMC 的通信等功能。它由一个 COMCPU 板、一个 PLC CPU 板和一个 DRIVE 板组成。根据选用硬件,如 CPU 芯片等和功能配置的不同,NCU 分为 NCU561.2、NCU571.2、NCU572.2、NCU573.2(12 轴)、NCU573.2(31 轴)等若干种 2) 数字驱动。SINUMERIK 840D 配置的驱动一般都采用 SIMODRIVE611D,它包括两部分:电源模块和驱动模块(也称功率模块) ① 电源模块主要为 NC 和进给驱动装置提供控制和动力电源,产生母线电压,同时监测电源和模块状态。根据容量不同,凡小于 15kW 均不带馈入装置,记为 U/E 电源模块;凡大于 15kW 均需带馈入装置,记为 I/RF 电源模块,通过模块上的订货号或标记可识别 ② 611D 数字驱动是新一代数字控制总线驱动的交流驱动,它分为双轴模块和单轴模块两种,相应的进给伺服电动机可采用 1FT6 或者 1FK6 系列,编码器信号为 1Vpp 正弦波,可实现全闭环控制。主轴伺服电动机为 1PH7 系列

（续表）

组成部分	组 成 及 其 功 能 说 明
人机界面	人机交换界面负责 NC 数据的输入和显示，完成数控系统和操作者之间的交互，它由 MMC 和操作面板 OP（Operation Panel）组成 　MMC 包括：OP 单元，MMC，机床控制面板 MCP（Machine Control Panel）三部分。MMC 实际上就是一台计算机，有自己独立的 CPU，还可以带硬盘、软驱；OP 单元正是这台计算机的显示器，而西门子 MMC 的控制软件也在这台计算机中 　1）最常用的 MMC 有两种：MMC100.2 和 MMC103，其中 MMC100.2 的 CPU 为 486，不能带硬盘；而 MMC103 的 CPU 为奔腾，可以带硬盘。一般地，用户为 SINUMERIK 810D 系统配 MMC100.2，而为 SINUMERIK 840D 配 MMC103。PCU（PCUNIT）是专门为配合西门子最新的操作面板 OP10、OP10S、OP10C、OP12、OP15 等而开发的 MMC 模块，目前有三种 PCU 模块——PCU20、PCU50、PCU70。PCU20 对应于 MMC100.2，不带硬盘，但可以带软驱；PCU50、PCU70 对应于 MMC103，可以带硬盘。与 MMC 不同的是：PCU50 的软件是基于 WINDOWS NT 的。PCU 的软件被称作 HMI，HMI 分为两种：嵌入式 HMI 和高级 HMI。一般标准供货时，PCU20 装载的是嵌入式 HMI，而 PCU50 和 PCU70 则装载高级 HMI 　2）OP 单元一般包括一个 10.4inTFT 显示屏和一个 NC 键盘。根据用户不同的要求，西门子为用户选配不同的 OP 单元，如 OP010、OP010C、OP030、OP031、OP032、OP032S 等 　3）MCP 是专门为数控机床而配置的，是 OPI（Operator Panel Interface）上的一个节点，根据应用场合不同，其布局也不同。目前，有车床版 MCP 和铣床版 MCP 两种 　对于 SINUMERIK 840D 应用了 MPI（Multiple Point Interface）总线技术，传输速率为 187.5MB/s，OP 单元为这个总线构成的网络中的一个节点。对 810D 和 840D，MCP 的 MPI 地址分别为 14 和 6，用 MCP 后面的 S3 开关设定。为提高人机交互的效率，又有 OPI 总线，它的传输速率为 1.5MB/s
PLC 模块	SINUMERIK 840D 系统的 PLC 部分使用的是西门子 SIMATIC S7-300 的软件及模块，在同一条导轨上从左到右依次为电源模块、接口模块和信号模块 　1）电源模块（PS）是为 PLC 和 NC 提供电源的（+24V 和+5V） 　2）接口模块（IM）是用于各级之间互连的 　3）信号模块（SM）是机床 PLC 的输入/输出模块，有输入型和输出型两种

　（2）SINUMERIK 数控系统的主要功能　以 SINUMERIK840D 系统为例，西门子数控系统的主要特点与功能见表 1-30。

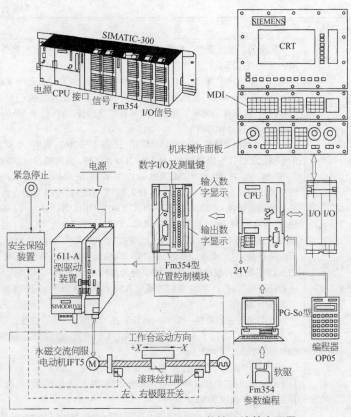

图 1－46　SINUMERIK 840D 数控系统基本配置

表 1－30　SINUMERIK 840D 系统主要特点与功能

功　能	特　点　与　功　能　说　明
显示功能 （Display）	屏幕显示 39 行，每行 78 字符，可显示报警及信息内容；屏幕文本可以在五种语言（德、英、法、意、西）中切换；可显示坐标实际值和剩余距离值，多通道显示，并具有屏幕保护功能
操作功能 （Operation）	操作按操作区域划分为：MACHINES、PARAMERS、PROGRAMMNGS、SERVICES、DIAGNOSIS。使用 14 个软键可进行软键菜单操作，使用系统集成的文本编辑器可以方便地进行插入、查找、交换、删除、拷贝等编辑操作。可进行报警及信息文本的编辑
操作方式	操作方式分为：自动方式、JOG 方式（SETUP）、示教（TEACHIN）、手动输入运行（MDA）

（续表）

功　　能	特 点 与 功 能 说 明
驱动及 轴的配置	1）适用于车床,铣床以及特殊应用,具有公英制两种显示系统,可进行两种系统的切换 2）输入分辨率可选:0.01～0.000 01mm,0.01°～0.000 01° 3）位置控制分辨率:0.05～0.000 05mm,0.05°～0.000 05° 4）位置控制输出可选:模拟±10V 或数字连接 SIMODRIVE611－D 5）进给及快移速度:最小进给 0.01mm/min,最大速度 10 000mm/min
主轴配置 功能	主轴定向,恒切削速度,变螺距螺纹,主轴转速为 0.1～99 000r/min,最高 8 挡切换,可模拟±10V 或数字连接 SIMODRIVE611－D
CNC 编程	加工的同时进行程序的输入、编辑、删除、拷贝以及 PLC 报警文本的编辑。程序中插入注释语句。绝对值及增量值编程
PLC 编程	STEP5 编程语言,带有扩展指令集,可用 LAD、STL、CSF 进行编程。1024 个输入地址、1024 个输出地址、128 个计数器;128 个计时器
存储能力	硬盘可存储 32 000 个程序。1～3MB 的 RAM 用于存储用户的加工程序及参数。32KB 的 PLC 用户程序存储器;8KB 的 PLC 参数存储。硬盘上至少有 40MB 的用户数据存储空间
数据交换	通用 RS－232C 接口,2 个附加 RS－232C 接口,在加工的同时可进行程序的读入和输出
安全和 诊断功能	安全程序监视测量电路,系统温度、电池、电压、存储、限位开关、风扇等。接口诊断,带有日期和时间的报警记录存储;轮廓监视,主轴监视,PLC 内部状态显示,可编程工作区域限制

2. 数控系统维修的作业要点

在维修西门子数控系统时,可根据数控系统维修的一般规律,从位置环、伺服驱动系统、电源、可编程序控制器逻辑接口或其他(如环境干扰、操作规范、参数设置等)等方面进行故障原因和部位的诊断和处理。

1）现场故障维修主要步骤　系统维修包括维修准备、现场维修和维修后处理三个阶段。现场维修是系统维修工作全过程的主要阶段,包括以下主要步骤:

（1）现象和故障诊断　分析现象特征,对故障进行检测、诊断、分析、判断系统故障原因。

（2）故障部位的确认　通过各种排除方法,确认故障原因和部位,将故障定位在板级或片级(元器件级)。

（3）故障维修　更换损坏电路板或元器件。

（4）试运行和系统调试　按规范进行维修装配、调整和试机。

（5）维修质量检验检测　运行观察和必要的精度检测，以确定维修质量。

2）现场故障记录的内容和方法

（1）故障时系统状态

① 系统当时处于何种方式，如 JOG（点动方式）、EDIT（编辑方式）、MEMORY（存储器方式）等。

② 是自动运行还是执行 M、S、T 等辅助功能。

③ 是否有 CRT 报警显示；报警号是什么。

④ 定位超差情况；刀具轨迹误差情况。

（2）故障发生的频繁程度

① 故障发生的时间，如一天发生几次；是否在用电高峰时发生等。

② 加工同类工件时发生故障的概率如何。

③ 发生故障的程序段。

④ 故障与机床何种运动、加工有关，如进给速度、螺纹切削等。

（3）故障的重复性

① 故障重演现象是否相同。

② 故障重复性出现是否与外界因素有关。

③ 故障重复性是否与程序的某些程序段、指令有关。

（4）故障发生时外界环境

① 环境温度：如环境温度是否超过允许温度；周围是否有高温源存在。

② 振动干扰：如周围是否有振动源存在。

③ 电磁干扰：是否有电磁干扰源存在。

（5）故障发生时机床情况

① 调整状况，如导轨间隙调整，加工位置调整等。

② 切削用量，如转速、吃刀量、进给量等。

③ 刀补设定，如刀补方向、刀补量等。

（6）操作运转情况

① 操作面板倍率开关设定位置是否为 0。

② 数控系统是否处于急停状态。

③ 操作面板的方式开关是否正确。

④ 进给按钮是否处于进给保持状态。

(7) 机床与系统连接情况

① 电缆是否连接可靠。

② 拐弯处电缆是否有破裂、损伤。

③ 电源线和信号线是否分组走线,间距是否符合要求。

④ 信号线屏蔽接地是否正确、可靠。

(8) CNC 装置情况

① 机柜是否有污染;空气过滤器过滤性能是否良好。

② 风扇工作是否正常;印刷电路板是否清洁。

③ 电源单元熔丝是否熔断;接线是否牢靠。

④ 印刷线路板安装是否牢靠;有无歪斜现象。

⑤ 电缆连接中接地、屏蔽接地是否可靠。

⑥ MDI/CRT 单元按钮是否破损;电缆连接是否正常。

⑦ 纸带阅读机是否有污物。

3. SINUMERIK 840D 数控系统的调整与维修特点

SINUMERIK 840D 的调整与维修与其他的系统相比,既有相同之处又有不同的地方,相同之处在于轴的选定也是通过机床数据(MD)来完成。不同之处是在 840D 系统轴的调整已经软件化。在系统的维修方面,840D 系统也有一些特点,840D 系统的调整与维修特点见表 1-31。西门子数控车床其他类型系统的调整和维修可参见 840D 系统的基本方法。

表 1-31　SINUMERIK 840D 系统调整与维修特点

项　　目	说　　　明
NC 机床数据	840D 的机床数据大致可以分为如下几类 1) 通用机床数据的范围:NC - MD10000~19600 2) 通道相关的机床数据范围:NC - MD20000~29000 3) 轴相关的机床数据范围:NC - MD30110~38010;该类数据定义轴的形式有直线轴、旋转轴等 4) FDD(进给轴驱动)数据范围:NC - MD1000~1799(每个进给轴都具有一套该类数据) 5) MSD(主轴驱动)数据范围:NC - MD2005~2725(每个主轴都具有一套该类数据);在该类数据中定义所用电动机的型号等 6) 驱动配置文档:在这个驱动配置文档中,可以定义所用的驱动模块,是进给轴还是主轴等 7) 显示与操作数据范围:NC - MD9000~9999;该类数据用来设定 V24 通信口和 CRT 的显示

项　目	说　　明
PLC 用户程序	840D 的 PLC 用户程序同其他数控的 PLC 用户程序一样是关于机床状态、外围输入信号与控制开关之间逻辑关系的程序，即机床的电气控制的逻辑关系主要是在 PLC 用户程序中确定的。840D 用 PLC 用户程序是由 STEP7 编程语言来编写的，可以借助 PG720/PG740 等编程仪对 PLC 用户程序进行编辑、输入、输出；也可以对 PLC 进行在线诊断和状态控制；也可读出中断堆栈、信号状态；也可启、停 PLC，给查找和处理与 PLC 有关的故障提供了极大的方便
警报类型及代码	1) NC 警报：000000～009999 一般警报；010000～01999 通道警报；020000～029999 进给轴/主轴警报；030000～039999 功能警报；060000～064999SIEMENS 循环程序警报；065000～069999 用户循环程序警报；070000～079999 机床厂编制的警报 2) MMC 警报/信息：100000～100999 基本程序警报；101000～101999 诊断警报；102000～102999 服务警报；103000～103999 机床警报；104000～104999 参数警报；105000～105999 编程警报；107000～107999OEM 警报 3) 611D 警报：300000～399999 驱动警报 4) PLC 警报：400000～499999 一般警报；500000～599999 通道警报；600000～699999 进给轴/主轴警报；700000～799999 用户警报；800000～899999 顺序控制警报
数据的保存	注意保存 840D 的数据，在 840D 调整好并将相应的文档存储后，在"Start-up"这个目录下有"NC-DATA"和"PLC-DATA"两个文件存储着 NC 与 PLC 的有关数据。要注意保存这两个文件
硬件维修特点	840D 硬件的特点是模块少，结构简单。这主要是由于丰富的软件替代了一部分硬件功能所致。因而其硬件的故障率很低。而一旦出现系统自身的硬件故障，在现场只有用备件来替换。除了驱动模块外，可替换的只有 NCU 和 MMC 这两个模块，而这两个模块集成度很高，在现场是无法修理的。若 PLC 的 I/O 模块有问题也会有相应的提示，应及时更换

4. 数控车床西门子系统故障维修实例

【实例 1-47】

（1）故障现象　某双工位专用数控车床配置 SIEMENS 810T 系统，自动加工时，右工位的数控系统经常出现自动关机故障，重新启动后，系统仍可工作，而且每次出现故障时，NC 系统执行的语句也不尽相同。机床每工位各用一套数控系统。伺服系统也是采用西门子的产品，型号为65C6101-4A。

（2）故障原因分析　常见原因是数控系统电源和负载有故障。

（3）故障诊断和排除

① 初步判断：SIEMENS 810T 系统采用 24V 直流电源供电，当这个电压幅值下降到一定数值时，NC 系统就会采取保护措施，迫使 NC 系统自动切断电源关机。

② 现象对照：本例机床出现此故障时，机床左工位的 NC 系统并没有关机，还在工作。通过图纸进行分析，两台 NC 系统共用一个直流整流电源。根据两个工位现象对照，如果是由于电源的原因引起这个故障，那么肯定是出故障的 NC 系统保护措施比较灵敏，电源电压下降，该系统就关机。

③ 据理推断：如果电压没有下降或下降不多，系统就自动关机，那么不是 NC 系统有问题，必须调整保护部分的设定值。

④ 特点分析：这个故障的一个重要原因是系统工作不稳定。由于这台机床的这个故障是在自动加工时出现的，在不进行加工时，并不出现这个故障，所以确定是否为 NC 系统的问题较困难。

⑤ 诊断检查：按初步诊断对供电电源和负载进行检查。测量所有的 24V 负载，但没有发现对地短路或漏电现象。在线检测直流电压的变化，发现这个电压幅值较低，只有 21V 左右。长期观察，发现在出现故障的瞬间，这个电压向下波动，而右工位 NC 系统自动关机后，这个电压马上回升到 22V 左右。

⑥ 原因确认：因故障一般都发生在主轴吃刀或刀塔运动的时候。据此认为 24V 整流电源有问题，容量不够，可能是变压器匝间短路，使整流电压偏低，当电网电压波动时，影响了 NC 系统的正常工作。

⑦ 维修检测：为了进一步确定故障原因，用交流稳压电源将交流 380V 供电电压提高到 400V，右工位系统自动关机的故障被排除。

⑧ 维护措施：为了彻底消除故障，更换一个新的整流变压器，使机床稳定工作。

（4）维修经验归纳和积累　系统电源的稳定性是保证系统正常运行的重要条件，因此系统自动关机应重点检查系统电源。

【实例 1 - 48】

（1）故障现象　某 SINUMERIK 840D 系统数控车床在加工过程中，屏幕突然无显示（非屏幕保护），出现操作单元无显示故障。

（2）故障原因分析　引起的原因可能有 PCU20 控制单元故障、OP010 显示操作单元故障、电源故障；或是系统软件进入死循环。

（3）故障诊断和排除

① 现象观察：机床的 MMC（人机通信操作面板）单元配置的是 PCU20 控制单元和 OP010 显示操作单元，在加工过程中突然无显示并不是屏幕保护生效，因为按操作面板上的任何键均不起作用。

② 先易后难：在这些故障原因中很快就能检查的是电源故障和软件故障，后者可通过系统关机复位进行恢复，前者需要对 MMC 的电源进行检查。

③ 排除检查：关机复位后故障仍然存在，排除了软件问题，说明故障发生在电源或 MMC 硬件上。

④ 检测诊断：测量 PCU20 控制单元的直流 24V 电源，没有 24V 电源电压，进一步检查发现 MMC 操作面板的 24V 电源线接头松动，接触不良。

⑤ 维修方法：紧固接线端子和采取防止松动的措施，处理后 MMC 操作面板恢复正常，操作单元无显示故障被排除。

（4）维修经验归纳和积累　检查单元、模块的故障应按线强电后弱电顺序，首先检查电源，然后检查输入输出的状态、电平等，然后进行故障部位和元器件的诊断和确认。

【实例 1－49】

（1）故障现象　某配套 SIEMENS 802C Baseline 系统、Baseline 伺服驱动器的数控车床，在开机时发现，机床动作全部正常，但 X 轴的运动方向与要求的相反。

（2）故障原因分析　故障原因可能是电动机相序和 CNC 参数设置有问题。

（3）故障诊断和排除

① 综合分析：故障机床为 802C Baseline 系统，配套 Baseline 伺服驱动的数控车床，通过检查发现，机床除了 X 轴运动方向相反以外，其他动作均正确。

② 据理分析：若改变 CNC 的参数设定，交换运动方向可改变 X 轴运动方向。

③ 故障排除：查阅有关资料，CNC 运动方向参数为 MD32100，将该参数由"1"变为"－1"（或由"－1"变为"1"），故障排除。

（4）维修经验归纳和积累　CNC 的运动方向参数设置有正负区别，在设置中可参照说明书等技术资料进行维修调整应用。

【实例 1 - 50】

(1) 故障现象　某 SIEMENS 810T 系统数控车床,数控系统在正常工作时经常自动断电关机,重新启动后还可以工作。

(2) 故障原因分析　常见原因是系统供电电源有故障。

(3) 故障诊断和排除

① 经验推断:由于系统自动断电关机,屏幕上无法显示故障,检查硬件部分也没有报警灯指示,故根据经验首先怀疑数控系统的 24V 供电电源有故障。

② 实时监测:对供电电源进行实时监测,发现电压稳定在 24V,没有问题。

③ 硬件检查:因气候环境为夏季,环境温度较高,因此对系统的硬件结构进行检查,检查中发现系统的风扇冷却风入口的过滤网太脏。

④ 推理分析:过滤网是操作人员为防止灰尘进入系统而采取的硬件过滤措施,由于长期没有更换,过滤网变脏后通风效果不好,恰好故障时段是夏季,影响系统的冷却效果,使系统温度过高,这时系统自动检测出系统超温,采取保护措施将系统自动关闭。

⑤ 维修方法:更换新的过滤网后,机床故障消失。

(4) 维修经验归纳和积累

① 数控机床系统运行有环境温度要求,因此维护维修中应注意系统超温引发的自动保护性关机故障现象。

② 数控机床操作人员的普遍特点是偏重使用,而不注重维护。在炎热季节,维修人员应定期清洁排风的过滤装置,保证系统正常运行。

【实例 1 - 51】

(1)故障现象　某 SINUMERIK 840D 系统数控车床出现报警 2001 "PLC HAS NOT STARTED UP"系统不能工作。

(2) 故障原因分析　2001 报警提示 PLC 没有启动。可能原因是 NCU 模块有故障。

(3) 故障诊断和排除

① 查阅系统硬件构成:SINUMERIK 840D 系统硬件构成见表 1 - 32,其中 NCU 是数字控制单元。

② 故障重演:反复开关数控机床(注意:关机 1min 后才能重新开机),故障现象相同,MMC 启动后,出现 2001 报警,系统死机。说明 MMC 系统工作正常,问题应该出在 NCU 系统上。

表 1-32　**SINUMERIK 840D 系统硬件构成**

模 块 名 称	功　　　能
MMC 100/102 人机通信操作面版	包括 OP、MMC 和 MCP 三个部分
NCU	SIEMENS 840D 的 NCK 与 PLC 都集成在这个模块上，包括相应的数控软件和 PLC 控制软件，并且带有 MPI 或 Profibus 接口、RS232 接口、手轮及处理接口和 PCMCIA 卡插槽等。它最多可以控制 31 个轴（其中可有 5 个是主轴）
E/R 电源模块	向 NCU 提供 24V 工作电源，也向 611D 提供 600V 直流母线电压
611D 主轴与进给模块	由 E/R 电源模块供电，受控于 NCU，并带动主轴或进给轴电动机运转
IM361-PLC 输入/输出接口模块	1) 通过 MPI 总线与 NCU 中的 PLC 相连 2) 通过内部总线与 PLC 的各 I/O 模块相连
PS(Power Supply)PLC 的电源模块	为 PLC 输入/输出接口提供电源
SM(Signal Module)PLC 输入/输出的信号模块	通过这个模块把机床信号输入到 PLC，并且输出 PLC 的控制信号

③ 系统检查：在出现故障时对系统进行检查，发现 MCP（机床操作面板）上所有按键指示灯闪烁。NCU 模块上右面指示灯 PS 红灯闪亮，PF 红灯常亮。

④ 警示分析：根据这些现象分析，怀疑 NCK 的数据丢失或者混乱造成 PLC 不能启动。

⑤ 故障处理：对 NCU 的 NC 和 PLC 进行初始化，然后下载系列备份的数据和程序，这时关机，1min 后重新启动，系统恢复正常运行。

（4）维修经验归纳和积累　SINUMERIK 840D 系统 NC 总清（初始化）和 PLC 总清（初始化）操作步骤如下（参见图 1-47）：

① NC 总清（初始化）操作：将 NC 启动开关 S3 拨到"1"→启动 NC，如 NC 已启动，按压复位按钮 S1→待 NC 启动成功后，七段数码管显示"6"→将 S3 拨到"0"，NC 总清操作执行完成。NC 总清后，SRAM 内存中的内容被全部清除，所有机器数据（MACHINE DATA）被预置为默认值，此时 PS 和 PF 红灯都应该常亮。

② PLC 总清（初始化）操作：将 PLC 启动开关 S4 拨到"2"→将 S4 拨到"3"，并保持约 3s 直到 PS 灯再次亮→在 3s 之内，快速执行如下操作：S4

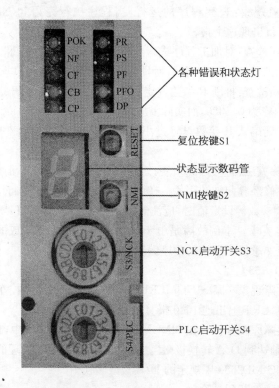

POK　PR
NF　PS
CF　PF
CB　PFO
CP　DP

各种错误和状态灯

RESET —— 复位按键S1

状态显示数码管

NMI —— NMI按键S2

S3/NCK —— NCK启动开关S3

S4/PLC —— PLC启动开关S4

图1-47　SINUMERIK 840D 系统 NCU 模块上的操作及显示元件

拨到"2",再拨回到"3",再拨到"2"。(在这过程中,PS 灯先闪,后又亮,PF 灯亮)→等 PS 和 PF 灯亮了,S4 从"2"拨到"0",这时,PS 和 PF 灯灭,PR 灯亮,PLC 总清操作执行完成。

【实例 1-52】

(1) 故障现象　某 SIEMENS 810T 系统数控车床在自动加工时出现 2062 报警。

(2) 故障原因分析　按机床说明书,SIEMENS 810T 系统报警 2062 "Feed MISSING/NOT PROGRAMMED"提示(速率丢失/没有编程),程序执行中断。故障原因是加工程序有问题。根据说明书 2062 报警的含义是,在程序中 F 功能的数值没有编入或者数值太小。具体原因应是 F 数值编制不当。

(3) 故障诊断和排除

① 现象观察：观察程序的运行，当程序执行完语句 N20 G00 X25 F20000 后，就出现这个报警。

② 程序检查：对加工程序进行检查，N20 语句之后是 N30 G01 X165 Z22 F R30，该程序块没有问题，而且以前这个程序也执行过没有问题。

③ 推断检查：推断 R 参数设定有问题。将 R 参数打开进行检查，发现 R30 的内容为 0.1320，而实际上应该设成 1320。

由此诊断确认 R 参数设置过小，即将进给速度设置过小导致运行报警故障。

④ 排除方法：将参数 R30 更改成 1320 后，机床恢复了正常使用。

（4）维修经验归纳和积累 在西门子系统数控机床运行中，当程序编制中含有 R 参数等设定值时，应注意检查 R 参数等设置值是否符合机床的数值限定要求。本例故障是由于 R 参数设定不合理造成的，本例提示维修人员应熟悉机床系统的程序编制规则和方法。

【实例 1-53】

（1）故障现象 某 SINUMERIK 820T 系统西班牙数控车床，在自动加工过程中，CRT 上出现 1040 报警。

（2）故障原因分析 在 SINUMERIK 820T 数控系统中，1040 报警的内容是"X 轴达到 D/A 转换极限"。其含义是：系统要求处理的数据，已经高于机床 NC MD2680 中规定的 D/A 极限转换值。

（3）故障诊断和排除

① 用交换法检查：

a. 检查 X 轴位置的反馈编码器，确认编码器处于完好状态。

b. 检查 X 轴伺服驱动单元，确认伺服单元处于完好状态。

② 机床参数检查：检查机床的 2680 参数，设置值是正确的。分析认定，系统受到了某种干扰，致使系统读取的数据出现错误。

③ 供电系统检查：本例机床所处车间使用的是 TN-C 系统。在这种系统中，中性线和保护接地线合二为一（合并为 PEN 线），它对西门子数控系统容易产生干扰。

④ 故障处理方法：将 NC MD 数据全部清除，然后用 RS-232C 接口向机床传送备份的 NC MD 文件。传送完毕后，断开机床电源，再送电重新开机，NC MD 数据恢复，故障被排除。

（4）维修经验归纳和积累

① 使用西门子数控系统的机床时，配电系统只能是"TN-S"系统或

"TT"系统。后者,在电源端,中性点应直接接地;在电气装置中,金属外壳也应该直接接地。这两种接地点在电气上互相独立。特别要注意在配电系统中,PE 线和 N 线必须分开,不允许有 PEN 线或 PEN 端子。

② 采用"TN - S"、"TT"系统,应定期检查接地电阻,防止接地失效。

③ 为了增加系统的可靠性,应在数控系统前面的电路上安装滤波器、电抗器等元器件。

【实例 1 - 54】

(1) 故障现象 某 SIEMENS 802C Baseline 系统,配置 Baseline 伺服驱动器的数控车床,开机时发现机床动作全部正常,但 X 轴的实际移动距离与 CNC 显示值不符。

(2) 故障原因分析 数控机床出现实际移动距离与 CNC 显示值不符的原因有两方面:一是 CNC 的参数设定错误,如传动比、编码器脉冲数等参数设定错误;二是机械传动系统连接不良,如联轴器松动等。

(3) 故障诊断和排除

① 区别分析:当 CNC 参数设定错误时,实际移动距离与 CNC 显示值之间始终保持严格的比例关系;但机械传动系统连接不良时,则不存在比例关系,误差是随机变化的。这是区分两者的简单方法。

② 检查诊断:检查故障机床,发现实际移动距离与 CNC 显示值之间始终保持严格的比例关系,故属于是 CNC 的参数设定错误引起的故障。

③ 检查丝杠螺距:进给系统的实际状况,伺服电机与丝杠之间为1:1连接,X 丝杠螺距为 4mm,Z 丝杠螺距为 5mm。

④ 检查电机型号:X/Z 伺服电机型号为 1FK7060 - 5AF71 - 1TG0 与 1FK7080 - 5AF71 - 1TG0。

⑤ 检查参数:CNC 上与实际移动距离有关的参数设定为:

MD31030=4 (X)/5 (Z)丝杠螺距;

MD31040=0 编码器安装在电机上;

MD31050=1(减速比分母);

MD31060 =1(减速比分子);

MD31070=1(减速解算器分母);

MD31080=1(减速解算器分子)。

查阅有关资料,以上参数的设定是正确的,因此,推断故障原因应与电机编码器脉冲数的设定(参数 MD31020)有关。

⑥ 诊断结果:检查此值,发现设定为 2048。对照电机型号,对于

1FK7×××-5AF71-1T××系列,其编码器脉冲数为1024。

⑦ 故障处理:更改 CNC 编码器脉冲数设定参数 MD31020(由 2048 变为1024),故障被排除。

(4) 维修经验归纳和积累

① 本例提示,西门子数控系统配置的伺服电机应注意正确设置电机编码器的脉冲数。

② 注意掌握机械传动系统连接不良与参数设定错误各自造成的实际移动距离与 CNC 显示值出现误差的区别。前者造成的误差有严格的比例关系,后者则是随机变化的。

任务三 数控车床主轴伺服系统故障维修

1. 西门子数控机床主轴驱动系统的组成与配置

(1) 基本组成 数控机床主轴驱动系统是主运动的动力装置部分,主轴驱动系统包括主轴驱动放大器、主轴电动机、传动机构、主轴组件、主轴信号检测装置及主轴辅助装置。

(2) 主轴传动方式及配置 主轴传动方式配置有普通鼠笼型异步电动机配置齿轮变速箱、普通鼠笼型异步电动机配变频器、三相异步电动机配齿轮变速箱及变频器、伺服主轴驱动系统、电主轴。

(3) 伺服主轴驱动系统的特点 伺服主轴驱动系统具有响应快、速度高、过载能力强的特点,主轴速度通过系统加工程序的 S 码实现无级调速控制,为了满足低速大转矩输出并扩大加工范围,一些数控车床主轴还配置了齿轮变速,主轴挡位控制是通过程序的 M 代码进行选择的,在每一档位上实现电气无级调速。

2. 6SC650 系列交流主轴驱动系统的故障诊断与排除

(1) 6SC650 系列交流主轴驱动器的软件更换与引导 在驱动器第一次安装或是更换驱动器、更换软件后,6SC650 主轴驱动器需要进行软件的重新引导,其步骤如下:

① 将控制器模块 N1 上的写入保护设定端 S1 开路(LED3 亮)。

② 记录原有的参数 P12~P98 的值,对于使用 C 轴或主轴定向准停的驱动器,还需记录 P105~P150、P157、P158、P195 的值。

③ 设定下列参数(软件版本 10 以上的驱动器不必进行本步骤):

P51 设定为:0004H

P97 设定为:0000H

P52 设定为:0001H

④ 当 P52 自动恢复到 0000H 后,切断驱动器电源(软件版本 10 以上的驱动器不必进行本步骤)。

⑤ 若需要安装或更换驱动器上的 4 只 EPROM(2 只用于驱动电路处理器,2 只用于控制处理器)。

⑥ 安装控制器模块,确认后重新接通驱动器电源,显示器上将显示参数 P95。

⑦ 进行如下的参数设定:

P95:输入驱动器代号。

P96:输入电动机代号。

P98:输入脉冲编码器每转脉冲数(通常为 1024)。

P97:输入 0001H。

⑧ 将 P51 参数设定为 0004H,输入上述第②步记录的数值。

⑨ 将 P52 设定为 0001H,使参数写入存储器,并关机。

⑩ 重新装上写入保护设定端 S1,开机后驱动器即可正常工作。

(2) 6SC650 系列交流主轴驱动器的故障诊断(表 1 - 33)

(3) 6SC650 系列交流主轴驱动器的报警故障(表 1 - 34)

表 1 - 33　6SC650 系列交流主轴驱动器的故障诊断

项　　目			说　　明
大功率晶体管的诊断	未使用晶体管故障诊断功能 PT0 显示 0000H 以外的参数		1) 功率模块 A1 不良 2) 电源模块 G01/G02 不良 3) I/O 模块 U1 不良
	晶体管监视功能生效	PT0 显示	含义
		0001H	晶体管 V2(模块 V2 *)故障
		0002H	晶体管 V6(模块 V2 *)故障
		0004H	晶体管 V3(模块 V3 *)故障
		0008H	晶体管 V7(模块 V3 *)故障
		0010H	晶体管 V4(模块 V4 *)故障
		0020H	晶体管 V8(模块 V4 *)故障
		00FFH	A1 电源故障
		0040H	斩波管 V1 故障
		0080H	斩波管 V5 故障

（续表）

项　　目		说　　明
驱动器面板	数码管均不亮	1）主电路进线断路器跳闸 2）主回路进线电源至少有两相以上存在缺相 3）驱动器至少有两个以上的输入熔断器熔断 4）电源模块 A0 中的电源熔断器熔断 5）显示模块 H1 和控制器模块 N1 之间连接故障 6）辅助控制电压中的 5V 电源故障 7）控制模块 N1 故障
	显示 888888	1）控制器模块 N1 故障 2）控制模块 N1 上的 EPROM 安装不良或软件出错 3）输入/输出模块中的"复位"信号为"1"
	显示报警信号	见表 1 - 34

表 1 - 34　6SC650 系列交流主轴驱动器的报警故障一览表

故障代码	故 障 名 称	故 障 原 因
F - 01	电源故障	1）脉冲电源 U4 - ×117→G02 - ×117 未接好 2）电源缺相 3）主回路进线熔断器 F1、F2 或 F3 熔断 4）A0 上的 F4、F5 或 F6 熔断 5）A0 模块不良 6）U1 模块不良
F - 02	相序不正确	输入电源的相序不正确
F - 11	转速控制器输出最大，但无实际转速反馈	1）电动机测量系统电缆连接不良 2）编码器连接不良 3）编码器不良 4）电动机电枢与驱动器连接不良 5）电动机处于机械制动状态 6）U1 模块故障 7）触发电路或 EPROM 故障 8）驱动电路中的电源故障 9）直流母线熔断器熔断 10）未进行新的软件引导

（续表）

故障代码	故障名称	故障原因
F-12	驱动器过电流	1）电动机与驱动器匹配不正确 2）驱动器上存在短路或接地故障 3）电流检测电路互感器 U12、U13 故障 4）驱动器内电缆连接不良 5）U1 模块故障 6）hN1 模块故障 7）功率晶体管模块不良 8）转矩极限定值设定不正确
F-14	电动机过热	1）电动机过载 2）电动机电流设定过大（如 P96 参数中电动机代码设定错误） 3）电动机上的热敏电阻故障 4）电动机风扇故障 5）U1 模块故障 6）电动机绕组匝间短路
F-19	温度传感器不良	1）电动机上的热敏电阻不良 2）传感器接线断开 3）环境温度低于-20℃ 4）U1 模块故障
F-15	驱动器过热	1）驱动器过载（电动机与驱动器匹配不正确） 2）环境温度太高 3）热敏电阻故障 4）风扇故障 5）断路器 Q1 或 Q2 跳闸
F-40	驱动器内部电源故障	1）+10V 电源故障 2）+15V 电源故障 3）-10V 电源故障 4）+5V 电源故障 5）+24V 电源故障 6）G01 故障 7）G02 故障 8）U1 故障 9）电动机某相对地短路（对地电阻＜10kΩ）

故障代码	故 障 名 称	故 障 原 因
F-41	直流母线过电压	1）电网电压过高 2）A0、G01 或 U1 上的电压测量回路故障 3）直流母线电容器故障 4）直流母线斩波管 V1 或 V5 故障 5）电动机与驱动器匹配不正确 6）二极管 V9 或 V10（仅 6SC6512 和 6520）故障 7）在再生制动工作状态时出现外部停电 8）电动机某相对地短路 9）编码器或连线不良 10）参数设定不正确（P176 过大）
F-42	直流母线过电流	1）驱动器过载 2）A0 故障（仅 6SC6502 和 6503） 3）互感器 U11 有故障 4）斩波管 V1、V2 故障 5）晶体管故障，直流母线中有短路 6）功率晶体管（V1～V8）不良 7）U1 模块故障 8）参数设定不正确（P176 过大） 9）N1 模块故障
F-48	P24EX 过载	提供给外部的＋24V 过载
F-51	直流母线过电压	N1 模块故障；当其他原因引起直流母线过电压时，显示故障信息 F-41
F-52	直流母线欠电压	1）电网电压过低或瞬间中断 2）A0 模块故障（只对 6SC6502 和 6503） 3）G01（G02）故障 4）U1 故障
F-53	直流母线充电故障	1）晶体管触发脉冲线连接不良 2）A0 故障 3）G02 故障 4）G01 故障 5）U1 故障 6）N1 故障
F-54	电网频率不正确	1）频率波动过大 2）A0 故障 3）U1 故障 4）N1 故障

（续表）

故障代码	故障名称	故障原因
F-55	设定值错误	写入 EEPROM 的参数超过极限值或需软件引导
F-61	超过电动机最高频率	参数 P29 中的电动机转速极限值设定不正确
F-71	控制处理器 EEPROM 低字节与总和校验错误	N1 上的 EPROMD82 故障
F-72	控制处理器 EEPROM 高字节与总和校验错误	N1 上的 EPROMD80 故障
F-73	触发电路处理器 EEPROM 低字节与总和检验错误	N1 上的 EPROMD78 有故障
F-74	触发电路处理器 EEPROM 高字节与总和检验错误	N1 上的 EPROMD76 故障
F-75	EEPROM 总和校验错误	1）EEPROM 存在错误或需要软件引导 2）EEPROMD74 故障
F-77	无初始脉冲	1）N1 接插不良 2）U1 接插不良 3）U1 故障
F-78	I/O 程序执行时间超过	EEPROM D74 中故障（需要软件引导或更换 EEPROM）
F-81	直流母线电压过高	1）G02 故障 2）A0 故障 3）U1 故障
F-82	主回路进线过电流	1）A1 故障 2）G01 故障，G02 故障
F-56	电网频率计数故障	1）N1 故障 2）U1 故障 3）G01 故障
F-57	锁相电路中频率检测故障	N1 故障
F-P1	不能达到的位置设定值	1）主轴定向准停或 C 轴达不到给定的位置 2）A73/A74 故障 3）编码器连接不良 4）参数设定不当
F-P2	缺少零脉冲	主轴定向准停缺少零脉冲信号

3. 数控车床主轴驱动系统故障维修实例

【实例 1-55】

(1) 故障现象　某 SIEMENS 810T 系统数控车床主轴定位时出现摇摆故障现象,无法准确定位,系统没有报警。

(2) 故障原因分析　可能是主轴伺服的速度环或位置环有故障。

(3) 故障诊断和排除

① 配置分析:因为这台机床主轴具有定位功能,所以使用编码器进行角度检测。

② 鉴别分析:为了区分是位置环的问题还是速度环的问题,先执行 M03 或 M04 功能,发现主轴一会儿正转一会儿反转,不停摇摆。

③ 相关检查:检查电源相序及速度指令均处于正常状态。

④ 据理推断:因执行 M03 或 M04 指令与速度环有关,与位置环无关,所以怀疑速度环有问题。

⑤ 故障排除:本例机床的主轴采用西门子 611A 交流模拟伺服主轴控制装置控制,根据先易后难的原则,采用以下步骤进行诊断确认。

a. 更换驱动控制板,故障依旧。

b. 检查测量速度反馈线正常。

c. 最后确认驱动功率模块有问题。

⑥ 故璋处理:更换主轴驱动功率模块,故障排除,机床恢复正常运行。

【实例 1-56】

(1) 故障现象　某西门子系统数控车床,机床通电后,主轴不能启动,"欠电压"红灯闪亮。

(2) 故障原因分析　常见原因是主轴电源、电动机等有故障。

(3) 故障诊断和排除

① 外观检查:打开控制箱,发现主轴电路板外观很脏,电路比较乱,日常维护保养很差。

② 通电检查:清除污物后通电检查,发现主轴电动机不能运转,±15V 开关电源的变压器 T1 和开关管 V69 的温度都很高。

③ 原因推断:按故障现象推断,本例故障属于综合症状的故障,故障之间可能存在着某些联系,为避免牵连故障,通过分析,拟定首先检查开关电源,然后检查欠电压和电动机的运转状况。

④ 诊断检查:

a. 检查主轴电源板。断开±15V 电源的负载,测量主电路中 150V

直流电压,发现此电压只有 90V,而 10V 稳压管 V32 的电压只有 7V。

b. 进一步检查,发现 V32 的限流电阻 R185 阻值显著增大。

⑤ 故障排除一:更换 R185 之后,±15V 电源恢复正常,"欠电压"指示灯也熄灭了,但是电动机仍然不能启动。

⑥ 故障排除二:通电使电动机反向运转,工作完全正常。据此,判断换向电路的集成块 N5 失效是故障的另一原因。集成块 N5 的型号是 TL084,更换集成块 N5 后,故障完全排除。

(4) 维修经验归纳和积累　本例故障有多个原因引发,在维修中应逐步、逐个排除,排除中应注意先后顺序,避免故障扩大。本例遵循了先排除公共部分故障,后排除分支部分故障的检修顺序。

【实例 1 - 57】

(1) 故障现象　某配置 SIEMENS 802C Baseline 系统、Baseline 伺服驱动器,使用三菱变频器的数控车床,开机后输入 S××××M03 指令时,发现主轴实际转速与 CNC 显示的转速不符。

(2) 故障原因分析　由于该机床其他动作均正常,常见故障原因与 CNC 参数和变频器的参数设定有关。

(3) 故障诊断和排除

① 检查传动系统:检查机床实际的主传动系统,主轴电机通过1∶2减速与主轴相连,编码器直接与主轴相连。主轴电机 50Hz 的额定转速为 3 000r/min,一级带传动。主轴要求的最高转速为 3 000r/min(此时实际电机应工作在 100Hz、6 000r/min)。

② 正确设定参数:根据以上情况,正确的 CNC 参数应设定如下。

MD35100=3000(主轴最高转速设定);

MD31050[0 - 5]=1(减速比设定);

MD31060[0 - 5]=1(减速比设定);

MD35110[0 - 5]=3000(各级传动比最高转速设定);

MD35120[0 - 5]=0(各级传动比最低转速设定);

MD35130[0 - 5]=3000(各级传动比极限高速设定);

MD35140[0 - 5]=0(各级传动比极限低速设定);

MD31070=1(测量系统减速比);

MD31080=2(测量系统减速比)。

三菱变频器设定:

P1=100Hz(变频器上限频率);

P38＝100Hz(10V模拟量对应的变频器输出频率)。

在完成以上设定后,检查输入指令 S300 时,CNC 的主轴模拟量输出应为 1V;变频器的实际输入频率为 10Hz,电机转速为 600r/min,主轴转速为 300r/min。修改以上参数的设定,故障排除。

【实例 1－58】

(1) 故障现象 某西门子数控系统 A850 型数控车床,机床主轴在反转时,出现异常响声。

(2) 故障原因分析 常见原因是主轴测速发电机故障。

(3) 故障诊断和排除

① 经验判断:本例机床的主轴是直流伺服电动机,根据检修经验,故障原因一般是主轴测速发电机电刷磨损或换向器太脏,造成速度反馈电压不稳定。

② 常规维修:按经验更换电刷,清洁换向器,但照此处理后,故障现象不变。进一步检查主轴电动机换向器,发现其电刷被磨出 1mm 宽的沟槽。将沟槽车平后再试机,异常响声还是存在。

③ 现场询问:经了解,在发生故障前,维修电工曾经更换过晶闸管。由此推断供电系统有故障。

④ 供电系统分析:主轴电动机采用两组晶闸管反向并联的三相半波可逆调速系统供电,三相半波反并联可逆调速系统的主电路示意如图 1－48所示。主轴正转时,VT1、VT2、VT3 导通;主轴反转时,VT4、VT5、VT6 导通。

⑤ 电压波形检测:用示波器观察主轴电动机电枢电压的波形,在正转时每个周期内有三个波峰,这是正确的,它们代表三相交流电的峰值;而主轴反转时,每个周期内只有两个波峰,这是不正常的,说明有一只晶闸管没有导通。其原因是晶闸管损坏,或触发脉冲不正常。

⑥ 触发脉冲检测:检测反转组的晶闸管 VT4、VT5、VT6,都在正常状态。检查反转组的触发脉冲,发现晶闸管 VT6 的脉冲极性出现错误。脉冲的正极应该连接到晶闸管的门极 C,负极应连接到晶闸管的阴极 K,但是实际接线与此相反,这造成主轴反转时晶闸管 VT6 不能导通,电枢处于间歇通电状态,变速系统的齿轮不能均匀地转动,故而产生异常的响声。

⑦ 故障维修处理:改正触发脉冲的错误连接,故障被排除。

(4) 维修经验归纳和积累 本例的现场询问起到了拓展故障诊断思路的作用,经过诊断将维修电工不小心将触发脉冲接错的故障原因查找

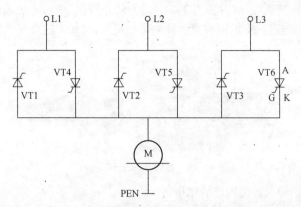

图 1 - 48 三相半波反并联可逆调速系统主电路的示意图

出来,否则,故障的诊断可能会增加许多推断环节。

【实例 1 - 59】

(1) 故障现象 某 SIEMENS 802C Baseline 系统、Baseline 伺服驱动器,使用三菱变频器的数控车床,开机后输入 S××××M03 指令时,发现主轴低速工作正常,但高速旋转时(大于 S1000),主轴转速无法提高。

(2) 故障原因分析 主轴低速正常,高速时无报警,主轴转速不能超过 1 000r/min 的原因与机床的 CNC 设定参数有关。

(3) 故障诊断和排除 在 SIEMENS 系统中,最大可编程转速极限、G96 主轴极限转速的设定由以下参数设定。

① MD 43210:可编程的主轴极限转速。

② MD 43230:G96 主轴极限转速。

这两个参数的设定不在"机床数据"页面中进行,而是在输入密码后,在"参数"页面中,通过选定"设定数据"、"主轴参数"后进行修改。

在该机床中以上数据被设定为 1 000r/min,因此导致了以上故障。

将 MD43210/MD43230(可编程的主轴极限转速/G96 主轴极限转速)设定为 3 000r/min 后故障排除。

(4) 维修经验归纳和积累 注意参数的设定位置。与本例故障相关的两个参数,应在输入密码后,在"参数"页面中进行设定。

4. 数控车床螺纹加工中常见故障维修

1) 数控车床主轴编码器及功能

(1) 主轴编码器 如图 1 - 49 所示,一般与主轴采用 1:1 齿轮传动并采用同步带连接,编码器为 1024 脉冲/转,经过系统的 4 倍频电路得到 4 069 个位置反馈脉冲,同时通过转向鉴别电路,实现主轴方向的鉴别。

图 1 - 49　数控车床主轴编码器

(2) 主轴位置编码器的作用

① 实现主轴位置、速度和一转信号的控制。主轴编码器发出的信号有 PA 和 * PA、PB 和 * PB 及 PZ 和 * PZ,其中 PA 和 * PA、PB 和 * PB 实现主轴位置(反馈位置脉冲数)和速度(反馈位置脉冲的频率)的控制,同时实现主轴方向的判别;PZ 和 * PZ 信号实现主轴一转信号控制。

② 实现主轴与进给轴的同步控制。数控车床在进行螺纹加工时,要求主轴转一周,刀具准确地移动一个螺距(或导程)。系统通过主轴编码器反馈的位置脉冲信号,实现主轴旋转与进给轴的插补功能,完成主轴位置脉冲的计数与进给同步控制。

③ 实现恒线速度切削控制。数控车床进行端面或圆锥面切削时,为了保证表面粗糙度保持一定的值,要求刀具与工件接触点的线速度为恒定值。随着刀具的径向进给和切削直径的逐渐减小或增大,应不断提高或降低主轴速度,保持 $V = 2\pi Dn$ 为常数。D 为刀具位置反馈信号(即工件的切削直径),V 为加工程序指定的恒线速度值。上述数据经过系统软件的处理后,传输到主轴放大器作为主轴的速度控制信号,并通过主轴编码器的反馈信号准确实现主轴的速度控制。

2) 数控车床螺纹加工常见故障维修实例

【实例 1 - 60】

(1) 故障现象　某西门子系统的数控车床,在自动加工时,机床不执行螺纹加工指令。

(2) 故障原因分析　数控车床螺纹加工是主轴旋转与 Z 轴的进给之间进行插补。当执行螺纹加工指令时,系统得到主轴位置检测装置发出的一转信号后开始进行螺纹加工,根据主轴位置的反馈脉冲进行 Z 轴的插补控制,即主轴旋转一周,Z 轴进给一个螺距或一个导程(多头螺纹加

工)。由此,故障的原因如下:

① 主轴编码器与系统的连接不良。

② 主轴编码器的位置信号不良或连接电缆断开。

③ 主轴编码器的一转信号不良或连接电缆断开。

④ 系统或主轴放大器故障。

(3) 故障诊断与排除

① 检查连接电缆接口和电缆线性能。

② 对采用主轴放大器的,有第①类故障系统会出现报警提示。

③ 通过系统显示装置是否显示主轴速度判断,若无主轴速度显示,可判断为第②类故障报警。

④ 通过程序中的每转进给加工指令和每分钟进给加工指令切换进行判断,若每转进给指令执行正常,每分钟进给加工指令执行不正常,属于第③类故障原因。

⑤ 若以上的检查都排除,则系统本身有故障,即系统存储板或系统主板有故障。

⑥ 针对以上检查和故障原因判断,确诊后采用相应的维修方法进行排除。

【实例 1-61】

(1) 故障现象　某西门子系统数控车床,螺纹加工出现螺距不稳的故障。

(2) 故障原因分析

① 系统工作原理:数控车床螺纹加工时,主轴旋转与 Z 轴进给之间进行插补控制,即主轴转一周,Z 轴进给一个螺距或一个导程(多头螺纹加工)。

② 故障产生常见原因:

a. 如果产生螺距误差是随机的,产生故障的可能原因是主轴编码器不良、主轴编码器内部太脏、主轴编码器与机床固定部件松动及连接编码器的传动带过松。

b. 如果产生螺距误差是固定的,产生故障的可能原因是主轴位置编码器与主轴连接传动比参数设定错误或系统软件不良。

(3) 故障诊断和排除　首先仔细检测加工后的螺纹,本例加工后工件上螺纹的螺距误差具有随机性,按先易后难的原则及其可能原因进行诊断检查。

① 检查连接编码器的传动带及其张紧力,本例完好无故障。

② 检查编码器与机床固定部件的连接,无松动现象。

③ 检查主轴编码器内部,对污物进行清理,未能排除故障。

④ 用替换法检查编码器的性能,故障排除。

本例若螺距误差具有固定性,可首先检查核对编码器与主轴连接传动比参数。若正确,可对系统软件进行测试,也可进行替换性测试,以判断故障的确切原因,若参数有误,可按规定重新设置传动比参数。

【实例 1 - 62】

(1) 故障现象　某 SINUMERIK 810D 系统数控车床,在车削螺纹时,出现严重的"乱牙"现象。

(2) 故障原因分析　常见原因是主轴系统和进给系统故障。

(3) 故障诊断和排除

① 直观检查:对机床的各个部位进行直观检查,没有发现任何异常情况。

② 参数检查:打开 CRT 的参数界面,校对机床加工参数,没有发生变化。

③ 交换检查:把主轴交流伺服电动机、伺服驱动器分别与另一台对换,不能解决问题。

④ 据理分析:根据数控系统位置控制的原理,分析故障很可能出在主轴旋转编码器上,而且很可能是反馈信号丢失。此时,数控装置给出了进给量的指令位置,但是编码器不能正确地反馈实际位置,位置误差始终不能消除,从而导致螺纹插补出现问题而造成乱牙。

⑤ 诊断检查:拆下脉冲编码器检查,发现编码器内部的灯丝已断开,导致无反馈信号。

⑥ 维修处理:更换编码器后,机床恢复正常工作。

【实例 1 - 63】

(1) 故障现象　某西门子系统数控车床,螺纹加工出现螺距变动误差的故障。

(2) 故障原因分析

① 系统工作原理:数控车床螺纹加工时,主轴旋转与 Z 轴进给之间进行插补控制,即主轴转一周,Z 轴进给一个螺距或一个导程(多头螺纹加工)。

② 故障产生常见原因:

a. 如果产生螺距误差是随机的,产生故障的可能原因是主轴编码器不良、主轴编码器内部太脏、主轴编码器与机床固定部件松动及连接编码器的传动带过松。

b. 如果产生螺距误差是固定的,产生故障的可能原因是主轴位置编码器与主轴连接传动比参数设定错误或系统软件不良。

(3) 故障诊断和排除 首先仔细检测加工后的螺纹,本例加工后工件上螺纹的螺距误差具有固定性,按先易后难的原则及其可能原因进行诊断检查。

① 检查连接编码器的传动带及其张紧力,本例完好无故障。

② 检查编码器与机床固定部件的连接,无松动现象。

③ 用替换法检查编码器的性能,故障未能排除。

④ 按规定传动比参数重新设置,故障排除。

(4) 维修经验归纳和积累 本例螺距误差具有固定性,也可首先检查核对编码器与主轴连接传动比参数。若正确,可对系统软件进行测试,也可进行替换性测试,以判断故障的确切原因,若参数也有误,可按规定重新设置传动比参数。

5. 数控车床自动换挡控制系统故障维修

1) 数控车床主轴齿轮自动换挡控制流程

(1) 系统发出主轴换挡指令信号 当系统加工程序读到换挡指令(自动换挡 M 代码,如低速挡 M41、中速挡 M42 及高速挡 M43)时,系统转换成主轴指令信号输出。

(2) 通过挡位检测信号的判别,发出换挡请求指令 通过系统 PMC 挡位信号的检测,即通过检测换挡指令与实际挡位信号是否一致来判别是否执行换挡请求。

(3) 执行换挡控制 当系统发出换挡请求指令后,系统 PMC 发出换挡控制信号,相应的电磁离合器获电动作,实现主轴挡位的切换,同时主轴电动机实现摆动控制(正转和反转控制),目的是便于齿轮啮合,防止出现顶齿和打齿现象。

(4) 主轴换挡切换完成信号输出 当主轴换挡指令和实际挡位信号检测一致时,发出主轴挡位切换完成信号,电磁离合器线圈断电,同时停止主轴电动机的摆动控制。

(5) 输入系统挡位确认信号 通过系统 PMC 程序,输入机床主轴新的定位确认信号(西门子系统参数可参见有关说明书),同时发出自动换挡辅助功能代码(M 码)完成信号。

(6) 系统发出主轴速度信息 当换挡辅助功能代码完成信号发出后,系统根据主轴速度指令及系统挡位最高速度参数(西门子系统参数可参见有关说明书),向主轴放大器发出主轴速度信息(如变频器驱动时,系统发出 0~10V 电压信号)。

(7) 实现主轴速度控制 主轴放大器驱动主轴电动机实现主轴的速度控制。

2) 数控车床主轴齿轮自动换挡故障维修实例

【实例 1 - 64】

(1) 故障现象 某西门子系统数控车床,主轴换挡不能完成(主轴一直在摆动)而发出换挡超时报警。

(2) 故障原因分析 通常的原因是换挡不能动作或动作受阻。常见的故障部位包括主轴换挡机械装置、电磁离合器线圈和控制电路、主轴放大器和主板等部分。

(3) 故障诊断和排除方法

① 检查主轴换挡机械控制装置,发现滑移齿轮导向轴上有厚厚的胶状油垢,滑移齿轮有局部损坏。

② 检查电磁离合器线圈及控制电路,均处于正常状态。

③ 检查机械挡位到位信号开关位置、开关性能或信号接口,均处于正常状态。

④ 检查主轴放大器和系统主板,未发现故障报警。

⑤ 根据检查结果,本例故障原因判断为换挡动作受阻。采用清洗滑移齿轮导向轴和修整或更换滑移齿轮的方法进行维护维修,重新装配调整后,换挡超时的报警解除,主轴不能换挡的故障被排除。

【实例 1 - 65】

(1) 故障现象 某西门子系统数控车床,换挡后机床的主轴指令速度与实际速度不符。

(2) 故障原因分析

① 程序换挡速度 M 代码和主轴挡位实际速度不符,如挂低速挡时,指令速度却是高速速度值。

② 有关换挡系统参数设定错误,如各挡的机械齿轮传动比参数与实际不符或系统参数设定错误,如变频器的最高频率设定不正确。

③ 机床主轴实际挡位错误,机械换挡故障或电气检测信号出错。

④ 主轴速度反馈装置故障,如电动机内装传感器故障或主轴独立编码器故障。

⑤ 主轴放大器故障或系统主板不良故障。

（3）故障诊断和排除方法

① 检查主轴放大器和系统主板，未发现故障报警。

② 检查机械换挡部位，换挡机构处于正常状态。

③ 检测电气信号，处于正常状态。

④ 检查参数设定，无误。

⑤ 检查主轴速度反馈装置，本例采用电动机内装传感器，发现传感器性能不良。

⑥ 根据检查结果，更换传感器，重新安装后试车，主轴指令速度与实际转速相符，故障被排除。

任务四 数控车床进给驱动系统故障维修

1. 西门子数控机床进给驱动系统

（1）**典型的进给伺服电机** 西门子驱动系统常用的进给电机有 1FT 系列和 1FK 系列。其形式与发展过程如图 1-50 所示。

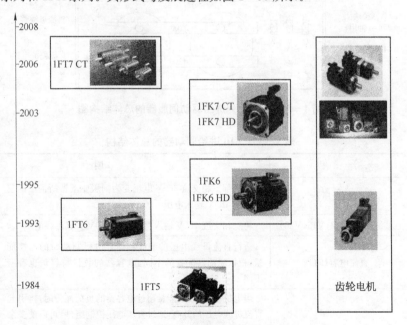

图 1-50 西门子 1FT 和 1FK 系列电机形式与发展

（2）**典型的进给驱动** 常见的有步进驱动、交流进给驱动（如 610 系列伺服驱动、611A 系列伺服驱动、Baseline 伺服驱动、611U/Ue 系列驱动等）。610 系列伺服驱动的总体结构如图 1-51 所示，组成与说明见表1-35。

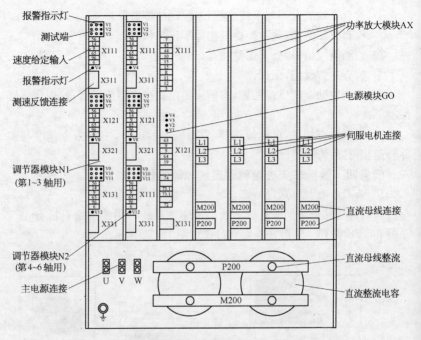

图 1-51   610 系列进给驱动伺服器的总体结构图

表 1-35   610 进给驱动器的总体结构

组　成	说　　　明
伺服变压器	将外部三相交流 380V 电压变为伺服驱动器所需要的三相交流 165V 输入电压
整流单元(V12,V15,V25)	将三相交流 165V 输入电压变为 210V 直流母线电压
直流电容(CO)	进行直流母线电压的滤波和储存电机制动时的回馈能量,根据驱动器配置的不同,电容器的数目与容量也有所不同
直流母线电压控制模块(G10,G20)	当电机制动、回馈能量超过电容器的负荷能力时,将引起直流母线电压的升高,通过直流电压控制组件,可以使多余的能量通过放电电阻释放。根据驱动器配置的不同,直流电压控制组件有两种规格:G10 适用于峰值功率 30kW、持续功率 0.3kW 以下驱动器,组件安装在电源模块 GO 板上;G20 适用于峰值功率 90kW、持续功率 0.9kW 以下驱动器,组件单独安装,在机箱中占据一个模块位置

（续表）

组　　成	说　　　　明
电源模块（GO）	产生控制部件所需的各种辅助控制电压并对各种电压信号进行监控,此外还负责与 NC 进行信号交换(如使能信号、伺服准备好信号等)
调节器模块（N1、N2）	该模块主要完成驱动器的速度与电流调节。模块的转速给定指令来自 CNC(10V 模拟量);速度反馈信号来自伺服电机内置式测速发电机。两者在速度调节器进行比较,构成速度闭环,并产生电流给定指令信号。电流调节器根据速度调节器的输出与功率模块检测的电流实际值,产生占空比可变的 PWM 控制信号,并根据转子位置检测器的位置,进行三相电流的分配。一个调节器模块最多可安装 3 个坐标轴的调节器组件,每个机箱中可安装 2 个调节器模块,因此,一个独立的进给驱动机箱最多可以控制 6 个伺服进给轴
功率模块（A××）	功率模块负责将来自调节器的 PWM 控制信号进行功率放大。根据伺服电机的不同,功率模块分为 3A、8A、20A、30A、40A、70A、90A 等规格;在结构上又有单轴、双轴与三轴之分

2. 西门子数控车床进给驱动系统故障维修实例

【实例 1-66】

（1）故障现象　PNE710L 数控车床,其数控系统为西门子 5T 系统。在正常加工过程中,突然出现滑板高速移动,曾发生撞坏工件和卡盘、刀架的严重事故。这种故障是随机的,从早期的几个月一次,发展到每天几次。出现故障时必须按急停按钮才能停止。

（2）故障原因分析　进给伺服系统、驱动板及其连接电缆等有故障。

（3）故障诊断和排除

① 经验判断:因为机床已经过较长时间使用,并且是自动运行的,因此故障不是出自编程和操作者。

② 实时测量:数控柜根据内部程序发出的 X、Z 坐标移动指令,是由 A 板输出接到机床侧驱动板 5 号、8 号输入端子,如能测量这一点的电压情况,便可判断故障所在,由于故障的偶然性,测量很困难。

③ 按故障随机性诊断:根据随机故障现象,极有可能是机床驱动板接触不良引起。驱动板在机床侧以底板为基础,上有两块插件板(如图 1-52 所示),一块为 CRU,一块为 ASU,其中 CRU 板完成驱动器的速度调节、电流限制、停车监视、测速反馈及三相同步等功能。同步信号部分接触不

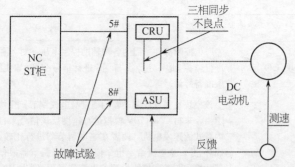

图 1 - 52 驱动板示意图

良引起失控的可能性最大。

④ 用敲击法诊断:该板的三相同步电源是由底板三相电源变压器通过两组插头引至该板的,是引起接触不良的关键点。为此把数控柜发出移动指令的输出线断开,即在驱动板的一侧断开 5 号、8 号线,用绝缘物体在机床正常送电的情况下,敲击驱动板的插头部位,此时会出现滑板高速移动故障,可诊断确定故障部位。

⑤ 维修处理方法:

a. 为了便于维修和更换,记录驱动板的型号。

b. 把线路板插接式进行改进,其中 CRU 板有两组多芯插头与底板 CPI 相连。实践证明,进口机床的电子元件本身损坏率极低,只要重新用连线焊接的方法替代原插头连接式,可避免接插件不良引发故障。经过焊接后的线路板,再振动也不会发生失控故障,本例机床改进维修后运行两年多一直处于正常状态。

(4) 维修经验归纳和积累 排除故障时应注意如下几点:

① 敲击再现故障时,要把工件、刀具卸下,滑板移至中间位置,使之留有失控时安全移动距离及人为紧急停车时间。

② 失控时的移动速度极高,出现烧掉 80A 驱动板保险的情况,因此不宜多试。

③ 本故障多发生在夏季,其插头的可靠性与环境温度、湿度有关。

【实例 1 - 67】

(1) 故障现象 一台 SIEMENS 810T 系统数控车床开机时出现报警 "6016 SLIDE POWER PACK NO OPERATION"(滑台电源模块没有操作)伺服系统不能启动。

(2) 故障原因分析 报警信息指示伺服控制系统有问题。

(3) 故障诊断和排除

① 警示检查:本例机床的伺服系统采用西门子 6SC610 交流模拟伺服驱动系统。对伺服系统进行检查发现电源模块 GO 上指示灯不亮,所以首先判断 GO 板有问题。

② 直观检查:对 GO 板进行外观检查,发现其上的熔丝和几个器件已经烧毁断路,说明 GO 板确已损坏。

③ 交换法诊断:采用交换法将另一台机床的 GO 板换上后,本例机床伺服系统恢复正常,确诊故障原因为 GO 板损坏。

④ 维修方法:更换 GO 板后,机床恢复正常。

(4) 维修经验归纳和积累 本例机床的故障应用直观法、互换法等常规维修方法进行诊断和维修,简捷可行。

【实例 1-68】

(1) 故障现象 一台 SIEMENS 810T 系统数控车床一次在开机回参考点时,出现报警 1121"CLAMPING MONITORING"(卡紧监控)。

(2) 故障原因分析 机床的伺服系统采用的是西门子 6SC610 交流模拟伺服驱动装置,出现 1121 报警提示 Z 轴运动出现问题。

(3) 故障诊断和排除

① 故障重现:

a. 关机之后重新开机报警消失,但回参考点时还是出现报警。

b. 为了观察故障现象,手动移动 Z 轴,当按下"+Z"按键时,屏幕上显示的 Z 轴坐标值发生变化,但轴实际上没有动,直到屏幕上的 Z 轴坐标值变到"+14"左右时,系统产生 1121 报警,屏幕上 Z 轴的坐标值又恢复到 0。

c. 负向运动时,当坐标值变到"-14"左右时也出现 1121 报警。

② 据实分析:根据故障现象分析,数控系统指示 Z 轴运动,但实际上 Z 轴并没有运动,即数控装置发出命令,但伺服电机并没有执行。

③ 原因确认:为了确认故障,检查伺服装置的输入控制信号,当 Z 轴手动运动按钮按下时,伺服系统 N1 板上端子 56、端子 14 间有电压变化,而控制 Z 轴伺服电机的驱动功率模块上的输出端子却没有电压变化,确认问题出在伺服控制系统上。更换伺服装置的伺服控制板 N1,机床故障排除,进一步确认故障原因是 N1 板损坏。

④ 原因论证:这个故障的原因是伺服控制装置接到 Z 轴运动信号

后,由于 N1 板损坏,没有使 Z 轴伺服电机旋转,系统也就没有得到移动的反馈,跟随误差随之变大从而产生 1121 报警。

(4) 维修经验归纳和积累　系统维修时,在原因诊断确认后,最好能进行机理分析和原因论证,便于提高维修水平。

【实例 1 - 69】

(1) 故障现象　一台 SIEMENS 810T 系统数控车床,机床开机时出现报警 6015"SLIDE AXIS MOTOR TEMPERATURE"(滑台伺服电机温度),伺服系统不能工作。

(2) 故障原因分析　伺服系统及电机等有故障。

(3) 故障诊断和排除

① 警示检查:本例机床的伺服系统采用西门子 6SC610 交流模拟伺服驱动装置,在出现报警时,对伺服系统进行检查,发现伺服装置的控制板 N1 上第二轴的电机超温报警灯亮。

② 源头检查:第二轴是机床的 Z 轴,检查 Z 轴伺服电机并不热。

③ 相关检查:对热敏电阻进行检查也正常没有问题。

④ 交换检查:将 X 轴伺服电机的反馈电缆与 Z 轴的伺服电机反馈电缆在控制板上交换插接,发现第二轴的故障报警灯亮,说明伺服控制板 N1 有问题。

⑤ 故障维修:更换 N1 板,报警消除,机床恢复正常运行。

(4) 维修经验归纳和积累　在判断 N1 控制板故障时,可应用交换法将正常的反馈信号输入 N1 板,若报警依旧,表明故障原因在 N1 板上。

【实例 1 - 70】

(1) 故障现象　一台 SIEMENS 810T 系统数控车床,开机启动系统时出现报警 6000"SERVO NOT OK"(伺服有问题)。

(2) 故障原因分析　查阅有关资料,6000 报警提示伺服系统有问题。

(3) 故障诊断和排除

① 配置核查:本例机床的伺服系统采用西门子 611A 交流模拟伺服驱动装置。

② 警示观察:检查伺服装置,发现电源模块上的 5V 电源指示灯没有亮。

③ 电源检测:检测电源模块输入 380V 交流电源没有问题,但直流母线无 600V 直流电压。

④ 卸载检查:脱开主轴驱动模块和伺服驱动模块后,故障现象依旧,

为此判断伺服电源模块 6SN1145-1BA00-0DA0 有故障。

⑤ 诊断检测：拆开电源模块进行检测，发现大功率晶体管没有问题，有几只 2MΩ 的电阻开路。

⑥ 故障维修：更换损坏的器件，将伺服电源安装到机床，开机机床恢复正常工作。

（4）故障经验归纳和积累　伺服驱动板上的晶体管和电子元件损坏是电源模块故障的主要原因。在维修中应注意检查检测。

【实例 1-71】

（1）故障现象　一台配套 SIEMENS 802C Baseline 系统、Baseline 伺服驱动的数控车床，在首次开机调试时，手动移动坐标轴，低速工作正常，但提高进给速度后，CNC 即出现 ALM25050 报警。

（2）故障原因分析　常见原因是驱动和位置控制系统有问题。

（3）故障诊断和排除

① 现象观察：在该机床上，当"手动"速度调节到低速，如倍率在 1% 左右时，坐标轴可以正常运动；但将"手动"速度调节到较高速度时，如倍率在 50% 左右时，CNC 即出现 ALM25050 报警。

② 据实推断：根据以上故障现象，可以初步认为驱动器与 CNC 本身均无不良，故障原因与 CNC 的参数设定与调整有关。

③ 参数核对检查：检查、核对 CNC 的轴参数 MD32000、MD32010、MD32020、MD32250、MD32260、MD34020、MD34030、MD34070、MD35110、MD35120、MD35130、MD35140 等。

④ 参数调整设定：根据电机转速、丝杠螺距以及坐标轴的实际运动速度，重新设定正确的数值后，机床即可正常工作。

（4）维修经验归纳和积累　在西门子系统的数控机床伺服系统维修中，涉及进给速度的故障常与参数的设定调整有关，维修中应注意根据有关技术资料，掌握参数调整的具体方法。

【实例 1-72】

（1）故障现象　一台配套 SIEMENS 802C Baseline 系统、Baseline 伺服驱动的数控车床，在首次开机调试时，手动、低速自动工作均正常，但在进给速度到达 G00 速度后，CNC 即出现 ALM25050 报警。

（2）故障原因分析　常见原因是参数设置有问题。

（3）故障诊断和排除

① 推理判断：802C Baseline 系统在机床手动、回参考点全部正常的情

况下,当执行 G00 指令时系统出现 ALM25050 报警,可以认定原因为快速移动时坐标轴的位置跟随误差超过了机床参数 MD36400 (CON - TOUR - TOL)的范围。

② 据理诊断:坐标轴的位置跟随误差取决于伺服系统增益 KV 的设定,当设定 KV=1 时,移动速度为 1m/min 时的跟随误差应为 1mm。

③ 参数设定:考虑加减速的需要,通常应将参数 MD36400 设定为实际快速时位置跟随误差的 1.2~1.5 倍,即当快进速度为 1mm/min 时,设定应为 12~15mm。

④ 调整参数:修改原有参数,将 MD36400 从默认值 1mm 调整为 15mm,故障被排除,机床运行正常。

【实例 1 - 73】

(1) 故障现象 一台配套 SIEMENS 802C Baseline 系统、Baseline 伺服驱动的数控车床,在首次开机调试时,手动移动坐标轴,CNC 即出现 ALM25050 报警,伺服驱动显示正常工作状态。

(2) 故障原因分析 802C Baseline 系统 ALM25050 报警的含义是系统出现轮廓监控错误。报警的含义是:坐标轴在运动时,实际定位位置与给定位置间的误差超过了系统参数 MD36400 规定的最大允许值。系统出现轮廓监控错误的原因很多,一般与进给系统的调整、设定有关。如报警在开机时出现,可能的原因如下。

① 驱动系统出现过载或机械传动系统阻力过大,使驱动器的输出电流达到了极限值。

② 位置控制系统的误差过大,使速度调节器的输出达到了极限值。

(3) 故障诊断和排除

① 故障重演:检查故障机床,以手动方式移动坐标轴,发现 CNC 的显示变化,但实际工作台不运动,伺服电机不转。且当系统位置显示达到一定的数值后,CNC 即出现 ALM25050 报警。

② 检测推断:通过测量,确认由 CNC 输出的速度给定电压已经提供给伺服驱动器,且随着系统显示的变化,其电压值逐步增加,最终到达最大值 10V,并出现"轴轮廓监控出错"报警,因此,故障属于速度给定电压输出达到了极限值引起的报警。

③ 电枢电压检查:进一步测量从驱动器输出到电机的电枢电压,发现其输出电压值始终为 0,可暂时不考虑电机方面的原因。

④ 驱动器故障推断:考虑到驱动器在开机时无故障,可以基本确定驱

动器工作正常。

⑤ 使能信号检查:检查驱动器的"使能"信号,发现故障机床的9与63、64间的连接错误,导致了驱动器未加入"使能"信号,驱动器的工作被封锁,电机电枢电压无输出。

⑥ 故障维修方法:正确连接驱动器使能信号后,故障被排除。

(4) 维修经验归纳和积累 驱动器未加入"使能"信号会使其工作被封锁,驱动器无输出,导致伺服电机不转动。

任务五 数控车床检测装置故障维修

【实例 1 - 74】

(1) 故障现象 某 SINUMERIK 840D 系统数控车床在工作过程中,有时 X 轴出现 300508"测量系统零脉冲监控"报警,即零点脉冲信号丢失。

(2) 故障原因分析 出现测量系统零点脉冲信号监控报警,表明系统检测不到编码器的零点脉冲信号,多数故障点在编码器或连接电缆。

(3) 故障诊断和排除

① 用示波器分别检查电缆两头编码器的零点脉冲输出信号 R,可判断出故障的位置。

② 检查结果为输入端有信号,输出端无信号。

③ 检查电机编码器的连接电缆,其中 R 一线断路。

④ 修复断线,系统恢复正常。

(4) 维修经验归纳和积累

① 本例如果编码器和连接电缆零点脉冲输出信号 R 正确,说明控制模块有问题,需更换控制模块。

② 连接电缆是常见的故障部位,检查中应注意电缆所处的环境,在检测两端的信号后,可判断电缆的相关线索的完好程度。

【实例 1 - 75】

(1) 故障现象 SIEMENS 8 系统 32D5250 型数控立车,偶尔出现 104 报警,机床停止运行,断电后重新启动机床又能正常工作。

(2) 故障原因分析 该机床使用 SIEMENS 8 系统,104 报警为 X 轴位置测量环开路或短路,不正确的门槛信号或者不正确的频率。

(3) 故障诊断和排除方法

① 测量环节检查:检查测量尺信号电缆及接插头未见断线和接触不良现象。

② 交换法诊断:互换信号放大器 EXE 无效。

③ 清洗维护:清洗测量尺和测量头,更换位置信号处理板 M5320 故障依旧。

④ 现象观察:经过仔细观察,发现故障总是出现在开启/停止切削液电动机时,从电路图上可见切削液电动机与数控系统共用三相交流电源。

⑤ 故障检查:检查发现切削液电动机的三相 RC 吸收电路失效。

⑥ 原因确认:起停电动机时造成了对测量系统的干扰。

⑦ 故障维修:更换 RC 吸收电路后,报警解除,机床恢复正常。

【实例 1-76】

(1) 故障现象　一台 SIEMENS 810T 系统数控车床出现报警 1320 "CONTROL LOOP HARDWARE"(控制环硬件)。

(2) 故障原因分析　按有关资料,1320 报警指示 X 轴伺服环出现问题。

(3) 故障诊断和排除

① 更换排除:因为问题出在伺服环上,首先更换数控系统的伺服测量模块,故障没有排除。

② 电缆检查:接着又检查 X 轴编码器的连接电缆和插头,发现编码器的电缆插头内有一些积水,这是机床加工时切削液渗入所致。

③ 故障处理:将编码器插头清洁烘干后,重新插接并采取防护措施,开机测试,故障消除。

④ 故障机理:这个故障的原因就是编码器电缆接头进水,使连接信号变弱或者产生错误信号,从而出现 1320 报警。

(4) 维修经验归纳和积累

① 西门子数控系统的"CONTROL LOOP HARDWARE"(控制环硬件)是位置反馈回路的故障,出现这个报警时,要注重对位置反馈回路的检查,包括位置检测元件—编码器或者光栅尺、反馈电缆、电缆插头以及系统测量板。

② 在西门子 810T 系统中,这个报警的报警号为 132*,其中*是数字 0、1、2 等,0 代表 X 轴,1 代表 Z 轴。

【实例 1-77】

(1) 故障现象　一台 SIEMENS 810T 系统数控车床出现报警 1321 "CONTROL LOOP HARDWARE"(控制环硬件)。

(2) 故障原因分析　按有关资料,1321 报警指示 Z 轴伺服控制环有问题。

（3）故障诊断和排除

① 经验诊断：根据经验，这个故障报警一般都是位置反馈系统的问题。

② 交换检查：在系统测量板上将 Z 轴的位置反馈电缆与 X 轴反馈电缆交换插接，这时系统出现 1320 报警，故障转移到 X 轴，证明是 Z 轴的位置反馈出现问题。

③ 诊断检查：

a. 对 Z 轴的反馈电缆和电缆插头进行检查没有发现问题。

b. Z 轴的编码器是内置在伺服电动机上的，将位置反馈电缆插接到备用伺服电动机的编码器上时，机床报警消失，说明是内置编码器损坏。

④ 维修处理：更换伺服电动机的内置编码器，机床恢复正常工作。

【实例 1 - 78】

（1）故障现象 某 SINUMERIK 840C 系统数控车床 X 轴找不到参考点。

（2）故障原因分析 通常是检测装置故障，应重点检查定位元件—光栅尺。

（3）故障诊断和排除

① 故障观察：每次加工时，X 轴的最大行程不能超过 40mm，且 X 轴在回零过程中能减速，但是不能停止，直至压上硬限位。此时 CRT 显示器上的坐标值突变，显示数值很大，同时显示"X AXIS SW LIMITSWITCH MINUS"报警。

② 检查分析：

a. 手动方式下机床能动作也能定位，并且能显示坐标值，这说明光栅尺没有损坏。

b. 经了解，这台机床的光栅尺是德国"HEIDENHAIN"产品，它所采用的回零方式和其他公司的产品不同，为了避免在大范围内寻找参考点，将参考标记按距离编码，在光栅刻线旁增加了一个刻道，可通过两个相邻的参考标记找到基准位置。根据光栅尺型号的不同，可以在 40mm 或 80mm 范围内找到参考点。

③ 诊断检查：拆下机床的防护罩，对光栅尺进行检查，发现因使用时间过长，油雾进入光栅尺内，将零点标志遮挡，没有零点脉冲输出，致使机床找不到参考点。

④ 故障处理：这种光栅尺是免维护型的，与厂家联系后进行更换，故

障得以排除。

（4）维修经验归纳和积累 光栅尺的清洁度和使用环境有规定的要求，在诊断检查和维护维修中应注意光栅尺的使用要求。

【实例 1-79】

（1）故障现象 SINUMERIK 810D 系统 CK6480 A 型数控车床，出现 Z 轴不能返回参考点故障。

（2）故障原因分析 常见原因是检测装置等有故障。

① 故障重演：Z 轴在回参考点时，出现报警信号，提示"参考点接近失败"，另外还出现了超程报警。

② 检查开关：检查 Z 轴参考点开关。它用的是普通的玻璃光栅尺，这种尺子自身没有固定的零点，也没有出现松动和移位现象，说明参考点开关本身正常。

③ 软超程检查：从机床发出"超程"报警来看，也是不准确的，因为坐标离硬限位还有很远的距离，根本没有超过行程。

④ 状态检查：检查 PLC 梯形图的状态，发现在没有超限的正常情况下，Z 轴正向限位开关的状态由"1"变为"0"，这说明这只开关很可能损坏或断线。

⑤ 诊断检查：检查发现导线果然有一根芯线断路。此时虽然 Z 轴压上了参考点开关，并准备沿反方向运动，但是由于限位开关断线，系统便认为没有找到参考点，故而发出以上两种报警。

⑥ 故障处理：更换限位开关的导线后，机床返回参考点动作正常。

（4）维修经验归纳和积累 检测装置控制线路的可靠性是检测系统正常运行的保证，控制线路的元器件和接线位置，也是常见故障的原因之一。

项目五 辅助装置故障维修

任务一 数控车床冷却装置故障维修

【实例 1-80】

（1）故障现象 西门子系统 CONQEST 42 型数控车床，在工作过程中，冷却电动机经常过热，引起热继电器动作，主轴驱动器的接触器线圈也多次烧坏。

（2）故障原因分析 通常的原因是电源、电动机及其控制电器故障。

（3）故障诊断和排除

① 检查冷却电动机和热继电器设定电流,冷却电动机的额定电流是2.4A,将热继电器整定值调整到2.6 A,但是过一段时间还是会动作跳闸。

② 核对冷却电动机的参数,铭牌上的额定电压是200～230V,频率为60Hz。

③ 检查损坏的接触器,接触器的额定电压是200V/50Hz 或 200～230V/60Hz。检测机床实际连接的交流电源是220V/50Hz,使用电源的实际频率与接触器参数不符。由此判断接触器损坏的原因与电源的频率有关。

④ 检查机床供电所用的交流电频率是50Hz,连接220V交流电源后,电压升高时,实测达到240V左右。与200V相比,电压升高了20%,电流也达到2.88A,超过了热继电器的整定电流值,所以热继电器经常动作。由此判断热继电器的动作与电源的实际电压和电流偏高有关。

⑤ 根据故障诊断,采用以下措施排除故障。

a. 通常设法变换所用的交流电源,将冷却电动机输入电压由220V降低到200V左右。本例增加一只电源变压器,变压器的二次侧电压为200V;或者用一台容量适当的调压器,将220V电源降低至200V,供给机床的相关部分使用。

b. 按实际的启动电流调整热继电器整定值,保证电源电路的保护和运行条件。

c. 注意接触器的规格与电源的实际输入状态相符,防止接触器的损坏。

采取以上措施后,故障排除,机床正常运行。

（4）维修经验归纳和积累　电源的电压和频率对交流异步电动机的影响,是一个比较复杂的问题,它涉及许多非线性因素。通常电动机工作主磁通都设计到接近饱和点,以获得最大的功率和输出转矩,电动机的额定参数就反映了这一点,若没有按电动机铭牌的规定供电,特别是某些进口电动机铭牌标有200～230V,60Hz等额定参数时,可能引起电动机发热等现象。

【实例1-81】

（1）故障现象　某西门子系统数控车床运行中,冷却泵不工作。

（2）故障原因分析　常见的原因是PLC信号传输不良、输入输出元件故障、电动机控制电路故障等。

(3) 故障诊断和排除

① 检查 PLC 信号状态,处于正常状态。

② 检查冷却电动机电源和接触器,处于正常状态。

③ 检查电动机性能,无故障,但运行中有噪声。

④ 检查控制电路,发现热继电器动作分闸。

⑤ 根据检查结果,电动机有过载现象。进一步检查电动机的各个部位,发现冷却泵进口滤网堵塞,导致电动机过载,热继电器动作,使电动机无法启动,从而冷却系统无法正常运行。

⑥ 清理冷却液的积淀污物,更换冷却液,清洗或更换滤网,冷却系统不工作的故障被排除。

(4) 维修经验归纳和积累　保持冷却液的质量和清洁度是保障冷却系统正常运行的基本条件,维修中应按规范检查冷却液的质量和清洁度,包括滤网的完好程度等。

任务二　数控车床润滑系统故障维修

【实例 1 - 82】

(1) 故障现象　西门子系统数控车床,在 X 轴移动时经常出现 X 轴伺服报警。

(2) 故障原因分析　系统报警手册对该报警的解释为:X 轴的指令位置与实际机床位置的误差在移动中产生的偏差过大。

(3) 故障诊断和排除

① 为了确认故障原因,调整 X 轴的运行速度,这时观察故障现象,进给速度比较低时出现比较频繁。

② 检查伺服参数设定,没有发现有异常的参数。

③ 检查伺服系统的供电电压三相平衡且幅值正常。

④ 用替换法检查伺服驱动模块没有解决问题。

⑤ 对 X 轴伺服系统的连接电缆进行检查也没有发现问题。

⑥ 为此认为机械部分出现问题的可能性比较大,将 X 轴伺服电动机拆下,直接转动 X 轴的滚珠丝杠,发现有些位置转动的阻力比较大。

⑦ 将 X 轴滑台防护罩打开发现 X 轴滑台润滑不均匀,有些位置明显没有润滑油。

⑧ 检查润滑系统,发现润滑油泵工作不正常。

⑨ 更换新的润滑油泵,充分润滑后,机床运行恢复正常。

(4) 维修经验归纳和积累　润滑系统故障常会导致伺服报警,在维修中不要忽略此类故障原因。

【实例1-83】

（1）故障现象 西门子系统数控车床，在 Z 轴移动时出现 Z 轴伺服报警，提示 Z 轴伺服故障。

（2）故障原因分析 根据报警"SERVO ALARM：（Z AX - IS EXCESS ERROR)"（伺服报警：Z 轴超差错误）和"SERVO ALARM：Z AXIS DETECT ERROR"（伺服报警：Z 轴检测错误）。

（3）故障诊断和排除

① 本例机床的伺服系统采用 611A 系列数字伺服驱动装置，检查伺服装置发现在伺服驱动模块上有伺服电机报警，指示 Z 轴伺服电动机过流。

② 故障重现方法，关机再开，报警消除，Z 轴在初始时段可以运动一段时间。

③ 初步判断在机械方面可能由故障，将 Z 轴伺服电动机拆下，手动转动 Z 轴滚珠丝杠，发现阻力很大。

④ 将护板拆开检查 Z 轴丝杠和导轨，发现导轨没有润滑。

⑤ 检查润滑系统，发现润滑系统的"定量分油器"工作不正常。

⑥ 更换润滑"定量分油器"后，对 Z 轴导轨进行充分润滑，机床运行正常，Z 轴报警解除，故障被排除。

（4）维修经验归纳和积累 润滑系统定量分油器是比较容易忽略的故障部位，维修诊断中应注意检查检测。

任务三 数控车床排屑装置故障维修

排屑装置是数控机床的必备附属装置。排屑装置有多种结构，包括平板链式排屑装置、刮板式排屑装置、螺旋式排屑装置、磁性板式排屑装置、磁性辊式排屑装置等。数控车床常用的平板链式排屑装置如图 1-53 所示。排屑装置的常见故障机排除方法可借鉴以下实例。

【实例1-84】

（1）故障现象 某西门子系统斜床身数控车床出现排屑困难，电动机过载故障报警。

（2）故障原因分析 本例的数控车床采用螺旋式排屑装置，螺旋排屑装置的结构如图 1-54 所示，加工中的切屑沿着床身的斜面落到螺旋式排屑器所在的沟槽中，螺旋杆转动时，沟槽中的切屑即由螺旋杆推动连续向前运动，最终排入切屑收集箱。排屑困难和电动机过载的常见故障原因

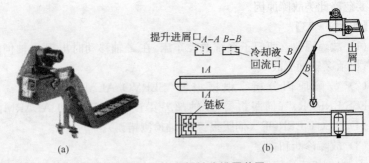

图 1 - 53　平板链式排屑装置

(a) 外形；(b) 结构示意

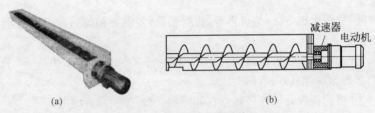

图 1 - 54　螺旋式排屑装置

(a) 外形；(b) 结构示意

是输送通道的切屑堵塞造成的。

(3) 故障诊断和排除

① 本例数控车床在试运行时产生排屑困难，判断与排屑装置的通道结构安装等有关。

② 检查电动机及其控制电路中的有关电气元件，均处于正常状态，热继电器的整定值符合电动机的过载保护和正常运行的要求。

③ 检查机械传动结构及其连接部位的状态，均处于正常的状态。

④ 本例数控车床在排屑装置设计时，为了在提升过程中将废屑中的切削液分离出来，在排屑装置的排出口处安装一个直径 160mm 长 350mm 的圆筒型排屑口，排屑口向上倾斜 30°。机床试运行时，大量切屑阻塞在排屑口，使后续的切屑排除受阻，电动机过载报警。

⑤ 分析判断，切屑受阻的原因是：输送通道的切屑在提升过程中，受到圆筒型排屑口内壁的摩擦，相互挤压，集结在圆筒型排屑口内。

⑥ 根据诊断结果，将圆筒型排屑口改为喇叭型排屑口后，锥角大于摩擦角，用以消除输送过程中受摩擦阻力而结集现象。安装新的排屑口后，输

送过程中的切屑不再集结在排泄口,电动机过载和排屑困难故障被排除。

（4）维修经验归纳和积累　在输送装置的接口拐角等部位,容易集结切屑,排屑系统的故障常与输送通道堵塞等引发输送阻力增大有关联。

【实例 1 - 85】

（1）故障现象　某西门子系统平床身数控车床出现排屑装置噪声大的故障现象。

（2）故障原因分析　排屑装置噪声大的常见故障原因如下：

① 排屑装置机械部分变形或损坏。

② 切屑堵塞。

③ 排屑器固定松动。

④ 电动机轴承润滑不良磨损或损坏。

（3）故障诊断和排除

① 检查排屑装置的机械部分,有局部变形,无损坏现象。

② 检查排屑器的固定螺栓等部位,电动机与排屑输送执行机构的连接部分,发现有个别紧固件有松动现象。

③ 观察切屑的输送和排除是否正常,发现输送和排出部位局部有停滞的切屑。

④ 测听电动机轴承的噪声,判断轴承的润滑状况。发现轴承有干摩擦的噪声和局部损坏的不正常噪声。

⑤ 根据检查诊断,采取以下措施进行维修保养。

a. 采用矫正整形的方法进行机械变形部分的修复维修。

b. 对排屑器固定螺钉、放松装置等进行检查,更换损坏的螺栓和垫圈等,紧固松动的螺栓等。

c. 清理输送和排屑口部位停滞、积集的切屑。

d. 检查电动机轴承,若无损坏,应进行清洗和润滑脂维护;若有损坏,可更换相同规格的电动机或更换电动机的轴承。

e. 注意检查过载保护装置的完好程度。装有过载保险离合器的,应进行合理的调整,以保证过载保护和排屑装置的正常运行。

经过以上维护维修措施,本例数控车床排屑装置噪声大的故障被排除。

任务四　数控车床防护装置故障维修

【实例 1 - 86】

（1）故障现象　某西门子数控车床出现防护门关不上,自动加工不能进行的故障,而且无故障显示。

(2) 故障原因分析　防护门是由 PLC 控制的,通常与 PLC 相关的输入输出元件故障、信号的状态不正常等原因有关。

(3) 故障诊断和排除　检查诊断 PLC 故障可应用一种简单实用的方法,将数控机床的输入/输出状态列表,通过比较正常状态和故障状态,就能迅速诊断出故障的部位。

① 本例防护门是由气缸来完成开关的,首先应检查气动系统各组成部分是否完好。通常应检查系统压力、控制阀、气缸等部位。本例检查气缸、系统压力均正常。并按规范对气动系统进行维护:

a. 检查过滤器,清除压缩空气中的杂质和水分。

b. 检查系统中油雾器的供油量,保证空气中含有适量的润滑油来润滑气动元件,防止生锈、磨损造成空气泄漏和元件动作失灵。

c. 检查更换密封件,保持系统的密封性。

d. 调节工作压力和流量,保证气动装置具有合适的工作压力和运动速度。

e. 检查、清洗或更换气动元件、滤芯。

② 通过 PLC 梯形图分析,关闭防护门是由 PLC 输出 Q2.0 控制电磁阀 YV2.0 来实现的。

③ 检查 Q2.0 的状态,其状态为"1",但电磁阀 YV2.0 却处于失电状态。

④ 经过线路分析,PLC 输出 Q2.0 是通过中间继电器 KA2.0 来控制电磁阀 YV2.0 的。

⑤ 重点检查中间继电器,发现中间继电器损坏。中间继电器是用来增加控制电路中的信号数量或将信号放大的继电器。其输入信号是线圈的通电和断电,输出信号是触头的动作,由于触头的数量较多,所以可以用来控制多个元件或回路。中间继电器与接触器的结构类似,其常见故障有主触头不闭合、主触头不释放、铁心不释放、电磁铁噪声大、线圈过热或烧毁等。

⑥ 更换相同型号的中间继电器,机床防护门关不上的故障被排除。

【实例 1-87】

(1) 故障现象　西门子系统数控车床,机床在 Z 轴移动时,出现报警"SERVO ALARM(Z AXISEXCESS ERROR)"(伺服报警:Z 轴超差错误)。

（2）故障原因分析 出现伺服报警，指示 Z 轴运动时位置超差。常见的故障原因为连接电缆、进给传动机构有故障。

（3）故障诊断和排除

① 故障重现：机床出现故障后关机再开，报警消除，当移动 Z 轴时，Z 轴滑台运动一段距离后，就出现伺服报警，并向相反方向回走一段距离。反复观察故障现象，发现出现故障是在一个相对固定的位置。

② 检查 Z 轴连接电缆没有发现问题，初步判断机械部分故障的可能性比较大。

③ 将 Z 轴防护罩拆开进行检查，发现丝杠护管因长时间工作，压缩变形，在固定位置造成的阻力过大，不能行走并向反方向反弹。

④ 根据故障诊断结果，更换丝杠护管，报警解除，机床恢复正常工作。防护套的系列如图 1-55 所示，有圆筒式橡胶丝杠、光杠防护套；丝杠防护套及螺旋钢带防护套等。

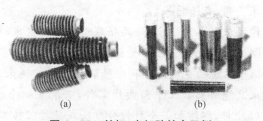

图 1-55 丝杠、光杠防护套示例

(a) 圆筒式橡胶防护套；(b) 螺旋钢带防护套

【实例 1-88】

（1）故障现象 某西门子系统经济型数控车床，防护门很难拉动。

（2）故障原因分析 因防护门的滚动是通过轴承实现的，因此常见故障是轴承或防护门滚道有故障。

（3）故障诊断和排除

① 检查轨道表面，无明显的压痕和损坏现象。

② 检查防护门是否变形和移位，未发现故障现象。

③ 检查滚动轴承，发现轴承损坏锈蚀。

④ 更换同型号的滚动轴承，故障被排除。

（4）维修经验归纳和积累 防护门是比较容易被忽略的操作安全保护装置，飞溅的切屑、喷注的切削液，都是损坏轴承和滚道的根源，在维修的同时应注意轴承部位的维护保养。

模块二　数控铣(镗)床装调维修

内 容 导 读

西门子数控铣(镗)床有多种类型,升降台式数控铣(镗)床规格比较小,适宜加工较小的零件(如模具和复杂平面轮廓等零件)。床身式数控铣(镗)床刚性好,适宜加工较大的零件(如连杆、气缸盖等零件)。龙门数控铣床主要用于大型工件的加工,若配置回转铣头,可以实现大型零件的多面加工(如机床的床头箱、变速箱等)。

数控铣床大多为三坐标、两轴联动的数控机床,被称为两轴半控制,即在 X、Y、Z 三个坐标轴中,任意两轴都可以联动。配置西门子系统的也有三轴和四轴联动的数控铣床。一般的数控铣床只能用来加工平面曲线零件,若配置一个回转的 A 坐标或 C 坐标,即增加一个数控分度头或数控回转工作台,此时数控系统为四坐标数控系统,可用来加工螺旋槽、叶片等立体曲面零件。四轴联动的数控铣床可以加工立体曲面。

由于数控铣床的结构特点,因此其装调维修相对比较复杂,实践中重点是掌握机床的安装调试和精度检测;滚动导轨、主轴轴承、滚珠丝杠的安装调整;SIEMENES 数控伺服系统(变频器/驱动模块)、位置检测装置的维护维修方法。同时需要掌握附加装置(数控回转台、分度头)的维护和常见故障维修方法。

项目一　机械部分故障维修

如前述,数控铣床有多种类型,如图 2-1 所示。数控铣床的主要部件包括主轴部件、进给传动部件、辅助装置(刀具夹紧装置、冷却系统、润滑系统、防护装置、排屑装置、附加回转工作台或分度头)等。立式升降台数控铣床布局示例如图 2-2 所示,数控铣床的工作原理如图 2-3 所示。

图 2-1 数控铣床的外形

(a) 立式数控铣床; (b) 卧式数控铣床; (c) 龙门数控铣床

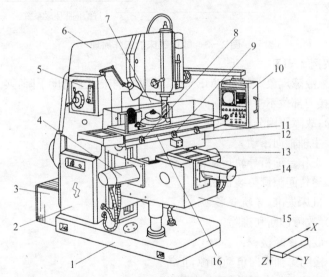

图 2-2 XK5040A 型数控铣床布局图

1—底座; 2—强电箱; 3—变压器箱; 4—垂向进给伺服电动机; 5—主轴变速和按钮板;

6—床身; 7—数控柜; 8,11—纵向保护开关; 9—挡块; 10—操纵台; 12—横向滑板;

13—纵向进给伺服电动机; 14—横向进给伺服电动机; 15—升降台; 16—工作台

任务一 数控铣床导轨部件故障维修

数控铣床的导轨有滑动导轨、滚动导轨和静压导轨等。一般的升降台数控铣床和固定台座式数控铣床采用滑动导轨;精度较高的数控铣床采用滚动导轨;大型的数控铣(镗)床有的采用静压导轨。导轨故障诊断和维修的有关内容可参见模块一相关内容,实际作业中可借鉴以下故障维修实例。

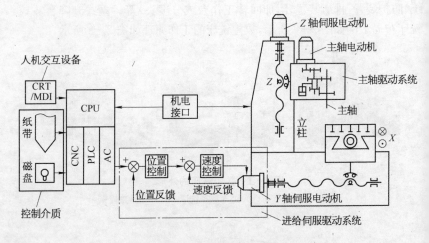

图 2-3 数控铣床的工作原理

【实例 2-1】

（1）故障现象　某 SIEMENS 系统数控铣床加工精度下降,接刀加工的平面接刀部位不平整。

（2）故障原因分析　常见的机械故障原因:

① 主轴轴向窜动大。

② 工作台面沿导轨运动精度差。

③ 导轨间隙调整装置松动。

④ 机床失准,导轨变形。

（3）故障诊断和排除

① 故障诊断检查:

a. 检测主轴轴向窜动间隙,正常。

b. 检测工作台运动精度,有偏差。

c. 检查各导轨镶条、压板间隙,正常。

d. 检测机床水平,发现失准。

e. 据理分析,该机床采用活动垫块支承,使用过程中由于切削力等因素,造成机床失准,导致导轨变形,机床工作台运动精度下降,造成接刀不平故障。

② 故障维修排除:根据诊断和检查结果,补充固定垫块支承机床,重新调整机床水平, 铣削加工接刀不平的故障被排除。在维修排除过程中,应掌握以下要点。

a. 安装要点。

一般中小型数控机床可不采用单独做地基的方法,可在硬化好的地面上采用如图 2-4 所示的活动垫铁进行机床安装。

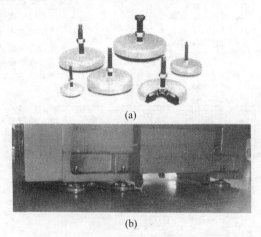

(a)

(b)

图 2-4 用活动垫铁支承、安装数控机床

(a) 活动垫铁;(b) 支承、安装示意

大型、重型机床必须专门做地基,精密机床需要做单独地基,在地基周围设置防振沟,在安装地脚螺栓的位置做出预留孔。数控机床的地基示例如图 2-5 所示。安装用的地脚螺栓形式见表 2-1。

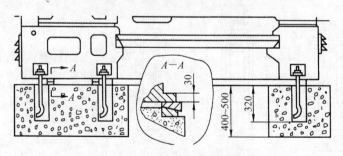

图 2-5 数控机床安装地基示例

b. 机床的水平调整要点。

在数控机床地基固化后,利用地脚螺栓和调整垫铁,可精确调整机床床身的水平,对普通数控机床,水平仪读数不超过 0.04mm/1 000mm;对于高精度数控机床,水平仪读数不超过 0.02mm/1 000mm。

表 2-1　常用地脚螺栓的形式与固定方法

示　　图	说　　明
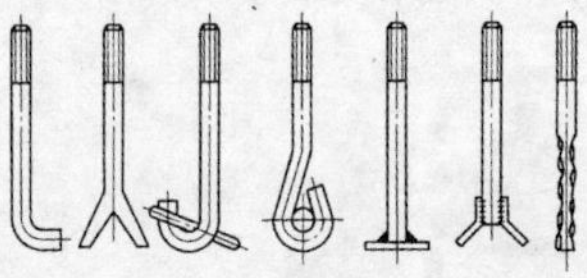	固定地脚螺栓,一般随机床通过一次或二次浇灌方法固定在地基上,地脚螺栓的预留孔位置必须按机床说明书的地脚螺栓位置尺寸确定
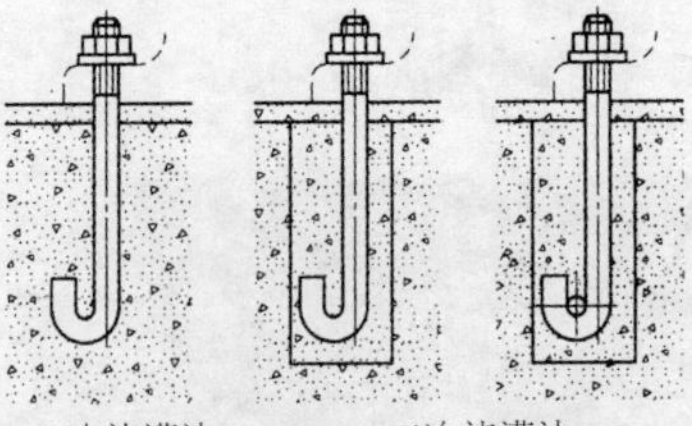 一次浇灌法　　二次浇灌法	一次浇灌法螺栓随机床直接在预留孔中就位,二次浇灌法是将螺栓预先浇灌成型,然后随机床一起进行第二次浇灌就位
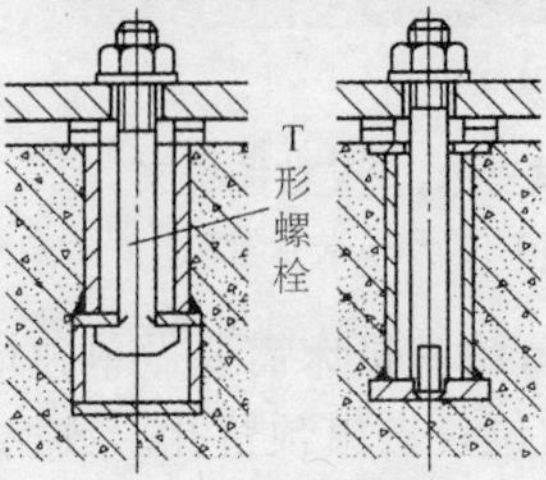	活地脚螺栓通过 T 形头等形式与壳体连接,壳体浇灌在地基预留孔中
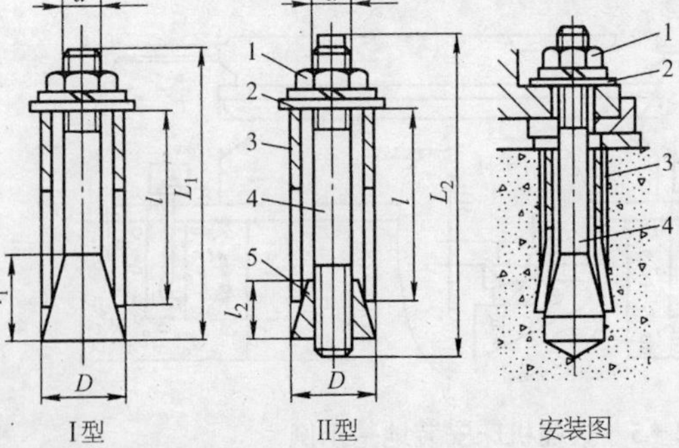 I 型　　　II 型　　　安装图	膨胀地脚螺栓与壳体的连接通过头部的锥体轴向位移实现的,壳体浇灌在地基预留孔中,壳体端部被挤压膨胀后与地基固定

1—螺母;2—垫圈;3—套筒;4—螺栓;5—锥体

　　大、中型机床床身大多是多点垫铁支承,为了不使床身产生额外的扭曲变形,如图 2-6 所示,应使垫铁尽量靠近地脚螺栓,注意垫铁的布置位置,并要求在床身自由状态下调整水平,各支承垫铁全部起作用后,再压紧地脚螺栓。常用垫铁的形式见表2-2。

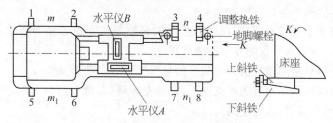

图2-6 水平调整时垫铁放置示意图

表2-2 常用调整垫铁的形式与使用

名 称	示 图	特点与使用
整体斜垫铁		成对使用,配置在机床地脚螺栓的附近;若单个使用,与机床底座面为线接触,刚度较差。适用于安装尺寸较小、调整要求不高的机床
钩头斜垫铁		与整体斜垫铁配对使用,钩头部分与机床底座边缘紧靠,安装调整时起定位限位作用,机床安装调整后不易走失
开口斜垫铁		开口可直接卡入地脚螺栓,成对使用,拧紧地脚螺栓时机床底座变形较小,垫铁的位置不易变动,调整比较方便
通孔斜垫铁		通孔可套入地脚螺栓,垫铁位置不易变动,调整比较方便,机床底座变形较小

c. 掌握电子水平仪的使用方法。

电子水平仪由两个带电容式传感器的水平仪和液晶显示器组成,通过电缆接口相互连接。操作面板如图2-7a所示,其中低能量电池开关1能接通液晶显示器显示电源;电位计2用来调整水平仪零位,其示值精度分为 $10\mu m/m$、$5\mu m/m$ 和 $1\mu m/m$。

零位调整方法:

把M水平仪放置在被测平面上后,将液晶显示器调节为零位;

将水平仪在原位转180°,此时液晶显示器某一读数值,调节电位计至该读数值的一半;

将水平仪转回原位,此时若显示的读数与180°位置调节后显示读数值一致,说明水平仪的零位已调节好;

此时显示的读数值为被测平面与基准面的位置度误差;

液晶显示器左端的亮点在下,表示左倾斜(左低右高);左端的亮点在上,表示右倾斜(右低左高)。

使用操作方法,如图2-7b所示为采用两个水平仪同时使用的测量方法:

以 R 水平仪3为参考装置放置在基准面上,接输入插座 B;

以 M 水平仪1为测量装置测量被测平面,接输入插座 A;

将 M 水平仪1水平面放置在被测平面5上,可测出平面5与基准面4的平行度;

将 M 水平仪1垂直面放置在被测平面6上,可测出平面6与基准面4的垂直度。

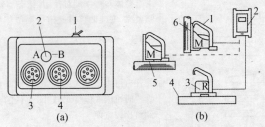

图2-7 电子水平仪及其使用方法

(a)电子水平仪操作面板;

1—电池开关;2—电位计;3—插座 A;4—插座 B

(b)测量方法示意

1—M水平仪;2—液晶显示器;3—R水平仪;4—基准面;5,6—被测平面

【实例2-2】

(1)故障现象 某 SIEMENES 系统数控铣床在工作过程中,当 X 轴以 G00 的速度快速运动时,机床抖动得厉害,而且加工过程中,随着进给倍率增加,机床也有抖动感,但 CRT 没有任何报警信息。

(2)故障原因分析 常见故障原因为伺服驱动单元、机械传动系统等有故障。

(3)故障诊断和排除

① 故障诊断方法：

a. 因伺服驱动单元并没有任何报警，初步怀疑反馈环节有问题，造成系统超调、振荡。

b. 在 MDI 状态下，输入指令 G01 X100 F200，观察 X 轴移动时动态跟随误差 S≈115mm，增益 K≈1.7，原设定值 1.5，偏高 14%，有轻微抖动。

c. 连续按下屏幕上的(增益)，使动态增益降至 1.5，此时显示动态跟随误差为 133mm 左右，抖动消失，观察 X 轴静止状态时，静态跟随误差(0±1)mm，属正常范围。

d. 以 G00 速度移动 X 轴，抖动已无明显感觉。

e. 经过几天运转观察发现，虽然抖动现象消失，但 X 轴响应速度明显减慢。

f. 拆下 X 轴护罩，检查电动机传动部分，发现 X 轴导轨侧面有一辊式滚动块损坏。

g. 分析推断，因滚动块损坏，造成 X 轴运动阻力增大，电动机转速降低，位置反馈跟踪慢，造成数字调节器净输入信号过大引起系统振荡，产生故障。

② 维修排除作业：

a. 拆卸滚动块，检测滚动块损坏程度，发现滚柱表面有严重磨损痕迹，确定采用更换方法。

b. 按技术要求选择同一型号滚动块，检测滚动块的精度。

c. 按滚动导轨的安装步骤和预紧方式装配、调整滚动块。直线滚动导轨安装精度要求见表 2-3，滚柱导轨块在机床上的安装位置如图 2-8所示，滚动导轨副的安装作业步骤见表 2-4。滚动导轨预紧作业中应掌握以下要点。

表 2-3　滚动导轨的安装精度要求

检　测　项　目	精　度　要　求
直线滚动导轨精度等级	一般选用精密级(D 级)
安装基准面平面度	一般取 0.01mm 以下
安装基准面两侧定位面之间的平行度	0.015mm
侧定位面对底平面安装面之间的垂直度	0.005mm

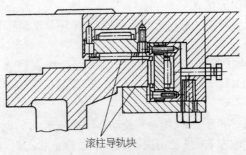

滚柱导轨块

图 2-8　滚柱导轨块的安装

表 2-4　滚动导轨副的安装步骤

序号	说　　明	安 装 步 骤 图
1	检查装配面	
2	设置导轨的基准侧面与安装台阶的基准侧面相对	
3	检查螺栓的位置,确认螺孔位置正确	
4	预紧固定螺钉,使导轨基准侧面与安装台阶侧面相接	

（续表）

序号	说　　明	安 装 步 骤 图
5	最终拧紧安装螺栓	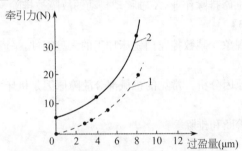

　　滚动导轨预紧力控制的要求。预紧可以提高导轨的刚度,但预紧力应选择适当,否则会使牵引力显著增加,图2-9所示为矩形滚柱导轨和滚珠导轨的过盈量与牵引力的关系。

图 2-9　滚动导轨的过盈量与牵引力的关系

1—矩形滚柱导轨;2—滚珠导轨

　　滚动导轨的预紧作业方法见表2-5。

表 2-5　滚动导轨的预紧方法

预紧方法	示　　图	说　　明
采用过盈配合		如左图所示,在装配导轨时,根据滚动件的实际尺寸量出相应的尺寸 A,然后研刮压板与滑板的接合面,或在期间加一垫片,改变垫片的厚度,由此形成包容 $A-\delta$(δ 为过盈量)。过盈量的大小可以通过实际测量确定

（续表）

预紧方法	示　图	说　明
采用调整元件实现预紧	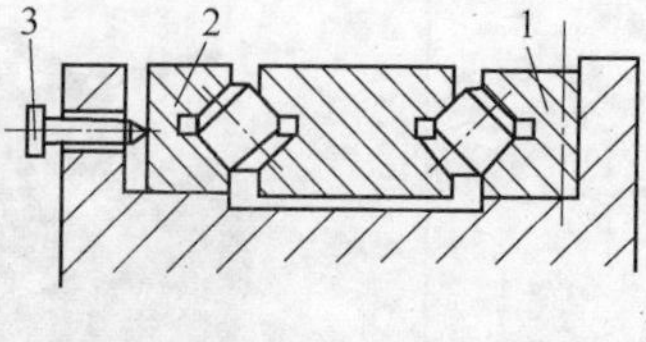	如左图所示,拧紧侧面螺钉3,即可调整导轨体1及2的位置实现预加负载。预紧也可用斜镶条进行调整,采用这种方法,导轨上的过盈量沿全长分布比较均匀

注：图中 1,2—导轨体；3—侧面螺钉。

d. 用激光干涉仪检查导轨移动精度。

e. 试车运行,X 轴运行平稳。

经过以上维修排除作业,X 轴移动抖动的故障被排除。

【实例 2-3】

（1）故障现象　某数控龙门铣床加工的大型零件,平面的直线度误差较大。

（2）故障原因分析　常见的机械部分故障原因是机床水平失准、导轨直线度有误差等。

（3）故障诊断和排除

① 故障诊断分析：

a. 检测工作台运动精度,有偏差。

c. 检查各导轨镶条、压板间隙,正常。

d. 检测机床水平,发现失准。

e. 故障诊断分析：机床失准,导致导轨变形,机床工作台运动精度下降,造成加工平面直线度误差大的故障。

② 故障维修方法：

a. 机床水平调整。用水平仪重新调整机床水平,达到机床水平调整的技术要求,保证平行度、垂直度在 0.02mm/1 000mm 以内。

b. 检测导轨平直度。用光学平直仪检测导轨的直线度,如图 2-10a 所示为检测作业示意,使用光学平直仪应掌握以下要点。

熟悉光学平直仪的原理,其光学系统如图 2-10b 所示,光学平直仪是根据自准直仪原理制成的,由本体、望远镜、反射镜组成,是属于双分划板式自准直仪的一种。在光源前的十字丝分划板 9 上刻有透明的十字丝。在目镜 5 下采用一块固定分划板 7 和一块活动分划板 6。在固定分划板 7

上刻有"分"的刻度,在活动分划板 6 上则有一条用来对准十字丝影像的刻线。旋动测微螺杆 4 就可使活动分划板 6 移动。如果活动分划板 6 上的刻线对准十字丝影像的中心,就可从目镜 5 中读出"分"值,而从读数鼓筒 3 上可以读出"秒"值。即读数鼓筒 3 上的一个分度,相当于反射镜法线对光轴偏角 $1''$(0.005mm/m)。

使用光学平直仪检验机床导轨表面的直线度,实质上是测定反射镜在工件表面前后各个位置的角度偏差,从而推算出工件表面与理想直线之间的偏差情况。测量作业要点如下:

用光学平直仪 1 检验时,如图 2−10a 所示,在反射镜 2 的下面一般加一块支承板(俗称桥板)3,支承板 3 的长度通常有两种:即 $L=100mm$,$L=200mm$;

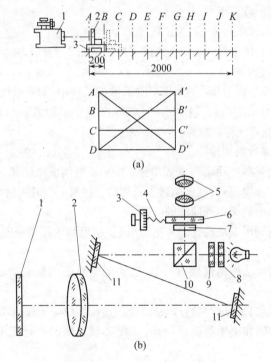

图 2−10 光学平直仪及其应用

(a) 检测示意　1—光学平直仪;2—反射镜;3—支承板

(b) 光学系统　1,11—反射镜;2—物镜;3—读数鼓筒;4—测微螺杆;

5—目镜;6,7,9—分划板;8—滤光片;10—分光棱镜

哈尔滨量具刃具厂生产的光学平直仪,当反射镜支承长度 L 为 200mm 时,微动鼓轮的刻度值为 $1\mu m$,相当于反射镜的倾角变化为 $1''$,若支承长度为 100mm,微动鼓轮的刻度值则为 $0.5\mu m$。

反射镜的移动有两个要求:一要保证精确地沿直线移动;二要保证其严格按支承板长度的首尾衔接移动,否则就会引起附加的角度误差。为了保证这两个要求,侧面应有定位直尺作定位。

检测时应在分段上做好标记。每次移动都应沿直尺定位面和分段标记衔接移动,并记下各个位置的倾斜度。

本例经过检测,在恢复机床安装水平位置后,机床导轨的变形排除,恢复了导轨的几何精度要求和工作台的运动精度,零件加工面直线度误差大的故障被排除。

【实例 2 - 4】

(1) 故障现象　某 SIEMENS 系统数控铣床。在工作过程中,加工自行停止。CRT 显示器右下角出现闪烁的"ALARM"报警,在故障显示界面上出现伺服报警。

(2) 故障原因分析　在 SIEMENS 数控系统中,伺服系统的报警内容是"SERVOALARM:3 - TH AXIS DETECTION RELATED ERROR",即 Z 轴数字伺服系统存在故障。

(3) 故障诊断和排除

① 检测伺服电动机温度和电流:手摸 Z 轴伺服电动机,感到温度很高,测试其工作电流,发现已超过了正常值。停机一段时间后再启动,可以工作半小时,而后又出现同样的故障。

② 检查伺服电动机线圈和绝缘电阻,绕组和绝缘层电阻值均在正常范围内。

③ 用替换法检测伺服驱动器:更换同型号的伺服驱动器,故障现象依旧。

④ 对传动机构进行检查,滚珠丝杠、连接部位等无故障现象。

⑤ 对导轨和镶条等进行检查,发现 Z 轴导轨的平行度不好,镶条与导轨贴合面不好。

⑥ 根据检查结果判断,由于导轨的平行度不好,镶条与导轨的接触面精度较差,致使工作台运动产生机械阻力,导致伺服电动机的电流变大,从而出现故障报警。

⑦ 根据诊断结果,对平行度不好的导轨进行研刮,对镶条进行配刮,

检测导轨、镶条的研点数，达到平行度和接触研点的精度要求后，调整 Z 轴导轨镶条，机床负载明显减轻，电流下降到正常值以下，报警解除，工作台运动故障被排除。导轨的研刮应注意以下要点：

a. 为了使研刮的导轨符合平面度、直线度要求，可用水平仪来配合测量，检查刮削面各个部位，按测得的误差进行修刮，以达到精度等级要求。

b. 防止刮削的常见缺陷。刮削操作不当，可能会产生各种缺陷，影响刮削质量，常见的刮削缺陷见表2-6。

表2-6　刮削常见缺陷及其原因

缺陷形式	特　征	产　生　原　因
深凹痕	刮削面研点局部稀少或刀迹与显示的研点高低相差太多	1) 刮削时用力不均，局部落刀太重或多次刀迹重叠 2) 刀刃磨得过于弧形
撕痕	刮削面上有粗糙的，较正常刀迹深的条状刮痕	1) 刀刃不光洁或不锋利 2) 刀刃有缺口或裂纹
振痕	刮削面上出现有规则的波纹	多次同向刮削，刀迹没有交叉
划道	刮削面上划出深浅不一的直线	1) 研点时夹有砂粒、切屑等杂质 2) 显示剂不清洁
刮削面精密度不准确	显点情况无规律改变且捉摸不定	1) 推磨研点时压力不均，研具伸出工件过多，按显示的假点刮削造成 2) 研具本身精度差

c. 重视刮刀的修磨。刮刀的修磨形状和质量对刮削的质量有很大影响，因此在研刮维修中要注意刮刀的修磨作业方法。平刮刀的精磨在油石上进行，操作方法如图2-11所示：

精磨两平面如图2-11a所示，修磨时在油石上加适量机油，表面粗糙度 $Ra<0.2\mu m$；

精磨端面如图2-11b所示，修磨时左手扶住刀柄，右手紧握刀身，刮刀按不同的角度略带前倾向前推移，拉回时略提起，反复修磨，直至切削部分达到所需要求；

精磨圆弧面的刮刀端面如图2-11c所示，在刮刀推进的同时，可同时作摆动，以形成端面的圆弧刃。

任务二　数控铣床进给部件故障维修

数控铣床的进给部件维修与数控车床的维修基本类似，具体作业可

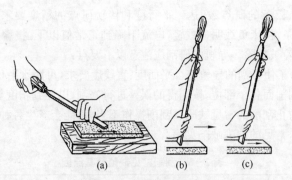

图 2 - 11　刮刀的修磨方法

(a) 精磨两平面；(b) 精磨端面；(c) 精磨圆弧面

借鉴以下实例。

【实例 2 - 5】

(1) 故障现象　XK5040 - 1 数控立式铣床，Z 轴电动机转不动，开动 Z 轴电动机即报警，机床工作台在最低位置不能上升。

(2) 故障原因分析　本例数控立式铣床，因修理拆卸 Z 轴电动机机尾部的测速电动机，维修人员对结构性能不了解，工作台底部到地面未采取任何措施，工作台快速降到底部极限位置产生严重故障。

(3) 故障诊断和排除

① 原因推断：因为机床在此故障前工作台能升降，机床立柱与升降工作台燕尾，镶条接触面间隙正常，润滑正常，因此在该处卡死可能性小。

② 拆卸检查：拆卸 Z 轴电动机，Z 轴滚珠丝杠副底座紧固螺钉，用两个同规格液压千斤顶在工作台底部将工作台往上顶，连底座将滚珠丝杠副取出。

③ 原因诊断：检查发现该丝杠副滚珠处滚道被挤扁，初步诊断是丝杠对螺母不能转动的原因。

④ 深入检查：拆卸间隙调整压板，取出 U 形外滚道钢管，旋出滚珠丝杠或螺母，修整 U 形外滚道管。作业要点如下。

a. 修整作业：U 形外滚道管是由壁厚 0.5mm 铬钢管制成，直径 ϕ5mm、内径 ϕ4mm，要求 ϕ4mm 钢球装进去能从另一头滑出来。U 形管压扁压伤变形后，ϕ4mm 钢球通不过管道内孔，造成丝杠不能转动，从 U 形管变形处近的一端装入 ϕ4mm 钢球，管口向上，用 ϕ3.9mm 的淬火钢棒放进管口冲 ϕ4mm 钢球，下去一段后取出钢棒，又加入钢球冲，如此反复，直到另一管口不断出钢球。且冲力逐渐减小,若达不到一口装入钢球能从另一口滑出的程度,而钢球在管内紧的部分越来越少了。选用 $\phi 4.1mm$ 的钢球,放在管口冲下去,再放入标准 $\phi 4mm$ 钢球冲压,直到 $\phi 4.1mm$ 钢球从另一管口出来后,U形外滚道管内孔也就能完全通过 $\phi 4mm$ 标准钢珠了。

b. 清洁装配:用薄片油石清除各部分毛刺,用清洁煤油清洗好全部钢球、U形管、滚珠螺母、丝杠后,再检查一次 $\phi 4mm$ 标准钢珠是否能在全部U形管内畅通。完毕后进行装配调整滚珠丝杠副,调整间隙压板到支承螺母及丝杠副垂直位置,丝杠靠自重力自动向下转动时,间隙压板再稍稍紧固一下即可。

把各部件及 Z 轴电动机全部组装完毕,撤去千斤顶试车,机床升降运行正常,故障排除。

(4) 维修经验归纳和积累

① 该机床工作台升降系统没有自锁机构,自锁力是靠 Z 轴电动机内锁,电动机连接的齿轮与滚珠丝杠上端面处齿轮啮合,电动机正反向旋转带动齿轮使丝杠副正反向旋转,达到工作台升降运动,电动机失电时电动机内制动动作,工作台升降停止。

② 该电动机尾部的测速电机实际上是检测升降位置距离的,拆离位置后电动机制动失去作用,造成事故。

③ 修理数控机床时,机电人员应密切配合,电气人员要了解机床结构特性,机械修理人员要了解数控原理,方能在数控机床修理中减少失误和杜绝失误,顺利地做好维修工作。本例提示,数控机床维修人员应具备机电一体化的知识和技能。

【实例 2-6】

(1) 故障现象 某龙门数控铣削中心加工的零件,在检验中发现工件 Y 轴方向的实际尺寸与程序编制的理论数据存在不规则的偏差。

(2) 故障原因分析 从数控机床控制角度来判断,Y 轴尺寸偏差是由 Y 轴位置环的偏差造成的。

(3) 故障诊断和排除

① 查阅机床资料,机床数控系统为 SIENEMS 系统,Y 轴进给电动机为 1FT5 交流伺服电动机带内装式的 ROD320。由于 Y 轴通过 ROD320 编码器组成半闭环的位置控制系统,因此编码器检测的位置值不能真正反映 Y 轴的实际位置值,位置控制精度在很大程度上由进给传动链的传动精度决定。

② 检查 Y 轴有关位置参数,发现反向间隙、夹紧误差等均在要求范围内,故可排除由于参数设置不当引起故障的因素。

③ 检查 Y 轴进给传动链。如图 2-12 所示为进给传动链典型连接方式。本例机床 Y 轴进给传动链采用图 2-12c 所示方式,由传动链结构分析,任何连接部分存在间隙或松动,均可引起位置偏差,从而造成加工零件尺寸超差。

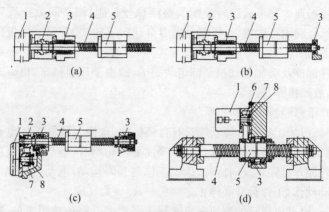

图 2-12 滚珠丝杠副的典型安装方式

(a) 一端装止推轴承; (b) 一端装止推轴承,另一端装向心球轴承;

(c) 两端装止推轴承; (d) 三支承方式

1—电动机;2—弹性联轴器;3—轴承;4—滚珠丝杠;5—滚珠丝

杠螺母;6—同步带轮;7—弹性胀紧套;8—锁紧螺钉

④ 检查滚珠丝杠的轴向窜动:

a. 将一个千分表座吸在横梁上,表头找正主轴 Y 运动的负方向,并使表头压缩到 50~10μm,然后把表头复位到零。

b. 将机床操作面板上的工作方式开关置于增量方式(INC)的"×10"挡,轴选择开关置于 Y 轴挡,按负方向进给键,观察千分表读数的变化。理论上应该每按一下,千分表读数增加 10μm。经测量,Y 轴正、负方向的增量运动都存在不规则的偏差。

c. 将一颗钢珠置于滚珠丝杠的端部中心,用千分表的表头顶住滚珠,如图 2-13 所示。将机床操作面板上的工作方式开关置于手动方式(JOG),按正、负方向的进给键,主轴箱沿 Y 轴正、负方向连续运动,观察千分表读数无明显变化,故排除滚珠丝杠轴向窜动的可能。

⑤ 检查同步传动带:检查与 Y 轴伺服电动机和滚珠丝杠连接的同步

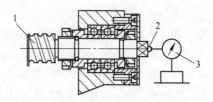

图 2-13 用千分表检测滚珠丝杠轴向窜动

1—滚珠丝杠；2—钢珠；3—千分表

齿形带轮,传动带和带轮无损坏等现象。

⑥ 检查带轮与传动轴的连接锥套,发现与伺服电动机转子轴连接的带轮锥套有松动,使得进给传动与伺服电动机驱动不同步。

⑦ 诊断结果:根据传动链的结构形式,采用分步检查的方式,排除可能引起故障的因素,最终确定故障的部位。由于在运行中锥套的松动是不规则的,从而造成位置偏差的不规则,最终使零件加工尺寸出现不规则的偏差。

⑧ 维修维护要点:

a. 对 Y 轴传动链的锥套连接进行调整,故障被排除。

b. 在日常维护中要注意对进给传动链的检查,特别是有关连接元件,如联轴器、锥套等有无松动现象。

c. 通过对加工零件的检测,随时监测数控机床的动态精度,以决定是否对数控机床的机械装置进行调整。

【实例 2-7】

(1) 故障现象 某 SIENEMS 系统数控镗床。Y 轴加工尺寸每次都小于指令值,但是 CRT 和伺服系统没有出现任何报警信息。

(2) 故障原因分析 由于没有出现报警信息,因此常见的故障因素在机械部分。

(3) 故障诊断和排除方法

① 用记号笔在 Y 轴伺服电动机输出端做好位置标记,采用手动增量进给方式,沿 Y 轴向下移动机床一个螺距的尺寸,再沿 Y 轴向上移动一个螺距的尺寸,移动时用标记检查伺服电动机输出端的圆周位置,用百分表观察工作台位移量。

② 检查伺服电动机输出轴向上或向下运动时,输出端均能返回到标记位置。

③ 检查工作台移动距离,向下运动时准确移动了一个螺距的尺寸,而

向上运动时不足一个螺距的尺寸。

④ 推断连接部位有故障,检查 Y 轴机械装置,发现联轴器松动。

⑤ 据理分析,在 Y 轴向下运动时,由于自身的质量,需要的驱动转矩比较小,所以联轴器松动造成的影响并不大,位移基本符合要求;而向上运动时,需要克服重力的影响,所需的转矩比较大,引起联轴器打滑,导致实际位移小于指令值。在循环加工过程中,Y 轴误差不断地积累,导致 Y 轴尺寸偏移逐渐加大,以致工件报废。

⑥ 根据检查和诊断结果,重新紧固联轴器,试车后,Y 轴加工尺寸不符合指令值的故障被排除。联轴器的调整和维护应掌握以下要点:

a. 掌握联轴器结构:本例弹性联轴器参见图 2 - 14,柔性片 7 分别用螺钉和球面垫圈与两边的联轴套连接,通过柔性片传递转矩。通常柔性片厚度为 0.25mm,材料为不锈钢,两端的位置偏差由柔性片抵消。由于利用锥环的胀紧原理进行连接,因此可以较好地实现无缝、无间隙连接,锥环形状如图 2 - 15 所示。

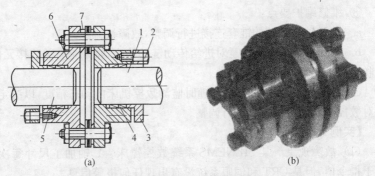

图 2 - 14　弹性(无锥环式)联轴器

(a) 锥环联轴器的结构;(b) 锥环联轴器的外形

1—丝杠;2—螺钉;3—端盖;4—锥环;5—电动机轴;6—联轴器;7—柔性片

b. 掌握调整的方法:弹性联轴器装配时很难把握锥套是否锁紧,如果锥形套胀开后摩擦力不足,就使丝杠轴头与电动机轴头之间产生相对滑移扭转,造成数控机床工作运行中,被加工零件的尺寸呈现有规律的逐渐变化(由小变大或大变小),每次的变化值基本上是恒定的。如果调整机床快速进给速度,这个变化量也会起变化,此时 CNC 系统并不报警,因为电动机转动是正常的,编码器的反馈也是正常的。一旦机床出现这种情况,单纯靠拧紧两端螺钉的方法不一定奏效。解决方法是设法锁紧联轴器的

图 2 - 15 联轴器锥环

(a) 外锥环；(b) 内锥环；(c) 成对锥环

弹性锥形套,若锥形套过松,可将锥形套轴向切开一条缝,拧紧两端的螺钉后,就能彻底消除故障。值得注意的是:电动机和滚珠丝杠连接用的联轴器松动或联轴器本身的缺陷,如裂纹等,会造成滚珠丝杠转动与伺服电动机的转动不同步,从而使进给运动忽快忽慢,产生爬行现象。

【实例 2 - 8】

(1) 故障现象 XKB - 2320 型数控龙门铣床加工中出现振动。

(2) 故障原因分析 本例采用齿轮齿条传动机构,常见的故障原因是进给传动装置失调。

(3) 故障诊断和排除

① 检测反向间隙:发现纵向反向间隙大于 0.06mm,故初步判断为消隙机构故障、反向间隙和预紧力失调。

② 检查传动间隙消除机构:本例的间隙消除机构如图 2 - 16 所示,按其工作原理进行检查,步骤如下:

a. 如图 2 - 16 所示,以液压电动机直接驱动蜗杆 6,蜗杆 6 同时带动蜗轮 2 和 7。蜗轮 2 通过双面齿离合器 3 和单面齿离合器 4 把运动传给轴齿轮 1;蜗轮 7 经一对速比等于 1 的斜齿轮 8 和 9 把运动传给另一轴齿轮 14。这样,可使两个轴齿轮的转向相同。

b. 在工作开始前,传动链各环节中都存在间隙,此时系统使杆 15 沿图示箭头方向移动,通过拨叉 18 使杠杆 13 绕支点 12 转动,从而推动杆 11 连同斜齿轮 8 作轴向移动,返回时靠压力弹簧 10 的作用。

c. 斜齿轮 8 与其传动轴之间用滚珠花键连接。斜齿轮 8 是右旋齿轮,当它沿图示箭头方向移动时,将推动斜齿轮 9,使之按图示箭头方向回转。与斜齿轮 9 同轴的轴齿轮 14 同向回转,其轮齿的左侧面将与齿条 22 齿的右侧面接触。此时,轴齿轮 14 受阻已不再回转。

d. 杆 15 继续移动,则斜齿轮 8 将继续移动,并被迫按图中虚线前头

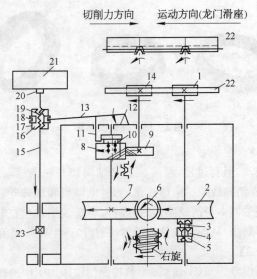

图 2 - 16   齿轮齿条机构间隙消除原理

1,14—轴齿轮；2,7—蜗轮；3—双面齿离合器；4—单面齿离合器；5—紧
固螺母；6—蜗杆；8,9—斜齿轮；10—弹簧；11,15—杆；12—支点；
13—杠杆；16,19—调节螺母；17—垫片；18—拨叉；20—滚轮；21—消
除间隙板；22—齿条；23—撞块

方向回转，使蜗轮 7 轮齿的下侧面与蜗杆 6 齿的上侧面相接触，使蜗杆 6
左边这条传动链内各传动副的间隙完全消除。

　　e. 杆 15 继续按图示箭头方向移动，轴齿轮 14 将驱动齿条 22 使与其
连接的龙门滑座一起左移，并使齿条 22 齿的左侧面与轴齿轮 1 轮齿的右
侧面相接触，且迫使轴齿轮 1 按箭头所示方向回转。通过离合器 4 和 3，
使蜗轮 2 按图示箭头方向回转，使其齿轮上侧面与蜗杆 6 齿的下侧面相接
触，使蜗杆 6 右边传动链内，各传动副的间隙也都消除了。

　　f. 通过以上的消除间隙动作过程，无论驱动龙门滑座向哪个方向移
动，传动链中各元件间的接触情况不变，因此消除了整个传动系统的全部
间隙。

　　g. 工作过程中，如果整个系统的传动间隙增大，只要使杆 15 按箭头
方向移动，即可消除。反之，使杆 15 按与箭头相反方向移动，就可使传动
间隙增大。

　　本例经过以上检查，未发现异常，因此可基本可排除间隙消除机构的

故障因素。

③ 检查反向:当机床龙门滑座反向运行时,传动系统中所有传动元件的受力方向随之改变,由于传动元件皆有弹性,各传动元件的弹性变形方向也随之改变,这样也会产生反向间隙。为了减少这种反向间隙,必须使整个传动系统具有一定的预紧力。该机床允许反向间隙为 0.05～0.06mm,本例检查发现反向间隙较大,超过了允许值,因此须对反向间隙和预紧力进行调整。反向间隙和预紧力的调整步骤如下。

a. 通过离合器 3 和 4 进行粗调。这时使滑动斜齿轮 8 大致处于该齿轮移动行程的中间位置上。双面齿离合器 3 两个端面上的齿数不同,如一面的齿数 $z_1=29$,另一面的齿数 $z_2=30$,蜗轮 2 和单面齿离合器 4 上的齿数分别与其相啮合面的齿数相同。因此,轴齿轮 1 的最小调整角为 $2\pi/z_1-2\pi/z_2=2\pi/29-2\pi/30=2\pi/870=0.414°$。调整时,先松开紧固螺母 5,脱开离合器 3 和 4,转动轴齿轮 1 或蜗杆 6,即可调整间隙(使轴齿轮 1 和 14 按图示情况与齿条 22 相接触)和预载力。

b. 调整滚轮 20 与消除间隙板 21 之间的接触压力。利用调节螺母 16 和 19,改变拨叉 18 在杆 15 上的位置,也就改变了滚轮 20 与消除间隙板 21 之间的接触压力。同时,也改变了作用于斜齿轮 8 的轴向力,从而间接地改变了传动系统内预载力的大小。

c. 当杆 15 或拨叉 18 沿轴向移动 1mm 时,龙门滑座反向间隙大约变化 0.02mm。该机床允许反向间隙为 0.05～0.06mm,可依上述比例进行调节。

d. 预紧力的大小要选得合适。从原则上看,预紧力大,反向间隙小,但传动效率低,摩擦损失增加,使用寿命降低;反之,反向间隙增大,传动效率高,使用寿命长。因此,在保证机床不超过允许反向间隙的前提下,预紧力不宜过大。预紧力的控制可采用试验方法确定,以一定大小的力拉动杆 15,若能使滚轮 20 恰好离开消除间隙的板 21,可确认已达到预紧力要求。

【实例 2-9】

(1) 故障现象 某西门子系统立式数控铣床,发现 X 轴误差较大,已超出了允许范围,加工精度已经无法满足工艺要求。

(2) 故障原因分析 常见的故障原因是伺服系统、检测装置、传动机构等部位有故障。

(3) 故障诊断和排除

① 检查机床的伺服系统,处于正常状态。

② 检查机床的检测装置,处于正常状态。

③ 查阅机床的档案,本例铣床已经在满负荷的情况下使用了五年,误差是逐步形成的。

④ 通过检测,工件的误差为 0.07mm,而且加工误差基本上都是在换向时产生的。

⑤ 分析推断,由于机床满负荷使用了五年,丝杠、齿轮等部件的磨损可能导致传动间隙,以上误差一般都是由传动间隙所造成的。

⑥ 故障处理:长期的磨损会使加工精度逐渐下降,如果更换机械部件,势必会造成周期长、修理费用高。一般数控机床都提供了各种补偿参数,用来补偿机床本身的各种误差,如丝杠的制造误差、传动链中的丝杠和齿轮间隙等。在一定的范围内,磨损间隙可以用补偿参数来消除,使机床恢复原有的精度。

⑦ 根据使用说明书,本例故障维修时,采用输入系统的丝杠间隙补偿参数来消除误差。试车加工后,工件的尺寸完全符合精度要求。

(4) 维修经验积累

① 本例维修处理方法,值得提示和总结的是:数控机床有上千种参数,现场维修人员必须弄懂并善于使用一些主要参数,通过合理设置参数,排除各种与参数设置相关的故障。

② SIEMENS 系统提供了多种误差补偿功能,来弥补因机床机械部件制造或装配工艺的问题引起的误差,提高机床的加工精度。常见的误差补偿功能主要包括反向间隙补偿、螺距误差补偿、跟随误差补偿、温度补偿、垂直补偿及摩擦补偿。常用的测量方法有手工测量和自动测量,自动测量常用激光干涉仪进行。应用激光干涉仪测量和补偿参数设置通常需要经过软件安装、备份机床的补偿数据、清除机床的补偿参数值、建立激光光路、生成测量程序、将被测轴移动程序上传给机床系统、采集并分析原始数据、将误差补偿值传给数控系统并检查补偿结果。应用测量分析软件,可借助软件"数据分析"中的"分析曲线"功能对各点的定位精度及重复定位精度进行观测与评估,如图 2-17 所示,也可以通过比较补偿前后的测量结果评估补偿效果。

【实例 2-10】

(1) 故障现象　某西门子系统立式数控铣床进行自动运行,工作台向 Y 轴方向移动时,出现明显的机械抖动。

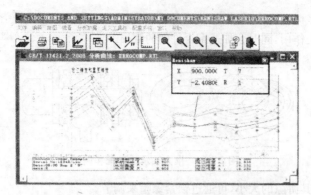

图 2 - 17 定位精度与重复定位精度的数据分曲线

（2）故障原因分析 将 CRT 屏幕切换到报警界面，没有出现任何报警。原因通常是伺服系统、进给传动机构有故障。

（3）故障诊断和排除

① 用手动方式沿 Y 轴移动工作台，故障现象不变。

② 观察显示器屏幕，控制 Y 轴位移的脉冲数值在均匀地变化，且与 X 轴、Z 轴的变化速率相同，由此可以初步判断数控系统的参数没有变化，硬件控制电路也没有故障。

③ 使用交换法进行检查，发现故障部位在 Y 轴直流伺服电动机及丝杠传动部分。

④ 为了分辨故障究竟是电气故障还是机械故障，将伺服电动机与滚珠丝杠之间的挠性联轴器拆除，单独试验伺服电动机。此时电动机运转平稳，没有振动现象，这表明故障在机械传动链。

⑤ 用扳手转动滚珠丝杠，感到阻力转矩不均匀，且在丝杠的整个行程范围内都是如此，由此判断滚珠丝杠副或其支承部件有故障。

⑥ 拆开滚珠丝杠副支承部件进行检查，发现在丝杠＋Y 轴方位的平面轴承 8208 不正常，其滚道表面上呈现明显的裂纹。

⑦ 根据诊断结果，更换轴承 8208 后，机床恢复正常。为了预防此类故障，平时要注意检查 Y 轴的减速和限位行程开关，防止其失灵或挪位。否则会在＋Y 轴方向发生超程，使丝杠受到轴向冲击力，从而损伤平面轴承。在安装平面轴承时，应掌握以下要点：

a. 推力球轴承在装配时，应注意区分紧环和松环，松环的内孔比紧环的内孔大，通常情况下当轴为转动件时，一定要使紧环靠在与轴一起转动零件的平面上,松环靠在静止零件的平面上,如图 2 - 18 所示。否则使滚动体表失作用,同时会加速配合件间的磨损。

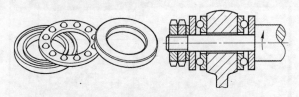

图 2 - 18　推力轴承的装配和调整

b. 其游隙的大小,可通过锁紧螺帽来调节。

c. 拆卸时将锁紧螺帽拆卸,然后将轴用铜棒自左向右击出即可。

任务三　数控铣床主轴部件故障维修

1. 数控铣床主轴结构与装调方法

1)数控铣床结构　如图 2 - 19 所示为 NT - J320A 型数控铣床主轴部件结构,该机床主轴可作轴向运动,主轴的轴向运动坐标轴为数控装置中的 Z 轴。轴向运动由直流伺服电动机 16,经齿形带轮 13、15,同步带

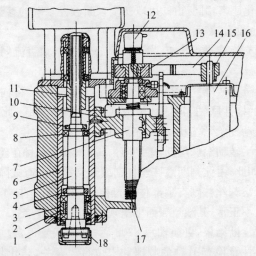

图 2 - 19　NT - J320A 型数控铣床主轴部件结构

1—角接触轴承;2,3—轴承隔套;4,9—圆螺母;5—主轴;6—主轴套筒;7—丝杠螺母;8—深沟轴承;10—螺母支承;11—花键套;12—脉冲编码器;13,15—同步带轮;14—同步带;16—伺服电动机;17—丝杠

18—快换夹头

14,带动丝杠 17 转动,通过丝杠螺母 7 和螺母支承 10 使主轴套筒 6 带动主轴 5 作轴向运动,同时也带动脉冲编码器 12,发出反馈脉冲信号进行控制。

主轴为实心轴,上端为花键,通过花键套 11 与变速箱连接,带动主轴旋转。主轴前端采用两个特轻系列角接触球轴承 1 支承,两个轴承背靠背安装,通过轴承内圈隔套 2,外圈隔套 3 和主轴台阶与主轴轴向定位,用圆螺母 4 预紧,消除轴承轴向间隙和径向间隙。后端采用深沟球轴承,与前端组成一个相对于套筒的双支点单固式支承。主轴前端锥孔为 7∶24 锥度,用于刀柄定位。主轴前端端面键,用于传递铣削转矩。快换夹头 18 用于快速松、夹刀具。

2) 主轴部件的维修拆卸　主轴部件在维修时需要进行拆卸,以如图 2-19 所示的铣床主轴为例,拆卸前应做好工作场地清理、清洁工作和拆卸工具及资料的准备工作,然后进行拆卸操作。拆卸后的零件、部件应进行清洗和防锈处理,并妥善保管存放。拆卸步骤:

① 切断总电源及脉冲编码器 12 以及主轴电动机等电器的线路;

② 拆下主轴电动机法兰盘连接螺钉;

③ 拆下主轴电动机及花键套 11 等部件(根据具体情况,也可不拆卸此部分);

④ 拆下罩壳螺钉,卸掉上罩壳;

⑤ 拆下丝杠座螺钉;

⑥ 拆下螺母支承 10 与主轴套筒 6 的连接螺钉;

⑦ 向右移动丝杠螺母 7 和螺母支承 10 等部件,卸下同步带 14 和螺母支承 10 处与主轴套筒连接的定位销;

⑧ 卸下主轴部件;

⑨ 拆下主轴部件前端法兰和油封;

⑩ 拆下主轴套筒;

⑪ 拆下圆螺母 4 和 9;

⑫ 拆下前后轴承 1 和 8 以及轴承隔套 2 和 3;

⑬ 拆下快换夹头 18。

3) 铣床主轴的检测、装配和调整作业要点

(1) 维修检查　按精度标准检查各主要零件的精度:

① 轴承精度检查;

② 主轴精度检查;

③ 同步带、带轮检查；

④ 丝杠与螺母传动精度检查；

⑤ 密封件检查。

（2）维修装配准备　装配前，各零件、部件应严格清洗，需要预先加、涂油的部位应加、涂油。装配设备、装配工具以及装配方法，应根据装配要求及配合部位的性质选取。操作者必须注意，不正确或不规范的装配方法，将影响装配精度和装配质量，甚至损坏被装配件。装配设备、工具及装配方法根据装配要求和装配部位配合性质选取。

（3）作业顺序和要点　参见图2-19，装配顺序可大体按拆卸顺序逆向操作。机床主轴部件装配调整时应注意以下几点：

① 为保证主轴工作精度，调整时应注意调整预紧螺母4的预紧量；

② 前后轴承应保证有足够的润滑油；

③ 螺母支承10与主轴套筒的连接螺钉要充分旋紧；

④ 为保证脉冲编码器与主轴的同步精度，调整时同步带14应保证合理的张紧量。

2. 数控铣床主轴部件故障维修实例

【实例2-11】

（1）故障现象　某 SIEMENS 系统数控铣床在使用一段时间后，出现主轴箱噪声大故障。

（2）故障原因分析　常见的故障原因如下：

① 主轴、传动轴部件故障原因：主轴部件动平衡精度差；主轴、传动轴轴承损坏；传动轴变形弯曲；传动齿轮精度变差；传动齿轮损坏；传动齿轮啮合间隙大等。

② 带传动故障原因：传动带过松；多传动带传动各带长度不等。

③ 润滑环节原因：润滑油品质下降；主轴箱清洁度下降；润滑油量减少不足。

（3）故障诊断和排除　拆卸主轴部件进行检查，按主轴箱噪声大的常见故障原因，检查主轴、传动部件、传动带和主轴润滑，发现主轴轴承间隙过小，传动带较松，润滑油不够清洁。为此，采用以下维修方法：

① 拆卸和更换轴承：按技术资料核对轴承的精度等级、型号和调整间隙；按配对使用的要求检查新轴承质量；拆卸旧轴承；清洗轴承装配部位并检查轴颈部精度；按规范作业方法装配新轴承；按间隙要求调整轴承的间隙。

滚动轴承故障维修应掌握以下要点:

a. 准确判断轴承的故障。滚动轴承经过长期使用,会磨损或损坏。磨损后的轴承使工作游隙增大或表面产生麻点、裂纹、凹坑等弊病,这些将使轴承工作时产生剧烈的振动和更严重的磨损。轴承磨损或损坏的原因和一般诊断方法如表2-7所述。

表 2-7　滚动轴承常见故障形式及原因

序号	声　音	原　因	排 除 方 法
1	金属尖音(如哨声)	润滑不够间隙小	检查润滑、调整间隙
2	不规则声音	有夹杂物进入轴承中间	清洗轴承、维护防护装置
3	粗嘎声	滚子槽轻度腐蚀剥落	更换轴承
4	冲击声	滚动体损坏,轴承圈破裂	
5	轰隆声	滚球槽严重腐蚀剥落	
6	低长的声音	滚珠槽有压坑	

b. 轴承孔精度的维修方法。当拆卸轴承时,发现轴颈或轴承座孔磨损,此时可采用镀铬或镀铁的方法使轴颈的尺寸增大或使座孔的尺寸减小,然后经过磨削或镗削,达到要求的尺寸。

c. 轴承游隙的消除方法。消除主轴轴承的游隙,目的是为了提高主轴回转精度,增加轴承组合的刚性,提高切削零件的表面质量,减少振动和噪声。

数控机床主轴轴承的预紧方式如下:

消除轴承的游隙通常采用预紧的方法,其结构形式有多种。图2-20a、b所示是弹簧预紧结构,这种预紧方法可保持一固定不变的、不受热膨胀影响的附加负荷,通常称为定压预紧。图2-20c、d所示分别采用不同长度的内外圈预紧结构,在使用过程中其相对位置是不会变化的,通常称为定位预紧。

向心推力预加载荷的选择。主轴预加载荷的大小,应根据所选用的轴承型号而定。预加载荷太小达不到预期的目的;预加载荷太大会增加轴承摩擦,运转时温升太高,降低轴承的使用寿命。对于同一类型轴承,外径越大、宽度越宽,承载能力越大,则预加载荷也越大。常用的向心推力球轴承预加载荷可参见表2-8。

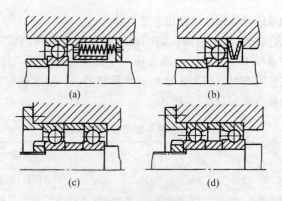

图 2 - 20　主轴轴承预紧的方式

(a)、(b) 定压预紧；(c)、(d) 定位预紧

表 2 - 8　成对组装向心推力球轴承预加载荷　　　　　(N)

内径代号	型　　号			内径代号	型　　号		
	36100	36200	36300		36100	36200	36300
03	75	110	150	10	210	320	465
04	95	135	190	11	240	350	500
05	115	150	230	12	270	380	540
06	135	180	280	13	300	420	590
07	150	220	325	14	350	460	625
08	170	240	370	15	400	510	690
09	195	275	415	16	450	580	750

② 检查和更换传动带：调整传动带张紧量（发现张紧量不足）；按技术资料核对传动带的型号；检查新传动带的质量（表面、齿形、长度等）；按技术要求调整带的张紧量。

③ 检查和改善润滑系统：检查主轴箱清洁度（本例主轴箱底部略有油垢积淀）；清洗油箱和有关环节；按技术要求更换规定的润滑油；按说明书规定检查润滑油的油量。

④ 修复检查：按规范装配主轴部件；试运转；检查主轴的温升、噪声、主轴颈和内锥面的全跳动等技术要求；用噪声技术标准要求测定主轴箱的噪声。

检测温升和噪声的作业应掌握以下要点：

a. 红外测温仪的使用要点。如图 2-21a 所示为红外测温仪,红外测温是利用红外辐射原理,将对物体表面温度的测量转换成对其辐射功率的测量,采用红外探测器和相应的光学系统接收被测物不可见的红外辐射能量,并将其变成便于检测的其他能量形式予以显示和记录的仪器。按红外辐射的响应形式,红外测温仪可分为光电探测器和热敏探测器两类。红外测温仪用于检测机械设备、机床等容易发热的部件,如主轴轴承、电动机等,以便采取措施控制发热部位的过高温升。选用红外测温仪应注意确定测温范围,既不要过窄,也不要过宽;确定被测目标尺寸应超过视场大小的 $50\%\sim90\%$,避免测温仪受到测量区域外面的背景辐射影响;确定精确度和光学分辨率应适宜适用;环境条件应考虑:当环境温度过高、存在灰尘等条件下,可选用厂商提供的保护套等附件;确定响应速度时:当目标的运动速度很快或测量快速加热的目标时,要求快速响应的红外测温仪,对于静止的或目标热过程存在热惯性时,测温仪的响应时间就可以放宽要求。

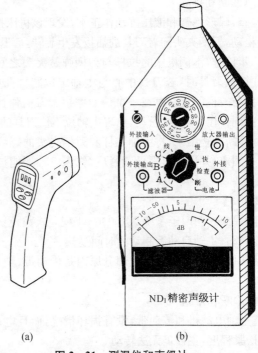

(a)   (b)

图 2-21 测温仪和声级计

b. 声级计的使用要点。如图 2-21b 所示为 ND1 型声级计,主要用于检测机械设备的噪声。如数控机床噪声测试的目的是按照有关标准检查机床的噪声,测试的内容包括机床噪声声压级的测量;机床噪声的频谱分析。通过频谱分析得出机床噪声的频谱图,从而得出该机床噪声的主要声源,以便采取措施控制和降低机床的总噪声。

本例数控铣床主轴部分经过以上维修和保养,主轴箱噪声大的故障被排除。

【实例 2-12】

(1) 故障现象 某 SIEMENS 系统数控铣床,使用一段时间后出现主轴拉不紧刀具故障,无任何报警信息。

(2) 故障原因分析 主轴拉不紧刀具的原因:

① 主轴拉紧刀具的碟形弹簧变形或损坏;

② 拉力液压缸动作不到位;

③ 拉杆与刀柄弹簧夹头之间的螺纹连接松动。

(3) 故障诊断和排除

① 经检查,碟形弹簧和液压缸动作正常,发现该机床拉杆与刀柄夹头的螺纹连接松动,刀柄夹头随着刀具的插拔发生旋转,后退了约 1.5mm。

② 进一步检查,本例机床的拉杆与刀柄弹簧夹头之间无连接防松的锁紧措施,在插拔刀具时,若刀具中心与主轴定位圆锥孔中心稍有偏差,刀柄弹簧夹头与刀柄间就会存在一个偏心摩擦。刀柄弹簧夹头在这种摩擦和冲击的共同作用下,螺纹松动,出现主轴拉不住刀具的故障现象。

③ 根据诊断检查结果,将主轴拉杆和刀柄夹头的螺纹连接用螺纹锁固密封胶粘接固定,并用锁紧螺母锁紧后,铣床主轴不能拉紧刀具的故障被排除。

【实例 2-13】

(1) 故障现象 西门子系统 XK5040-1 型立式数控铣床。机床通电后,主轴不能启动;主轴启动后制动的时间过长。

(2) 故障原因分析 常见机械部分原因是传动带、轴承、制动器等部位有故障。

(3) 故障诊断和排除

① 检查主轴电动机和传动带,没有损坏情况,而且电动机可以通电。调整传动带松紧程度,主轴仍无法转动。

② 检查主轴电磁制动器,其线圈、衔铁、弹簧和摩擦盘都是完好的,制

动系统的动作正常无误。

③ 拆下传动轴，发现轴承 E212 因润滑油干涸而已经烧坏，根本不能转动，判断不能启动的故障是由轴承损坏所引起的。

④ 仔细检查制动器，发现衔铁与摩擦盘之间的间隙加大，判断制动时间过长的故障是由间隙加大引起的。

⑤ 更换轴承后通电试机，主轴启动、运转正常。

⑥ 按技术参数调整摩擦盘和衔铁之间的间隙为 1mm 左右，具体方法是：松开锁紧螺母，调整 4 个螺钉，使衔铁向上方挪动。调整好间隙后，再将螺母锁紧。

项目二　气动、液压系统故障维修

任务一　数控铣床气动系统故障维修

【实例 2-14】

（1）故障现象　某西门子系统 RAPID-6K 型五轴联动数控叶片铣床，启动机床后，出现故障报警，提示空气表压力不足。查看空气静压单元压力表，没有压力显示。

（2）故障原因分析　本例数控铣床采用空气静压式导轨，其空气由空气静压单元提供。常见的原因是气压系统有故障。

（3）故障诊断和排除

① 检查压缩机，在完好状态。进口空气滤清器没有阻塞，出口管路也没有泄漏。

② 检查排气管路。将球阀关闭后，让压缩机处于工作状态，并观察压力表，此时压力提高到 6.5MPa，这说明原先排气阀动作失灵，没有断开排气回路，从而造成空气直接排回进气口。但是此时工作压力仍然没有达到 10MPa 的要求。

③ 检查压缩机的进气阀，发现其工作不到位，造成吸气不足。由于进气阀和排气阀的工作都不正常，且同时由电磁阀 5 控制，故对电磁阀 5 进行检查。用万用表测量，发现其线圈断路，导致动作失灵，显然这就是故障点。

④ 电磁阀 5 是组合阀，买不到线圈的配件，故将整套电磁阀一起更换，机床气动系统压力不足的故障被排除。

（4）维修经验归纳和积累　气源介质的传递是气动系统故障诊断检查的路径，气源的压力与介质的通径有直接的关系。本例控制阀故障导致通径变化,造成吸气和排气工作不正常。

【实例 2 - 15】

(1) 故障现象　某 SIEMENS 系统数控铣床,换挡变速时,变速气缸不动作,无法变速。

(2) 故障原因分析　常见的原因是气动系统有故障,包括系统压力不正常;气动换向阀控制电路、换向阀、变速气缸等有故障。

(3) 故障诊断和排除

① 检查气源压力,正常。

② 检查系统压力,压力表显示 0.6MPa,压力正常。

③ 检查换向阀控制电路,电磁阀控制电路正常。

④ 检查变速气缸,能进行手动动作。

⑤ 检查换向阀,发现有污物卡住阀芯。判断阀芯运动受阻,阻断了变速气缸的动作气源,导致不能变速的故障。

⑥ 根据检查诊断结果,清洗换向阀,重新装配后,不能变速的故障被排除。本例在维护维修中,应注意检查气源的清洁度,重点检查气源净化装置的过滤部分。空气过滤器的滤芯应经常检查,污物进入阀芯,说明过滤部分失效。由此应更换空滤器的滤芯,防止故障的重复发生。空气过滤器的典型结构如图 2 - 22 所示,维修中应预先熟悉空气过滤器的工作原理,以便进行正确的维护维修。

任务二　数控铣床液压系统故障维修

【实例 2 - 16】

(1) 故障现象　某西门子系统固定台座式数控铣床,液压系统压力偏低,工作台移动的速度达不到工作要求。

(2) 故障原因分析　常见原因是机械传动机构和液压回路元件有故障。

(3) 故障诊断和排除

① 检查工作时液压系统升压很慢,设定的压力,为 3.5MPa,但实际压力在 2MPa 以下。检查工作台的机械部分,无异常情况,导轨润滑处于完好状态。

② 仔细观察故障现象,三位四通电磁阀停止工作后,液压缸仍有轻微的抖动。检查电磁阀,拆卸后发现一端弹簧已老化失去弹性,电磁阀两端受力不匀,且动作不到位。更换电磁阀后,液压缸抖动现象消失,但还是不能正常工作。

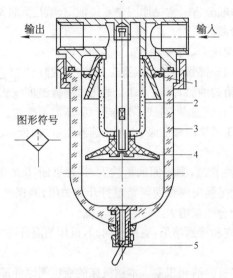

图 2 - 22　空气过滤器
1—旋风叶子；2—滤芯；3—存水杯；4—挡水板；5—手动排水阀

③ 检查系统动力部分,发现系统升压缓慢,液压泵有轻微的嘶叫声,分析推断是液压泵有吸气现象。

④ 据理推断是液压系统中进气或执行元件中的密封圈老化,导致缸体内部的液压油泄漏。遵循先易后难的原则,对相关部位进行检查。

a. 检查管路各连接部位,未发现泄漏现象。

b. 检查各控制、执行元件与管路的连接部位,未发现泄漏现象。

c. 检查油箱液面高度,处于正常状态。

d. 检查吸油口的过滤网,发现过滤网已经全部被杂物堵塞。

⑤ 根据检查诊断结果:拆下过滤网,将杂物清洗干净后重装,机床恢复正常工作。为了防止故障重复,应检查油箱的清洁度和液压油的清洁度,必要时还需要检查系统的清洁度。

（4）维修经验归纳和积累　液压系统由动力、控制、执行和辅助部分及介质构成,在检查液压系统故障时应遵循先易后难的原则,逐项进行检查和诊断,查出造成故障的所有原因,以便彻底排除故障。

【实例 2 - 17】

（1）故障现象　某西门子系统大型数控镗铣床,机床工作几个小时后,控制系统显示液压系统压力不足。

（2）故障诊断分析   常见原因是系统泄漏、液压元件故障等。

（3）故障诊断和排除

① 测量系统压力,约为 9MPa。

② 检查系统外部管路及连接部位,无泄漏故障。

③ 测量油箱的油温,高达 85℃,而此时环境温度仅为 31℃。初步判断液压系统内部有泄漏点,造成了油温升高,压力下降。

④ 检查液压系统的液压泵、主轴变速液压缸、截止阀、溢流阀,都在正常状态。

⑤ 拆开回油管道,测得回油量较大,据理推断,9 个电磁换向阀有内泄漏故障。原因是换向阀长期频繁地打开和关闭,磨损严重,造成了阀芯与阀座之间的配合间隙增大,产生内部泄漏。

⑥ 根据检查和诊断结果,更换换向阀,机床油温升高和压力下降的故障被排除。

（4）维修经验归纳和积累   本例机床的液压阀原件都是进口元器件,价格昂贵,维修中可使用功能相同的国产电磁阀进行替代,不能直接替换的,如本例机床的原阀门中含有定位式二位四通电磁阀,单只国产球型电磁阀不能代替原电磁阀的功能,要用两只球型电磁阀和一只单向阀组合后进行替换。三位四通电磁阀的中位机能见表 2-9。

表 2-9   三位四通电磁阀的中位机能

中位代号	结构原理图	中位符号	换向平稳性	换向精度	启动平稳性	系统卸荷	缸浮动
O		A B / P T	差	高	较好	否	否
H		A B / P T	较好	低	差	是	是
P		A B / P T	好	较高	好	否	双杆缸浮动单杆缸差动

中位代号	结构原理图	中位符号	换向平稳性	换向精度	启动平稳性	系统卸荷	缸浮动
Y			较好	低	差	否	是
M			差	高	较好	是	否

【实例 2-18】

（1）故障现象　某西门子系统数控铣床,在加工过程中,立式铣头和卧式铣头不能交换位置,CRT 上发出报警。

（2）故障原因分析　常见原因为机床铣头交换机构和液压系统有故障。

（3）故障诊断和排除

① 本例铣床的立式铣头和卧式铣头可以一进一出互换位置。初期的现象是交换位置的动作缓慢,因此实质上不能交换位置的故障是一个渐变的过程,由交换动作缓慢,逐渐发展为动作越来越慢,最后出现完全不能变换位置故障。

② 控制变换动作的元件是电磁阀 Y22。用万用表测量,其线圈已加上电压,但是阀芯不能动作。

③ 检查液压缸,电磁阀控制的活塞液压缸安装在铣头箱外面,虽然侧面的门页已经关闭,没有一点缝隙,但是顶部没有防护盖板。据理推断,车间上方的灰尘和污物通过活塞杆可带进液压缸,经过管路进入电磁阀内部,可能造成阀芯磨损并逐渐卡死。

④ 拆开电磁阀检查,与上述推断情况基本相同。由于电磁阀阀芯卡死不换位,液压缸不动作,导致铣头位置交换无法进行。

⑤ 根据检查诊断结果,采取以下维护维修方法:

a. 清理活塞液压缸,更换密封圈;

b. 按原型号更换电磁阀;

c. 按牌号更换新的液压油；

d. 在液压缸顶部加装防护盖板，以防止灰尘和污物进入液压缸。

(4) 维修经验归纳和积累

① 本例是典型的渐变性故障实例，即随灰尘和异物的逐步侵入，介质液压油的逐渐变质，导致控制阀和液压缸的故障逐渐形成，由此产生铣头交换由动作缓慢逐渐发展至不能交换位置故障的渐变过程。

② 检查诊断渐变性故障，需要推断渐变过程的源头，以便彻底排除故障引发原因。

【实例 2 - 19】

(1) 故障现象　某西门子系统数控铣床，在自动加工过程中，不能执行换刀动作，也没有任何报警。

(2) 故障原因分析　本例机床利用液压装置进行换刀，需要检查液压装置和有关的电路。

(3) 故障诊断和排除

① 检查控制系统，PLC 已经输出了换刀信号。

② 检查从 PLC 到电磁阀之间电气电路，没有异常情况，控制信号达到电磁阀。

③ 推断液压系统有故障。在手动方式下进行主轴换挡，动作不能完成。再检查液压系统的其他各项动作，没有一个动作可以完成。

④ 检查液压系统的压力，稳定地保持在 1.5MPa。

⑤ 用螺钉旋具推动总回路的电磁阀阀芯，阀芯伸缩自如，没有额外的阻力。

⑥ 拔下电磁阀电源插头，测电磁阀线圈的电阻，在正常状态。

⑦ 再次测量电磁阀直流供电电压为 15V，而且在不停地波动。查阅技术资料，正常状态电压应该稳定在 24V 上。

⑧ 再次检查电磁阀电源的整流电桥，发现有一只二极管有故障，拆下二极管检测，二极管内部断路。

⑨ 根据检查和故障诊断结果，更换损坏的整流二极管，安装后检测直流桥的输出电压和波形，处于正常状态。开机试车，不能换刀的故障被排除。

(4) 维修经验归纳和积累　液压系统的控制阀大多是电磁阀，在检查诊断液压系统故障时，若电磁阀正常，电磁阀不能正常工作时，应注意电磁阀的控制电压，进而检查电源回路的电压输出。

项目三 电气部分故障维修

数控铣床的电气部分包括主回路、电源电路和控制电路。维修数控铣(镗)床的电气部分,应掌握所维修机床的电路图的基本分析方法。以如图 2-23 所示为 XK714A 数控铣床的强电回路为例,主回路的分析如下:

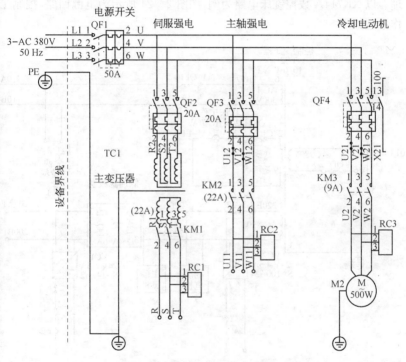

图 2-23 XK714 强电回路图

① QF1 为电源总开关。QF3、QF2,QF4 分别为主轴强电、伺服强电、冷却电动机的空气开关。其作用是接通电源及电源在短路、过电流时起保护作用。其中 QF4 带辅助触头,该触点输入 PLC 的 X27 点,作为冷却电动机报警信号,并且该空气开关为电流可调,可根据电动机的额定电流来调节空气开关的设定值,起到过电流保护作用。

② KM2、KM1、KM3 分别为控制主轴电动机、伺服电动机、冷却电动机交流接触器,由它们的主触点控制相应电动机。

③ TC1 为主变压器,将交流 380V 电压变为交流 200V 电压,供给伺服电源模块主回电路。

④ RC1、RC2、RC5 为阻容吸收,当相应的电路断开后,吸收伺服电源模块、主轴变频器、冷却电动机的能量,避免上述器件上产生过电压。

任务一　数控铣床电源部分故障维修

数控铣床的电源部分维修应熟悉所维修机床的电源回路控制工作原理。以 XK714A 数控铣床电路为例,如图 2-24 所示为电源回路,控制工作原理如下:

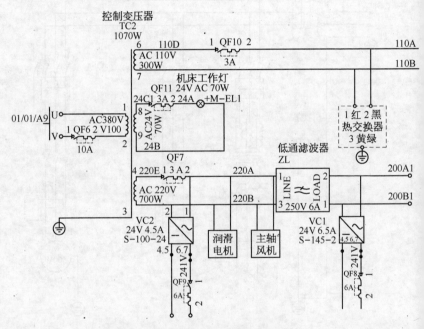

图 2-24　XK714 电源回路图

① TC2 为控制变压器,一次侧为 AC 380V,二次侧为 AC 110V、AC 220V、AC 24V。

② AC 110V 给交流接触器线圈、电柜热交换器风扇电动机提供电源;AC 24V 给工作灯提供电源;AC 220V 给主轴风扇电动机、润滑电动机和 24V 电源供电,通过低通滤波器滤波给伺服模块、电源模块、24V 电源提供电源控制。

③ VC1、VC2 为 24V 电源,将 AC 220V 转换为 AD 24V,其中 VC1 给

数控系统、PLC 输入/输出、24V 继电器线圈、伺服模块、电源模块、吊挂风扇提供电源;VC2 给 Z 轴电动机提供直流 24V,将 Z 轴抱闸打开。

数控镗铣床常配置 SIEMENS 802S 系统,SIEMENS 802SE 的主电路如图 2-25 所示。

具体维修可借鉴以下实例。

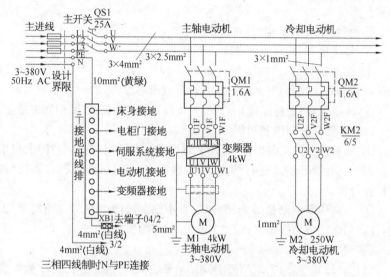

图 2-25　SIEMENS 802SE 主电路原理图

【实例 2-20】

(1) 故障现象　SINUMERIK 802D 系统数控铣床,机床通电后不能启动,CRT 上出现报警:ALM025201,ALM025202,ALM026102、ALM380500、ALM400000、ALM400015。

(2) 故障原因分析　根据 SINUMERIK 802D 数控系统的报警诊断说明书,在这 6 项报警中,前面 4 项均与伺服驱动器有关,提示驱动器不正常。

(3) 故障诊断和排除

① 驱动器检查:检查伺服驱动器,显示有 ALM599 报警。

a. 更换驱动器,故障现象不变。

b. 检查驱动器的外部接线,都在正常状态。

检查结果这说明故障不是由伺服驱动器引起的。

② ALM400000 报警提示 PLC 停止,推断 PLC 系统有故障。

③ ALM400015 报警(PROFIBUS DP I/O 连接出错)是系统中的硬件故障报警。分析认为,如果系统的 I/O 单元不正常,在出现 PLC 停止报警的同时,还可能引起系统产生硬件报警。所以,要对 PLC 的 I/O 单元 PP72/48 进行重点检查。

④ 观察发现,I/O 单元的指示灯 POWER 不亮,这说明 I/O 单元没有 24V 直流电源。

⑤ 测量外部 24V 电源,在正常状态。

⑥ 导线检查:检查连接导线没有问题。

⑦ 诊断确认:24V 电源经过熔断器 FU7 加到 I/O 单元上。熔断器 FU7 在电路板上虚焊,导致 I/O 单元没有直流电源。

⑧ 故障处理:重新焊接 FU7 后,6 项报警同时消失,故障彻底被排除。

(4) 维修经验归纳和积累

① 面对众多的报警信息,可能会难以着手。此时应归纳故障的集中部位(如本例的驱动器)进行检查诊断,然后进行相关部位(PLC 系统)进行检查分析。

② 本例诊断结果是熔断器虚焊,小小细节故障引发了六项报警,因此,在遇到多项故障报警时,需要沉着应对,仔细检查。

【实例 2 - 21】

(1) 故障现象　SINUMERIK 810M 系统 W160HDNC 2750 型数控镗铣床,机床通电后,CRT 上经常出现"3 - PLC 停止"报警,导致系统经常无规律死机而不能正常启动。

(2) 故障原因分析　在 SINUMERIK 810M 系统中,出现"PLC 停止"报警的原因是 PLC 的工作条件不具备,不能执行程序。

(3) 故障诊断和排除

① 分析推断:本例数控镗铣床能够启动,并可以进行正常的自动循环加工,因此机床数控部分的组成模块、操作软件不会损坏,要重点排查外部是否存在电磁干扰。

② 接地检查:在检查中发现,数控系统的接地线连接错误。机床的主接地线没有正确地连接到外部地线上,而是通过 DC 24V 的公共负极线入电柜内的接地铜排,这样便形成了接地环流,产生电磁干扰。

③ 故障处理:对机床的接地线进行纠正,将主接地线直接连接到外部地线上,故障被排除。

(4) 维修经验归纳和积累　如果故障原因不是电磁干扰,可以使用编程器继续进行查找。查阅 SINUMERIK 手册中有关 PLC 故障维修的部分,可以找到用编程器查找故障的方法。通过 SINUMERIK PLC 编程器(如 PG740 等),可以调出 PLC 编程器的"中断堆栈"(OUTPUT ISTACK)功能,来进行故障的查找和处理。

【实例 2 - 22】

(1) 故障现象　SINUMERIK 802S 系统数控铣床自动和手动操作时,CRT 显示一切正常,进给量在递增,但是进给坐标轴没有移动。

(2) 故障原因分析　因各坐标轴都没有进给运动,因此常见故障原因是电源故障和驱动器故障。

(3) 故障诊断和排除

① 报警查询:将显示器切换到报警界面,没有看到任何报警。

② 信号检查:本例铣床的进给运动使用步进电动机,检查机床进给坐标轴的使能信号,在正常状态。

③ 指令检查:检查数控系统可知,系统已经向步进电动机发出了脉冲指令,但是步进电动机没有转动。

④ 连接检查:检查步进电动机与步进驱动器之间的连接线,在正常状态。

⑤ 电源检测:用万用表测量得知,驱动器没有 85V 的交流输入电源。

⑥ 故障确认:进一步检查发现,有一根电源线的端子松动。

⑦ 故障处理:接好电源线的端子后,故障被排除。

(4) 维修经验归纳和积累　本例维修诊断过程说明,在维修无报警的故障时,应注意机床系统的特点,本例的故障机理可归纳如下:本例铣床的步进电动机是开环驱动系统,没有安装位置检测装置,PLC 中也没有使用"准备好"信号进行控制联锁。由于以上系统特点,当驱动器工作异常时,数控系统的显示仍然是正常的,并照常输出指令脉冲,因此容易误判步进驱动器工作正常。

【实例 2 - 23】

(1) 故障现象　SINUMERIK 840D 系统 TK6920 型数控落地镗铣床,机床停用一段时间后,重新通电开机,这时 CRT 上出现♯1 报警,机床不能启动。

(2) 故障原因分析　在 SINUMERIK 840D 数控系统中,♯1 报警信息的具体内容是"BATTER YALARM POWER SUPPLY",提示数控系统断电保护电池电压不足。

（3）故障诊断和排除

① 据实诊断：在 840D 数控系统中，由电源模块对备用电池电压进行监测，如果发现电压不足，就及时地把检测信号传输到 CPU 模块，使系统产生♯1 报警，以提示用户更换电池。

② 电池检查：检查电池电压，确实低于正常值。但是更换电池后，♯1 报警仍然不能消除。

③ 源头检查：对电源模块进行检查，发现印制电路板上有一根导线被腐蚀且已断路，这根导线连接着电池电压信号。

④ 故障处理：清洗印制电路板，并焊接好断路处，故障被排除。

（4）维修经验归纳和积累　在更换备用电池时需要注意：一定要在系统带电的情况下更换，否则很可能丢失机床数据、PLC 程序和加工程序。如果暂时没有备用电池，系统就不要断电，以防止系统数据丢失。

任务二　数控铣床控制电路故障维修

数控铣床的控制电路维修应熟悉所维修机床的电气控制原理，以 XK714A 数控铣床电路为例，控制电路的原理分析如下。

（1）主轴电动机的控制　图 2-26、图 2-27 所示分别为交流控制电源回路图和直流控制回路图。

① 将 QFZ、QF3 空气开关合上，当机床未压限位开关、伺服未报警、急停未压下、主轴未报警时，外部运行允许（KA2）、伺服 OK（KA3）、直流 24V 继电器线圈通电，继电器触点吸合，并且 PLC 输出点 Y00 发出伺服允

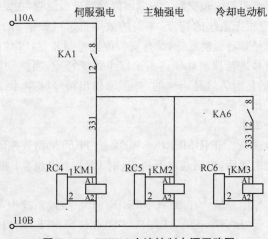

图 2-26　XK714 交流控制电源回路图

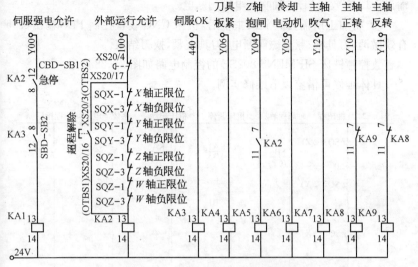

图 2 - 27　XK714 直流控制回路图

许信号,伺服强电允许(KA1),24V 继电器线圈通电,继电器触点吸合, KM 1、KM2 交流接触器线圈通电,KM 1、KM2 交流接触器触点吸合,主轴变频器加上 AC 380V 电压。

② 若有主轴正转或主轴反转及主轴转速指令时(手动或自动),PLC 输出主轴正转 Y10 或主轴反转 Y11 有效,主轴 D/A 输出对应于主轴转速值,主轴按指令值的转速正转或反转。

③ 当主轴速度到达指令值时,主轴变频器输出主轴速度到达信号给 PLC 输入 X31(未标出),主轴正转或反转指令完成。主轴的启动时间、制动时间由主轴变频器内部参数设定。

(2) 冷却电动机控制　当有手动或自动冷却指令时,这时 PLC 输出 Y05 有效,KA6 继电器线圈通电,继电器触点闭合,KM3 交流接触器线圈通电,交流接触器主触点吸合,冷却电动机旋转,带动冷却泵工作。

(3) 换刀控制

① 当有手动或自动刀具松开指令时,机床 CNC 装置控制 PLC 输出 Y06 有效。KA4 继电器线圈通电,继电器触点闭合,刀具松/紧电磁阀通电,刀具松开,手动将刀具拔下。

② 延时一定时间后,PLC 输出 Y12 有效,KA7 继电器线圈通电,继电器触点闭合,主轴吹气电磁阀通电,清除主轴灰尘。延时一定时间后,PLC

输出 Y12 有效撤消,主轴吹气电磁阀断电。

③ 将加工所需刀具放入主轴后,机床 CNC 装置控制 PLC 输出 Y06 有效撤消,刀具松/紧电磁阀断电,刀具夹紧,换刀结束。

数控镗铣床 SIEMENS 802SE 的控制电路如图 2-28 所示。

具体维修可借鉴以下维修实例。

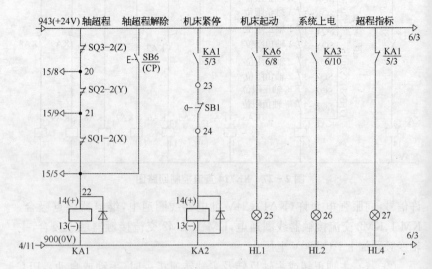

图 2-28 SIEMENS 802SE 的控制电路

【实例 2-24】

(1) 故障现象 某 SIEMENES 数控铣床,Y 轴在工作时,如果速度开关在 25%挡位,则噪声很大,运转不稳定。

(2) 故障原因分析 常见原因是伺服控制电路故障。

(3) 故障诊断和排除

① 在故障发生时观察步进电动机的工作情况,明显地感到 Y 轴力矩不足。试将速度开关旋转至 50%挡位,工作基本正常。

② Y 轴步进电动机运转的节拍是五相十拍:AB→ABC→BC→BCD→CD→CDE→DE→DEA→SEA→EAB。用示波器检测,发现 B 相脉冲幅度很小。

③ B 相步进驱动电路如图 2-29 所示。来自输入端的步进脉冲信号,经晶体管 VT1~VT3 进行前置放大后,再由脉冲变压器 MB 送到驱动末级。

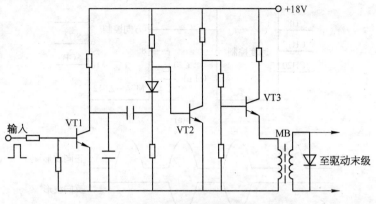

图 2-29　B相步进驱动电路

④ 对电路中的主要元器件进行检查,晶体管 VT1、VT2 等都正常,但是 VT3 严重漏电。

【实例 2-25】

(1) 故障现象　西门子系统立式数控铣床,在加工过程中,Y 轴正向进给正常,而反向进给有时正常,有时停止不动。

(2) 故障原因分析　常见原因是控制电路有故障。

(3) 故障诊断和排除

① 在手动方式下,通过手摇脉冲发生器,使 Y 轴正、反向进给,故障现象完全不变,推断是 Y 轴速度控制电路板存在故障。速度和方向控制电路如图 2-30a 所示。

② 将示波器连接到速度控制电路板的 CH19 和 CH20 两点,观察电动机电流波形,如图 2-30b 所示。正向时波形很正常,是连续的正弦半波;反向时则不正常了,有时为一条直线,有时又出现几个负向波形。

③ 用万用表测量速度环输出端 CH8 的电压,随着正、反向进给,电压的极性也在改变,没有断断续续的现象。测量方向控制厚膜电路 M7A-AF12 引脚 5 的信号电压,正向进给时为 0V,反向进给时为 6.6 V,状态正常。

④ 测量输出引脚 9 和 10 的电压。正向进给时,SGA 为低电平,SGB 为高电平;反向进给时,SGA 为高电平,SGB 为低电平。如果总是这样那就正常了,但有时 SGA 和 SGB 同时出现高电平,这时 Y 轴反向进给停止不动。推断故障原因是 M7 电路不良,也可能是外围元器件不正常。

⑤ 进一步检查发现,引脚 8 外接的滤波电容 C20 (0.1μF)漏电。

⑥ 根据检查检测结果,故障电容 C20 品质变异。更换电容 C20,用示

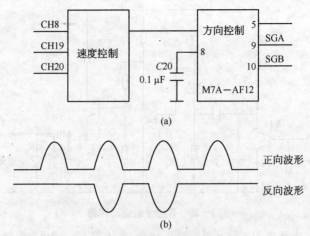

图 2-30 速度和方向控制电路

(a) 控制框图；(b) 反向电流波形

波器检测,速度控制板的 CH19、CH20 的波形正常,机床 Y 轴反向有时停止不动的故障被排除。

【实例 2-26】

(1) 故障现象 西门子系统 WSK882 型数控铣床,当速度开关置于 25% 挡时,Z 轴可以勉强移动,置于 50% 挡以上时就不能进给了。

(2) 故障原因分析 常见原因是控制电路故障。

(3) 故障诊断和排除

① 将速度开关放置于 50% 挡,将 Z 轴的进给增量设置为 0.01 mm,然后使用手动进给指令,验证 Z 轴步进电动机的运动情况,这时各相的发光二极管都亮了,电动机发出"嗡-嗡"的声音,但是不能转动。

② 检测 Z 轴的步进驱动板,发现 E 相没有 +120V 电压输出。

③ 用示波器对电路中的各点进行观测,发现脉冲变压器的一次侧有正常的脉冲信号,而二次侧没有脉冲信号。

④ 用万用表的欧姆挡检测脉冲变压器,其一次侧是正常的,而二次侧线圈断路,阻值为无穷大。

⑤ 根据检查和诊断结果,本例更换脉冲变压器后,故障被排除。

【实例 2-27】

(1) 故障现象 SIEMENS 802S 系统数控铣床。机床通电后,显示器只能显示位置界面,其他界面完全不能显示。在程序输入时,"T"按钮无法键入,也不能显示。

(2) 故障原因分析　常见原因是界面选择和转换及按键有故障。

(3) 故障诊断和排除

① 经检查,机床其他部分工作都很正常,只是 CRT 上的显示界面无法改变。由此判定故障在界面选择与界面转换上。

② 拆下数控系统的 MDI 控制板,认真地进行检查,发现位置显示按钮触点粘连,始终处于接通状态,因此显示状态不能进行转换。

③ 检查发现系统 MDI 控制板的"T"按钮触点已损坏。

④ 将 MDI 面板上的薄膜取下,仔细修理好位置显示按钮和 T 按钮。修好按钮后,故障被排除。

(4) 维修经验归纳和积累　本例的故障是 MDI 的薄膜按钮触点故障,维修中可采用更换或清洗等方法进行修理。

项目四　数控系统故障维修

数控铣床常配置 SIEMENS 802、SIEMENS 810/820、SIEMENS 840/850 等系统,数控镗铣床 SIEMENS 802SE 的系统连接如图 2 - 31 所示。SIEMENS 802SE 数控装置包括 ECU 单元、MDI/LCD 单元、I/O 单元、机床操作面板等。ECU 是系统的核心部分,位于电器柜中,主要用于按指令对各坐标轴的运动进行控制,输出主轴运转指令。ECU 单元内部的 PLC 部分还能控制机床的其他动作,如冷却液、主轴换挡、机床超程等,并保证机床动作协调可靠。SIEMENS 810/820 系统的维修特点见表 2 - 10。

表 2 - 10　SINUMERIK 810/820 系统维修特点

项　目	说　　明
硬件的维修特点	1) 810/820 系统硬件的特点是模块少,整体结构简单,采用大规模集成电路和专用集成电路,硬件软化,因此维修中一般不进行调整 2) 硬件故障率很低,一旦出现系统自身的硬件故障,对于现场维修,比较现实的要求是能够根据模块的功能和故障现象,判断查找出发生故障的模块,以事先准备好的备件替换 3) 替换维修后应根据情况,决定是否需要重新加载数据和进行初始化调整,使系统恢复正常工作 4) 有故障的模块可以返修,对故障模块的检测与维修,需要对硬件和基本系统软件进行相当全面、深入的分析,并且必须具备一定的测试设备、工装和相应的器件才能进行

（续表）

项　目	说　　明
充分重视软件及数据的保护	系统中 PLC 用户程序、报警文本、NC 与 PC 机床数据、系统调定数据等软件和数据，是机床制造厂或改装设计者编制并经过一系列的调整、优化得到的，是组成每台具体的机床数控系统的关键所在，它们存储于用电池保持的 RAM 存储器子模块中，清除和改写都很容易，一旦这些内容被改乱或丢失，整台机床就不能正常工作，甚至瘫痪。因此，这类软件和数据的保护问题就很突出。可以采取下述措施来保护这些软件和数据 　　1) 将这些软件和数据通过编程仪存储于磁盘中或者穿成纸带备用，最好能打印出文字硬拷贝，以便丢失时能及时通过设备或手动输入。在机床验收时应严格把关，妥善保存机床制造厂家和改装设计者提供的有关技术资料 　　2) 这些软件和数据容易清除与修改，给调整带来很大方便。但如果管理不善，也会带来故障难题。特别是系统的初始化调整状态，错误的操作可能删除不该清除的内容或加载上不该加载的内容，造成机床的全面瘫痪。因此，应当制定严格的制度，防止无关人员摆弄数控系统。机床的操作人员、编程人员和维修人员，也应明确各自的职责范围。修改机床数据，进行初始化调整这类工作只能由维修人员执行和掌握，以避免其他人员的误操作造成这类事故
软件版本	该系统已经发展出多种机型，各种机型的软件版本自成体系。早期版本的软件存在一些缺陷，使用中如果操作不当，容易引起一些故障。这时可以通过初始化调整，重新建立正常的工作状态。06 版的软件已相当完善，一般不会再发生这类问题。不同版本的软件对启动芯片有特定的要求，机床数据的定义、调整方法，甚至工作状态和显示画面的配置也有差异。因此，维修人员应对系统的软件版本心中有数，在需要请专业维修人员处理故障时，不仅应讲明故障现象，也应告知系统的软件版本，以便做相应的处理准备。另外，不同版本、不同机型、不同种类（指车床、铣床等）的软件芯片不能混合使用。监控功能会识别这些错误，阻止系统启动
调整数据化的特点	调整数据化是这个系统的又一个突出特点。将系统配置在机床上，需要处理系统与机床的电气控制部分、位置控制部分（轴驱动单元与位置反馈回路）以及数据传输设备三个方面的接口，实现这些接口的调试工作是编制、设置和优化有关的软件和数据。这个特点也会反映到机床的维修工作中，因为尽管机床已经过出厂调整和使用调整，但由于试加工的局限性，加工要求或者控制要求、环境条件的改变，都会提出一些新的调整要求，需要在维修中加以解决。因此，维修人员应当对系统的使用设计者编制的这些软件和数据有相当的了解 　　1) 机床数据，是将系统适配于具体的机床所需设置的各方面有关数据。其中： 　　① MD1～MD156 是系统的通用数据，机床交付使用后，这部分数据一般不需再做调整

（续表）

项　目	说　　　明
调整数据化的特点	② MD200＊～MD396＊(＊＝轴号,可为0、1、2、3,分别表示4个进给轴)为进给轴专用数据。其中各轴的漂移补偿、传动间隙补偿、复合增益、kV系数(位控环增益)、加速度、夹紧容差、与轮廓监控有关的数据及各种速度值等,在维修中都有可能需要调整。有时需要一边进行数据修改,一边用动态记录仪或存储示波器检查有关的给定和响应,以达到要求的轴特性 ③ MD4000～MD4590为主轴专用数据。通过这些数据可以对主轴不同传动级的各种特性分别加以调整,但往往也需要借助上述仪器 ④ MD5000～MD5050为系统的通用数据位。主要是系统的一些操作和控制功能的选择生效。在使用中,可以根据需要作一些改变 ⑤ MD5200～MD5210是主轴的专用数据位 ⑥ MD540＊～MD558＊(＊＝通道号,可以是1、2)为通道专用数据位,维修中一般不需再作调整 ⑦ MD560＊～MD570＊(＊＝轴号,同前)为进给轴专用数据位 ⑧ MD6000～MD6249为丝杠螺距误差补偿数据。订购这个选择功能后,可通过这些数据最多定义1 000个补偿点并分配给各进给轴(需与有关轴的专用数据配合使用)。进行这项补偿,需要用激光干涉仪之类的精密测量仪器,测绘出丝杠螺距误差曲线 　　由于机床数据涉及内容广泛,数量很大,因此在进行修改与优化时,必须弄清被修改数据的确切含义、取值范围和设定方法,并及时做出相应的修改记录,以免多次修改后发生混乱 　　2) PLC用户软件包括PLC机床数据、PLC用户程序和PLC报警文本,PLC机床数据和PLC报警文本都是按照PLC用户程序的要求设定和编制的。机床交付使用后,一般不再进行修改,除非提出新的接口或控制要求。维修人员应读懂机床的PLC用户软件,以便通过接口检查找出机床电气控制部分的故障。因为机床的电气控制逻辑关系,主要是在PLC用户程序中编定的 　　通过操作选择"诊断"(按"DIAGNOSIS"软按键),可以实时读出PLC的全部输入字(IB)、输出字(QB)、标志字(FB)、计时器(T)和计数器(C)的信号状态,这可以用来做接口诊断。如要更深入地处理与PLC有关的问题,则应借助于西门子某些型号的可编程控制器编程仪,进行编辑、传输、读出上述PLC用户软件,而且可以对PLC进行在线诊断和状态控制,诸如读出中断堆栈、信号状态,进行变量控制以及启、停PLC等,给查找和处理PLC有关的故障提供了极大的方便

　　SINUMERIK 810/820数控系统会根据故障的情况,决定是否撤销NC准备好信号,或者封锁循环启动。对于运行中出现的故障,必要时系统会自动停止加工过程,等待处理。常用的报警及其故障原因、排除方法见表2-11。

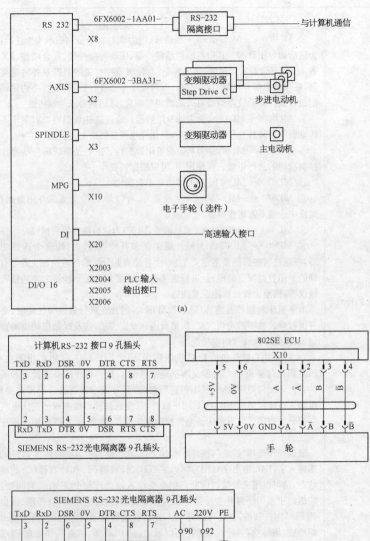

图 2 - 31 SIEMENS 802S 系统连接图

表 2 - 11　SINUMERIK 810/820 系统常见故障报警及其处理方法

报警	处 理 方 法 说 明
#1~#15 报警	指示系统自身的一些故障,提示的含义很明确,处理方法需要加以注意 　#1 报警:反映工件存储器的电源即将用完。这个电池在 CRT 显示单元的背面,替换这个电池必须在系统通电的情况下进行,否则存储内容会丢失 　#6 报警:指示的是数据存储器子模块电池用尽。替换时,应以新的子模块替换旧的子模块。必须在系统断电的情况下拨出该模块,否则会引起系统故障 　#3 报警:表明 PLC 处于停止状态。此时由于接口已被封锁,机床不能工作。遇到这种情况,一般应用 PLC 的编程仪读出中断堆栈,即可查明故障原因。但是用户一般无此条件。对于偶然出现的这种故障,也可以采用初始化的方法重新启动 PLC,使机床恢复工作。如果故障频繁出现,则说明 PLC 的使用设计存在缺陷,应请专职维修人员进行处理 　上述报警应在故障排除后,用电源复位或关机重新启动的方法恢复系统运行
#16~#48 报警	为系统的 RS - 232C 接口的报警。本系统有两个 RS - 232C 接口,可以通过正确地设置,设定数据位 MD5010~MD5028 与不同传输设备的 RS - 232C 接口配接,进行数据传输。是否能够成功地实现数据传输,取决于电缆连接、系统和传输设备的状态、数据格式、传输识别符以及传输波特率是否正确。此类报警就是从这些方面对数据传输过程进行监控,及时提示用户处理接口故障,保证传输能够顺利进行 　#22 报警:"时间监控生效",表示系统在 60s 内没有输出或收到传输字符,也就是说传输接口不通。这时一般应检查外部设备的状态或设定是否正确,电缆是否用错或接错等 　#28 报警:"环形存储器溢出",则表明系统不能及时处理传输时读入的字符,即传输速度太快。应考虑降低系统与外设双方的传输波特率 　这类报警在消除原因以后,用传输操作中的"STOP"软键清除
100 * ~196 * 报警	进给轴专用报警(其中 * =轴号,为 0、1、2、3),这类报警反映机床的位置控制闭环中各个环节可能出现的故障,是实际使用当中比较容易出现的一类报警 　104 * 报警:到达数模转换极限,报警表明该轴此时要求处理的数字指令值,已高于机床数据 MD268 * 中规定的数/模转换极限值,系统无法对这样的数字指令值实现模拟转换。可采取的措施:降低速度运行、检查位置反馈传感器是否有故障、检查 MD268 * 设定是否正确、检查相应轴的伺服驱动单元是否有故障等 　116 * 报警:轮廓监控报警,表明轴运行速度在高于机床数据 MD336 * 规定的轮廓监控门槛速度后,超过了 MD332 * 规定的容差带;或者在加速度制动时,相应轴不能在规定时间内达到要求的速度,一般是 kV 系数设置不当。可采取的措施:适当加大 MD332 * 规定的容差带;调整 kV 系数(MD252 *),检查相应轴伺服系统转速调节器的响应特性,必要时重新做最佳化

（续表）

报警	处 理 方 法 说 明
100 * ~ 196 * 报警	132 * 报警:位置反馈回路硬件故障,报警表明检测到的位置反馈信号相位错误、接地短路或完全没有信号。可采取的措施:检查测量回路电缆是否断路、脱落;通过插上特制的测量回路短路插头,判断位置控制模块相应轴的部分是否有故障;用示波器测量位置反馈信号的相位,判断电缆与位置传感器是否出问题 168 * 报警:对运行中的进给轴拒发调节器释放信号。各进给轴的调节器释放信号来自 PLC 用户程序,因此应当根据程序规定的逻辑关系,检查各有关的接口信号状态,查明原因后,即可得出解决方法 处理进给轴方面的故障要涉及到多方面的检查内容,因此,维修人员应了解系统,也要了解机床的其他部分如测量元件、伺服调节器、外部接口等。此类报警在排除故障后,用机床控制面板上的复位键消除
♯2000~ ♯2999 报警	一般是在运行程序时出现的报警。报警指示机床的现实的一些状态故障;提示没有为系统订购程序编制中要求的功能;指出程序编制中的错误。对于后者,报警不仅指明出现了何种故障,而且指出出错的程序段,因此给处理带来很大方便 此类报警在排除故障后,用机床控制面板上的复位键消除
♯3000~ ♯3050 报警	指示的内容和方式与上一项相似,不同之处是,这类报警在程序编辑的模拟功能中即可指出错误,而不必等到程序运行的时候。主要是给编辑的操作人员提供一个对程序进行运行前检查的手段,对安全操作和节约程序调试时间有很大帮助 此类报警在排除原因后用报警应答键消除
♯6000~ ♯6031 报警	这些报警不是系统本身设置的,而是机床电气控制设计者在编制 PLC 程序时结合程序的逻辑关系,提取出一些能够反映机床的接口及电气控制方面的故障的信息,赋予特定的一部分标志位获得的。工作中,如果机床处于这些状态即可触发相应的报警,显示的文字内容由报警文本（%PCA）决定。因此,处理这类故障,可以按设计者提供的详细说明进行有关检查。如没有说明,则只能根据显示内容或根据 PLC 用户程序中的有关部分进行分析,按给定的逻辑关系查找故障原因 这类报警在排除原因后,用报警应答键消除
♯6032~ ♯6039 报警	是系统为 PLC 设置的报警,主要是给 PLC 的使用设计者的提示,在机床使用中一般不会出现
♯7000~ ♯7031 报警	不反映故障,而是机床电气控制设计者,从他所编制的 PLC 程序中提取一些能够提示机床操作者进行某种操作的信息,赋予特定标志位取得的。显示的文字内容由%PCA 文件设定,称为操作提示文本。提示的详细说明和操作方法应以设计者提供的说明为准 此类报警不需清除,当相应状态消失、特定的标志位复位后,报警显示会自行消除

任务一 数控铣床 PLC 系统故障维修

数控铣床的 PLC 控制系统故障维修与数控车床基本类似，在西门子 PLC 系统中，提供了多种诊断机制，如图 2-32 所示。

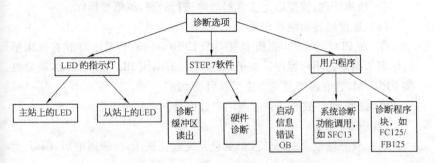

图 2-32 SIEMENS 系统 PLC 诊断机制

① LED 诊断，站点上的 LED 在发生故障时可以通过点亮或闪烁来指示错误类型。

② 通过 STEP7 软件诊断，当发生故障时，将读取诊断缓冲区内容或者调用工具"硬件诊断"。

③ 通过用户程序诊断，在用户程序中增加系统故障诊断功能的程序块。西门子提供的诊断包 FB125 标准块提供了下至每个通道的详细信息，在西门子官网上将其作为一个诊断包连同 HMI 画面一起提供下载。

具体可借鉴以下维修实例。

【**实例 2-28**】

(1) 故障现象 SINUMERIK 8ME 数控铣床，机床停用一段时间后，再次通电不能启动。显示器上只出现系统版本号。操作面板上的"Fault"灯亮，提示有故障。

(2) 故障原因分析 常见原因是存储器和系统用户数据有问题。

(3) 故障诊断和排除

① 状态检查：打开电气控制柜进行观察，发现 PLC 的 CPU 模块上"STOP"灯亮，MS100 板上的"PC"灯亮。

② 据实推断：推断分析是因为机床停用太久，PLC 内存储器 RAM 中的部分用户数据丢失，造成 PLC 不能启动。

③ 数据输入：关掉系统的电源开关，将 PLC 的 CPU 面板上的 RUN/STOP 工作方式开关拨到"STOP"处，再接通系统电源，重新输入丢失的

数据。

④ 关掉电源,将工作方式开关拨到"RUN"位置。再送电,PLC 和 NC 恢复正常状态,机床可以启动。

⑤ 故障处理:按照以上步骤对故障进行处理,故障被排除。

(4) 维修经验归纳和积累

① 在 PLC 的 CPU 面板上有一个 EPROM 插口,其中存放着机床制造厂家所编写的用户程序。如果 EPROM 损坏,则 PLC 不能启动,需要更换 EPROM,然后再按上述方法重新启动 PLC。

② 诊断 PLC 故障注意检查用户数据是否完整和正常。

【实例 2 - 29】

(1) 故障现象　SIEMENS 840D 系统数控铣床,机床通电后,CRT 无显示。

(2) 故障原因分析　数控机床 CRT 显示电路与普通电视机显示电路基本相同。根据维修手册提示:

① 检查 CRT 高压电路、行输出电路、场输出电路及 I/O 接口,以上部位均无异常。

② 检查加工程序和机床动作,均为正常状态。

③ 由以上检查结果分析,故障可能发生在数控系统内部。

(3) 故障诊断与排除

① 使用仪器检查,发现 PC - 2 模板上 CRT 视放电路无输出电压,初步诊断为 PC - 2 模板内部有故障。

② 采用交换法,用相同功能的模板 PC - 2 替换有故障疑点的 PC - 2 模板,CRT 恢复显示。

③ 确认故障原因和部位,更换 PC - 2 模板,CRT 无显示故障排除。

(4) 故障维修经验归纳和积累　本例应用的故障诊断交换法,是对型号完全相同的电路板、模块、集成电路和其他元器件进行相互交换,观察故障的转移情况,以便快速确定故障的部位。

【实例 2 - 30】

(1) 故障现象　SINUMERIK 880M 系统 S20 - 10FP450 型数控龙门铣床,在自动加工过程中,机床忽然停止,显示器上出现 43"INI PLC - CPU FAULT"的报警。

(2) 故障原因分析　根据报警资料,＃43 报警所提示的是 PLC 故障。

(3) 故障诊断和排除

① 故障重演:关机后重新启动,能正常工作,但是不久之后又出现完全相同的故障。

② 现象观察:观察发现,PLC第二电源箱上的"FAN FAULT"红灯亮起,提示排风扇存在故障。

③ 诊断检查:将PLC的第二电源箱拉出进行检查,发现确实有一只小风扇不转。

④ 检查测量:用万用表测量,风扇电动机线圈的阻值为无穷大,说明已经断路。

⑤ 故障处理:更换同型号的风扇后,故障排除。

(4) 维修经验归纳和积累

① 本例提示,PLC系统的工作环境温度高会引发系统故障。对于使用多年的机床,排风扇损坏的情况为数不少,排风扇中微型轴承的磨损也比较常见。排风扇损坏后,PLC电源箱内不能散热,温度升高,PLC不能正常工作。

② 在检修中,因环境尘埃多,也会引发各种故障。例如另有一台$2m×7m$数控龙门铣床,数控系统不定期、无规律地自动停机,进行各种检测也查不出故障原因,后来注意到数控主板上有一层积灰,用恩赛有限公司电路板清洗剂进行清洗后,故障不再出现。

【实例 2-31】

(1) 故障现象　SINUMERIK 810M系统SKODA型数控落地镗铣床,主轴在变换挡位时,出现报警6043"DEFECT OF MAIN DRIVE GEAR SHIFTING",换挡不能完成。

(2) 故障原因分析　铣床主轴不能换挡的常见故障原因是换挡系统的机械部分和指令传递等环节有故障。

(3) 故障诊断和排除

① 据实分析:机床其他动作都正常,只是不能完成换挡,说明故障仅限于换挡系统。

② 液压系统检查:检查换挡电磁阀,没有发现异常情况。通入电源试验,动作没有问题。

③ 接口检查:检查PLC换挡输入接口的状态,发现在换挡开关未扳动时,有关输入接口的状态却在"0"与"1"之间不断地变化,故认定输入模块不正常。

④ 故障处理:本例PLC的输入模块是6ES5454-4UA13,更换相同型

号的输入模块,故障排除,机床换挡完全正常。

(4) 维修经验归纳和积累 在输入模块检查时,若输入接口没有信号变化,输入端的状态是稳定的,不应有不断变化的情况。

【实例 2-32】

(1) 故障现象 SINUMERIK 802D 系统数控四轴联动铣床,出现机床面板上指示灯不亮故障。

(2) 故障原因分析 常见原因是 PLC 电源和控制模块有故障。

(3) 故障诊断和排除

① 现象观察:机床通电后,操作面板上的"NC. ON"指示灯不亮,手动返回参考点时,CRT 上出现"坐标轴无使能"报警,机床不能启动。

② 推理分析:从表面上看,这两种故障现象没有直接的联系,所以首先检查指示灯。经测量,"NC. ON"指示灯两端电压为 0V。

③ 指示灯状态检查:查看 PLC 状态表,"NC. ON"指示灯的输出信号 Q1.4 为"1",但是 PLC 部对应的触点并没有接通,指示灯上没有得到 24V 直流电压。

④ 电动机状态检查:检查润滑电动机的控制信号 Q0.5 为"1"时,润滑电动机并没有工作。

⑤ 据实推断:由此推断 PLC 的 I/O 单元已经损坏。

⑥ 故障处理:更换同型号 PLC 的 I/O 单元后,故障排除。

(4) 维修经验归纳和积累 在 PLC 系统中,同时出现几种故障现象,都与 PLC 的 I/O 单元有关,若电源正常,此时大多是 PLC 的 I/O 单元损坏而引起的。

任务二 数控铣床 CNC 系统故障维修

数控铣床的 CNC 系统故障维修与数控车床基本类似,具体可借鉴以下维修实例。

【实例 2-33】

(1) 故障现象 SINUMERIK 802D 系统四轴四联动数控铣床,机床通电,选择所需的加工程序后,按下"执行"键,但是加工程序不能执行,CRT 显示器上出现报警,提示"系统不在复位状态"。

(2) 故障原因分析 常见原因是机械部分或程序编制有误。

(3) 故障诊断和排除

① 编程试验:改用 MDI(手动数据输入)方式执行程序,发现机床的工作没有问题。重新编写几个简单的加工程序进行试验,机床可以准确

无误地执行。分析认为可能是原来的程序编写不正确。

② 编程规范:在 SINUMERIK 802D 数控系统中,对程序名的编写格式有四点要求:第一,开头两位必须是英文字母;第二,其余各位应为英文字母、数字或下划线,三是不能使用分隔符;第四,字符总数不能超过16个。

③ 程序检查:检查加工程序,发现程序名中包含有中文字符,而 802D 数控系统无法识别中文字符。

④ 故障处理:按照以上四点要求.重新修改程序名后,故障不再出现。

(4) 维修经验归纳和积累 由本例故障的排除过程可以看出,一旦遇到故障,应全面分析,将与本故障有关的所有因素,包括数控系统、机械、气、液等方面的原因都列出来,从中筛选找出故障的最终原因。如本例故障表面上是机械方面原因,而实际上是由于编程不当引起的。

【实例 2-34】

(1) 故障现象 SIEMNES 802C 系统数控铣床,在执行自动加工程序时出现 ALM12110 报警。

(2) 故障原因分析 SIEMENS 802C 出现 ALM12110 报警的含义为"通道1的程序段语法出错"。报警同时提示了出错的程序段为 N50。

(3) 故障诊断和排除

① 程序检查:在 CNC 编辑方式下,检查程序段 N50 的实际指令如下:N50 G02 X-50 Y-50 CR50 F100。

② 对照 SIEMENS 802S 操作编程手册,检查 N50 程序段,发现圆弧插补的正确格式应为:G02(G03)X×× Y×× CR=×× F××。

③ 按照编程规范规定的格式,修改程序段为:N50 G02 X-50 Y-50 CR=50 F100。

④ 按复位键消除报警,重新启动程序,报警消除。

(4) 维修经验归纳和积累 以上两例说明,在西门子系统的数控机床上,程序的编制有规范的要求,程序名和程序段的格式必须符合要求,否则会造成程序无法执行的故障报警。

【实例 2-35】

(1) 故障现象 SIEMENS 840D 系统数控铣床,开机后,CRT 显示器上没有任何显示,数控系统的电源指示灯也不亮。

(2) 故障原因分析 这类故障涉及面很广,在查找故障之前,必须熟悉数控系统的硬件结构,原因是多方面的。

(3) 故障诊断和排除　本例数控铣床使用的是西门子系统,按系统常见故障原因,诊断和检修步骤如下:

① 检查电源电压。一般单色显示器多为 24V 直流电压,而彩色显示器多为 220V 交流电压。不同厂家的产品,电压则会有一定的区别。

② 检查电缆连接。查看与显示器有关的电源电缆、视频信号电缆连接是否正常,插接件是否紧固可靠。

③ 检查显示器。显示器由显示单元、视频调节器等部分组成,其中任何一部分有故障,都会造成显示器无亮度,或者有亮度但是没有图像。在开机或关机的瞬间,观察显示器屏幕上是否有亮点或光带,就可判断显示器本身有无故障。要注意,如果亮度旋钮不在正常位置,也会造成没有任何显示的故障。检查结果显示器无故障。

④ 检查系统控制部分。如果显示器既无显示,机床又不能执行手动和自动操作,则说明数控系统的主控部分不正常,如 CPU 模块、RAM 或 ROM 有故障。检查结果发现 CPU 模块接触不良。

⑤ 用替换法更换 CPU 模块后,故障不再出现。由此采用更换主板的方法进行维修,故障被排除。

(4) 维修经验归纳和积累　本例机床的故障现象应首先排除显示器的故障,然后可直接检查 CPU 和存储器的故障。

【实例 2 - 36】

(1) 故障现象　SINUMERIK 840D 系统 W250 HENC 型数控五轴镗铣床,机床停用一段时间后,再次通电不能启动。

(2) 故障原因分析　常见原因是系统数据丢失。

(3) 故障诊断和排除

① 报警检查:检查发现 RAM 电池报警。在由电池供电的 RAM 中,包括 NC 和 PLC 的大量数据。由于电池用完,这些数据已丢失,造成机床无法工作,需要对 NC 和 PLC 系统进行初始化。

② 数据观察:观察 NCU(数控单元)中的七段数码管显示,没有显示"6",因此对 NC 和 PLC 都需要进行初始化。

③ 故障处理:NC 和 PLC 系统的初始化,也就是将数控单元中的 NC 和 PLC 数据清除掉,只留下标准的机床数据。

④ NC 数据的初始化步骤:

a. 关断电源,将 NC 启动开关 S3 放在"1"位置。

b. 成功启动 NC 后,七段显示器上显示"6",+5V 灯亮。

c. 将 NC 启动开关 S3 放在"0"位置,NC 初始化完成。

⑤ PLC 数据的初始化步骤:

a. 将 PLC 启动开关 S4 放在"2"位置,这时 PS 红灯会亮;再将 S4 放在"3"位置,PS 红灯熄灭。3s 后,再次亮起。

b. 在 3s 之内,快速地进行操作,使 S4 由"2"拨到"3",又拨回到"2",此时 PS 灯闪烁后长亮,PF 灯也亮。

c. 将 S4 放在"0"位置,此时 PS 和 PF 灯熄灭,而 PR 灯亮,完成 PLC 初始化。

d. 通过 STEP7 软件,将 PLC 程序传送到系统中。

(4) 维修经验归纳和积累

① 数控单元数码管显示时,如果显示为"6",+5V 灯亮,PS 和 PF 灯也亮,PR 灯熄灭,则表示 NC 正常,但是 PLC 有问题,此时只需要对 PLC 进行初始化。

② 为了防止数控机床的程序和参数丢失,机床在使用之初,要做好数据的备份。最好将原数据打印成文字,以便在程序丢失或进行初始化后,再将原有数据恢复。

任务三　数控铣床主轴伺服系统故障维修

数控机床的主轴有变频主轴和伺服主轴。西门子变频主轴应用SIEMENS MICROMASTER 420 型通用变频器,由微处理器控制,功率管为绝缘栅双极型晶体管(IG‐BT),主回路采用脉宽调制(PWM)控制。其结构框图如图 2‐33 所示,其控制端口见表 2‐12;主轴伺服系统的常见故障见表 2‐13,主轴伺服系统的故障维修也可借鉴以下实例。

表 2‐12　MICROMASTER 420 型变频器控制端口

端 子 号	标　　志	功　　　能
1	—	输出
2	—	输出
3	AIN+	模拟输入
4	AIN—	模拟输入
5	DIN1	数字输入
6	DIN2	数字输入

（续表）

端 子 号	标 志	功 能
7	DIN3	数字输入
8	—	带电位隔离的输出
9	—	带电位隔离的输出
10	RL1-B	数字输出
11	RL1-C	数字输出
12	AOUT+	模拟输出
13	AOUT-	模拟输出
14	P+	RS485
15	N-	RS485

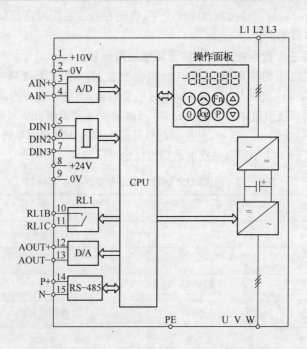

图 2-33 MICROMASTER 420 型变频器结构框图

表 2 - 13 数控机床主轴伺服系统常见故障

故障简称	故 障 现 象	原 因
干扰	主轴驱动出现随机和无规律性的波动。当主轴转速指令为零时,主轴仍往复转动,调整零速平衡和漂移补偿也不能消除故障	1) 外界电磁干扰源干扰 2) 屏蔽和接地措施不良 3) 主轴转速指令信号或反馈信号受到干扰
过载	主轴电动机过热、主轴驱动装置显示过电流报警等	1) 切削用量过大 2) 频繁正、反转 3) 输入电源缺相等
准停抖动	刀具交换、精镗退刀及齿轮换挡等场合需要主轴准停时,主轴定位抖动	1) 采用带 V 形槽的定位盘和定位用的液压缸配合动作的机械准停控制方式时,定位液压缸活塞移动的限位开关失灵 2) 采用磁性传感器的电气准停控制方式时,因发磁体安装在主轴后端,磁传感器安装在主轴箱上,其安装位置决定了主轴的准停点,发磁体和磁传感器之间的间隙为(1.5 ± 0.5)mm。若发磁体和磁传感器之间的间隙发生变化或磁传感器失灵均可引起定位抖动 3) 采用编码器型的准停控制时,通过主轴电动机内置安装或在机床主轴上直接安装一个光电编码器来实现准停控制,准停角度可任意设定。若编码器故障可能引起抖动 4) 上述准停均要经过减速的过程,如减速或增益等参数设置不当,均可引起定位抖动
运动不匹配	当进行螺纹切削或用每转进给指令切削时,会出现停止进给、主轴仍继续运转的故障	要执行每转进给的指令,主轴必须有每转一个脉冲的反馈信号,一般情况下为主轴编码器有问题,通常可用以下方法来诊断 1) CRT 画面有报警显示 2) 通过 CRT 调用机床数据或 I/O 状态,观察编码器的信号状态 3) 用每分钟进给指令代替每转进给指令来执行程序,观察故障是否消失
转速异常	主轴转速偏离指令值,超过技术要求所规定的范围	1) 电动机过载 2) CNC 系统输出的主轴转速模拟量(通常为$0\sim\pm10$V)没有达到与转速指令对应的值 3) 测速装置有故障或速度反馈信号断线 4) 主轴驱动装置故障

（续表）

故障简称	故 障 现 象	原　　　因
主轴不转	机床运行中主轴电动机不转动	1）检查 CNC 系统是否有速度模拟控制信号输出 2）检查 DC＋24V 继电器线圈电压的使能信号是否接通 3）通过 CRT 观察 I/O 状态，分析机床 PLC 梯形图（或流程图），以确定主轴的启动条件，如润滑、冷却等是否满足 4）主轴驱动装置故障 5）主轴电动机故障
异常噪声与振动	运转过程中，主轴有异常噪声，并有振动	要区别异常噪声及振动发生在主轴机械部分还是在电气驱动部分 1）在减速过程中发生，一般是由驱动装置造成的，如交流驱动中的再生回路故障 2）在恒转速时产生，可通过观察主轴电动机自由停车过程中是否有噪声和振动来区别，如存在，则主轴机械部分有问题 3）检查振动周期是否与转速有关。如无关，一般是主轴驱动装置未调整好；如有关，应检查主轴机械部分是否良好，测速装置是否不良

【实例 2－37】

（1）故障现象　SINUMERIK 8MC 系统数控铣床，机床通电后，发出"M3"或"M4"主轴旋转指令，按下启动按钮后，主轴不能启动，电动机发出"嗡—嗡"的声音。

（2）故障原因分析　常见原因是主轴电源和速度反馈部分有故障。

（3）故障诊断和排除

① 据理推断：在正常情况下，当发出旋转指令，同时给定某一速度值时，主轴便开始旋转。但主轴没有转动，所以要重点检查主轴电源和速度反馈部分。

② 电压检查：用万用表检查电源电压，三相电压平衡，数值稳定，不存在断相运行的问题。

③ 反馈检查：查看机床的电气原理图，了解到主轴是采用脉冲编码器实现速度反馈的，与主轴同轴安装。

④ 状态常规：编码器及其连接电缆正常时，主轴驱动箱内 U 板上的

两只绿色发光二极管(代表 A、B 两个通道)应该有一只点亮或两只同时点亮。

⑤ 状态检查:用手盘动主轴使其旋转,观察两只发光二极管,没有一只点亮,这说明编码器没有将速度反馈信号送到主轴驱动箱。

⑥ 信号检查:检查编码器的连接电缆,发现有一根芯线断路。

⑦ 故障处理:更换这根电缆后,故障被排除。

(4) 维修经验归纳和积累　信号电缆断路是常见的故障原因。

【实例 2-38】

(1) 故障现象　SINUMERIK 3T 系统精密数控镗床机床通电后,主轴不能转动,CRT 上显示"n<nx"(给定转速值小于实际转速值)。

(2) 故障原因分析　常见原因是电源故障,可能是系统相关参数有问题。

(3) 故障诊断和排除

① 电源检查:检测主轴的电源电压和控制电压,都在正常状态,断路器也没有问题。再检查系统的调节器电路电压,发现其中的三条电路没有电压。

② 现场调查:根据操作人员反应,在故障发生之前,电网突然断电。

③ 控制电路检查:检查调节器电路中的快速熔断器,发现已经熔断了。装上新的熔断器之后,主轴仍然不能转动。

④ 分析推断:分析、推断原因是断电或熔断器熔断之后,引起机床程序丢失、参数紊乱。

⑤ 参数检查:检查机床工作程序,发现主轴部分的程序和参数非常紊乱。

⑥ 故障处理:将机床的 NC 数据清零后,重新进行输入,故障被排除。

(4) 维修经验归纳和积累　电网突然断电以后,可能导致系统参数丢失或紊乱,因此在确认电源正常等前提下,可检查机床 NC 数据中主轴部分的程序和参数。

【实例 2-39】

(1) 故障现象　SIEMENS 8M 系统 17-10GM300/NC 数控龙门镗铣床,机床主轴在一次电网拉闸停电后,主轴转动只能以手动方式 10r/min 的速度运行;当启动主轴自动运行方式时,转速一旦升高,主轴伺服装置三相进线的 L1、L2 两相熔丝立即烧断。

(2) 故障原因分析　常见原因是主轴驱动有故障。

（3）故障诊断和排除

① 电源检查：检查其伺服装置，发现三相进线中的 L1、L2 两相熔丝已经烧断。

② 运转试验：更换熔丝后，主轴可以在手动方式下以 10 r/min 的低速运转，但是转速很不稳定，在 3～12 r/min 的范围内变化。

③ 电流检测：电动机的电枢电流超过正常值。转入自动运行方式后，L1、L2 两相熔丝又立即熔断。

④ 机理分析：主轴伺服电动机功率为 55kW，伺服装置中采用了三相桥式可控整流电路，如图 2－34 所示。经了解，这个故障是在一次电网突然拉闸断电后出现的。根据电气原理可知，电动机在高速运转时，如果突然断电，在电动机的电枢两端会产生一个很高的反电动势，其数值大约是电源电压的 3～5 倍。在这个伺服单元中，对晶闸管没有采取保护措施，难以避免偶发性浪涌过电压的影响，所以电路中的元器件，特别是晶闸管等很容易被击穿，从而造成失控状态。

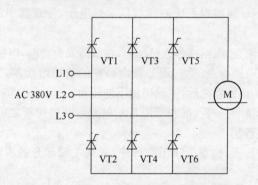

图 2－34　伺服电动机三相桥式可控整流电路

⑤ 元件检测：对图 2－34 中的元器件进行检测，VT1 和 VT4 阳极与阴极之间的绝缘电阻为 1.2MΩ，其余 4 只都在 10MΩ 以上，说明这两个晶闸管的性能变差，但是还没有被完全击穿。在低速、小电流的情况下，还可以勉强工作；当转速升高，电流增大时便被击穿而造成短路。

⑥ 故障处理：更换性能不良的晶闸管 VT1、VT4，并在各个晶闸管上并联一只压敏电阻，以预防同类故障。

（4）维修经验归纳和积累　三相桥式整流电路的晶闸管软击穿可能有一个过程，因此检测中可通过电阻测量进行判断。没有完全被击穿的晶闸管可能勉强工作,在诊断中应引起注意,避免误诊断。

【实例 2 - 40】

(1) 故障现象 某数控铣床配置西门子系统,主轴低速启动时,主轴抖动很大,高速时却正常。

(2) 故障原因分析 该机床使用的主轴系统为台湾生产的交流调速器。在检查确认机械传动无故障的情况下,可将检查重点放在交流调速器上。

采用分割法,将交流调速器装置的输出端与主轴电动机分离。在机床主轴低速启动信号控制下,用万用表检查交流调速装置的三相输出电压,测得三相输出端电压参数分别为 U 相 50V,V 相 50V,W 相 220V。旋转调速电位器,U、V 两相的电压能随调速电位器的旋转而变化,W 相不能被改变,仍为 220V。这说明交流调速器的输出电压不平衡(主要是 W 相失控),从而导致主轴电动机在低速时三相输入电源电压不平衡产生抖动,而高速时主轴运转正常的现象。

(3) 故障诊断与排除 根据交流变频调速器装置的工作原理分析:该装置除驱动模块输出为强电外,其余电路均为弱电,且 U、V 两相能被控制。因而可以认为:交流变频调速器装置的控制系统正常,产生交流电输出电压不平衡的原因应是变频器驱动模块有故障。

交流变频器驱动模块原理如图 2 - 35 所示。根据该原理示意图将驱动模块上的引出线全部拆除,再用万用表检查该驱动模块各级,发现模块的 W 端已导通,即 W 相晶体管的集电极与发射极已短路,造成 W 相输出电压不能被控制。将该模块更换后,故障排除。

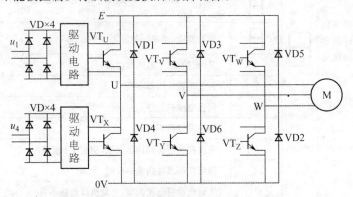

图 2 - 35 交流变频器驱动模块原理示意图

任务四 数控铣床进给伺服系统故障维修

如前述,西门子系统数控机床的进给驱动有 STEPDRIVE C/C+步进驱动和 610、611A、611U/Ue 等交流进给驱动器驱动。611A 系列伺服驱动系统的状态显示见表 2-14,常见故障诊断见表 2-15。

表 2-14 611A 系列伺服驱动系统的状态显示

		V1—○○—V2 V3—○○—V4 V5—○○—V6		
电源模块的状态显示[电源模块(UE 或 I/R)设有 6 个状态指示灯(LED)]	指示灯	显示	说　明	当电源模块直流母线预充电完成,监控模块电源模块无故障时,(UNIT)灯亮,其余指示灯灭,同时"准备好"继电器吸合,并输出触点信号
	V1	SPP(红)	辅助控制电源 15V 故障指示灯	
	V2	5V(红)	辅助控制电源 5V 故障指示灯	
	V3	EXT(绿)	电源模块未加"使能"指示灯	
	V4	UNIT(黄)	电源模块准备好指示灯	
	V5	≈(红)	电源模块电源输入故障指示灯	
	V6	UZK(红)	直流母线过电压指示灯	
标准进给驱动模块	H1	红	轴故障,表明驱动器出现故障	
	H2	红	电动机/电缆连接故障表明监控电路检测来自伺服电动机的故障	
带扩展接口的进给驱动模块状态显示		〔7段显示〕	参数板末插入驱动器	
		〔7段显示〕	脉冲使能(端子663)、速度控制使能(端子65)信号末加入	
		〔7段显示〕	脉冲使能(端子663)未加入,速度控制使能(端子65)信号已加入	
		〔7段显示〕	脉冲使能(端子663)已加入,速度控制使能(端子65)信号未加入	
		〔7段显示〕	脉冲使能、速度控制使能信号已加入	
	〔8〕	1	I^2t 监控,驱动器连续过载	
		2	转子位置检测器不良	
		3	伺服电动机过热	
		4	测速发电机不良	
		5	速度控制器达到输出极限,引起 I^2t 报警	
		6	速度控制器达到输出极限	
		7	实际电动机电流为零,电动机线连接不良	

表 2 - 15　611A 系列伺服驱动器常见故障诊断

故障现象	原　　因
V4 指示灯不亮	直流母线电压过高 5V 电压太低 输入电源过低或缺相 与电源模块相连接的轴驱动模块存在故障
H1(轴故障)指示灯亮	速度调节器到达输出极限 驱动模块超过了允许的温升 伺服电动机超过了允许的温升 电动机与驱动器电缆连接不良
H2 指示灯亮	测速反馈电缆连接不良 伺服电动机内装式测速发电机故障 伺服电动机内装式转子位置检测故障

【实例 2 - 41】

（1）故障现象　SIEMENS 820M 系统、配套 611A 交流伺服驱动的数控铣床，在加工零件时，当切削量稍大时，机床出现＋Y 方向爬行，系统显示 ALM1041 报警。

（2）故障原因分析　SIEMENS 820M 系统 ALM1041 报警的含义为"Y 轴速度调节器输出达到 D/A 转换器的输出极限"。

（3）故障诊断和排除　经检查伺服驱动器，发现 Y 轴伺服驱动器的报警指示灯亮。为了尽快确认报警引起的原因，考虑到该机床的 Y 轴与 Z 轴所使用的是同型号的伺服驱动器与电机，维修时首先按以下步骤对 Y/Z 轴的驱动器进行互换处理。

① 在 611A 驱动器侧，将 Y 轴伺服电机的测速反馈电缆与 Z 轴伺服电动机的测速反馈电缆互换。

② 在 611A 驱动器侧，将 Y 轴伺服电机的电枢电缆与 Z 轴伺服电动机的电枢电缆互换。

③ 在 CNC （810）侧，将 Y 轴伺服电动机的位置反馈与 Z 轴伺服电动机的位置反馈电缆互换。

经过以上处理，事实上已经完成了 Y 轴与 Z 轴驱动器的互换。

重新启动机床，发现原 Y 轴伺服驱动器的报警灯不亮，Z 轴可以正常工作；而原 Z 轴伺服驱动器的报警灯亮，Y 轴仍然存在报警。由此可以判断，故障的原因不在驱动器，可能与 Y 轴伺服电机及机械传动系统有关。

根据以上判断,考虑到该机床的规格较大,为了维修方便,首先检查了 Y 轴伺服电动机。在打开电机防护罩后检查,发现与 Y 轴伺服电动机侧的位置反馈插头明显松动,重新将插头扭紧,并再次开机,故障现象消失。

进一步检查、连接伺服驱动器的全部接线,恢复到正常连接状态,重新启动机床,报警消失,机床恢复正常运转。

(4) 维修经验归纳和积累　在数控机床进给伺服系统维修中,经常应用互换法进行故障诊断和分析处理,在伺服驱动器互换法处理过程中可参照本例的互换处理步骤。

【实例 2-42】

(1) 故障现象　某SIEMENS 802S的数控铣床,发生 X 轴手动回不到参考点故障。

(2) 故障原因分析　常见原因是检测信号和装置有问题

(3) 故障诊断和排除

① 系统特点:802S属于步进电机驱动,无位置测量反馈元件。其回参考点方式与一般的闭环系统不同,采用的是接近开关回参考点方式。

② 开关方式:SIEMENS 802S 有以下两种形式。

a. 使用减速信号、参考点检测信号的双开关方式。

b. 仅使用参考点检测信号的单开关方式。

由于第二种形式只能设置一种回参考点的速度,参考点定位精度与接近开关的检测精度、回参考点速度的设置有关;因此,在数控机床上通常很少使用。

③ 检测方式:在这两种形式中,又有图 2-36 所示的两种参考点信号的检测方式,其中方式一为以接近开关上升沿作为参考点位置的回参考点方式,如图 2-36a 所示;方式二为以接近开关上升沿、下降沿的中点作为参考点位置的回参考点方式,如图 2-36b 所示。

④ 参数设定:这两种方式的选择可以通过机床参数 MD34200 进行设定,当 MD34200 ="2"时为方式一;MD34200="4"时为方式二。

⑤ 方式确认:检查实际机床,确认该机床选择的是使用减速信号、回参考点双开关方式(MD34200＝4)。采用该方式回参考点的动作过程如下。

a. 坐标轴以"寻找减速开关"的速度 V_C(参数 MD34020 设定),向固定的轴回参考点方向运动。

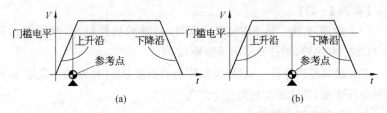

图 2-36 SIEMENS 802S 回参考点方式

b. 当压到减速开关后,坐标轴以"参考点减速"速度 V_m(参数 MD34040 设定)向反向运动,寻找"参考点检测信号"的上升沿与下降沿的"中点"位置。

c. "中点"位置到达后,减至"参考点定位"速度 V_P(参数 MD34070 设定),继续向反向运动。

d. 到达机床参数设定的参考点偏移位置(参数 MD34080,MD34090 设定)后,回参考点结束(参见图 2-37)。

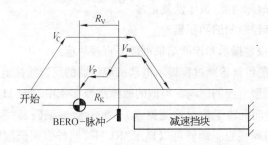

图 2-37 SIEMENS 802S 回参考点动作过程图

⑥ 据实推断:经检查发现,该机床的"参考点减速"动作正常,因此,可以判定故障原因在参考点检测开关上。

⑦ 检查诊断:进一步检查发现,该机床 X 轴参考点检测开关"发讯挡块"与接近开关间的距离较大,在回参考点过程中,接近开关始终无信号输出。

⑧ 维修处理:重新调整"发讯挡块"后故障消失,机床恢复正常。

(4) 维修经验归纳和积累 回参考点故障是数控铣床常见的故障之一,接近开关的位置误差也是常见的故障原因和部位。在故障诊断和维修中,应首先确定各种参数设定,确认回参考点的方式以及动作过程,随后才能准确地判定故障的原因和故障部位。

【实例 2 - 43】

(1) 故障现象　某 SIEMENS 802D 系统的数控铣床,开机时出现 ALM380500 报警,驱动器显示报警号 B504。

(2) 故障原因分析　611U 伺服驱动器出现 B504 报警的含义是"编码器的电压太低,编码器反馈监控生效"。

(3) 故障诊断和排除

① 驱动器件检查:经检查,开机时伺服驱动器可以显示"RUN",表明伺服驱动系统可以通过自诊断,驱动器的硬件应无故障。

② 观察推断:经观察发现,故障发生过程中,每次报警都是在伺服驱动系统"使能"信号加入的瞬间出现,若此时无故障,则机床就可以正常启动并正常运行。因此,推断故障原因可能是由于伺服系统电动机励磁加入的瞬间干扰引起的。

③ 故障处理:重新连接伺服驱动的电动机编码器反馈线,进行正确的接地连接后,故障清除,机床恢复正常。

(4) 维修经验归纳和积累

① 故障报警提示和诊断结果可能不直接对应。

② 本例的维修诊断过程提示电动机编码器的反馈线接地不良造成的瞬间干扰对伺服监控的影响。类似的故障维修实例中,如 611U 伺服驱动报警 B507(电动机转子位置检测错误)、B508(脉冲编码器"零位"信号出错)等,若开机时伺服驱动器可以显示"RUN",同样表明伺服驱动系统可以通过自诊断,驱动器的硬件应无故障。常见的故障原因也是伺服系统电动机励磁加入的瞬间干扰引起的。

③ 使用第四轴的数控铣床,需特别注意第四轴(数控转台、数控分度头)电动机的电枢屏蔽线应可靠接地,否则会产生瞬间干扰而造成故障报警。

【实例 2 - 44】

(1) 故障现象　某数控铣床采用 SIEMENS 802S 数控系统。自动或手动方式运行时,发现机床工作台 Z 轴运行振动异响现象,尤其是回零点快速运行时更为明显。故障特点是,有一个明显的劣化过程,即此故障是逐渐恶化的。故障发生时,系统不报警。

(2) 故障原因分析　该机床为工作台不升降数控立式铣床,数控系统采用了 SIEMENS 802S 数控系统。

① 由于系统不报警,且 CRT 及现行位置显示器显示出的 Z 轴运行脉冲数字的变化速度还是很均匀的,故可推断系统软件参数及硬件控制电路是正常的。

② 由于振动异响发生在机床工作台的 Z 轴方向(主轴上下运动方向),故可采用交换法进行故障部位的判断,经交换法检查,可确定故障部位在 Z 轴直流伺服电动机与滚珠丝杠传动链一侧。

(3) 故障诊断与排除 为区别机、电故障部位,可拆除 Z 轴电动机与滚珠丝杠间的挠性联轴器,单独通电试测 Z 轴电动机(只能在手动方式操作状态进行)。检查结果表明,振动异响故障部位在 Z 轴直流伺服电动机内部(进行此项检查时,须将主轴部分定位,以防止平衡锤失调造成主轴箱下滑运动)。

经拆机检查发现,电动机内部的电枢电刷与测速发电机转轴电刷磨损严重(换向器表面被电刷粉末严重污染)。将磨损电刷更换,并清除粉末污染影响。通电试机,故障消除。

【实例 2 - 45】

(1) 故障现象 某 SIEMENS 840D 系统数控铣床,在加工或快速移动时,X 轴与 Z 轴电动机声音异常,Z 轴出现不规则的抖动,并且在主轴启动后,此现象更为明显。

(2) 故障原因分析 当机床在加工或快速移动时,Z 轴、Y 轴电动机声音异常,Z 轴出现不规则的抖动,而且在加工时主轴启动后此现象更为明显。从表面看,此故障属干扰所致。分别对各个接地点和机床所带的浪涌吸收器件作了检查,并做了相应处理。启动机床并没有好转。之后又检查了各个轴的伺服电动机和反馈部件,均未发现异常。又检查了各个轴和 CNC 系统的工作电压,都满足要求。

(3) 故障诊断与排除 排除引发故障的一般原因,进一步检查:

① 用示波器查看各个点的波形,发现伺服板上整流块的交流输入电压波形不对。

② 往前循迹,发现一输入匹配电阻有问题。

③ 焊下后测量,阻值变大。

④ 更换一相应规格的电阻后,故障排除,机床运行正常。电路的焊接应掌握的要点见表 2 - 16。

表 2 - 16 电子电气元件的焊接方法

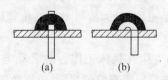

(a)   (b)

项　目	说　明
焊接器件	1）电烙铁。一般采用 25W、45W 两种规格的电烙铁 2）焊料和焊剂。焊料是焊锡或纯锡,常用的有锭状和丝状两种。丝状的通常在其中心包含着松香,在焊接中比较方便。焊剂有松香、松香酒精溶液等
焊接要求	1）焊接点必须牢固,具有一定的机械强度,每一个焊点都是被焊料包围的接点 2）焊接点的锡液必须充分渗透,其接触电阻要小,不能出现虚焊（假焊)或夹生焊现象 3）焊接点表面光滑并有光泽,焊接点的大小均匀
焊接方法	1）用电工刀或砂布清除连接线端的氧化层,并在焊接处涂上焊剂 2）将含有焊锡的烙铁焊头,先蘸上一些焊剂,然后对准焊接点迅速下焊。当锡液在焊点四周充分溶开后,快速向上提起焊头
电子分立元件的插焊方法	如图所示插焊方法如下 1）首先清除元件焊脚处的氧化层,并搪锡 2）清除安装元件的电路板表面的氧化层,并涂上松香酒精溶液 3）直脚插焊时,在确认元件各焊脚所对应的位置后,插入孔内,剪去多余的部分,然后下焊。每次下焊时间不超过 2s。弯脚插焊时,在确认元件各焊脚对应位置后,插入孔内,剪去多余部分,再弯曲 90°(略带弧形),然后下焊。每次下焊时间不超过 2s
集成块的焊接方法	除掌握分立元件的焊接方法外,焊接集成块还应注意以下几点 1）工作台面必须覆盖有可靠接地的金属板,所使用的电烙铁应可靠接地 2）集成块不可与台面经常摩擦 3）集成块焊接需要弯曲时不可用力过大 4）焊接时应注意使用吸锡器,防止落锡过多

任务五 数控铣床位置检测装置故障维修

1. 数控机床位置检测装置的作用

数控机床位置检测装置是用来提供实际位移信息的一种装置,其作用是检测运动部件位移并反馈信号与数控装置发出的指令进行比较,若有偏差,则经过放大后控制执行部件向着消除误差的方向运动,直至偏差为零。

数控检测装置主要用于闭环伺服系统中的位置反馈、开环或闭环伺服系统的误差补偿、测量机与机床工作台等的坐标测量及数字显示、齿轮与螺纹加工机床的同步电子传动、直线-回转运动的相互变换用的精密伺服系统等。

2. 位置检测装置的技术要求

为了提高数控机床的加工精度,必须提高检测元件和检测系统的精度。不同的数控机床对检测元件和检测系统的精度要求、允许的最高移动速度、位置检测的内容都不相同。一般要求检测元件的分辨率为 $0.000\,1\sim0.01\mathrm{mm}$,测量精度为 $\pm0.001\sim\pm0.02\mathrm{mm/m}$。系统分辨率的提高,对机床的加工精度有一定影响,但不宜过小,分辨率的选取与脉冲当量的选取不一样,应按机床加工精度的 $\frac{1}{3}\sim\frac{1}{10}$ 选取。

数控机床对位置检测装置的基本要求是:

① 工作可靠,抗干扰性强。

② 使用维护方便,适应机床的工作环境。

③ 能够满足精度和速度的要求。

④ 易于实现高速的动态测量、处理和自动化。

⑤ 成本低。

3. 数控机床位置检测装置的常见故障与诊断排除方法

数控机床位置检测装置的常见故障经常是由机械原因和电气原因混合在一起的,影响信号输入、输出的机械安装、调整和连接方面的原因,可以通过检查和测量检测元件的安装位置精度进行检查。如直线感应同步器的安装精度、角度编码器与轴的连接安装同轴度等。电路故障和位置检测元件的故障通常需要经过对检测元件的检查和信号等检测才能分析原因,予以排除。位置检测装置故障的常见形式及诊断方法见表 2-17。

表 2 – 17　位置检测装置常见故障与诊断

故障现象	故 障 原 因	排 除 方 法
加/减速时出现机械振荡	1) 脉冲编码器出现故障	1) 检查速度单元上的反馈线端子电压是否在某几点电压下降,如有下降,表明脉冲编码器不良,更换编码器
	2) 脉冲编码器十字联轴器可能损坏,导致轴转速与检测到的速度不同步	2) 更换联轴器
	3) 测速发电机出现故障	3) 修复,更换测速机
机械失控飞车	1) 位置控制单元和速度控制单元故障	1) 检查位置控制和速度控制单元
	2) 脉冲编码器接线是否错误,检查编码器接线是否为正反馈,A相和B相是否接反	2) 准确接线
	3) 脉冲编码器联轴器损坏	3) 更换联轴器
	4) 检查测速发电机端子接反或励磁信号线接错	4) 准确接线
主轴不能定向或定向位置不准	1) 主轴定向控制、速度控制单元故障	1) 排除控制单元故障
	2) 位置检测编码器故障	2) 更换编码器
坐标轴进给振动	1) 电动机故障 2) 机械进给丝杠同电动机的连接故障 3) 脉冲编码器损坏 4) 编码器联轴器故障 5) 测速机故障	检查、修理或更换
因程序、操作错误引起的NC报警	如:SIEMENS 810 系统的报警1040、2000、3004；FAUNUC 6ME系统的NC报警090、091 1) 主电路故障 2) 进给速度太低 3) 脉冲编码器不良 4) 脉冲编码器电源电压太低 5) 没有输入脉冲编码器的一转信号而不能正常执行参考点返回	1) 检查、排除主电路故障 2) 合理调整进给速度 3) 检查修理或更换编码器 4) 调整电源电压的15V,使主电路板的 +5V 端子上的电压值为4.95~5.10V 5) 检查输入脉冲编码器的信号

（续表）

故障现象	故 障 原 因	排 除 方 法
伺服系统报警	如 FAUNUC 6ME 系统的伺服报警：416、426、436、446、456；SIEMENS 880 系统的伺服报警：1364；SIEMENS 8 系统的伺服报警：114、104 等。当出现以上报警号时	
	1) 轴脉冲编码器反馈信号断线、短路和信号丢失，用示波器测 A 相、B 相一转信号	1) 检查编码器信号传送
	2) 编码器内部受到污染、太脏，信号无法正确接收	2) 检查编码器，清洁或更换

【实例 2-46】

（1）故障现象　SINUMERIK 系统 W200HD 型大型数控镗铣床，机床存在较大的定位误差，坐标显示的距离和实际检测的距离总有一定的误差，误差由几毫米至几十毫米，使机床无法正常加工。

（2）故障原因分析　常见原因是位置控制部分有故障，使整个闭环系统的定位误差过大。

（3）故障诊断和排除

① 系统分析：本例机床属中档数控系统，具有三个坐标轴联动功能，分辨率是 $1\mu m$，系统本身具有自诊断功能。定位误差是位置控制中的重要指标，可以用它来判断位置控制是否正常。

② 报警检查：出现这种故障通常应该有报警，打开 CRT 的报警界面，没有看到任何报警信息，需要仔细查找故障原因。

③ 现象观察：机床能够正常移动，说明伺服单元工作正常。

④ 成因罗列：在机床反馈电路中，如果位置传感器（光栅）损坏、反馈线断路，系统就会变成开环，没有位置反馈，这时驱动装置失控，数控系统的自诊断功能就会发挥作用，发出反馈电路断开的报警信息。

⑤ 综合分析：综合以上情况可以看出，位置控制的硬件部分没有问题，故障可能出在软件部分。

⑥ 据理推断：

a. 分析认为，要使位置环能够正常工作，必须具有正确的位置调节闭环电路。位置测量系统的脉冲，必须与控制装置的位置调节精度相匹配。

b. 系统中的 MD5002(一共 8 位)是一个可设置参数,它表示反馈输入分辨率和位置控制分辨率,只有当反馈输入精度的设置和位置控制精度的设置相互匹配时,位置环才可能正确运算,使机床正常移动,在误差允许的范围内准确到达指定位置。

⑦ 参数检查:基于以上分析,调出系统参数,校对参数单元 MD5002 的内容,发现与原来调试好的参数有较大的差别。

⑧ 故障处理:对 MD5002 参数进行修改,恢复到正确状态。再将数系统复位,重新启动机床。经检测,机床的定位精度达到了正常要求,故障被排除。

(4) 维修经验归纳和积累　产生这种故障的原因可能是外部某种电磁干扰影响系统,从而造成 RAM 中的参数混乱。

【实例 2 - 47】

(1) 故障现象　SINUMERIK 810M 系统 W160HDNC 2750 型数控镗铣床,通电后,机床不能启动。

(2) 故障原因分析　常见原因是电源和系统有故障。

(3) 故障诊断和排除

① 检查电源:依据电气原理图,检查 24V 直流电压,在正常状态。

② 启动连接:短接 NC - NO 触点,机床仍然无法正常启动。

③ 测量诊断:测量系统+5V 电源,发现在开机的短时间内有电压输出,但几秒钟后,+5V 电压就下降到 0V,表明+5V 电源过载或短路。

④ 隔离检查:为了确认故障部位,逐一取下系统各个组成模块,然后分别进行启动。

⑤ 原因诊断:当取下系统位置控制板后,CNC 能正常启动,由此确认故障是由于位置控制板 5V 电源存在过载。

⑥ 部位确认:为了进一步确认故障是在位置控制板本身,还是外部连接元器件,再逐一取下位置控制板上的各个插头进行试验。当拔下 X 轴编码器反馈插头时,故障立即排除;插上时,故障又重新出现。由此确认故障是由 X 轴位置反馈系统引起的。

⑦ 针对检查:检查 X 轴测量反馈电缆,发现因长期受潮,绝缘层已经腐烂了,造成芯线短路。

⑧ 故障处理:更换电缆后,系统可以正常启动。

(4) 维修经验归纳和积累　本例应用隔离法进行诊断检查,较快地诊断出故障的原因和部位,在采用隔离法时应注意避免产生维修操作失误造成新的故障。

【实例 2 - 48】

（1）故障现象　SINUMERIK 810M 系统 W160HDNC 2750 型数控落地镗铣床，机床在立柱行走时，X 轴不能运行，出现 1360 报警："X AXIS SYSTEM DIRTY"。

（2）故障原因分析　按报警说明提示，X 轴测量系统有故障。

（3）故障诊断和排除

① 配置检查：本例机床配用由海登汉因公司制造的 LB326 型反射式金属带光栅，对清洁度要求较高。

② 诊断检查：检查发现，光栅尺经过长时间使用后，脏物进入光栅尺内部，且划伤了光栅头表面。需要进行清洗和处理。

③ 故障处理：先将光栅尺端盖拆下，取出光栅头，将密封橡皮条抽出，然后用长纤维棉球蘸工业无水酒精，轻轻擦洗光栅尺，还要更换已经划伤了的光栅头。最后照原样安装好，开机后故障消除。

（4）维修经验归纳和积累　维修中如果更换光栅尺，要注意以下作业几点：

① 参考点标记可能挪动，不在原来的位置，要经过实测后重新调整。

② 读数头与光栅之间的间隙非常严格，要校正好轴向移动时的平行度。

③ 压缩空气插头对光栅尺有保护作用，不要忘记安装。

【实例 2 - 49】

（1）故障现象　西门子系统 BTM - 4000 数控仿形铣床，机床运行时 X 轴的运行不稳定，具体表现为指令 X 轴停在某一位置时，始终停不下来。

（2）故障原因分析　常见原因是位置检测装置有故障。

（3）故障诊断和排除方法

① 观察故障现象，机床在使用了一段时间后，X 轴的位置锁定发生了漂移，表现为 Z 轴停在某一位置时，运动不停止，出现大约 $\pm 0.000\ 7$mm 振幅偏差。而这种振动的频率又较低，直观地可以看到丝杠在来回旋动。

② 鉴于这种情况，初步断定这不是控制回路的自激振荡，有可能是定尺（磁尺）和动尺（读数头）之间有误差所致。查阅有关技术资料，磁尺位置检测装置是由磁性标尺、磁头和检测电路组成，其方框图如图 2 - 38 所示。磁尺的工作原理与普通磁带的录磁和拾磁的原理是相同的。将一定周期变化的方波、正弦波或脉冲信号，用录磁磁头录在磁性标尺的磁膜

上,作为测量的基准。检测时用拾磁磁头将磁性标尺上的磁信号转化成电信号,经过检测电路处理后,计量磁头相对磁尺之间的位移量。按其结构可分为直线磁尺和圆形磁尺,分别用于直线位移和角位移的测量。按磁尺基体形状分类的各种磁尺如图 2-39 所示。

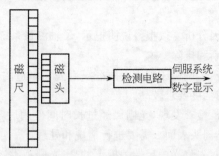

图 2-38　磁尺位置检测装置框图

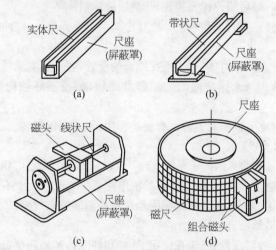

图 2-39　按磁尺基体形状分类的各种磁尺

(a) 实体型磁尺;(b) 带状磁尺;(c) 线型磁尺;(d) 回转型磁尺

③ 调整定尺和动尺的配合间隙,情况大有好转。

④ 配合调整机床的静态几何精度,此故障被排除。

【实例 2-50】

(1) 故障现象　西门子系统 742MCNC 数控镗铣床机床,发现正常加工中,在返回参考点(G74)指令结束后 X 轴超过基准点,快速负向运行直至负向极限开关压合，CRT 显示 B3 报警，机床停止。此时液压夹具未放松，门不解锁，操作人员也无法工作。

（2）故障原因分析 机床安装调试运转时，可能出现这种故障。但调试好光栅尺及各限位开关位置后，已经过较长时间正常使用，并且是自动按程序正常加工好几件工件，故判断故障不是来自程序和操作者。排除以上原因后，常见原因是检测装置有故障。

（3）故障诊断和排除方法

① 人工解锁：按故障排除键，B3 消失，开机床前右侧门；扳动 X 轴电动机轴，使 X 轴向正向运行，状态选择开关置手动移动位置，按 $X+$ 或 $X-$ 键，X 轴也能正常移动。状态选择开关置于基准点返回位置，按 $X-$ 键，X 轴向负向移动超过基准点不停止。X 轴超越报警 B3 又出现。图像上 IN AXIS；Z、X 向不出现 X。根据这一故障现象，极可能是数控柜内部的 CNC 系统接收不到 X 参考点 I_0 或 U_{a0} 参考脉冲。

② 检查相关的 X 轴向限位开关及信号，按 PC 及 O 键，PC 状态图像显示后分别输进 E56.4、E56.5，按压 X 向限位开关，"0" 和 "1" 信号转换正常，说明是光栅尺内参考标记信号、参考脉冲传送错误或没建立。用示波器检查接收光栅尺信号处理放大的插补和数字化电路 EXE 部件输出波形，移动 X 轴到参考点处无峰值变化，则证明信号传递、参考点脉冲未形成。基本可以断定光栅尺内是产生此故障根源。

③ 拆卸 X 轴光栅尺检查，发现密封唇老化破损后有少量断片在尺框内。

④ 查阅有关技术资料，本例机床的光栅尺是德国 HEIDENHAIN 生产的 LS 型，结构精致、紧凑。通常使用的光栅尺（增量式光电直线编码器）是一种结构简单、精度高的位置检测装置，图 2-40 是 HEIDENHAIN 增量式直线编码器的工作原理示意，与旧式光栅比较，这种光栅尺在以下方面有了很大改进：

　　a. 光栅和扫描头为圈密封结构，防护性好。

　　b. 结构简单，截面尺寸小，安装方便。

　　c. 反射性编码器具有补偿导轨误差的功能。

　　d. 相配的电子线路设计成标准系列器件便于选用。

⑤ 维修作业时，应细心将光栅头拆开，取出安装座与读数头，清理光栅框内部的密封唇断片及油污，用白绸、无水乙醇擦洗聚光镜、内框及光栅。重新装卡参考标记。细心组装读数头滑板、连接器、连接板、安装座、尺头。

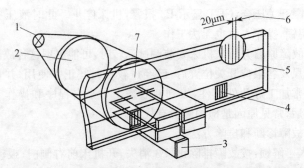

图 2 - 40　HEIDENHAIN 增量式直线编码器的工作原理

1—光源；2—聚光镜；3—硅光电池；4—基准标记；
5—标尺光栅；6—线纹节距；7—指示光栅

⑥ 为了避免加工中油污及切屑进入光栅尺框内再发生故障,可测绘、制作新密封唇进行保护密封。按规范装好光栅尺、插上电缆总线,机床故障被排除。

(4) 维修经验归纳和积累

① 光栅尺内参考标记重新装卡后或光栅尺拆下重新安装,不可能在原有位置,所以加工程序的零点偏移需实测后作相应改动,否则会出废品或损坏切削刀具。

② 因光栅尺内读数头与光栅间隙有较高要求,安装光栅尺时要找正尺身与轴向移动的平行度。

③ 压缩空气接头有保护作用,不能忘记安装。

④ 该故障若再次发生,应首先检查在 PC 状态镜像,轴向限位开关 E56.4、E56.5 的信号转换情况,如"1"不能转换成"0",或"0"不能转换成"1",则可能是限位开关损坏或是过渡保护触头卡死不复原所致。

项目五　辅助装置故障维修

数控铣床的主要机床辅助装置(附件)是数控分度头、回转台和万能铣削头等。

任务一　数控分度头故障维修

数控分度头是数控铣床常用辅助装置和工艺装备,数控分度头有多种类型,通常用第四轴驱动。数控分度头的常见故障维修可借鉴以下维修实例。

【实例 2 – 51】

(1) 故障现象　某 SIENEMS 系统数控铣床使用 FK14160B 型数控分度头,机床该机后出现第四轴报警。

(2) 故障原因分析　FK14160B 型数控分度头的结构可参见图 2 – 41,本例故障的常见原因如下:

① 电动机缺相。

② 反馈信号和驱动信号不匹配。

③ 机械负载过大。

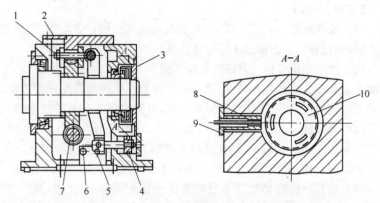

图 2 – 41　FK14160B 数控分度头结构简图

1—调整螺母;2—压板;3—法兰盘;4—活塞;5—锁紧信号传感器;6—松开信号传感器;7—双导程蜗杆;8—零位信号传感器;9—传感器支座;10—信号盘

(3) 故障诊断和排除

① 用万用表检查第四轴驱动单元控制板上的熔断器、断路器和电阻,检查结果处于正常状态。

② 本例机床 X、Y、Z 轴和第四轴的驱动控制单元属于同一规格型号的电路板,故采用替代法,将第四轴的驱动控制单元与其他任一轴的驱动控制单元对换连接,断开第四轴,测试与第四轴对换的那根轴运行情况,本例检测结果为运行正常,表明第四轴的驱动控制单元无故障。

③ 检查第四轴的驱动电动机是否缺相,本例检查结果,电动机电源输入正常。

④ 检查第四轴与驱动单元的连接电缆,发现电缆外表有裂痕。进一步检查检测,发现电缆内部有短路。

⑤ 检查诊断确认,由于连接电缆长期浸泡在油中产生老化,随着机床

往复运动,电缆反复弯折,出现内部绝缘层损坏,引起短路,导致机床开机后报警,显示第四轴过载。

⑥ 观察机床加工的位置和行程长度,使用适宜长度的电缆进行更换维修。同时采取适当的措施,避免电缆长期浸泡在油中,以延长电缆的使用寿命。

(4) 维修经验归纳和积累 在使用数控分度头时,第四轴的连接电缆处于比较特殊的工作环境,因此需要注意检查和维护电缆的完好,防止短路和断路等隐性故障。

【实例 2 - 52】

(1) 故障现象 某 SIENEMS 系统数控铣床使用 FKNQ160 型数控分度头,使用过程出现工件加工后不符合等分要求的故障。

(2) 故障原因分析 查阅有关技术资料,FKNQ 系列数控气动等分分度头是数控铣床和数控镗床、加工中心等数控机床的常用配套附件,以端齿盘作为分度元件,采用气动驱动分度,可完成以 5°为基数的整倍数的水平回转坐标的高精度等分分度工作。FKNQ160 型数控气动等分分度头的结构如图 2 - 42 所示,动作过程原理如下:分度指令至气动系统控制阀→控制阀动作→滑动齿盘 4 前腔通入压缩空气→滑动齿盘 4 沿轴向右移→齿盘松开→传感器发信至控制装置→分度活塞 17 开始运动→棘爪 15 带动棘轮 16 进行分度(每次分度角度 5°)→检测活塞 17 位置的传感器 14 检测发信→分度信号与控制装置预置信号重合→分度台锁紧→滑动齿盘后腔进入压缩空气→端齿盘啮合定位→分度过程结束。据理分析,本例常见的故障原因如下:

① 分度台锁紧动作机构有故障。

② 三齿盘齿面之间有污物。

③ 三齿盘齿有损坏损伤。

④ 传感器有故障。

⑤ 防止棘爪返回时主轴反转的机构有故障。

(3) 故障诊断和排除

① 据理分析,若分度头锁紧动作有故障,可能影响分度精度,由此检查分度头锁紧动作相关的机械部分,检查结果锁紧机械部分处于正常状态。

② 若分齿盘齿面之间有污物或齿面损坏损伤,可能造成分度定位误差,影响工件等分分度精度,由此检查分度头分度齿盘齿面,无污物和损伤现象。

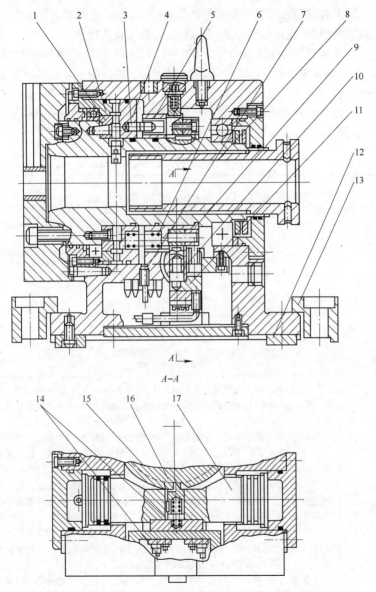

A—A

图 2 - 42 FKNQ160 型数控气动等分分度头结构简图

1—转动端齿盘；2—定位端齿盘；3—滑动销轴；4—滑动端齿盘；5—镶装套；6—弹簧；
7—无触点传感器；8—主轴；9—定位轮；10—驱动销；11—凸块；12—定位键；13—压
板；14—传感器；15—棘爪；16—棘轮；17—分度活塞

③ 若传感器的位置松动或传感器有故障,会影响锁紧动作指令的执行,检查传感器,发现传感器 14 有位移和性能不良的现象。

④ 本例等分分度头在分度活塞 17 上安装凸块 11,使驱动销 10 在返回过程中插入定位轮 9 的槽中,以防止转过位。检查防止棘爪返回时主轴反转的机构,处于正常状态。

⑤ 根据检查和诊断结果,确诊传感器性能不良是引起分度不稳定的主要原因。由此,拆下传感器进行检测检查,检查时可参见表 2-18。

表 2-18　接近开关的种类、特点和检测方法

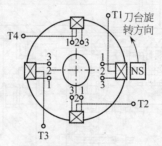

1,2,3—接线端;T1~T4—刀位

名　称	种　类　和　特　点
霍尔式 接近开关	1) 组成:霍尔式接近开关是将霍尔元件、稳压电路、放大器、施密特触发器和集电极开路 (OC) 门等电路做在同一个芯片上的集成电路,典型的霍尔集成电路有 UGN3020 等 2) 原理:霍尔集成电路受到磁场作用时,集电极开路门由高电阻态变为导通状态,输出低电平信号;当霍尔集成电路离开磁场作用时,集电极开路门重新变为高阻态,输出高电平信号 3) 应用:图所示为霍尔集成电路在 LD4 系列电动刀架中应用示意。LD4 系列刀架在经济型数控车床中得到广泛的应用,其动作过程为:数控装置发出换刀信号→刀架电动机正转使锁紧装置松开且刀架旋转→检测刀位信号→刀架电动机反转定位并夹紧→延时→换刀动作结束。动作过程中的刀位信号是由霍尔式接近开关检测的,如果某个刀位上的霍尔式接近开关损坏,数控装置检测不到刀位信号,会造成转台连续旋转不定位 4) 检测:在图中,霍尔集成元件共有三个接线端子,1、3 端之间是+24 V 直流电源电压;2 端是输出信号端。判断霍尔集成元件的好坏,可用万用表测量 2、3 端间的直流电压,人为将磁铁接近霍尔集成元件,若万用表测量数值没有变化,将磁铁极性调换后测试;若万用表测量数值还没有变化,说明霍尔集成元件已损坏

（续表）

名　称	种　类　和　特　点
电感式接近开关	1) 接近开关内部有一个高频振荡器和一个整形放大器,具有振荡和停振两种不同状态。由整形放大器转换成开关量信号,从而达到检测位置的目的 2) 在数控机床中电感式接近开关常用于刀库、机械手及工作台的位置检测 3) 判断电感式接近开关好坏最简单的方法是用金属片接近开关,如果无开关信号输出,可判定开关或外部电源有故障。在实际位置控制中,如果感应块和开关之间的间隙变大,会使接近开关的灵敏度下降,甚至无信号输出。因此在日常检查维护中要注意经常观察感应块和开关之间的间隙,随时调整
电容式接近开关	电容式接近开关的外形与电感式接近开关类似,除了可以对金属材料的无接触式检测外,还可以对非导电性材料进行无接触式检测。和电感式接近开关一样,在使用过程中要注意间隙调整
磁感应式接近开关	磁感应式接近开关又称磁敏开关,主要对气缸内活塞位置进行非接触式检测。固定在活塞上的永久磁铁使传感器内振荡线圈的电流发生变化,内部放大器将电流转换成开关信号输出。根据气缸形式的不同,磁感应式接近开关有绑带式安装和支架式安装等类型
光电式接近开关	光电式接近开关有遮断型和反射型两种。当被测物从发射器与接收器之间通过时,红外光束被遮断,接收器接收不到红外线,而产生一个电脉冲信号,由整形放大器转换成开关量信号。在数控机床中光电式接近开关常用于刀架的刀位检测和柔性制造系统中物料传送位置的检测等

任务二　数控回转台故障维修

数控回转工作台可做任意角度的回转和分度,表面 T 行槽呈放射状分布(径向)。数控转台能实现进给运动,在结构上和数控机床的进给驱动机构有许多共同之处,数控机床进给驱动机构实现的是直线进给运动,数控转台实现的是圆周进给运动。数控转台按控制方式分为开环和闭环两种;数控回转工作台按其直径分为 160、200、250、320、400、500、630、800等;按安装方式又可分为立式、卧式、万能倾斜式等多种型式。

数控回转工作台的常见故障和维修方法见表 2-19。

在实际维修中,可借鉴以下维修实例。

【实例 2-53】

(1) 故障现象　某 SIENEMS 系统数控铣床,在自动加工过程中,回转工作台不能旋转。

(2) 故障原因分析　常见原因是机械传动部分和气动系统故障。

(3) 故障诊断和排除

表 2 - 19 回转工作台(用端齿盘定位)的常见故障及排除方法

序号	故障现象	故 障 原 因	排 除 方 法
1	工作台没有抬起动作	控制系统没有抬起信号输入	检查控制系统是否有抬起信号输入
		抬起液压阀卡住没有动作	修理或清除污物,更换液压阀
		液压系统压力不够	检查油箱中的油是否充足,并重新调整压力
		与工作台相连接的机械部分研损	修复研损部位或更换零件
		抬起液压缸研损或密封损坏	修复研损部位或更换密封圈
2	工作台不转位	工作台抬起或松开完成信号没有发出	检查信号开关是否失效,更换失效开关
		控制系统没有转位信号输入	检查控制系统是否有转位信号输出
		与电动机或齿轮相连的胀套松动	检查胀套连接情况,拧紧胀套压紧螺钉
		液压转台的转位液压阀卡住没有动作	修理或清除污物,更换液压阀
		工作台支承面回转轴及轴承等机械部分研损	修复研损部位或更换新的轴承
3	工作台转位分度不到位,发生顶齿或错齿	控制系统输入的脉冲数不够	检查系统输入的脉冲数
		机械转动系统间隙太大	调整机械转动系统间隙,轴向移动蜗杆,或更换齿轮、锁紧胀紧套等
		液压转台的转位液压缸研损,未转到位	修复研损部位
		转位液压缸前端的缓冲装置失效,死挡铁松动	修复缓冲装置,拧紧死挡铁螺母
		闭环控制的圆光栅有污物或裂纹	修理或清除污物或更换圆光栅
4	工作台不夹紧,定位精度差	控制系统没有输入工作台夹紧信号	检查控制系统是否有夹紧信号输出
		夹紧液压阀卡住没有动作	修理或清除污物,更换液压阀
		液压系统压力不够	检查油箱内油是否充足,并重新调整压力
		与工作台相连接的机械部分研损	修复研损部位或更换零件
		上下齿盘受到冲击松动,两齿牙盘间有污物,影响定位精度	重新调整固定,修理或清除污物
		闭环控制的圆光栅有污物或裂纹,影响定位精度	修理或清除污物,或更换圆光栅

① 技术资料查阅。查阅有关技术资料,分析本例机床回转台的工作原理如下:

a. 工作台在旋转之前,要先将工作台气动浮起,工作台的浮起驱动气缸由气动电磁阀控制,电磁阀由 PLC 的输出点 Q1.2 控制。Q1.2 得电的条件是工位分度头 A 和 B 都必须在起始位置。

b. 工位分度头 A 的检测开关是 I9.7,工位分度头 B 的检测开关是 I10.6。

c. 气动电磁阀的控制梯形图如图 2-43 所示。

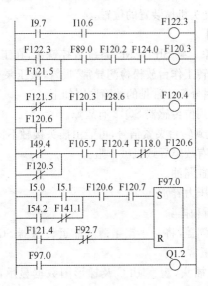

图 2-43　气动电磁阀的 PLC 控制梯形图

② 检查机械部分。本例根据回转工作台的机械结构进行手动检查,回转工作台能正常回转。初步判断故障在启动系统。

③ 诊断功能应用。利用 SIEMENS 数控系统中的诊断功能,跟踪 PLC 梯形图的运行,发现 I9.7 与 I10.6 的状态总是相反,导致两个工位分度头不同步,即不能同时处于起始位置,这使得 F122.3 总是为"0"。

④ 控制状态分析。从梯形图 2-43 可知,由于 F122.3 总是为"0",导致 F120.3、F120.4、F120.6、F97.0 都处于"0"的状态,Q1.2 无法得电,最后造成回转工作台不能旋转。

⑤ 故障部位检查。进一步检查发现,故障的根本原因是检测开关

I9.7和I10.6位置发生偏移,不能同时处于起始位置。

⑥ 维护维修方法。根据检查诊断结果,采用以下方法进行:

a. 检查测试检测开关的性能和完好情况,本例检查后检测开关无故障现象。

b. 调整两个检测开关的位置,使两个检测开关的动作一致。

c. 检查和调整两个工位分度头机械装置的位置,避免机械装置错位引起检测开关不同步的故障。

⑥ 在进行维修档案记录时,提示设备检修时注意检查检测开关的位置和两个工位分度头机械装置的位置。

【实例 2 – 54】

(1) 故障现象 某 SIENEMS 系统数控铣床,在工作过程中,采用转台分度时出现"旋转工作台放松检测异常"报警,液压泵有噪声。

(2) 故障原因分析 常见的故障原因如下:

① 转台放松到位传感器 SQ13 有故障。

② CNC 未收到转台夹紧信号,可能由插头接触不良引起。

③ 机械机构有故障导致机械卡阻。

④ 上升液压缸漏油。

⑤ 液压系统压力异常。

(3) 故障诊断和排除

① 打开转台侧盖,将一小锯条薄片靠近传感器 SQ13 端部:SQ13 灯点亮,确认 SQ13 正常。

② 检查连接插头,观察 PLC 及梯形图数据显示,确认系统能收到信号。

③ 检查转台各机械传动部位,确认无机械卡阻现象。

④ 检查转台上升液压缸,确认液压缸无漏油现象。

⑤ 检查液压系统泄漏,启动机床,运行半小时后,该机床又报警,当即检查油位,油位下降很快,说明液压系统漏油。

⑥ 检查系统压力,机床停止运动时压力正常为 5.5MPa,而当转台或机械手动作时,发现系统压力表指针明显抖动,液压泵有明显噪声,推断液压泵可能吸入空气。

⑦ 检查油箱油位,发现油箱缺油,油量不足。

⑧ 检查液压系统管路,查得转台上升油管破裂、系统漏油。由此故障原因诊断为:该液压系统采用变量泵供油,在液压无动作时,系统保压,液

压泵吸油少,油箱油位基本满足;动作时,液压泵要供油,因油箱油量不够用而吸空,引起系统压力不够,导致转台上升不到位。

⑨ 根据检查和诊断结果,采用以下维修维护方法:

a. 检查、测试液压泵。

b. 更换油管,排除管路泄漏。

c. 油箱加油,调整系统压力。

d. 试车、检测系统压力波动。

e. 使用转台,观察测试,故障被排除。

【实例 2－55】

(1) 故障现象　某 SIENEMS 系统数控铣床,使用端齿盘定位数控回转工作台,出现加工零件分度位置不准确、不稳定故障。

(2) 故障原因分析　根据表 2－19 所示的常见故障及其诊断,本例机床的故障属于工作台转位不到位、工作台不夹紧或定位精度差的故障现象。因此其可能的常见原因如下:

① 伺服控制系统故障,导致输入脉冲、工作台夹紧信号等有问题。

② 液压系统故障,包括液压缸研损或缓冲装置失效、液压阀卡阻、系统压力不够等。

③ 机械部分故障,包括与工作台相连接的机械部分研损、机械转动部分间隙过大等。

④ 定位盘故障,包括定位齿盘松动、两齿盘间有污物等。

⑤ 闭环控制检测装置故障,包括圆光栅有污物或裂纹等。

(3) 故障诊断和排除

① 检查控制系统的输入脉冲数,正常;检查控制系统的夹紧信号输出,输出信号正常。

② 检查液压系统,转位液压缸无研损现象;缓冲装置及死挡铁螺母无失效和松动现象;检查液压系统的压力,处于正常状态。

③ 检查机械部分,与工作台连接部分无研损现象;传动系统间隙正常;齿轮和锁紧胀紧套等处于正常状态。

④ 检查上下齿盘,发现有松动现象,两齿牙盘之间有污物。

⑤ 检查圆光栅,发现有污物。

⑥ 根据检查,故障原因诊断为定位装置有污物,光栅有污物,导致定位不稳定。

⑦ 按维修基本方法,对齿盘进行修理、清洗和调整固定;对圆光栅进

行清洗,安装调整。维修过程中可参见图 2-44。

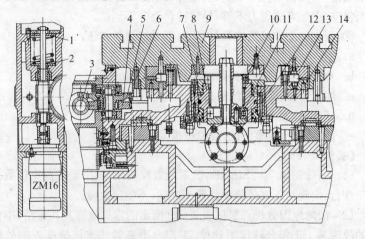

图 2-44   THK6370 端齿盘定位分度工作台结构

1—弹簧;2,10,11—轴承;3—蜗杆;4—蜗轮;5,6—齿轮;7—管道;
8—活塞;9—工作台; 12—液压缸;13,14—端齿盘

模块三　加工中心(复合中心)装调维修

内 容 导 读

　　加工中心的种类比较多,如图 3-1 所示,为典型的加工中心。加工中心的装调维修难度比较高,除了与数控车床和铣(镗)床类似的知识和技能外,还需要重点掌握回转工作台、刀具交换装置和刀库等的维护维修方法,对于 SIEMENS 数控系统的维修,除了系统常见的故障维修外,还需要重点掌握系统和 PMC 参数设置和调整的方法。

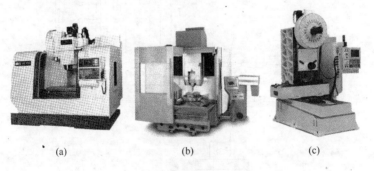

图 3-1　典型数控加工中心
(a) 立式加工中心; (b) 主轴摆动和回转工作台加工中心;
(c) 移动立柱卧式加工中心

项目一　机械部分故障维修

加工中心的机械部分维修应掌握所维修机床的布局和结构特点。

(1) 加工中心的布局形式与结构特点(表 3-1)

(2) 卧式加工中心布局示例　具有交换工作台的 TH65100 型卧式加工中心的布局示例如图 3-2 所示。立式加工中心的组成如图 3-3 所示。

表 3-1   加工中心的类型及适用范围

类型	布局型式	特点
立式加工中心	固定立柱型 移动立柱型	主轴支承跨度较小,占地面积较小,刚性低于卧式加工中心,刀库容量多为 16~40
卧式工中心	固定立柱型 移动立柱型	主轴及整机刚性强,镗铣加工能力较强,加工精度较高,刀库容量多为 40~80
五面加工中心	交换主轴头 回转主轴头 转换圆工作台	主轴或工作台可立、卧兼容,可多方向加工而无需多次装夹工件,但编程较复杂,主轴或工作台的刚性受到一定影响
龙门加工中心	工作台移动型 龙门架移动型	由数控龙门铣镗床配备自动换刀装置、附件头库等组成。立柱、横梁构成龙门结构,纵向行程大。多数具有五面加工性能,成为五面式龙门加工中心

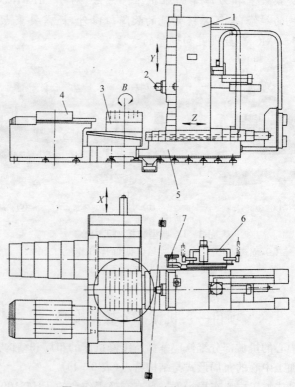

图 3-2   TH65100 型卧式加工中心

1—立柱;2—主轴;3—工作台;4—交换工作台;5—床身;6—刀库;7—机械手

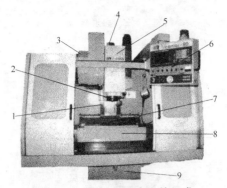

图 3-3　立式加工中心的组成

1—立柱；2—主轴；3—刀库；4—主轴电动机；5—主轴箱；
6—操作面板；7—工作台；8—滑座；9—底座

（3）车削加工中心的布局与结构组成特点　车削中心与数控卧式车床的结构布局大致相同，主要区别：车削中心的转塔刀架上带有能使刀具旋转的动力刀座，主轴具有按轮廓成形要求连续回转(不等速回转)运动和进行连续精确分度的 C 轴功能，并能与 X 轴或 Z 轴联动。车削加工中心分为多主轴(主要主轴和辅助主轴)、双主轴多种类型，双主轴车削中心的典型布局和特点见表 3-2。

任务一　加工中心导轨部件故障维修

滚动导轨的维修方法参见模块一、模块二的有关内容，常用滚动导轨的特点见表 1-3。加工中心的导轨部件维修中需要了解塑料导轨和静压导轨的结构特点和装调维修方法。

1. 塑料导轨的结构特点

在数控机床加工零件时经常受到变化的切削力作用，或当传动装置存在间隙或刚性不足时，过小的摩擦力容易产生振动，此时，通常采用滑动导轨，以改善系统的阻尼特性。为减少导轨的磨损，提高运动性能，一些加工中心采用贴塑导轨、注塑塑料滑动导轨，这两种导轨的结构特点如下。

（1）贴塑导轨　贴塑导轨是在与床身导轨相配的滑座导轨上粘接上静动摩擦因数基本相同，耐磨、吸振的塑料软带。塑料软带材料是以聚四氟乙烯为基体，加入青铜粉、二硫化钼和石墨等填充剂混合烧结而成的，国内已有牌号 TSF 导轨软带生产，以及配套使用的 DJ 胶粘剂。导轨软带使用工艺简单，只要将导轨粘贴面进行半精加工至表面粗糙度 $Ra3.2\sim$
$Ra1.6\mu m$，清洗粘贴面后，用胶粘剂粘合，加压固化，再经精加工即可。

表 3-2 双主轴车削中心的典型布局和特点

类型	布局型式	示图	特点	适用范围
对置同轴线双主轴型	主轴移动式	1—左主轴；2—左转塔刀架；3—右转塔刀架；4—右主轴	两个主轴均有 C 轴控制，在两个主轴上，分别加工一种工件的正反两面，完成全部工序；或两主轴分别加工两个工件，一个床身有两个主轴箱，第 2 主轴的还能伸缩	适用于加工两端形状的复杂程度接近，并均需用动力刀具进行横向钻孔或铣削的工件
	主轴固定式			

（续表）

类型	布局型式	示 图	特 点	适 用 范 围
并列双主轴型		 1,2—主要主轴；3,6—转塔刀架；4,5—辅助主轴	由一个控制系统运行同一个程序在一次循环中加工出两个同样的工件，也可以加工一种工件的正反两面。相当于两台车削中心合并在一起，每一个车削中心和辅助主轴上的工件由一个转塔刀架端面与圆周各可装12把刀具，其中有4把可以是动力刀具	带辅助主轴的车削中心适用于加工一端形状比较简单的工件

（2）注塑导轨　注塑导轨又称涂塑导轨，是在定、动导轨之间采用注塑的方式制成塑料导轨。注塑材料是以环氧树脂和二硫化钼为基体，加入增塑剂，混合成膏状为一组分和固化剂为另一组分的双组分塑料，典型的导轨塑料涂层有 SKC3 和用于轻载荷的国内牌号 HNT。导轨注塑工艺简单，在调整好固定导轨和运动导轨间的相对位置后，注入双组份塑料，固化后将定、动导轨分离便形成注塑导轨。注塑导轨适用于大型和重型机床。注塑导轨的表面结构如图 3-4 所示。

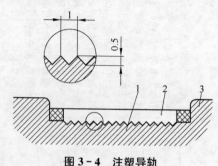

图 3-4　注塑导轨

1—滑座；2—注塑层；3—胶条

2. 静压导轨及其调整方法

1）静压导轨的种类与结构特点

数控机床常用的静压导轨分为液体静压导轨和气体静压导轨，其结构特点如下。

（1）液体静压导轨　液体静压导轨是在导轨工作面间通入具有一定压强的润滑油，形成压力薄膜，使导轨工作面处于纯液体摩擦状态，摩擦因数极小，约为 $\mu=0.0005$。因此，驱动功率大大降低，低速运动时无爬行现象，导轨面不易磨损，精度保持性好，由于油膜有吸振作用，因而抗振性好，运动平稳。这种导轨的结构复杂，需要一套过滤效果良好的供油系统，制造和调整都比较困难，成本也比较高，因而主要用于大型、重型数控机床。

（2）气体静压导轨　气体静压导轨是利用恒定压力的空气膜，使运动部件之间形成均匀分离，以得到高精度的运动，摩擦因数小，不易引起发热变形。但是，气体静压导轨的空气膜会随空气压力波动而变化，且承载能力较小，故常用于负荷不大的数控机床，如数控坐标磨床和三坐标测量机等。

（3）液体静压导轨的形式、工作原理 液体静压导轨分为开式静压导轨和闭式静压导轨,其工作原理如图3-5、图3-6所示。

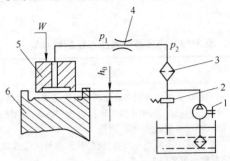

图3-5 开式静压导轨工作原理

1—液压泵；2—溢流阀；3—过滤器；4—节流器；

5—运动导轨；6—床身导轨

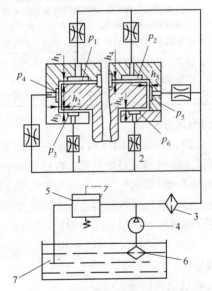

图3-6 闭式静压导轨的工作原理

1,2—节流器；3,6—过滤器；4—液压泵；

5—溢流阀；7—油箱

2）静压导轨液压系统的技术要求

静压导轨在工作时各油腔必须连续不断地供给压力油,油液又不断地从各油腔向外溢出,再流入油箱进行循环。因此,对液压系统除与一般液压系统的要求相同外,静压导轨的液压系统还应具备的特殊要求见表 3 - 3。

表 3 - 3　静压导轨液压系统的特殊要求

特殊要求	说　　　明
油液和系统清洁度	1) 静压系统用的压力油在进入节流器前,一般都要经过二次过滤 2) 过滤精度为:中小型机床约为 $3\sim10\mu m$,重型机床为 $10\sim20\mu m$ 3) 滤油器要定期检查,清洗 4) 油液中不能夹有污物、灰尘及其他屑末等微粒,否则对静压导轨的调整会带来很大困难 5) 油液不清洁,会使静压导轨工作时产生油膜自行减薄,导轨时浮时落的波动现象,影响导轨工作精度 6) 油管、阀等液压系统的元件、辅件要进行特别严格的清洗
节流器的结构和安装使用	1) 节流器的结构和安装应考虑调整和检修方便 2) 系统应有排气结构,使用时注意排出液压系统中的空气 3) 从节流器引出的油管要避免长度过长和弯曲过多
系统防护与检查	1) 经常注意检查回油是否畅通 2) 注意检查防尘防护是否可靠 3) 注意机床液压系统中的互锁装置是否正常等

3) 静压导轨的调试方法

液体静压导轨是由许多油腔组成的,属于超静定系统,因此,静压导轨要经过认真的调试才能得到良好的效果。静压导轨的调试方法如下。

(1) 浮起量(油膜厚度)调试

① 导轨浮起的条件:静压导轨的调整首先要建立纯液体摩擦,使导轨能够浮起来。从机床的液压系统引入压力油后,当满足以下条件:

$$\sum P_\mathrm{I}\times A\times C_\mathrm{p}=W$$

式中　W ——负载(N);

　　　P_I ——受负载后油腔的压力(Pa);

　　　A ——单个油腔的面积(m^2);

　　　C_p ——承载面积系数。

工作台的台面开始上浮。此时可在工作台的四个角安装百分表,调整节流阀,并利用百分表检测、控制导轨各角端的浮起量相等。

② 开式静压导轨调试:调试开式静压导轨浮起量时,如果压力升到一

定值后工作台仍不浮起,应检查节流器是否堵塞,以及由节流器到各油腔的管道是否有死弯及堵塞现象,或各油腔是否有大量漏油现象。

③ 闭式静压导轨调试:调试闭式静压导轨浮起量时,应注意到由于主、副导轨各油腔差别很大,有的要上抬,有的要下拉而使工作台产生受力不均匀的现象,这种现象随着压力升高会变得越发严重。在初步调试时要观察各个油腔的回油情况,寻找出工作不正常的地方。

(2) 油膜刚度调试　静压导轨调整油膜刚度是调试的关键阶段,调试结果决定静压导轨工作性能的好坏。导轨一般都较长,在全长范围内各段加工精度总有差异,而静压导轨又是多支点的超静定系统。因此对于每一个油腔都要仔细认真地进行调整。调整时应注意以下几点:

① 工作台各点的浮起量应相等,并控制好最佳原始浮起量 A(油膜厚度);

② 各油腔均需建立起压力,并应使各油腔中的压力 P_l 与进油压力 P_s 之比接近于最佳值;

③ 在工作台全部行程范围内,不得使有的油腔中的压力为零或等于进油压力 P_s。

3. 加工中心导轨部件的故障维修实例

【实例 3 - 1】

(1) 故障现象　某西门子数控系统立式加工中心采用直线滚动导轨,安装后用扳手转动滚珠丝杠进行手感检查,发现工作台 X 轴方向移动过程中产生明显的机械干涉故障,运动阻力很大。

(2) 故障原因分析　现象提示故障部位在机械结构部分。

(3) 故障诊断与排除

① 丝杠检查:拆下工作台,检查滚珠丝杠与导轨的平行度,检查合格。

② 导轨检查:检查两条直线导轨的平行度,发现导轨平行度严重超差。

③ 拆卸检查:拆下两条直线导轨,检查中滑板上直线导轨的安装基面的平行度,检查合格。

④ 原因确认:检查直线导轨,发现一条直线导轨的安装基面与其滚道的平行度严重超差(0.5mm)。

⑤ 故障处理:更换合格的直线导轨副,重新装好后,故障排除。

(4) 维修经验归纳和积累　在更换、安装直线滚动导轨副作业时须注意:

① 严格按照安装步骤(参见表 2-4)。

② 正确区分基准导轨副和非基准导轨副,一般基准导轨上有 J 的标记,滑块上有磨光的基准侧面,如标记 GGBXXJ 的导轨副为基准导轨副,标记 GGBXX 为非基准导轨副。

③ 认清导轨副安装时的基准侧面(图 3-7)。

④ 按合理的顺序拧紧滑块的紧固螺钉。

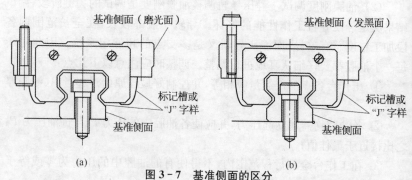

图 3-7 基准侧面的区分

(a) 基准导轨副;(b) 非基准导轨副

【实例 3-2】

(1) 故障现象 某加工中心采用西门子 840D 系统,机床在工作过程中,当 X 轴以 G00 的速度运动时,机床抖动得厉害,而且加工过程中,随着进给倍率增加,机床也有抖动感,但 CRT 没有任何报警信息。

(2) 故障原因分析 常见故障原因为伺服驱动单元和相关机械部分有故障。

(3) 故障诊断和排除

① 据实推断:因伺服驱动单元并没有任何报警,初步怀疑反馈环节有问题,造成系统超调、振荡。

② 状态检查:在 MDI 状态下,输入指令 G01 X100 F200,观察 X 轴移动时动态跟随误差 $S \approx 115\text{mm}$,增益约为 1.7,原设定值 1.5,偏高 14%,有轻微抖动。

③ 增益调整:连续按下屏幕上的(增益),使动态增益降至 1.5,此时显示动态跟随误差为 133mm 左右,抖动消失,观察 X 轴静止状态时,静态跟随误差 $(0 \pm 1)\text{mm}$,属正常范围。

④ 指令检查:以 G00 速度移动 X 轴,抖动已无明显感觉。

⑤ 运行观察:经过几天运转观察发现,虽然抖动现象消失,但 X 轴响应速度明显减慢。

⑥ 机械检查:拆下 X 轴护罩,检查电动机传动部分,发现 X 轴导轨侧面有一辊式滚动块损坏。

⑦ 原因确认:因滚动块损坏,造成 X 轴运动阻力增大,电动机转速降低,位置反馈跟踪变慢,造成数字调节器净输入信号过大引起系统振荡,产生故障。

⑧ 故障处理:

a. 拆卸滚动块,检测滚动块损坏程度,确定采用更换方法。

b. 选择同一型号滚动块,检测精度。

c. 装配、调整滚动块,检查导轨移动精度。

试车运行,X 轴运动平稳,故障排除。

(4) 维修经验归纳和积累

① 数控加工中心的工作台运动精度和响应速度与滚动导轨精度密切相关,因此在维修中应注意滚动导轨完好程度。

② 滚动导轨块在安装后,应注意预紧调整,防止刚性不足或牵引力过大。

【实例 3 - 3】

(1) 故障现象 某 SINUMERIK 840D 系统数控加工中心导轨面研损,导轨面缺乏润滑。

(2) 故障原因分析 通常为润滑系统故障如下:

① 润滑管路堵塞。

② 油分配器损坏。

③ 润滑油不足。

④ 滑泵故障。

(3) 故障诊断和排除

① 检查动力部分:润滑泵运转正常,无故障现象。

② 检查润滑油:油箱润滑油量和品质符合规定要求。

③ 检查分油器:各管路通畅正常,无堵塞现象。

④ 检查润滑管路:发现多个接头部位有损坏、松动和泄漏现象。

⑤ 故障处理:

a. 更换油管和接头,重新进行管路装配,修复损坏和泄漏部位,导轨润滑系统恢复正常。

b. 按导轨技术要求修复导轨研损部位。

（4）维修经验归纳和积累　导轨的润滑是正常运行的基本条件,在数控机床的维护中,发现导轨面缺乏润滑应停止运行,及时进行检查维修,避免导轨面的研损。

【实例 3 - 4】

（1）故障现象　某西门子数控系统立式加工中心,机床运行时,工作台 Y 轴方向位移接近行程终端过程中丝杠反向间隙明显增大,机床定位精度不合格。

（2）故障原因分析　故障现象提示故障部位明显在 Y 轴伺服电动机与丝杠传动链一侧。

（3）故障诊断与排除

① 隔离检查:拆卸电动机与滚珠丝杠之间的弹性联轴器,用扳手转动滚珠丝杠进行手感检查。通过手感检查,发现工作台 Y 轴方向位移接近行程终端时,感觉到阻力明显增加。

② 导轨检查:拆下工作台检查,发现 Y 轴导轨平行度严重超差。

③ 诊断确认:由于导轨平行度严重超差,引起机械传动过程中阻力明显增加,滚珠丝杠弹性变形,反向间隙增大,导致机床定位精度不合格。

④ 故障处理:维修过程中注意以下几点。

a. 检查和调整机床安装的水平度,避免导轨的平行度、垂直度受到影响。

b. 调整导轨间隙时注意检查镶条的平直度,在自然状态下平直度应控制在 0.05mm/全长范围内。

c. 调整和修研导轨,允许偏差在 0.015/500mm 范围内。

经过以上认真修理、调整后,重新装好,故障排除。

（4）维修经验归纳和积累　机床失准是导轨平行度超差的重要原因,在维修此类故障时应首先检测机床的安装精度。调整导轨间隙应注意检测镶条或平压板的平直度。

【实例 3 - 5】

（1）故障现象　某西门子系统卧式加工中心,机床运行时,发现 X 向进给有抖动现象。

（2）故障原因分析　常见的原因是传动和导轨部分有机械故障。

（3）故障诊断和排除　本例机床采用开式静压导轨,按开式静压导轨的精度要求及其调整特点进行故障诊断和排除维修。

① 传动检查:检查传动部分处于正常状态。

② 导轨检查:重点检查静压导轨的各个部分。

a. 检查滤油器的过滤精度,处于正常状态。

b. 检查液压系统的排气装置,处于正常状态。

c. 检查节流器的引出油管,长度和密封性能均处于正常状态。

d. 检查节流器,发现节流器有部分堵塞现象。

e. 检查静压导轨的油膜刚度,发现工作台各个角的浮起量有一定的偏差。

③ 原因确认:根据检查结果,诊断原因是节流器有部分堵塞现象导致油液输送不畅,工作台的各角浮起量不均匀,油膜的刚度较差,导致静压导轨运行时有时受阻,产生抖动现象。

④ 故障处理:

a. 清洗或更换节流器。

b. 按开式静压导轨的调整方法进行浮起量调整和油膜刚度调整。

c. 在试车中,复查在负载状态下的浮起量和油膜刚度。

经过仔细的调整和检测,机床工作台运动时抖动的故障被排除。

(4) 维修经验归纳和积累　在维修静压导轨过程中,应注意复查在负载状态下的浮起量和油膜刚度。

【实例 3-6】

(1) 故障现象　某西门子系统加工中心,在加工中零件的形状精度不能保证。

(2) 故障原因分析　本例机床采用贴塑导轨,常见原因是传动机构或导轨精度下降。

(3) 故障诊断和排除　检查机床传动机构各个部分,处于正常状态,可排除传动机构故障原因。重点检查贴塑导轨部位的精度。

① 观察外表:滑动部分和贴塑部分导轨没有明显的损坏迹象。

② 检测精度:滑动部分的铸铁导轨部分精度保持正常,贴塑导轨部分的精度有下降的现象。

③ 据理推断:根据检查结果和推断,由于贴塑部分的导轨精度下降,导致工作台运动精度下降,引起加工零件的形状精度下降。

④ 维护维修:根据有关技术资料,精密机床贴塑导轨的维修粘接应掌握其特点。这是一种金属与塑料摩擦的形式,属滑动摩擦导轨。导轨一滑动面上贴有一层抗磨软带,导轨的另一滑动面为淬火磨削面。软带是以

聚四氟乙烯为基材,添加合金粉和氧化物的高分子复合材料。塑料导轨刚性好,动、静摩擦系数差值小,耐磨性好,无爬行,减振性能好。粘接维修中应掌握以下要点。

a. 软带应粘贴在机床导轨副的短导轨面上,如图3-8所示;圆形导轨应粘贴在下导轨面上。

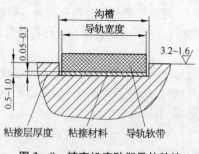

图3-8　精密机床贴塑导轨粘接

b. 粘贴时,先用清洗剂(如丙酮、三氯乙烯和全氯乙烯)彻底清洗被粘贴导轨面,切不可用酒精或汽油,因为它们会在被清洗表面留下一层薄膜,不利于粘贴。

c. 清洗后用干净的白色擦布反复擦拭,直到擦不出污迹为止。

d. 塑料软带的粘贴面(黑褐色表面)也应用清洗剂擦拭干净。

e. 将配套的胶粘剂(如101、212、502等)用油灰刀分别涂在软带和导轨粘贴面上,为了保证粘贴可靠,被贴导轨面应沿纵向涂抹,而塑料软带的粘贴面沿横向涂抹。

f. 粘贴时,从一端向另一端缓慢挤压,以利赶跑气泡,粘贴后在导轨面上施加一定压力加以固化。

g. 为保证胶粘剂充分扩散和硬化,室温下,加压固化时间应为24h以上。

(4)维修经验归纳和积累　注意粘接维修中各个作业步骤的要点,如步骤a应掌握软带黏贴的部位;步骤b应注意清洗剂的选用;步骤e应注意胶黏剂的涂抹方向等。严格操作的规范,才能保证粘接维修的质量。

任务二　加工中心进给部件故障维修

1. 滚珠丝杠的装配

(1)滚珠丝杠的装配方法　滚珠丝杠的装配是数控机床维修常见的操作项目,滚珠丝杠的装配作业方法见表3-4。

表 3 - 4 滚珠丝杠的装配作业方法

序号	示　图	说　　明
1	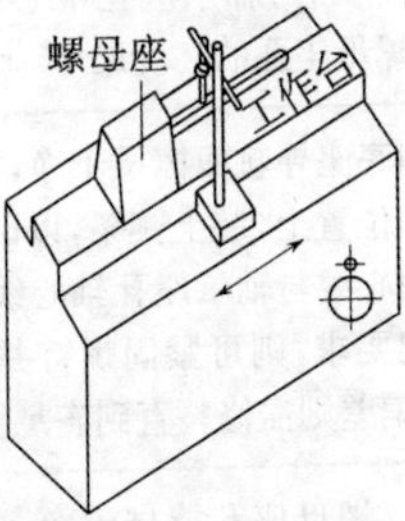 螺母座　工作台	如图所示,将工作台倒转放置,丝杠安装螺母孔中套入长 400mm 的精密试棒,测量其轴心线对工作台滑动导轨面在垂直方向的平行度误差,公差为 0.005mm/1 000mm
2	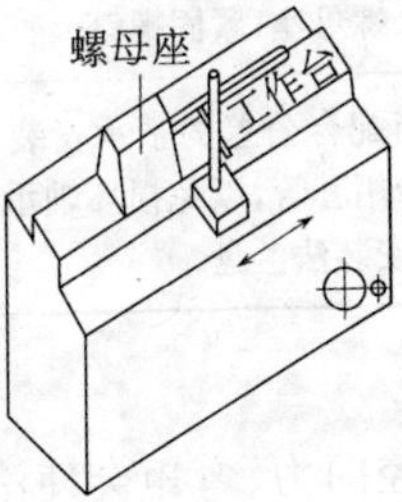 螺母座　工作台	如图所示以同样的方法测量丝杠轴心线对工作台滑动导轨面在水平方向的平行度误差,公差为 0.005mm/1 000mm
3	—	测量工作台滑动面与螺母座孔中心的高度尺寸,并记录
4	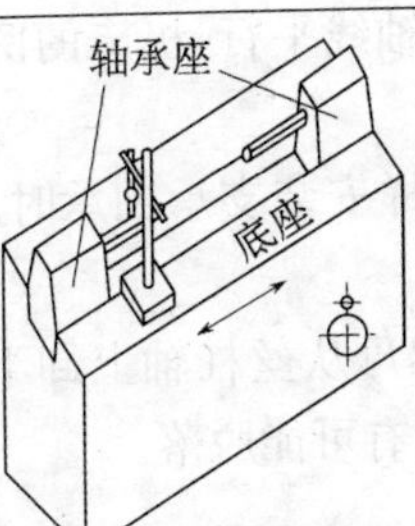 轴承座　底座	如图所示,将轴承座装于底座的两端,并各自套入精密试棒,测量其轴心线对底座导轨面在垂直方向的平行度误差,公差为 0.005 mm/1 000mm
5	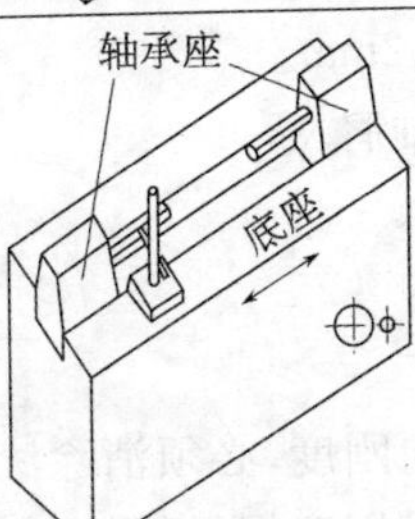 轴承座　底座	如图所示,用同样方法测量轴承座孔轴心线对底座导轨面在水平方向的平行度误差,公差为 0.005mm/1 000mm

（续表）

序号	示　图	说　　明
6	—	测量底座导轨面与轴承座孔中心线的高度尺寸,修整配合螺母座孔的高度尺寸
7	—	将工作台和底座导轨面擦拭干净,将工作台安放在底座正确位置上,装上镶条,以试棒为基准,测量螺母座轴心线与轴承座孔轴心线的同轴度。如果达到装配要求,则可紧固螺钉并配钻、铰定位销孔,如有偏差则需修整直到满足要求为止
8	—	将轴承座孔、螺母座孔擦拭干净,再将滚珠丝杠副仔细装入螺母座,紧固螺钉
9	—	将选定适当配合公差的轴承安装上。轴承安装应该采用专用套管,以免损坏轴承。然后再上紧锁紧螺母,安装法兰盘

（2）滚珠丝杠副安装注意事项

① 滚珠丝杠副仅用于承受轴向负荷。径向力、弯矩会使滚珠丝杠副产生附加表面接触应力等不良负荷,从而可能造成丝杠的永久性损坏。因此,滚珠丝杠副安装到机床时应注意:

a. 丝杠的轴线必须和与之配套导轨的轴线平行,机床的两端轴承座轴线与螺母座轴线必须三点成一线。

b. 安装螺母时,尽量靠近支承轴承;同样安装支承轴承时,尽量靠近螺母安装部位。

c. 滚珠丝杠副安装到机床时,不要把螺母从丝杠轴上卸下来。如必须卸下来时,要使用辅助套,否则装卸时滚珠有可能脱落。

② 螺母装卸时应注意下列几点:

a. 辅助套外径应小于丝杠底径 0.1～0.2mm。

b. 辅助套在使用中必须靠紧丝杠螺纹轴肩。

c. 装卸时,不可使力过大以免螺母损坏。

d. 装入安装孔时要避免撞击和偏心。

2. 滚珠丝杠传动副的间隙调整方法

为了保证滚珠丝杠反向传动精度和轴向刚度,必须消除滚珠丝杠螺母副的轴向间隙。消除间隙的基本方法是采用双螺母结构,即利用两个螺母的轴向相对位移，使两个滚珠螺母中的滚珠分别紧贴在螺旋滚道的两个相反的侧面上。用这种方法预紧消除轴向间隙时，应注意预紧力不宜过大，预紧力过大会使空载力矩增大，从而降低传动效率，缩短使用寿命。滚珠丝杠副的行程偏差和变动量参考值见表 3-5。

表 3-5　滚珠丝杠副的行程偏差和变动量　　　（μm）

项目号	检验内容	符号	有效行程 (mm)	精度等级						
				1	2	3	4	5	7	10
1	任意 300mm 行程内行程变动量	V_{300p}	—	6	8	12	16	23	52	210
2	2π 弧度内行程变动量	$V_{2\pi p}$	—	4	5	6	7	8	—	—
3	有效行程 L_u 内的平均行程偏差（本项目仅适用于 P 类滚珠丝杠）	e_p	≤315	6	8	12	16	23		
			>315～400	7	9	13	18	25		
			>400～500	8	10	15	20	27		
			>500～630	9	11	16	22	32		
			>630～800	10	13	18	25	36		
			>800～1 000	11	15	21	29	40		
			>1 000～1 250	13	18	24	34	47		
			>1 250～1 600	15	21	29	40	55		
			>1 600～2 000	18	25	35	48	65		
			>2 000～2 500	22	30	41	57	78		
			>2 300～3 150	26	30	41	57	78		
			>3 150～4 000	32	45	62	86	115		
			>4 000～5 000			76	110	140		
			>5 000～6 300					170		
	有效行程 L_u 内的平均行程偏差（本项仅适用于 T 类滚珠丝杠）	$E_p = \dfrac{2L_u}{300}V_{300p}$	注： 1. 行程补偿值 C=0 2. V_{300p} 见本表项目号 1							

（续表）

项目号	检验内容	符号	有效行程（mm）	精度等级						
				1	2	3	4	5	7	10
4	有效行程 L_u 内的行程变动量(本项仅适用于 P 类滚珠轴承)	V_{up}	≤315	6	8	12	16	23	—	—
			>315~400	6	9	12	18	25	—	—
			>400~500	7	9	13	19	26	—	—
			>500~630	7	10	14	20	29	—	—
			>630~800	8	11	16	22	31	—	—
			>800~1 000	9	12	17	24	34	—	—
			>1 000~1 250	10	14	19	27	39	—	—
			>1 250~1 600	11	16	22	31	44	—	—
			>1 600~2 000	13	18	25	36	51	—	—
			>2 000~2 500	15	21	29	41	59	—	—
			>2 300~3 150	17	24	34	49	69	—	—
			>3 150~4 000	21	29	41	58	82	—	—
			>4 000~5 000	—	—	49	70	99	—	—
			>5 000~6 300	—	—	—	119			
	注：T 类滚珠丝杠副的有效行程 L_u 内行程变动量一般不检查									

3. 加工中心传动部件故障维修实例

【实例 3－7】

（1）故障现象　某西门子系统立式加工中心运行时，工作台 Y 轴方向位移过程中产生明显的机械抖动故障，故障发生时系统不报警。

(2) 故障原因分析　常见原因是伺服系统参数、控制电路和机械部分故障。

(3) 故障诊断与排除

① 观察推断:因故障发生时系统不报警,同时观察 CRT 显示出来的 Y 轴位移脉冲数字量的速率均匀(通过观察 X 轴与 Z 轴位移脉冲数字量的变化速率比较后得出),故可排除系统软件参数与硬件控制电路的故障影响。

② 交换检查:由于故障发生在 Y 轴方向,故可以采用交换法判断故障部位。通过交换伺服控制单元,故障没有转移,判断故障部位应在 Y 轴伺服电动机与丝杠传动链一侧。

③ 动力检查:为区别电动机故障,可拆卸电动机与滚珠丝杠之间的弹性联轴器,单独通电检查电动机。结果表明,电动机运转时无振动现象,推断故障部位在机械传动部分。

④ 传动检查:脱开弹性联轴器,用扳手转动滚珠丝杠进行手感检查。通过手感检查,感觉到这种抖动故障的存在,且丝杠的全行程范围均有这种异常现象。

⑤ 确诊检查:拆下滚珠丝杠检查,发现滚珠丝杠轴承损坏。确认支承轴承损坏是引发故障的部位和直接原因。

⑥ 故障处理:换上新的同型号规格的轴承,按技术要求进行预紧调整,故障被排除。

(4) 维修经验归纳和积累　本例应用观察 Y 轴位移脉冲数字量的速率的诊断排除方法值得借鉴,若故障轴与正常运行轴的脉冲数字量变化速率不一致,应首先检查系统软件参数和硬件控制电路故障。

【实例 3-8】

(1) 故障现象　某加工中心运行时,工作台 X 轴方向位移过程中产生明显的机械爬行故障,故障发生时系统不报警。

(2) 故障原因分析　因故障发生时系统不报警,但故障明显,故采用上述方法,通过交换法检查,确定故障部位应在 X 轴伺服电动机与丝杠传动链一侧。

(3) 故障诊断与排除

① 隔离检查:为区别电动机故障,可拆卸电动机与滚珠丝杠之间的弹性联轴器,单独通电检查电动机。检查结果表明,电动机运转时无振动现象,判断故障部位在机械传动部分。

② 手感检查:脱开弹性联轴器,用扳手转动滚珠丝杠进行手感检查,通过手感检查,感觉到这种抖动故障的存在,且丝杠的全行程范围均有这种异常现象。

③ 针对检查:拆下滚珠丝杠检查,发现滚珠丝杠螺母在丝杠上转动不畅,时有卡死现象,故而引起机械转动过程中的抖动现象。

③ 拆卸检查:拆下滚珠丝杠螺母,发现螺母内的反相器处有污物和小铁屑,引发钢球流动不畅,发生间歇阻滞的故障现象。

④ 故障处理:对丝杠进行清洗和检查修理,重新安装调整,故障被排除。维修中应注意润滑系统和防护装置的检查和维护,避免出现重复故障。

(4) 维修经验归纳和积累　机械故障的诊断和检查需要首先排除系统和电路控制部分的故障,然后进行逐步深入的诊断检查。维修的过程应对故障件或故障部位进行装配、修复、调整等作业,同时应注意对相关部位的维护检查。

【实例 3-9】

(1) 故障现象　某西门子 850M 系统卧式加工中心,启动液压系统后,手动运行 Y 轴时,液压系统自动中断,CRT 显示报警,驱动失效,其他各传动轴正常。

(2) 故障原因分析　该故障涉及电气、机械、液压等部分,任一环节有问题均可导致驱动失效。

(3) 故障诊断与排除

① 确定步骤:故障检查的顺序大致如下:伺服驱动装置→电动机及测量器件→电动机与丝杠连接部分→液压平衡装置→开口螺母和滚珠丝杠→轴承→其他机械部分。

② 伺服检查:检查驱动装置外部接线及内部元器件的状态良好,电动机与测量系统正常。

③ 隔离检查:拆下 Y 轴液压抱闸后情况同前,将电动机与丝杠的同步传动带脱离,手摇 Y 轴丝杠,发现丝杠上下窜动。

④ 液压系统检查:检查液压系统各部分处于正常状态。

⑤ 拆卸检查:拆开滚珠丝杠上轴承座正常。进一步拆开滚珠丝杠下轴承座检查发现轴向推力轴承的紧固螺母松动,导致滚珠丝杠上下窜动。

⑥ 诊断推理:由于滚珠丝杠上下窜动,造成伺服电动机转动带动丝杠空转约一圈。在数控系统中,当 NC 指令发出后,测量系统应有反馈信号,

若间隙的距离超过了数控系统所规定的范围,即电动机空走若干个脉冲后,光栅尺没有输出反馈信号,则数控系统必报警,导致驱动失效,机床不能运行。

⑦ 故障处理:调整好紧固螺母,滚珠丝杠不再窜动,机床正常运行,故障被排除。

(4) 维修经验归纳和积累 本例提示,机械故障可能引发系统报警,导致进给驱动失效。

任务三 加工中心主轴部件故障维修

1. 加工中心主轴的结构示例和装配过程

(1) 主轴结构 TC630 卧式加工中心主轴结构如图 3-9 所示,主轴轴承采用精密向心推力球轴承,前后轴承配对成套,并经过预紧,装配时不需要再进行调整。轴承润滑采用永久性脂润滑。主轴组件的展开如图 3-10 所示。

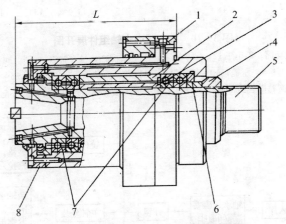

图 3-9 TC630 加工中心主轴结构简图

1—主轴套筒;2,3—轴承隔套;4—螺母;5—主轴;6—套;

7—轴承;8—法兰盘

(2) 主轴组件的装配过程 如图 3-11 所示,主轴的装配工艺包括装拉杆、检查清洗主轴、主轴单件动平衡、拉杆装入主轴、测试主轴拉刀力、主轴单件动平衡、密封套装入压紧套、往主轴装压紧套和隔圈与轴承、往主轴装轴承套、检测主轴锥孔跳动、装主轴后端零件、整体动平衡、整机跑合。

2. 主轴装配精度检测

(1) 主轴装配精度检测要求与方法(表 3-6)

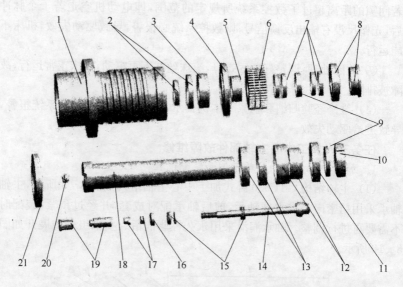

图 3-10　加工中心主轴组件展开图

1—主轴套筒；2,5,9,12—轴承隔套；3——后轴承；4——后法兰；6—同步带轮；
7—胀套；8—压盖；10—锁紧螺母；11,13—前轴承；14—拉杆；15—碟簧；
16—调整垫；17—螺母；18—主轴；19—拉爪；20—端面键；21—前法兰

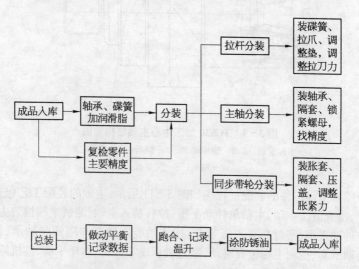

图 3-11　加工中心主轴组件装配过程示意图

表 3 - 6　TC630 卧式加工中心主轴装配精度检验要求与方法

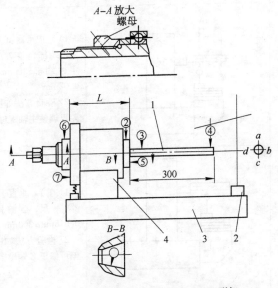

1—心轴；2—量表座；3—底板；4—V形架

序　号	要　求
1	内锥孔径向圆跳动量<0.005mm
2	外径径向圆跳动量<0.01mm
3	心轴根部径向圆跳动量<0.005mm
4	心轴 300mm 处径向圆跳动量<0.012mm
5	主轴端面圆跳动量<0.005mm
6	后部外圆径向圆跳动量<0.01mm
7	安装基面端面圆跳动量<0.01mm
8	距离 L<±0.05mm

(2) 主轴位置精度检测要求与方法(表 3 - 7)

表 3 - 7　TC630 卧式加工中心主轴位置精度检验要求与方法

检验项目	示　　图	要求与方法
主轴锥孔的径向圆跳动量	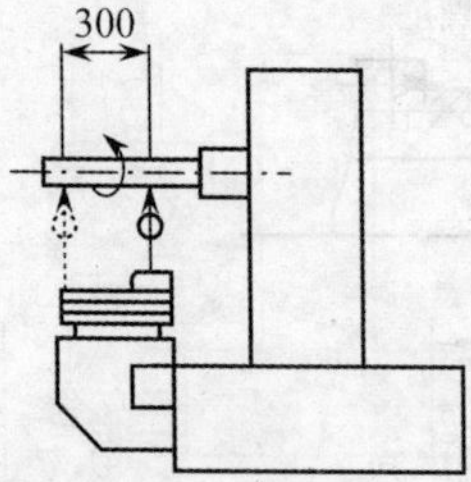	1) 用指示器、心轴检验，靠近主轴端部允差 0.007mm；距离主轴端部 300mm 处允差为 0.02mm 2) 检验方法如图所示，若超差可调整主轴螺母
主轴轴线与 Z 轴轴线运动间的平行度误差	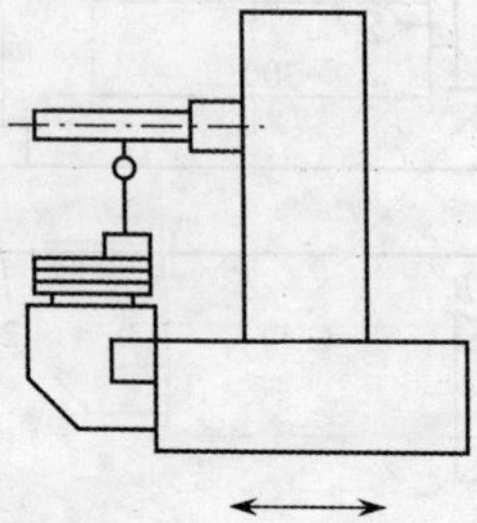	1) 在 YZ 垂直平面内用指示器、平尺、心轴检验，允差：0.015mm/300mm 2) 检验方法如图所示，若超差可修正 Z 轴导轨上导板
	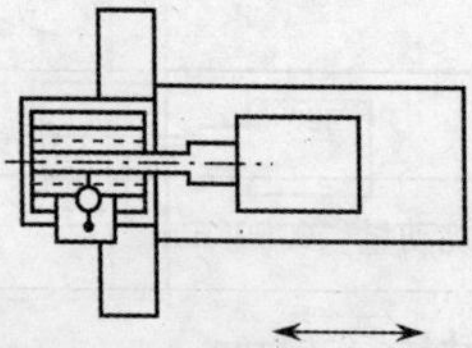	1) 在 XZ 垂直平面内用指示器、平尺、心轴检验，允差：0.015mm/300mm 2) 检验方法如图所示，若超差可修正 Z 轴导轨侧导板

　　3. 加工中心主轴的定向控制

　　1) 定向装置的形式　加工中心主轴的定向控制通常采用三种方式：磁传感器、编码器、数控和机械定向。常见的是机械定向和磁传感器定向。

　　(1) 机械定向（准停）控制的装置（图 3 - 12）

　　① 定向要求。由图 3 - 12 左下示图可见，主轴 2 前端装有刀夹定位块 12，刀夹 13 插入时，其上的缺口必须与定位块 12 对准，使定位块正好与刀夹 13 的缺口相接合，切削加工时主轴通过定位块传递转矩。当机械手将刀具连同刀夹 13 抓取时，刀夹 13 的缺口位置在机械手中确定，这就要求主轴 2 上的定位块 12 每次必须停止在一个规定的位置上，才能顺利地实现刀具的安装。

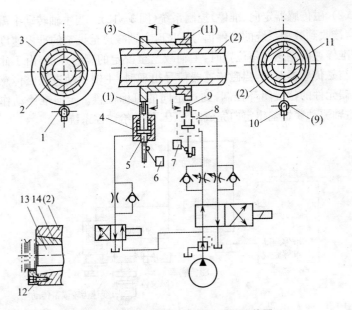

图 3-12 加工中心机械定向控制装置

1,9—定位滚轮；2—主轴；3,11—凸轮；4,8—定位液压缸；5,10—活塞杆；
6,7—微动开关；12—刀夹定位块；13—刀夹；14—弹簧夹头

② 定向过程。机床主轴定向（准停）装置工作过程如图 3-12 所示。机床数控系统发出准停指令时，电器系统自动调整主轴至最低转速，约 0.2～0.6s 后定位凸轮 3 的定位液压缸 4 与压力油接通，活塞 5 压缩弹簧并使滚轮 1 与定位凸轮 3 的外圆接触。当主轴旋转使滚轮 1 位于定位凸轮 3 的直线部分时，由于活塞杆 5 的移动，与其相连的挡块使微动开关 6 动作，通过控制回路的作用，一方面使主轴传动的各电磁离合器都脱开而使主轴以惯性慢慢转动，并且断开定位凸轮 3 的定位液压缸 4 的压力油，在液压缸 4 上腔的复位弹簧力作用下，活塞杆带动滚轮 1 退回。另一方面，隔 0.2～0.5s 后，定位凸轮 11 的定位液压缸 8 下腔接通压力油，活塞杆 10 带动滚轮 9 移动，使滚轮 9 与定位凸轮 11 的外圆接触。当主轴 2 以惯性转动，使滚轮 9 位于定位凸轮 11 上的 V 形槽内时，即将主轴准确定位，同时微动开关 7 动作，发出主轴定向（准停）完毕信号。当刀具连同刀夹 13 装入主轴并使主轴重新转动前，先发出信号控制换向阀，使定位液压缸 8 的油路变换，将定位器滚轮 9 从定位凸轮 11 的 V 形槽中退出，同时使微动开关 7 动作，发出主轴定向（准停）定位器释放信号。

（2）磁传感器定向（准停）控制系统（图3-13）　当主轴转动中需要准停时，接收到数控系统的准停信号ORT，主轴减速至设定的准停速度。主轴按准停速度到达准停位置时，主轴减速至设定的爬行速度，由于此时磁发体与磁传感器对准，当磁传感器信号出现时，主轴驱动进入磁传感器作为反馈元件的位置闭环控制，到达定向的目标位置。定向准停动作完成后，主轴驱动装置输出定向完成的ORE信号给数控系统。

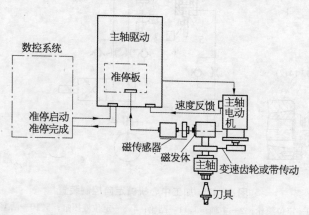

图3-13　加工中心磁传感器定向控制系统

2）机械定向控制装置的维修拆卸装配要点（图3-12）　机械定向控制装置的维修首先要根据资料了解控制装置的工作过程，其次要将故障诊断中初步判断的故障部位进行拆卸检查。拆卸装配中要掌握以下要点。

（1）拆卸要点

① 拆卸凸轮11时，注意做好凸轮11上V形槽与主轴在圆周上相对位置记号。

② 拆卸凸轮3时，注意做好凸轮3平面位置与主轴圆周上的相对位置记号。

（2）装配要点

① 按相对位置记号装配凸轮。

② 注意连接部位的结构，若采用平键连接，应注意轴槽、凸轮槽与键的配合侧隙。

4. 加工中心主轴的故障维修实例

【实例3-10】

（1）故障现象　某西门子数控加工中心，使用一段时间后出现换刀故障,刀具插入主轴刀孔时,出现错位,机床上无任何报警信息。

(2) 故障原因分析

① 错位原因分析:在对机床故障进行仔细观察后,发现造成刀具插入错位是因主轴定向后又偏离了原先的位置。

② 错位方向分析:在使用手动方式检查主轴定向时发现一个奇怪的现象:主轴在定向完成后位置是正确的,当用手去动一下主轴时,主轴会慢慢地向施力的相反方向转动一小段距离。

③ 错位量检测:逆时针旋转时在定向完成后只转一点,在加力向顺时针转动后能返回到原先的位置。

(3) 故障诊断与排除

① 电气信号检查:为了确认电气部分是否正常,在主轴定向后检查了有关的信号均正常。

② 确定重点元件:由于定向控制是通过编码器进行位置检测的,因而重点对编码器进行检查。

③ 拆卸检查:对该部分的电气和机械连接进行检查,当将编码器从主轴上拆开后即发现编码器上的联轴器的紧定、止动螺钉松动且已向后移,因而出现工作时编码器与检测齿轮不能同步,使主轴的定向位置不准,造成换刀错位故障。

④ 调整修复:调整联轴器的止退螺钉位置、紧固螺钉,重新安装后故障排除。

(4) 维修经验归纳和积累　检测装置的安装位置十分重要,错位或位置不稳定,会导致各种定位动作故障。

【实例 3-11】

(1) 故障现象　某西门子系统立式加工中心,使用一段时间后常出现主轴拉不紧刀具故障,并无任何报警信息。

(2) 故障原因分析

① 分析主轴拉紧机构的原理:查阅有关技术资料,本例机床主轴刀具拉紧和清屑装置的结构可参见图 3-14。

② 分析主轴拉不紧刀具的常见原因:

a. 主轴拉紧刀具的碟形弹簧变形或损坏;

b. 拉力液压缸动作不到位;

c. 拉杆与刀柄弹簧夹头之间的螺纹连接松动。

(3) 故障诊断和排除

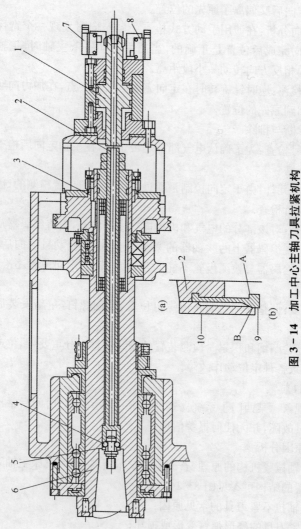

图 3 - 14　加工中心主轴刀具拉紧机构

1—活塞；2—拉杆；3—蝶形弹簧；4—钢球；5—拉钉；6—主轴；7,8—行程开关；9—弹力卡爪；10—卡套

① 动作检查:经检查,碟形弹簧和液压缸动作正常。

② 连接检查:检查发现该机床拉杆与刀柄夹头的螺纹连接松动,刀柄夹头随着刀具的插拔发生旋转,后退了约 1.5mm。

③ 推理分析:该台机床的拉杆与刀柄弹簧夹头之间无连接防松的锁紧措施,在插拔刀具时,若刀具中心与主轴定位圆锥孔中心稍有偏差,刀柄弹簧夹头与刀柄间就会存在一个偏心摩擦。刀柄弹簧夹头在这种摩擦和冲击的共同作用下,螺纹松动,出现主轴拉不住刀的现象。

④ 故障处理:将主轴拉杆和刀柄夹头的螺纹连接用螺纹锁固密封胶粘接固定,并用锁紧螺母锁紧后,主轴拉不紧刀具的故障被排除。

(4) 维修经验归纳和积累 常用的刀柄拉紧机构有两种,一种是弹簧夹头结构具有拉力放大作用,可用较小的液压推动力产生较大的拉紧力;另一种是钢球拉紧结构,在维修中应注意拉紧结构的特点。

【实例 3 - 12】

(1) 故障现象 某西门子数控系统 TC630 卧式加工中心,在使用较长的一段时间后,发现加工表面精度下降,出现不规则的接刀痕或振动纹理。

(2) 故障原因分析 表面精度下降的常见原因是主轴精度下降或进给传动精度下降。

(3) 故障诊断和排除

① 检查运动精度:

a. 对机床的导轨部分进行检查检测,处于正常状态。

b. 对机床的传动机构进行检测,处于正常状态。

c. 对机床的工作台几何精度进行检测,处于正常状态。

d. 对机床的定位精度进行检测,定位检测的项目包括直线运动各轴的定位精度和重复定位精度;直线运动各轴机械原点的返回(复归)精度;直线运动各轴的失动量(反向误差);回转运动(回转工作台)的定位精度;回转运动的重复定位精度;回转运动的失动量(反向误差);回转轴原点的返回(复归)精度。直线运动的定位检测方法参见图 3-15。按有关标准,对数控机床的检测应以激光测量为准(图 3-15a),若用标准刻线尺和读数显微镜进行比较测量(图 3-15b),测量仪器的精度须提高 1～2 个等级。回转运动精度的检测方法与直线运动精度基本相同,所使用的检测工具为标准转台和平行光管(准直仪)等,通常可根据实际使用要求,对 0°、90°、180°、270°等几个直角等分点进行重点检测,要求这些点的精度较其他角度

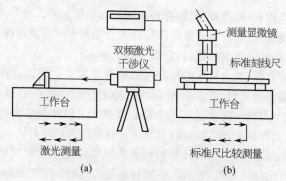

图 3 - 15　直线运动的定位检测

（a）用激光检测；（b）用标准尺检测

位置提高一个精度等级。本例检查结果,处于机床精度要求范围之内。

② 检查切削加工精度:单项加工精度与机床精度对应关系见表3-8,重点检查与主轴精度相关的项目。

表 3 - 8　加工中心单项加工精度与机床精度的对应关系

单项加工精度	机　床　精　度
镗孔精度	主要反映机床主轴的运动精度及低速进给时的平稳性
端面铣刀铣削平面的精度	主要反映 X 和 Y 轴运动的平面度及主轴中心线对 XY 运动平面的垂直度
孔距精度	主要反映定位精度和失动量的影响
直线铣削精度	主要反映机床 X 向、Y 向导轨的运动几何精度
斜线、圆弧铣削精度	主要反映 X、Y 两轴的直线、圆弧插补精度

a. 用镗孔加工,检测主轴的运动精度,由孔壁表面精度发现主轴有轴承预紧力变动的迹象。

b. 用端面铣刀铣削加工平面,检测主轴的轴向窜动及与工作台的垂直度,发现表面加工痕迹为单纹理,即主轴与工作台的垂直度和轴向窜动有精度误差。

③ 故障维修方法:本例主要采用精度调整的方法进行维护维修。主轴装配精度和位置精度的检测方法参见表3-6、表3-7。

（4）维修经验归纳和积累　在维修数控机床过程中,检修和检测是相辅相成的两个方面,机床主轴精度的检测是数控机床维修的基本知识和技能。

项目二 气动、液压系统故障维修

任务一 加工中心液压系统故障维修

1. 数控加工中心液压系统的特点

数控加工中心的液压系统具有刀库刀链驱动回路、主轴箱平衡回路、松刀缸回路和主轴高低速转换回路等部分组成。维修加工中心的液压系统,应掌握加工中心典型液压系统的基本组成和控制特点。如图 3-16 所示为 VP1050 加工中心液压系统,系统的主要特点和工作过程如下。

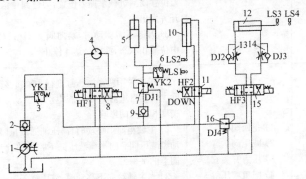

图 3-16 VP1050 立式加工中心液压系统

1—液压泵;2,9—止回阀;3,6—压力开关;4—液压马达;5—配重液压缸;

7,16—减压阀;8,11,15—换向阀;10—松刀液压缸;12—变速液压缸;

13,14—单向节流阀;LS1,LS2,LS3,LS4—行程开关

(1) VP1050 加工中心液压系统特点

① 采用变量叶片泵 1 提供系统压力油,可整体调节系统的运行速度。

② 采用止回阀 2 来减小系统断电时,或其他故障造成的液压泵压力突降对系统的影响。

③ 压力开关 3(YK1)位于止回阀 2 之后,是检测系统压力的 PLC 信号源,是 CNC 系统开启后 PLC 高级自动报警自检的首要检测对象。如 YK1 无信号,整个数控系统的动作将全部停止。

④ 系统可实现链式刀库的刀链驱动、垂向移动主轴箱的配重、主轴刀具的安装和高低速转换。

⑤ 系统可靠、安全、功率大,适用于龙门结构的立式加工中心。

(2) 组成部分及其动作过程(表 3-9)

表 3 - 9　VP1050 加工中心液压系统的控制特点与工作过程

组成部分 动作控制	工 作 元 件	控 制 、动 作 说 明
刀链驱动和选刀控制	1) 双电控三位四通电磁阀 8 2) 双向液压马达 4	1) 加工中心配备 24 刀位的链式刀库,选刀采用就近原则。液压马达的转向控制由双电控三位电磁阀 HF1 完成,具体转向由 CNC 进行运算后,发信给 PLC 控制 HF1,用 HF1 不同的得电方式对液压马达 4 进行不同转向的控制 2) 在选刀时,由双向液压马达 4 拖动刀链使所选刀位移动到机械手抓刀位置,刀链到位信号由感应开关发出 3) 刀链不需驱动时,换向阀 8(HF1)失电,处于中位截止状态,液压马达 4 停止
主轴箱移动平衡控制	1) 止回阀 9 2) 减压阀 7 3) 压力开关 6 4) 配重液压缸 5	1) 机床采用两个液压缸进行主轴箱移动平衡,消除主轴箱自重对 Z 轴伺服电动机驱动 Z 向移动的精度和控制的影响 2) 主轴箱向上移动时,高压油通过止回阀 9 和直动型减压阀 7 向平衡液压缸下腔供油,产生主轴箱向上的平衡力 3) 当主轴箱向下移动时,液压缸下腔高压油通过减压阀 7 进行适当减压,产生主轴箱向下的平衡力 4) 双液压缸平衡支路的工作状态由压力开关 6 YK2 检测
主轴松刀控制	1) 二位四通电磁阀 11 2) 松刀液压缸 10 3) 行程开关 LS1、LS2	1) 加工中心采用 BWO 型刀柄使刀具与主轴连接 2) 采用碟形弹簧拉紧机构使刀柄与主轴连接为一体;采用松刀液压缸 10 使刀柄与主轴脱开 3) 机床在不换刀时,单电控二位四通电磁换向阀 11(HF2)失电,控制高压油进入松刀液压缸 10 下腔,松刀缸 10 的活塞始终处于上位状态,感应开关 LS2 检测松刀液压缸处于上位信号 4) 当主轴需要换刀时,通过手动或自动操作使单电控二位四通电磁阀 HF2 得电换位,松刀液压缸 10 上腔通入高压油,活塞下移,使主轴抓刀爪松开刀柄拉钉,刀柄脱离主轴 5) 松刀液压缸 10 松刀运动到位后,感应开关 LS1 向 PLC 发出松刀运动到位信号,协调刀库、机械手等其他机构完成换刀操作

(续表)

组成部分动作控制	工作元件	控制、动作说明
主轴高低速转换控制	1) 减压阀 16 2) 双电控三位四通电磁阀 15 3) 单向节流阀 13、14 4) 变速液压缸 12 5) 行程开关 LS3、LS4	1) 机床主轴传动链通过一级双联滑移齿轮进行高低速转换 2) 在高速向低速转换时,主轴电动机接收到数控系统的调速信号后,降低电动机的转速到额定值,为滑移齿轮变速啮合作准备 3) 在液压系统变速回路采用双电控三位四通电磁阀 15(HF3)控制液压油的流向 4) 变速液压缸 12 推动拨叉控制主轴变速箱的交换齿轮的位置,来实现主轴高低速的自动转换 5) 高速、低速齿轮位置信号分别由感应开关 LS3、LS4 向 PLC 发送 6) 当机床停机或控制系统出现故障时,液压系统通过双电控三位四通电磁阀 HF3 使变速齿轮处于原工作位置,避免高速运转的主轴传动系统产生硬件冲击损坏 7) 变速液压缸的速度由单向节流阀 13(DJ2)、14(DJ3)控制,可避免齿轮换位时的冲击振动 8) 减压阀 16 用于调节变速液压缸 12 的工作压力,控制变速齿轮端面的接触压力

2. 数控加工中心液压系统的故障维修实例

【实例 3 - 13】

(1) 故障现象　某西门子系统加工中心进行自动加工时,刀具无法夹紧,经常掉落下来。

(2) 故障原因分析　机床其他动作都正常,只是换刀动作不正常,常见原因是刀库或换刀臂机构有故障。

(3) 故障诊断和排除

① 信号检查:检查刀具的松开、夹紧机构,信号都正常无误。

② 动作检查:在手动数据输入(MDI)方式下,让刀库正、反向转动,同时观察机械部分,没有卡阻现象。任意选一把刀具,检查刀库机构的运转,没有发现异常情况。

③ 机械检查:在压刀的方式下,检查主轴内部拉刀机构的四半爪,发现有些松动,用扳手也无法将它拧紧,怀疑主轴内部压刀用的碟形弹簧

损坏。

④ 气缸检查:拆下主轴外边的防护罩,再进行压刀试验,发现压刀气缸的动作迟缓,力度也很小。

⑤ 气源检查:检查气源处的压力表观察,气源压力是正常的。

⑥ 诊断检查:判断气液增压器内漏气,导致压力不足。拆开气液增压器进行检查,发现在油杯与增压器的接口处,卡着一大块杂物。

⑦ 原因确认:故障诊断为杂物卡入接口,导致液压油无法进入增压器,造成换刀压力减小,拉刀机构无法拉紧刀具而产生掉刀。

⑧ 故障处理:根据检查和诊断结果,清理油杯接口处的杂物后,增压器压力上升,压刀气缸动作正常,换刀动作恢复正常,故障排除。

⑨ 维护措施:分析检查杂物进入的原因,采取必要的防范措施,避免故障重复发生。

(4) 维修经验归纳和积累 气液增压器可提高油压,缩小液压缸的结构尺寸。本例维修中涉及气液增压器,可参考以下技术资料。如图3-17a所示为气液增压器的单向调速回路,该回路是用单向节流阀调节缸 A 的前进(右行)速度,返回时用气压驱动,因通过单向阀回油,故能快速返回。如图3-17b所示为用气液增压器的双向调速回路。该回路是用增压器增压后的油液驱动液压缸3前进(右行),使液压缸增大推力。返回时用气液转换器2输出的油液驱动。 回路中用两个单向节流阀分别调节液压缸的

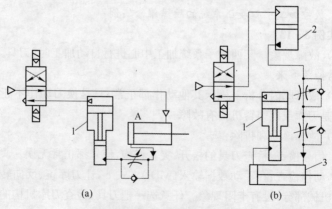

图3-17 气液增压回路

(a) 单向调速回路;(b) 双向调速回路

1—气液增压器;2—气液转换器;3—液压缸

往复运动速度。

【实例 3-14】

（1）故障现象　某 SIEMENS 810M 数控系统加工中心,在工作过程中,出现主轴自动停转的故障。

（2）故障原因分析　常见原因有主轴驱动、伺服电机和机械传动部分故障等。

（3）故障诊断和排除

① 故障观察:经检查,在机床主轴停转时,主轴电机仍然在旋转。推断故障在机械传动部分。

② 机械检查:检查后确认,主轴停转时主轴箱内的机械变挡滑移齿轮已经脱离啮合位置,由此引起主轴停转。

③ 变速原理:本例机床采用的液压缸推动滑移齿轮进行变速的"齿轮换挡"形式。

④ 故障机理:检查确认,变挡齿轮脱离啮合的原因是液压缸内的压力变化引起的。

⑤ 元件检查:进一步检查发现,液压缸的换向阀(三位四通)在"中位"时不能"闭锁",导致了液压缸前后两腔油路间的渗漏,造成液压缸的"上腔"推力大于"下腔"推力,使活塞杆渐渐向下移动,引起变速滑移齿轮脱离啮合位置。

⑥ 故障处理:更换同一规格的三位四通换向阀后,机床恢复正常。

（4）维修经验归纳和积累　三位四通阀的中位功能可参见表 2-9。换向阀的阀芯磨损以后,配合间隙增大,导致"中位"时不能"闭锁"。电磁换向阀的常见故障见表 3-10。

表 3-10　电磁换向阀的常见故障与排除方法

故障现象	故　障　原　因	排　除　方　法
电磁铁过热或烧毁	1) 电磁铁线圈绝缘不良 2) 电磁铁铁心与滑阀轴线同轴度太差 3) 电磁铁铁心吸不紧 4) 电压不对 5) 电线焊接不好 6) 换向频繁	1) 更换电磁铁 2) 拆卸重新装配 3) 修理电磁铁 4) 改正电压 5) 重新焊线 6) 减少换向次数,或采用高频性能换向阀

（续表）

故障现象	故 障 原 因	排 除 方 法
电磁铁动作响声大	1) 滑阀卡住或摩擦力过大 2) 电磁铁不能压到底 3) 电磁铁接触面不平或接触不良 4) 电磁铁的磁力过大	1) 修研或更换滑阀 2) 校正电磁铁高度 3) 清除污物,修整电磁铁 4) 选用电磁力适当的电磁铁
阀芯不动或不到位	1) 滑阀卡住 ① 滑阀与阀体配合间隙过小,阀心在阀孔中卡住不能动作或动作不灵活 ② 阀心被碰伤,油液被污染 ③ 阀心几何形状误差大,阀心与阀孔装配不同轴,产生轴向液压卡紧现象 ④ 阀体因安装螺钉的拧紧力过大或不均而变形,使阀心卡住不动 2) 液动换向阀控制油路有故障 ① 油液控制压力不够,弹簧过硬,使滑阀不动,不能换向或换向不到位 ② 节流阀关闭或堵塞 ③ 液动滑阀的两端（电磁阀的专用)泄油口没有接回油箱或泄油管堵塞 3) 电磁铁故障 ① 因滑阀卡住交流电磁铁的铁心,使得吸不到底面而烧毁 ② 漏磁,吸力不足 ③ 电磁铁接线焊接不良,接触不好 ④ 电源电压太低造成吸力不足,推不动阀心 4) 弹簧折断、漏装、太软,不能使滑阀恢复中位 5) 电磁换向阀的推杆磨损后长度不够,使阀心移动过小,引起换向不灵或不到位	1) 检查滑阀 ① 检查间隙情况,研修或更换阀心 ② 检查、修磨或重配阀心,换油 ③ 检查、修正形状误差及同轴度,检查液压卡紧情况 ④ 检查,使拧紧力适当、均匀 2) 检查控制回路 ① 提高控制压力,检查弹簧是否过硬,更换弹簧 ② 检查、清洗节流口 ③ 检查,将泄油管接回油箱,清洗回油管使之畅通 3) 检查电磁铁 ① 清除滑阀卡住故障,更换电磁铁 ② 检查漏磁原因,更换电磁铁 ③ 检查并重新焊接 ④ 提高电源电压 4) 检查、更换或补装弹簧 5) 检查并修复,必要时更换推杆

【实例 3 - 15】

（1）故障现象　某 SINUMERIK 820S 数控系统加工中心,在加工过程中,出现 7035 报警,工作台分度盘不回落。

(2) 故障原因分析 在 SINUMERIK 8205 数控系统中,7 字头报警指示 CNC 系统之外的机床侧状态不正常,7035 报警的具体内容是"工作台分度盘不回落"。

(3) 故障诊断和排除

① 原理分析:在这台数控机床中,工作台分度盘的回落,是由工作台下面的接近开关 SQ25 和 SQ28 来检测的。SQ28 用于检测分度盘旋转到位,在 PLC 中的输入点是 110.6;SQ25 则用于检测分度盘回落到位,输入点是 110.0,输出接口是 Q4.7。Q4.7 通过继电器 KA32 驱动电磁阀 YV06 来控制工作台分度盘的回落。与分度盘回落有关的接线如图 3-18 所示。

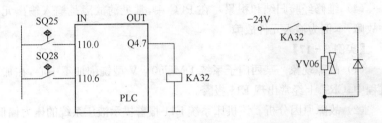

图 3-18 与分度盘回落有关的接线

② 状态检查:针对报警信息,调出 PLC 进行监控,发现输入点 110.6 为"1",表明工作台分度盘已经旋转到位;输入点 110.0 为"0",表明工作台分度盘没有回落。再观察输出点 Q4.7 为"1",而且继电器 KA32 已经得电,但是电磁阀 YV06 没有动作,这说明 YV06 已经损坏。

③ 故障处理:更换电磁阀后,故障排除,机床恢复正常工作。

(4) 维修经验归纳和积累 在按报警显示进行维修中,应按报警提示进行追踪检查。涉及 PLC 的应注意检查输入输出的状态。

【实例 3-16】

(1) 故障现象 SINUMERIK 820M 数控系统 MKC-500 型卧式加工中心,当机床执行 M06 功能时,门帘可以打开,但是 A 工作台与 B 工作台不能交换,CRT 上无报警显示。

(2) 故障原因分析 工作台交换时无动作,从故障现象可以看出,机床好像在等待某个信号。推断原因是信号传递有故障。

(3) 故障诊断和排除

① 状态检查:打开 CRT 中的 PLC 诊断界面,从有关的状态信息中检查与工作台相关的各种信号。从 CRT 上可知,工作台交换装置链在 A 位

置的信号 E9.2 为"0",工作台 B 初始位置检测信号 E9.5 也为"0",这两个信号是正常的。而另一个信号 E9.0 为"1",则不正常。

② 动作检查:E9.0 连接着压力继电器开关 SP03,当工作台处于夹紧状态时,E9.0 为"1"。当工作台准备交换时,它应该为"0",使工作台松开。现在工作台需要交换,但是 E9.0 不为"0",说明工作台还处在夹紧状态。

③ 故障诊断:对压力继电器开关 SP03 进行检查,发现它已经损坏,不能正确地反应工作台的夹紧和松开状态。

④ 故障处理:更换压力继电器开关 SP03,故障得以排除。

(4) 维修经验归纳和积累　在 PLC 中,常见的故障是输入输出元器件故障,本例为输入元件故障。

【实例 3-17】

(1) 故障现象　某西门子系统 DMU50-V 型铣削加工中心,在加工过程中,CRT 上经常出现 E11 报警。

(2) 故障原因分析　该机床系统 E11 报警提示液压系统的压力偏低,此时机床的加工突然停止,造成工件不合格,如果正在铣削平面,就会留下刀痕。

(3) 故障诊断和排除

① 报警提示追踪:在机床附带的技术资料中,没有说明如何排除 E11 报警,只能对液压系统进行检查。

② 液压系统检查:本例铣削加工中心的液压系统只用于换刀,换刀动作也不是频繁进行的,所以液压泵不是连续工作的,只要保证管路中有充足的压力就可以了。

③ 系统压力检查:液压泵的工作由压力阀 3F1 控制,当管路的压力偏低时,3F1 的控制触点接通,使液压泵 3M1 启动,提高系统压力。

④ 报警机理:压力上升到正常值后,3M1 继续运转 5s,以保证管路的压力稳定。如果 5s 后 3F1 检测到的压力还是很低,就会出现 E11 报警。

⑤ 元件检查:对液压系统的元件进行检查,液压泵 3M1、溢流阀 3F0、电磁阀 Y1.1 和 Y1.2、系统管路等都在正常状态,但是压力阀 3F1 损坏,不能正确地检测出系统的压力。

⑥ 故障处理:更换压力阀 3F1,故障排除。

(4) 维修经验归纳和积累　压力阀的常见故障见表 3-11。

表 3-11　压力阀的常见故障及其处理方法

故障现象	产　生　原　因	排　除　方　法
压力调整无效	1) 弹簧折断 2) 阀阻尼孔堵塞 3) 滑阀卡住 4) 先导阀阀座小孔堵塞 5) 泄油口的螺纹堵头未拧出	1) 更换弹簧 2) 清洗阻尼孔 3) 清洗、修磨滑阀或更换滑阀 4) 清洗小孔 5) 拧出螺纹堵头,接上泄油管
出口压力不稳定	1) 油箱液面低于回油管口或过滤器,空气进入系统 2) 主阀弹簧太软、变形 3) 滑阀卡住 4) 泄漏 5) 锥阀与阀座配合不良	1) 补油 2) 更换弹簧 3) 清洗修磨滑阀或更换滑阀 4) 检查密封,拧紧螺钉 5) 更换锥阀

【实例 3-18】

(1) 故障现象　某西门子数控系统 TH6263 型加工中心工作台机床通电后,工作台不能返回到零点。

(2) 故障原因分析　机床工作台不能返回零点,常见原因是工作台机械传动部分或 PLC 控制部分有故障。

(3) 故障诊断和排除

① 状态检查:利用梯形图和状态信息进行检查,当工作台夹紧时,PLC 上对应输入点 I38.0 的状态为"1",松开时则为"0",这说明夹紧开关 8Q6 动作正常。

② 现象观察:对故障现象进行观察。当返回零点时,工作台松开,此时地址 211.1TABSC、211.2TABSC1、211.3TABSC2 均由"0",变为"1",这也是正常的,但是工作台没有旋转。延时 2s 后,211.3TABSC2 又由"1"变为"0",工作台旋转信号消失。

③ 电路控制检查:检查电动机及其主电路,没有异常情况。

④ 液压系统检查:检查液压系统,当工作台松开准备升起时,压力突然由正常值 4.5MPa 下降到 2.5MPa 左右,致使压力不足,工作台不能升起。

⑤ 拆卸检查:拆开工作台,检查液压系统,发现缸套的内壁粗糙,且密封圈破损,引起液油泄漏。

⑥ 故障处理:更换缸套和密封圈,故障被排除。

(4) 维修经验归纳和积累　本例属于液压系统执行元件液压缸的常见故障:内泄漏。在数控加工中心液压系统维修中,液压缸的故障是常见的故障。密封件是液压缸的易损零件。在液压缸的维修中可借鉴表3-12 所列的常见故障原因及其排除方法。

表 3-12　液压缸的常见故障及其排除方法

故障现象	故　障　原　因	排　除　方　法
爬行	1) 液压缸内有空气混入 2) 运动密封件装配过紧 3) 活塞杆与活塞不同轴,活塞杆不直 4) 导向套与缸筒不同轴 5) 液压缸安装不良,其轴线与导轨不平行 6) 缸筒内壁锈蚀、拉毛 7) 活塞杆两端螺母拧得过紧,使其同轴度降低 8) 活塞杆刚性差 9) 齿轮齿条啮合位置不好 10) 摆动叶片缸叶片与槽间隙过小或配合面精度差	1) 设置排气装置或开动系统强迫排气 2) 调整密封圈,使之松紧适当 3) 校正、修正或更换 4) 修正调整 5) 重新安装 6) 去除锈蚀、毛刺或重新珩磨缸 7) 找正位置装配,使活塞杆处于自然状态 8) 加大活塞杆直径 9) 调整啮合位置和间隙 10) 检修,调整配合间隙
冲击	1) 缓冲间隙过大 2) 缓冲装置中的单向阀失灵	1) 减小缓冲间隙 2) 修理单向阀
推力不足、工作速度下降	1) 缸体和活塞间的配合间隙过大,或密封件损坏,造成内泄漏 2) 缸体和活塞的配合间隙过小,密封过紧,运动阻力大 3) 缸盖与活塞杆密封压得太紧或活塞杆弯曲,使摩擦阻力增加 4) 油温太高,黏度降低,泄漏增加,使液压缸运动速度降低 5) 液压油中杂质过多,使活塞或活塞杆卡死	1) 修理或更换不合精度要求的零件,重新装配、调整或更换密封件 2) 增加密封间隙,调整密封件的压紧程度 3) 调整密封件的压紧程度,校直活塞杆 4) 检查温升原因,采取散热措施,改进密封结构 5) 清洗液压系统,更换液压油
泄漏	1) 活塞杆表面损伤或密封件损坏造成活塞杆处密封不严。伸缩缸套筒损伤或密封不严 2) 密封件装配方向不对 3) 缸盖处密封不良,缸盖螺钉未拧紧	1) 检查并修复活塞杆、套筒,更换密封件 2) 更正密封件装配方向 3) 检查并更换密封件,拧紧螺钉

【实例 3-19】

(1) 故障现象　SINUMERIK 8ME 数控系统 YBM-90N 型卧式加工中心,换刀时出现 222 报警。

(2) 故障原因分析　查阅机床的使用说明书,222 报警的内容为:"当速度控制器准备好"信号有效,而其有关的信号不正常(如熔丝熔断、温度偏高等)时,系统的有关动作中止。

(3) 故障诊断和排除

① 现象观察:在自动换刀的过程中,当机械手运动到刀库侧,准备换刀时,动作突然停止。显示器上出现 222 报警。

② 电路检查:打开电气控制柜检查,发现断路器 D2-F1 已经跳闸,用万用表检测断路器和三相电压,都没有问题。按下按钮 S10,启动液压系统时,D2-F1 又跳闸了,推断液压系统中存在着短路故障。

③ 负载检查:检查 D2-F1 的负载电路,发现液压系统中编号 LS44 的双芯电缆被扯断,造成两根芯线之间短路。

④ 故障处理:将电缆的接线处套上绝缘套管,错开接头焊接,并用绝缘胶布包扎好。重新试车,故障排除。

(4) 维修经验归纳和积累　电缆的接线应注意接头错开位置,避免在绝缘损坏的情况下再次短路。

【实例 3-20】

(1) 故障现象　西门子系统 EV450 型加工中心,在加工时,主轴停止在刀库内不能移动,并出现主轴刀具被夹紧报警。

(2) 故障原因分析　主轴刀具被夹紧,不能松开刀具的原因可能是刀库门有故障,夹紧松开动作发信传递故障、主轴夹紧松开液压系统有故障等。

(3) 故障诊断和排除

① 手动复位检查。以手动方式使主轴从刀库内移出,报警仍然存在,各项动作都不能执行。

② 经验借鉴检查。该机床以往出现这种故障报警,一般是刀库门没有到位,或接近开关不能发送信号,致使主轴卡死在刀库内不能移动。为此对有关部位进行检查:

a. 检查刀库门开关动作,当刀库门打开和关闭时,接近开关都能正常动作。

b. 检查 PLC 上相关输入点的信号,信号传递正常,能交替变化。

③ 查阅资料检查。查看液压原理图,主轴液压缸在夹紧和放松时,由

一个二位四通电磁换向阀控制。在正常情况下,接近开关 LS7 灯亮,主轴就处于夹紧状态;电磁阀通电后,接近开关 LS9 灯亮,主轴就处于放松状态。检查发现:当 LS9 灯亮,换向阀已经通电,主轴应该处于放松状态时,仍然不能移动。因此判断换向阀有故障。

④ 元件故障检查。根据液压系统检查结果,拆卸换向阀进行元件故障检查。换向阀的常见故障见表 3 - 10。本例换向阀电磁铁有故障。更换二位四通电磁阀,机床报警解除,主轴卡死在刀库内不能移动的故障被排除。

（4）维修经验归纳和积累　控制阀的故障是加工中心液压系统维修的常见内容,如何判断控制阀的性能和质量,可在维修中按表 3 - 10 的内容进行检测判断,一时无法更换的控制阀,需要进行元件维修,具体方法也可参见表 3 - 10。

任务二　加工中心气动系统故障维修

维修加工中心的气动系统,应掌握典型系统的组成、特点和控制、动作过程。

1. 加工中心气动换刀系统的特点与工作过程

如图 3 - 19 所示为加工中心典型气动换刀系统,其特点和控制、动作过程如下。

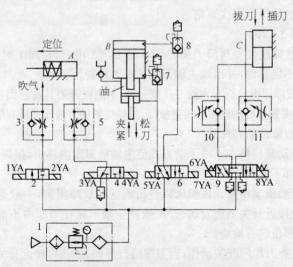

图 3 - 19　加工中心典型气动换刀系统组成

1—气源调节装置; 2,4,6,9—换向阀; 3,5,10,11—单向节流阀; 7,8—排气阀

A,C—气缸; B—气液增压器

(1) 加工中心气动换刀系统的特点

① 采用气源调节装置,保证气源的供气质量。

② 采用不同形式的换向阀适应主轴孔吹气(清屑)、主轴准停定位、刀具松开夹紧和插拔刀动作要求。

③ 排气采用消声器,以减少气动排放工作噪声。

④ 刀具夹紧采用气液增压器。

⑤ 系统可靠、安全,适用于多种形式的加工中心。

(2) 加工中心气动换刀系统的控制、动作过程(表3-13)

表3-13 加工中心气动换刀系统的控制、动作过程

组成部分动作控制	工作元件	控制、动作说明
主轴准停(定位)控制	1) 双电控二位三通电磁阀4 2) 单向节流阀5 3) 单作用定位气缸 A 4) 消声器	动作过程:数控系统发出换刀指令→数控系统发出主轴准停信号→4YA通电→换向阀4右位接入→单向节流阀5→主轴定位气缸 A 右腔→缸 A 的活塞左移→主轴自动定位→压下无触点开关→发出定位完成信号 气路走向:压缩空气→气源调节装置1→换向阀4右位→单向节流阀5节流阀→定位气缸 A 右腔;(待换刀主轴夹紧刀具动作完成后,4YA断电,3YA通电,气缸 A 在弹簧作用下复位)主轴定位气缸 A 右腔→单向节流阀5单向阀→换向阀4左位→消声器→大气
主轴松刀控制	1) 双电控二位五通电磁阀6 2) 快速排气阀7、8 3) 气液增压器 B 4) 消声器	动作过程:松刀动作信号→电磁铁6YA通电→换向阀6右位接入→增压缸8向下带动活塞杆→实现主轴松刀 气路走向:压缩空气→气源调节装置1→换向阀6右位→快速排气阀8→气液增压器 B 上腔;气液增压器 B 下腔→快速排气阀7→消声器→大气
拔刀控制	1) 双电控三位五通电磁阀9 2) 单向节流阀10、11 3) 插拔刀气缸 C 4) 消声器	动作过程:拔刀动作信号→8YA通电→换向阀9右位接入→气缸 C 活塞下移实现待卸刀拔刀动作 气路走向:压缩空气→气源调节装置1→换向阀9右位→单向节流阀11单向阀→插拔刀气缸 C 上腔;插拔刀气缸 C 下腔→单向节流阀10节流阀→换向阀9右位→消声器→大气

(续表)

组成部分 动作控制	工 作 元 件	控 制 、动 作 说 明
主轴吹气(清屑)控制	1) 双电控二位二通电磁阀 2 2) 单向节流阀 3	动作过程:拔刀动作完成信号→1YA 通电→换向阀 2 左位接入→压缩空气向主轴锥孔吹气清屑。稍后 1YA 断电,2YA 通电→换向阀 2 换向右位接入停止吹气 气路走向:压缩空气→气源调节装置 1→换向阀 2 左位→单向节流阀 3→大气
插刀控制	1) 双电控三位五通电磁阀 9 2) 单向节流阀 10、11 3) 插拔刀气缸 C 4) 消声器	动作过程:插刀信号→8YA 断电、7YA 通电→换向阀 9 左位接入→插拔刀气缸 C 活塞上移→实现待装刀插刀动作 气路走向:压缩空气→气源调节装置 1→换向阀 9 左位→单向节流阀 10 单向阀→插拔刀气缸 C 下腔;插拔刀气缸 C 上腔→单向节流阀 11 节流阀→换向阀 9 左位→消声器→大气
主轴夹刀控制	1) 双电控二位二通电磁阀 6 2) 快速排气阀 7、8 3) 气液增压器 B 4) 消声器	动作过程:夹刀动作信号→6YA 断电、5YA 通电→换向阀 6 左位接入→增压缸 8 向上带动活塞杆→实现主轴夹刀 气路走向:压缩空气→气源调节装置 1→换向阀 6 左位→快速排气阀 7→气液增压器 B 下腔;气液增压器 B 上腔→快速排气阀 8→消声器→大气
复位控制	1) 换向阀 4 2) 定位气缸 A 3) 换向阀 9	夹紧后,压下无触点开关,4YA 断电、3YA 通电,换向阀 4 左位接入,气缸 A 的活塞在弹簧力作用下复位。复位后,压下无触点开关,电磁铁 7YA 断电,换向阀 9 回中位,系统回复到开始状态,换刀动作完成

2. 加工中心气动系统的故障维修实例

【实例 3 - 21】

(1) 故障现象　SINUMERIK 810D 数控系统立式加工中心,机床在换刀时,经常撞坏换刀器。

(2) 故障原因分析　常见原因是电源和控制系统有故障。

(3) 故障诊断和排除

① 报警推断:打开 CRT 中的报警界面,显示有"PNEUMATIC PRESSURE TOO LOW"、"AXIS FEEDSTOP"、"EMERGENCY STOP"等报警内容;同时出现多种报警,怀疑故障原因是供电电源中窜进了高频

干扰。

② 跟踪监测:应用示波器跟踪监测电源后,否定了这一可能。

③ 报警筛选:报警信息中有一条是"PNEUMATIC PRESSURE TOO LOW",提示气压太低。

④ 气压检查:检查机床的工作气压,气压表指示进气压力为0.6MPa,这没有问题。分析认为有可能是供气流量不足。

⑤ 现象观察:观察换刀动作,当拉刀器松刀时,向主轴孔内吹气,此时机床的进气压力由 0.6MPa 迅速下降到 0.25MPa,并出现报警信息"气压太低"的报警信息。

⑥ 原因确认:经检查,故障原因确认是压缩空气流量不足。

⑦ 故障处理:在机床的进气端加装储气罐,并更换空气过滤器的滤芯。如此改动后,供气流量增加,换刀时气压上升到 0.4MPa,故障不再出现。

(4) 维修经验归纳和积累 气动系统的压力与流量有一定的关系,气体在等温状态时,气体的体积与压力成反比。

【实例 3 - 22】

(1) 故障现象 西门子系统 SH403 型卧式加工中心,在执行刀具破损检测程序时,出现报警。

(2) 故障原因分析 查阅有关技术资料,报警的内容是提示"主轴刀具破损"。

(3) 故障诊断和排除

① 报警追踪:检查主轴刀具,处于完好状态,并未出现破损。

② 据理推断:刀具破损检测感应器(TABLE SENSOR)有故障。

③ 因为没有备件更换,于是跳过刀具检测程序,继续进行加工。但是很快又出现报警:"＊＊＊＊ TABLE SENSOR OVERTRAVEL"。

④ 在刀具检测程序没有执行时,机床的 TABLE SENSOR 不动作,出现报警令人难以判断。

⑤ 与该报警有关的梯形图如图 3 - 20 所示,分析认为,故障原因可能是机床在加工时产生振动,使 X17.0 信号线瞬间断开。

⑥ 将端子板上的 X17.0 短接,此时机床可以继续加工。

⑦ 更换传感器后,去掉跨接线,恢复刀具检测程序。但是在刀具检测时再次出现报警"＊＊＊＊ TOOL BROKEN"。

⑧ 进一步检查,发现 TABLE SENSOR 的升降臂与移动导轨间有很

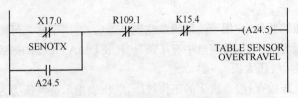

图 3－20　与报警有关的梯形图

大的间隙，刀具检测时产生晃动，从而引发错误的报警信息。

⑨ 根据检查结果，更换 TABLE SENSOR 臂的升降气缸和导轨，改变升降臂与导轨之间的间隙，机床报警解除，故障被排除。

（4）维修经验归纳和积累　报警内容与故障的部位不一定能对应相关，但调试过程中逐个出现的报警可以对诊断过程提供信息。同时利用报警有关的梯形图可以分析故障的原因和部位，本例借助梯形图进行推断和诊断推理方法值得借鉴和积累。

【实例 3－23】

（1）故障现象　某西门子系统 STAMA540/S 型加工中心，加工时，刀具与工件发生碰撞。

（2）故障原因分析　电气控制单元、驱动单元的电源模块、检测信号传递等有故障。

（3）故障诊断和排除

① 驱动检查：检查各电气控制单元是否准备就绪，此时发现驱动单元电源模块的输入电源正常，而"准备就绪"信号丢失，判断此单元已经损坏。更换后，机床可以正常启动。

② 追根寻源：检修不能到此为止，为了防止再次发生类似故障，还必须找出驱动单元损坏的具体原因。在空运行测试中发现，换刀之后有时主轴没有旋转，而进给轴已经运行，这导致切削刀具直接与工件碰撞，引起驱动单元的电源模块电流过大，将模块烧坏。

③ 动作分析：这台机床在换刀时，有一个小型气缸向前运动，将一个压缩空气空心定位销插入主轴定位孔内，插到位后向主轴内吹气，将主轴内的异物吹出。新刀具到位夹紧后，气缸向后运动，返回原位。气缸的前后位置由两个接近开关检测。当气缸向后返回原位时，接近开关得到感应，并确认位置无误后，主轴才能启动。

④ 针对检查：对这个部位进行检查，两个接近开关与感应块的位置没

有偏移,但是它们之间有许多油污和灰尘。当气缸返回原位时,接近开关往往感应失效。

⑤ 故障处理:清除油污和灰尘后,故障彻底排除。

(4) 维修经验归纳和积累 某一故障现象可能有多种原因引发和造成,因此在排除过程中应对涉及的多种成因进行检查排除,以免故障排除不彻底,遗留隐患。

【实例3-24】

(1) 故障现象 西门子系统 VMC-X00 型加工中心,系统向刀库发出进退指令后,刀库既不能前进,也不能后退。

(2) 故障原因分析 常见的原因是刀库运动信号传递、气动系统相关部分有故障。

(3) 故障诊断和排除

① 查阅有关资料:这部分的工作原理是系统向刀库发出进退指令后,"刀库推出确认"信号送至 PLC 的输入端子 124 或"刀库收回确认"信号送至 PLC 的输入端子 125;PLC 进行逻辑分析和程序处理后,其输出端 014 送出刀库正转信号,使刀库执行前进动作或输出端 015 送出反转信号,使刀库执行后退动作。

② 检查诊断方法:对于这种既不能前进,也不能后退的故障,可按照以下步骤进行检查。

a. 检查 PLC 的工作状态。当 124 端子上有输入信号时,输出端子 014 的状态为"1",送出了刀库前进指令;当 125 端子上有输入信号时,输出端子 015 的状态为"1",送出了刀库后退指令。这说明 PLC 的工作完全正常。

b. 检查刀库的动作过程。刀库的进退需要气缸推动,需检查气压系统,压力要高于正常值 0.6MPa,不能有漏气现象。经检查气压系统没有问题。

c. 检查气压电磁阀。经测量发现其线圈损坏,通电后也不能动作。

③ 故障维修方法:更换损坏的电磁阀,故障被排除。

(4) 维修经验归纳和排除 气动系统故障见检查可从动作逻辑进行检查,也可从执行部分、控制部分和动力部分进行追溯检查。

【实例3-25】

(1) 故障现象 西门子系统 FV-800 型加工中心,在加工时,执行自动换刀指令,换刀臂旋转 60°后主轴不能立即松刀,停止 5s 后方可松刀,出现换刀时间过长故障。

（2）故障原因分析　常见原因是换刀机构、信号传递、气动系统等有故障。

（3）故障诊断和排除

① 机械传动检查：经检查，凸轮机构内换刀臂旋转 60°之后，凸轮机构已经到位，表明接近开关动作的输入信号 X2.7、X3.6 完全正常。

② 气动系统检查：检查压刀气缸及压刀量，气缸的动作位置符合要求，夹刀和松刀处于正常状态。

③ 控制元件检查：检查有关的电磁换向阀，处于正常状态。

④ 指令试验检查：执行指令检查，在 MDI（手动数据输入）方式下，输入 M72、M73、M74 等单步指令，让换刀动作分步执行，此时换刀过程正常，由此可排除凸轮机构方面的问题。但是一回到自动状态就不正常了。

⑤ 动作观察分析：反复观察发现，在执行自动运行指令时，从气缸排出的气体不能快速释放，导致气缸下行时，存在反向压力，故下行动作缓慢，从而造成松刀动作时间过长。至此可以断定问题出在气缸排气方面，有可能是气缸消声器有故障。吸收型消声器的结构如图 3-21 所示，当气流通过由聚苯乙烯颗粒或铜珠烧结而成的消声罩时，气流与消声材料的细孔相摩擦，声能量被部分吸收转化为热能，从而降低了噪声的强度。当细孔堵塞时，将会影响排气功能。

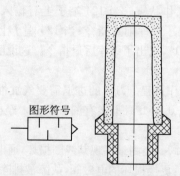

图形符号

图 3-21　气动系统的消声器结构

⑥ 故障元件处理：根据检查结果，更换气缸消声器后，机床恢复正常。

（4）维修经验归纳和积累　气动系统的排气口故障，相当于液压系统的回油路，若排气不顺利，会引起背压，影响气缸的运动速度和定位精度。

因此本例的消声器故障影响排气过程,产生背压,导致气缸运动时间过长故障。

项目三　电气部分故障维修

加工中心的电气原理图比较多,例如 VDL‐600A 立式加工中心机床,该机床控制回路的电源及用途:

① AC220V,用于直流稳压电源和交流接触器控制电源。

② AC24V,用于工作灯电源。

③ DC24V,稳压电源,用于 NC、PLC 输入、输出公共电源。

④ DC24V,稳压电源,用于三色灯和电磁阀电源。

⑤ DC5V,用于手摇脉冲发生器电源。

电路的主要电气元件包括断路器、分线器、交流接触器、灭弧器、功率继电器、稳压电源、控制变压器、伺服变压器等。如图 3‐22 所示为 VDL‐600A 加工中心部分电气原理图。维修前需要熟悉故障机床有关说明书中的电气原理图及其控制原理,具体维修可借鉴以下实例。

任务一　加工中心电源电路部分故障维修

【实例 3‐26】

(1) 故障现象　SINUMERIK 840D 系统意大利加工中心,机床在工作中突然停机,断电并再次通电后不能启动。CRT 上显示报警:"COMMUNICATION TO NC FAILED"。

(2) 故障原因分析　报警:"COMMUNICATION TO NC FAILED" 的含义是"与 NC 的通信失败";加工中心不能启动的常见原因是电源等有故障。

(3) 故障诊断和排除

① 线路检查:检查有关的导线、接线端子和插接件,没有发现异常情况。

② 系统检查:检查数控系统的 NCU(数控单元),发现板上的状态指示灯全部不亮。用万用表测量面板端子上的电压,全部为零。由此判断电源板已经损坏。

③ 故障处理:替换电源板后机床恢复正常。

④ 检修检查:对损坏的电源板进行仔细的检查,发现板上有一只大功率晶体管短路,导致保护电路动作。

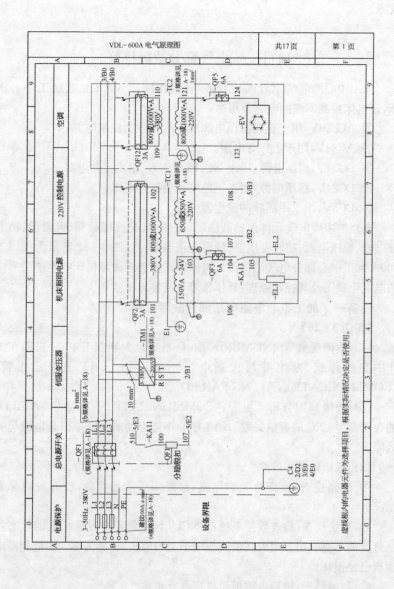

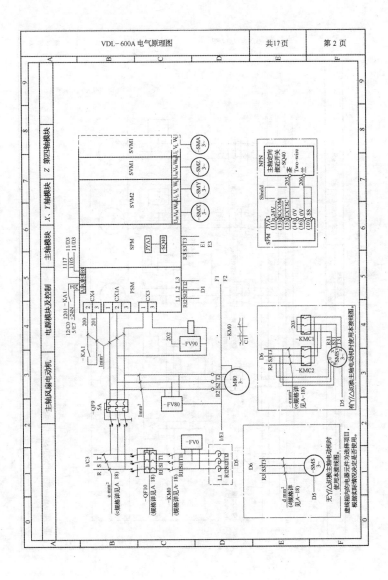

VDL-600A 电气原理图　　共17页　　第2页

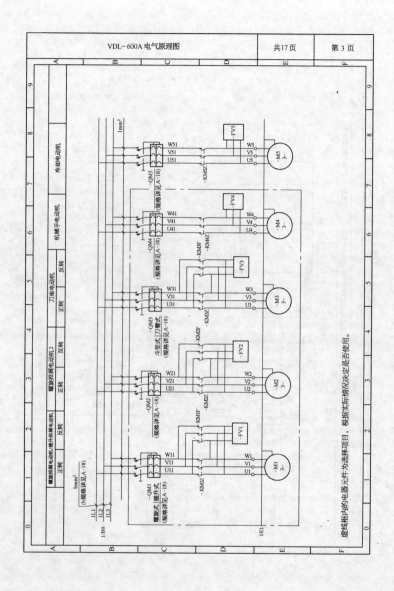

| VDL-600A 电气原理图 | 共17页 | 第3页 |

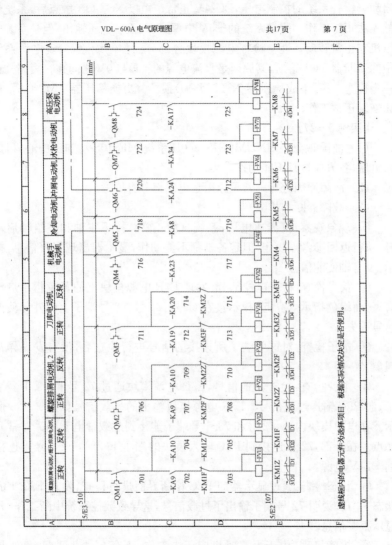

图 3 - 22　加工中心典型电气电路(部分)

⑤ 故障检修:更换故障元器件后,输出电压恢复正常,又增加了一套备用电源。

(4) 维修经验归纳和积累　机床不能启动应首先检查电源部分,例如另有一台使用 SINUMERIK 810M 数控系统的立式加工中心,通电后不能启动。检查系统的控制电压,DC24V 正常。短接 NC‑ON 触点后,系统仍然无法正常工作。测量系统的＋5V 电源,发现没有电压输出,但是系统的风机在正常转动。逐一检查电源模块各部分的控制线路,发现电源系统中的熔断器 FU1 熔断,其原因是直流电源的＋E 与 0V 之间存在短路。进一步检查,发现集成稳压器 N3(LM340)损坏。更换稳压器 LM340 后,机床恢复正常工作。

【实例 3‑27】

(1) 故障现象　SINUMERIK 840D 系统 ME810S 型加工中心,机床通电后,各方向轴都不能动作。

(2) 故障原因分析　常见原因是电源部分有故障。

(3) 故障诊断和排除

① 现象观察:机床通电后,系统自检正常。按下主轴和进给轴启动键,执行返回参考点操作,但是各轴都不能动作,显示器出现报警信息,提示"没有轴使能信号"。

② 信号检查:检查电控部分,发现 E/R 电源模块上的黄色指示灯没有亮,而绿色指示灯亮起,提示接在 63 号,64 号、68 号端子上的外部使能信号丢失。

③ 端子检查:对这些端子所连接的信号进行检查后,没有发现异常现象。

④ 电源检查:检查其他信号,E/R 电源模块通过 72 号和 73.1 号端子,向 PLC 输送过载信号。E/R 电源模块输出的过载信号如图 2‑23 所示。在电源模块内部,72 号和 73.1 号端子连接到过载继电器的一对常开触点。在外部,72 号连接到 PLC 输入模块的端子 E32.1,73.1 号则连接到＋24V 电源。

⑤ 状态检查:通过显示器的 PLC 诊断界面进行检查,发现 E32.1 的状态为"1",说明 72 号端子输出了过载信号,这导致数控系统中断工作,并显示报警信息。

⑥ 故障机理:由于报警时机床还未工作,不存在过载问题,显然是 E/R 电源模块不正常。

⑦ 故障处理:更换 E/R 电源模块后,故障排除。

【实例 3‑28】

(1) 故障现象　某 SINUMERIK 820 GA3 系统加工中心,机床通电后,CRT 上没有任何显示。

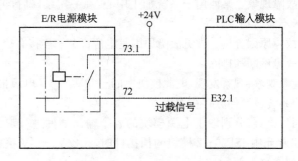

图 3 - 23　E/R 电源模块输出的过载信号

(2) 故障原因分析　CRT 没有任何显示,常见原因是显示器的工作电源有故障。

(3) 故障诊断和排除

① 电源检测:测量显示器的电源端子,电压为 0V。检查开关电源,输入和输出电压都为零。熔断器 F901 已经熔断。

③ 短路检查:查找短路点,发现直流 300V 正极对"地"电阻接近于 0Ω。

④ 元件检查:检查大功率开关晶体管 Q901,已被击穿短路。再检查集成电路 TDA4601,其关键点的电阻与正常值有很大差异。

⑤ 更换检查:将上述损坏的元器件逐一更换后,用 220V 灯泡作负载,再次通电试验,这 3 只元器件又被损坏。

⑥ 电路检测:进行全面检查,发现开关电源的电路板上有一只 1/8W 的小功率电阻 R912 不正常,阻值显著变大,推断故障是由此引起的。

⑦ 故障处理:重新更换这 4 只元器件后,故障排除。

(4) 维修经验归纳和积累

① 在 SINUMERIK 数控系统中,有些电源故障是由小功率电阻所引起的,要耐心地查找。

② 显示器故障中还有常见的原因是高压有故障。例如另有一台使用 SINUMERIK 840D 系统的数控加工中心,在加工过程中显示器突然熄灭。经检查,是显示器高压嘴处漏电打火,造成高压线端部的卡簧烧断,导致显示器的阳极上没有高压电压。更换卡簧后,故障排除。

【实例 3 - 29】

(1) 故障现象　某西门子系统加工中心,在一次维修后,再次通电开机时,机床不能启动。

(2) 故障原因分析　常见故障原因是电源部分和连接有故障。

(3) 故障诊断和排除

① 现象观察:观察发现,电源模块上的+24V、+5V 电源报警灯都亮了,这表明系统电源部分存在着故障。

② 插件检查:分别取下电源模块的各个输出插件进行观察,当拔下 MDI/CRT 单元中 JSP50 - 2 模块的插接件时,+24V、+5V 报警消失,这说明故障就在这一部分。

③ 诊断检查:对 JSP50 - 2 模块的电源连接进行检查,发现它的电源输入插头 CN5 没有定位装置,正向和反向都可以插入。检修后不小心将插头交换了方向,产生插接错误。

④ 故障处理:调换 JSP50 - 2 模块的插接头方向后,故障排除,机床恢复正常工作。

(4) 维修经验归纳和积累

① 电源部分故障可能由输出接插件故障引发,应注意检查接插件的可靠性和接插件插入方向和位置。

② 电源模板的故障可以通过检测输入输出进行判断。例如另有一台 MC - 60 型数控加工中心,通电后机床不能启动。检查发现接触器 POC 不能吸合。检查电源板,其正常工作指示灯(绿色)未亮,而故障指示灯(红色)亮了,检测后没有直流电压输出。由此说明电源板损坏,更换电源板后,故障排除。

【实例 3 - 30】

(1) 故障现象　SINUMERIK 840D 系统 ME810S 型加工中心,机床加工过程中,显示器突然没有显示。

(2) 故障原因分析　常见原因是电源部分或负载短路故障。

(3) 故障诊断和排除

① 警示观察:打开电气控制柜进行观察,发现 E/R 电源模块、NCU 数控模块、MSD 主轴模块、FDD 伺服模块的电源指示灯都不亮。

② 电压检测:测量 E/R 电源模块上直流母线的电压,正常值是 550V 左右,实测值为 0V。

③ 元器件检测:检查电源模块上的元器件,都在完好状态。

④ 原因推断:推断是电源模块的某个负载短路,导致保护电路动作,从而切断电源输出。

⑤ 短路点查找:查找短路部位时,采用隔离法。关断机床电源,依次拔下各个模块的电源插头,然后给机床通电,观察故障现象是否消除。当拔下 X/Y 双轴驱动模块的电源插头后,短路现象消失,显示器恢复正常显示,说明短路故障就在这个模块中。

⑥ 故障机理:这台机床在两年之内,先后损坏了几个双轴模块。其原因是双轴模块采用再生电压回馈外电网方式,开机和关机时如果操作不当,极易破坏回馈通路而使模块损坏。

⑦ 故障处理:

a. 更换 X/Y 双轴驱动模块。

b. 纠正错误的操作方法。

(4) 维修经验归纳和积累　本例故障的重复发生与操作方法有关,因此需要进行操作规范制定和执行。

① 开机时,要按照以下顺序:打开机床总电源→释放急停按钮→启动主轴→启动各进给轴。

② 关机时,则要按照相反的顺序:停止各进给轴→停止主轴→按下急停按钮→关断机床总电源。

【实例 3-31】

(1) 故障现象　某 SINUMERIK 8ME 系统加工中心,在加工过程中,CRT 显示器突然熄灭,没有任何显示。停机 10min 后再启动,能正常工作一段时间,之后故障又重复出现。

(2) 故障原因分析　本例加工中心是用数码管显示,出现黑屏故障通常是电源有问题,要首先检查电源部分。

(3) 故障诊断和排除

① 报警检查:打开电气控制柜,发现电源板 MS140 中有报警。

② 电压检测:用万用表检测,+5V 电源检查孔没有电压。

③ 模板检查:取下 MS14 板仔细检查,未发现明显的故障点。但是散热器非常烫手,说明+5V 线上过载或通风散热条件不好。

④ 负载检测:测量+5V 线上的电流,在正常范围之内。

⑤ 环境检查;进一步检查发现,电控柜底部的两台排风扇中,左边一台运转正常,而右边一台没有转动。检测其绕组已经烧断。

⑥ 故障处理:更换同类型的电风扇,故障排除。

（4）维修经验归纳和积累

① 电源部分的环境温度会引发电源故障。本例由于通风不畅，致使MS14 板散热不良，温度上升很快，引起温度保护环节动作。

③ 环境有振动源时也会引发故障，例如另有一台 YCM－V65 A 型数控加工中心，在正常加工时 CRT 突然无显示，而机床还在正常运转。当设备受环境振动源影响发生振动时，也容易出现这种故障，分析认为是元件接触不良。对显示板进行检查，发现有一只晶体振荡器的引脚松动，重新焊接后，故障不再出现。

【实例 3－32】

（1）故障现象　SINUMERIK 840D 系统进口卧式加工中心，CRT 显示"ALM3000"报警。

（2）故障原因分析　常见原因是电源断电引发位置失调。

（3）故障诊断和排除

① 过程回顾：机床在正常加工过程中，进入到自动换刀程序，换刀机械手和主轴上的刀具已经啮合。此时电网突然断电，正常的换刀动作中断，机械手处于非正常的开机状态，引起系统急停。再次开机后，CRT 上显示"ALM3000"报警。

② 检查分析：这种突然断电，造成机床的换刀机械手等运动部件处在运动的中途，没有返回到参考点，所以开机后机床不能直接启动。必须通过手动调整，使各个运动部件回到原位。

③ 故障处理：将工作方式开关置于"调整"位置，启动液压系统后，用手动方式依次完成刀具松开、卸刀、机械手返回到起始点等规定动作，使机械手回到原位。机床的各个运动部件都要恢复到正常的初始状态，即全部返回到参考点。然后停机并再次启动机床，报警即可消失，转入正常工作状态。

（4）维修经验归纳和积累　电源部分突然断电，可能导致各种失调现象，系统有保护性的措施，排除此类故障，需要进行手动的复位等操作，参数丢失的需要恢复参数，才能正常启动机床和系统。

【实例 3－33】

（1）故障现象　某西门子系统加工中心，机床安装好后试运行，工作一段时间后，CRT 上就显示出过载报警。

（2）故障原因分析　常见原因是电源和伺服系统故障。

（3）故障诊断和排除

① 经验检查:

a. 手摸伺服电动机外壳,感觉温度过高。

b. 检查机械部分,动作很灵活,不存在过载的问题。

② 电源检查:检查电源电压,三相都很正常。

③ 控制检查:检查其他电气控制环节,没有发现任何异常现象。检查接触器有个别触点有熔焊、烧结等现象。

④ 参数检查:仔细阅读机床的使用说明书,输入交流电压要求是220V/60Hz,或者是200V/50Hz。由于现场的供电电压刚好为220V,所以制造厂调试人员便将此220V电源接至机床。

⑤ 据理推断:分析认为,所连接的电源虽然是220V,但是中国电网的工频频率为50Hz,与说明书的要求不相符。所以电源的连接是错误的。

⑥ 故障处理:配置了一个380V/200V的电源变压器,将200V电压接至机床,这只电源变压器要有足够的功率,否则变压器发热。同时按型号更换触点有故障的接触器,此后电动机温度正常。

(4) 维修经验归纳和积累

① 供电电源的连接看起来很简单,但影响却很大,轻则电动机过载报警,重则烧坏电气设备,所以不能马虎。特别是对进口的数控机床,必须仔细地阅读使用说明书,正确地连接电源。

② 交流接触器是数控机床强电系统的主要控制元件,接触器的结构如图3-24所示,接触器的常见故障见表3-14。

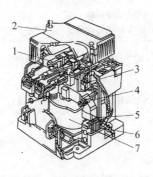

图 3-24 接触器的结构

1—主触头;2—灭护罩;3—辅助常闭触头;

4—辅助常开触头;5—衔铁;6—铁心;7—线圈

表 3 - 14　接触器的常见故障及其原因

故 障 现 象	故 障 原 因
主触头不闭合	1）电源电压过低 2）弹簧失效 3）铁心锈蚀或卡住、极面有污物 4）线圈断线 5）线圈额定电压高于电源电压
主触头不释放	1）回路电压过低 2）触头弹簧压力过小 3）主触头熔焊、烧结、金属颗粒凸起 4）负载侧短路 5）使用频率过高 6）长期过载使用
铁心不释放	1）恢复弹簧失效 2）机械机构脱落、松动或位移 3）铁心工作气隙减小，剩磁过大 4）超过使用寿命期
电磁铁噪声大	1）电源电压过低 2）触头弹簧压力过大 3）铁心机械锈蚀或卡住 4）接线点接触不良 5）短路环断裂 6）主触头电磨损、接触不良
线圈过热或烧毁	1）电源电压过高或过低 2）线圈匝间短路 3）操作使用频率过高

任务二　加工中心控制电路部分故障维修

【实例 3 - 34】

（1）故障现象　SINUMERIK 810 系统 XH714 型加工中心，开机返回参考点时，X 轴向相反的方向运动。

（2）故障原因分析　常见原因是零点信号等有问题。

（3）故障诊断和排除

① 位置反馈：这台机床使用的是半闭环方式，并采用增量脉冲编码器作为位置反馈元件。

② 动作过程：X 轴返回参考点的过程是：先以较快的速度向参考点方向运动，当挡块压下零点开关时，PLC 输入点 I32.2 的状态由"1"变为"0"。

CNC 接收到这个跳变信号后,输出减速指令,使 X 轴制动并以较低的速度向相反的方向运动。这导致挡块将零点开关释放,I32.2 的状态又由"0"跳变为"1"。X 轴再次制动并改变运动方向,以返回参考点的速度再次向参考点移动。当挡块再次压下零点开关时,I32.2 的状态又由"1"变为"0"。此时,CNC 接收到编码器发出的零位标志脉冲,X 轴继续移动,到达设定的距离后停止,返回参考点的动作过程结束。这种工作模式,可以防止不正常的操作损坏机床。

③ 故障推断:根据故障现象,怀疑零点开关不正常,当 X 轴离开参考点,挡块释放后,零点开关不能复位,经检查确实如此。

④ 现象观察:再观察机床的加工过程,每一个循环加工动作结束后,X 轴和其他各轴都停止在参考点位置上,这导致挡块长期压着零点开关,造成弹簧松弛,开关不能复位。

⑤ 故障处理:

a. 更换 X 轴零点开关。

b. 这台机床采用 CAM 软件进行编程,在循环加工程序结束(M30)时,采用回参考点格式 G28。如果去掉 G28,改用返回中间点的 G 代码指令,可以大大减少这种故障。

(4) 维修经验归纳和积累　在机床使用过程中,合理应用返回参考点的指令进行编程加工,可降低故障的发生率。

【实例 3-35】

(1) 故障现象　SINUMERIK 840D 系统 SP2016 型加工中心,机床进行自动加工,在 X 轴返回参考点时,出现"参考点接近失败"的报警。

(2) 故障原因分析　常见故障原因是零点信号等有问题。

(3) 故障诊断和排除

① 过程分析:先从理论上弄清返回参考点的工作原理。在 SINUMERIK 840D 数控系统中,返回参考点的动作分为三个阶段。

a. 进给轴按照参数 MD34020 设定的速度,向原点方向移动,碰到原点撞块后,便将速度减至零,这是第一阶段。

b. 进给轴按照参数 MD34040 设定的速度,向原点的反方向移动,在脱离 HOME DOG 之后,碰到的第一个参考点就是原点,这是第二阶段。

c. 进给轴按照参数 MD34070 设定的速度,向原点做偏移运动,偏移的距离由参数 MD34080 设置,这是第三阶段。

② 开关检查:检查原点开关正常,参数设置也没有问题。第一阶段的

动作可正常地完成。

③ 动作试验:检查第二阶段的动作。将 MD34060 所设定的原点最大距离从 20mm 放大到 50mm,故障依然存在。怀疑光栅尺上的第一个参考点不好找,于是又将 MD34060 逐步放大到 100mm,还是找不到原点。

④ 装置检查:进一步检查,发现这台机床使用的是钢带式反射型光栅尺,其带有一个接近开关,以作为零点开关。机床反向移动后,寻找的并不是某一个栅格的零点,而是这个固定的接近开关。

⑤ 故障确认:由于这个接近开关感应片的位置挪动,感应不到信号,所以无法找到原点。

⑥ 故障处理:调整光栅尺上接近开关的位置后,故障排除。

(4) 维修经验归纳和积累　注意返回参考点过程中三个阶段的参数设置。

【实例 3 - 36】

(1) 故障现象　SINUMERIK 850M 系统 SHW 型加工中心,机床进行自动加工时,经常出现 9047 报警。

(2) 故障原因分析　经常出现 9047 报警"READY MISSING",常见故障原因是伺服系统有问题。

(3) 故障诊断和排除

① 现象观察:每次报警后,将机床停止十几分钟再启动,又能正常工作一段时间。

② 伺服检查:检查电气控制柜,发现 Y 轴伺服驱动器中的绿色指示灯 BTBI 不亮,分析是 Y 轴驱动装置有故障。

③ 交换检查:Y 轴和 X 轴的驱动装置都是 SM17/35 型,应用交换法检查,故障仍然存在于 Y 轴中,于是怀疑 Y 轴的伺服电动机不正常。

④ 伺服电机检查:检查 Y 轴伺服电动机。其绕组阻值正常,三相平衡,绝缘层也没有问题。但是其内部的热敏电阻在冷态时正常,温度升高后阻值很不稳定。

⑤ 故障判断:由检查结果判断,故障是由于热敏电阻不良,引起保护装置误动作。

⑥ 故障处理:更换新的热敏电阻后,报警消除,机床恢复正常工作。

(4) 维修经验归纳和积累　热敏电阻是一种对温度极为敏感的电阻器,这种电阻器在温度发生变化时其阻值也随之变化。热敏电阻器的种类较多,按其结构及形状可分为球形、杆状、圆片状、管形、圆圈形等。按其受热方式的不同,可分为直热式热敏电阻和旁热式热敏电阻器。按温度系数分为正温度系数(PTC)和负温度系数(NTC)热敏电阻器。按工作温度范围不同,可分为常温、高温、超低温热敏电阻器。目前应用最广泛的是负温度系数热敏电阻器,它又可分为测温型、稳压型和普通型。温度测量电路和温度控制电路常选用负温度系数的热敏电阻。

【实例 3-37】

(1) 故障现象 SINUMERIK 8MC 系统 17-FP175 NC 龙门式加工中心,Z 轴点动时出现自激振荡现象。

(2) 故障原因分析 常见原因是伺服控制电路有故障。

(3) 故障诊断和排除

① 现象观察:在手动方式下,Z 轴滑枕正、反方向点动时,出现自激振荡现象,完全失去控制,直到出现报警才能停止。

② 控制原理:根据伺服系统的控制原理,进给轴闭环系统是按照指令位置和实际位置的偏差来发出进给指令的,这个偏差称为速度偏差或跟踪偏差,用 E 表示。

③ 故障机理:如果反馈信号不正常,就会使 E 值处于不稳定的状态,出现自激振荡现象。

④ 成因检查:

a. 检查机械部分,滚珠丝杠与螺母之间的间隙合适,丝杠没有轴向窜动,平衡液压缸处于正常状态。

b. 检查电气部分,Z 轴的伺服驱动器、伺服电动机都没有问题。

c. 从接线端子上测量 Z 轴测速发电机的阻值,发现大大高于正常情况。

d. 进一步检查,发现由于坦克链长期拖动,将测速发电机的导线磨损,当 Y 轴滑板移动到 W 轴横梁的中间段时,导线出现断路情况,导致速度反馈信号中断。

⑤ 故障处理:更换测速发电机的导线,故障排除。

(4) 维修经验归纳和积累 伺服反馈信号控制是反馈信号正常的保证,需要注意日常维护。对于反馈信号的正负也是十分重要的。例如另有一次,这台加工中心出现飞车现象,速度完全失控。经过一系列的检查,发现在接线时将测速发电机的极性搞错,使控制系统出现正反馈,纠正极性后,飞车现象消除。

【实例 3-38】

(1) 故障现象 SINUMERIK 8 系统卧式加工中心,机床在加工过程中,CRT 上突然显示 104 报警,机床停止运行。

(2) 故障原因分析   104 报警的内容是:X 轴测量系统电缆断线或短路,造成信号丢失;不正确的门槛信号;不正确的频率信号。

(3) 故障诊断和排除

① 故障重现:关断电源后重新启动,报警消失,机床可以正常工作。过一段时间后,又重复上述故障。

② 装置检查:这台机床的 X、Y、Z 三个进给轴的位置反馈元件都是采用光栅尺。检查 X 轴的光栅尺,密封没有破坏,没有受到灰尘和油渍的污染。X 轴的读数头也在完好状态。

③ 控制检查:检查 X 轴差动放大器和测量线路板,没有发现不正常的现象。

④ 信号检查:检测 X 轴位置反馈信号,发现来自 13 号线的信号电压不稳定,断电后测量,13 号线时通时断。

⑤ 诊断检查:进一步检查,发现 13 号线随导轨运动的一段已经折断,造成反馈信号丢失。

⑥ 故障处理:重新连接好 13 号线,并采取措施防止再次折断。

【实例 3 - 39】

(1) 故障现象   某西门子数控系统 TH5660 型加工中心,按照数控程序进行自动加工时,出现报警,提示"X 轴数字伺服系统故障"。

(2) 故障原因分析   常见原因是机械和伺服电气控制电路故障。

(3) 故障诊断和排除

① 机械检查:检查机械传动部分,将 X 轴伺服电动机与丝杠的联轴器脱开,用手转动丝杠,感到非常轻松,由此可以排除机械方面的故障。

② 交换检查:应用交换法,确认伺服放大器没有问题。

③ 动力检查:检查伺服电动机,感觉动力线插头外壳温度偏高,拧下插头时,有一股切削液流出。

④ 元件检查:拆开插头,用电吹风吹干后重新安装好,但仍然出现伺服系统报警,且插头处有明显的放电声。

⑤ 绝缘检查:仔细检查拆开的插头,发现插头的硬质塑料有烧焦的痕迹,并由绝缘体变成了导体。

⑥ 故障处理:根据检查结果,刮净烧焦部分,安装后涂上玻璃胶进行绝缘密封,故障不再出现。

(4) 维修经验归纳和积累   本例的故障原因是控制电路的插头绝缘

损坏引起的。通常接插件的电阻比较大,属于冷连接接头部位,若绝缘材料质量不好,接插件所处的部位环境不好,通过电流时产生局部短路,外壳发热等,很容易损坏绝缘,导致短路故障。

项目四 数控系统故障维修

1. SIEMENS 810D/840D 数控系统的参数设置

(1)区域和分类 西门子系统内安装有标准参数,在各种机床配置时,生产厂家根据用户的要求修改部分标准参数,以匹配具体的机床。在使用过程中,用户还要根据工作的实际需要和环境的变化,不断对生产厂家供给的参数进行调整和修改。西门子数控系统的参数是利用机床参数(machine data,MD)和设置参数(setting data,SD)来使控制系统适应各种数控机床的。

① 机床参数的区域分类见表 3 - 15。

表 3 - 15 机床参数的区域分类

区 域	描 述	区 域	描 述
1000~1799	驱动的机床参数	39000~39999	保留
9000~9999	操作面板的机床参数	41000~41999	通用的设置参数
10000~18999	通用的机床参数	42000~42999	指定通道参数
19000~19999	保留	43000~43999	指定伺服轴设置参数
20000~28999	指定通道的机床参数	51000~61999	循环编译的通用机床参数
29000~29999	保留	62000~62999	循环编译的指定通道的机床参数
30000~38999	指定伺服轴机床参数	63000~63999	循环编译的指定伺服轴机床参数

② 机床参数(MD)的分类

通用机床参数　　　　　　General MD
指定通道机床参数　　　　Channel MD
指定伺服轴机床参数　　　Axis MD
操作面板的机床参数　　　Display MD
进给驱动的机床参数　　　Drive MD
主轴驱动的机床参数　　　Drive MD

③ 设置参数(SD)的分类

通用的设置参数　　　　　General SD

指定通道的设置参数　　　Channel SD

指定伺服轴设置参数　　　Axis SD

（2）设置要点

① SD无需授权就可以改动，MD需要一定的授权才能改动。

② 显示MD操作：在MMC上选择"Area switchover"键，出现带区域机床、参数、程序、服务、诊断和启动的主菜单；选择"Start‐up"之后再选择"Machine data"。

③ 显示SD操作：在出现主菜单后，选择"Parameter"之后再选择"Setting data"。

④ 机床参数具有标准格式，通常包括机床数据号、机床数据标志符或名称、对照参考、单位、说明、软件版本、显示过滤器、属性、有效方式、硬件/功能、标准数值或默认数值、最小值、最大值、参数类型、保护等级。具体释义和规定可参见机床说明书有关内容。

⑤ 机床参数的处理包括标准机床参数的装入、定标机床参数的处理、引起SRAM内存重新分配的参数的处理等。对引起内存重新分配的机床参数，在操作时要特别小心。改动参数后不要激活，应先做系列备份，再激活修改的参数，最后做系列备份的恢复。

（3）重要的机床参数　系统以菜单的形式向用户开放基本的、重要的参数设置和调整。SIEMENS 810D/840D数控系统重要的机床参数见表3‐16。

表3‐16　SIEMENS 810D/840D数控系统重要的机床参数

菜单项	组	参数号	简　　　述
基本设置	控制循环时间	10050	系统时钟循环
		10060	位置控制时钟循环因子
	米制系统	10240	公制基本系统
	内部物理量		
	输入输出物理量	10220	定标因子激活
		10230	物理量定标因子
	内部计算分辨率	10200	线性位置计算分辨率
		10210	角位移计算分辨率
	显示分辨率	9004	显示分辨率

（续表）

菜单项	组	参数号	简 述
内存配置	DRAM	18220	DRAM 分配
		18050	DRAM 检查
	SRAM	18230	SRAM 分配
		18060	SRAM 检查
标准 MD	初始化 MD	11200	上电装入不同的 MD
轴和主轴	机床级	10000	机床坐标轴名
	通道级	20070	通道中有效的机床轴号
		20080	通道中的通道轴名称
	程序级	20050	分配几何轴号到通道
		20060	通道中几何轴名
轴特殊 MD	设定	30110	分配逻辑驱动号给指定通道
		30130	设定值输出类型
	实际	30200	编码器数
		30240	编码器类型
		30220	实际值指定:驱动器号/测量电路号
		30230	实际值指定:输入到驱动器子模块/测量电路板
测量系统	增量测量系统	30300	旋转轴
		31000	编码器是线性
		31040	编码器直接安在机床上
		31020	编码器分辨率
		31030	丝杠螺距
		31080	测量变速箱分子
		31070	测量变速箱分母
		31060	负载变速箱分子
		31050	负载变速箱分母
	绝对测量系统	34200	回参考点模式
		34210	绝对编码器状态
		34220	旋转编码器的绝对值编码器范围

（续表）

菜单项	组	参数号	简　述
驱动优化	速度控制设定	1407	速度控制增益
		1409	速度控制器积分时间
速度匹配	各挡速度	32000	最大轴速率
		32010	在点动模式下的快速移动速率
		32020	点动速率
		34020	回参考点速率
		34040	爬行速率
		34070	参考点定位速率
		36200	速率监控门槛值
		1401	电动机最大速度
位置控制数据	运行方向	32100	运行方向
		32110	编码器反馈极性
	伺服增益	32200	位置控制增益
	加速度	32300	最大加速度
	反向间隙补偿	32450	反向间隙补偿
轴监控功能	位置监控	36000	粗准停限制
		36010	精准停限制
		36012	准停限制系数
		36020	精准停延时时间
		36030	零速公差
		36040	零速监控延时时间
		36050	夹紧公差
	硬限位监控	36600	制动模式选择
	软限位监控	36100	第一软件限位负方向限制
		36110	第一软件限位正方向限制
		36120	第二软件限位负方向限制
		36130	第二软件限位正方向限制

(续表)

菜单项	组	参数号	简 述
轴监控功能	工作区域监控	SD43400	工作区域限制正方向激活
		SD43410	工作区域限制反方向激活
		SD43420	工作区域限制正方向限制
		SD43430	工作区域限制正方向限制
	动态监控	36210	最大速度设定值
		36220	速度设定值监控延迟时间
		36610	故障时制动的斜坡时间
		36400	轮廓监控公差带
		36300	编码器极限频率
		36310	编码器零标记监控
		36500	位置实际值转换的最大公差
参考点接近	一般 MD	34000	带参考点凸轮的轴
		34110	通道各轴回参考点的顺序
		34200	回参考点模式
	第一阶段	11300	增量系统回零的模式
		34010	负方向回参考点
		34020	回参考点速率
		34030	到参考点凸轮的最大位移
	第二阶段	34040	爬行速率
		34050	反向到参考点凸轮
		34060	到参考标记的最大位移
	第三阶段	34070	参考点定位速率
		34080	参考点位移
		34090	参考点偏移/绝对位移编码偏移
		34100	参考点值/位移编码系统的目标点
主轴数据	主轴定义	30300	旋转轴
		30310	旋转轴模数转化

(续表)

菜单项	组	参数号	简　述
主轴数据	主轴定义	30320	旋转轴以 360°显示
		35000	指定主轴到机床轴
主轴数据	速度监控	35110	齿轮换挡的最大速度
		35120	齿轮换挡的最小速度
		35130	齿轮级的最大速度
		35140	齿轮级的最小速度
		35150	主轴速度公差
		36060	主轴静止速度
		35100	最大主轴速度

2. SIEMENS 840D 数控系统的组成与连接

(1) SIEMENS 840D 数控系统的组成及其功能　参见模块一相关内容。

(2) SIEMENS 系统的连接

① 840D 数控系统的连接如图 3-25 所示。

② CNC 单元模块接口端及主要接口端的意义见表 3-17。

③ 电源模块接口端及主要接口端的意义见表 3-18。

④ 双轴伺服驱动模块接口端及主要接口端的意义见表 3-19。

任务一　加工中心数控系统参数丢失和设置故障维修

【实例 3-40】

(1) 故障现象　某 SINUMERIK 8ME 系统加工中心,机床停用一段时间后无法启动。

(2) 故障原因分析　分析认为,因为机床停用太久,PLC 内存储器 RAM 中的部分用户数据丢失,造成 PLC 不能启动。

(3) 故障诊断和排除

① 数据恢复步骤:

a. 关闭系统电源,将 PLC 的 CPU 板上的 RUN/STOP 工作方式开关置于"STOP"处,再送上系统电源。

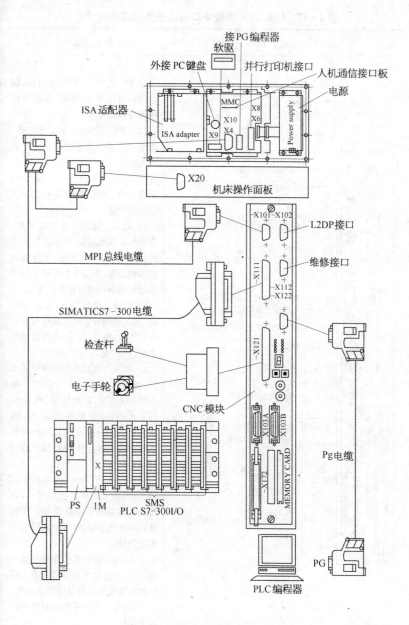

图 3-25 840D 数控系统的连接

表 3 - 17　CNC 单元模块接口端及主要接口端的意义

示　　　图	主要接口端的意义
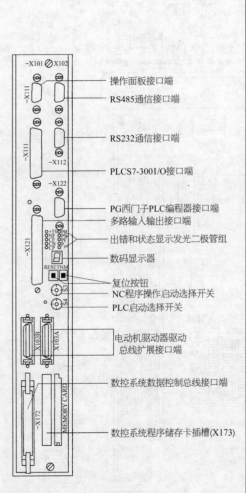 操作面板接口端 RS485通信接口端 RS232通信接口端 PLCS7-300I/O接口端 PG西门子PLC编程器接口端 多路输入输出接口端 出错和状态显示发光二极管组 数码显示器 复位按钮 NC程序操作启动选择开关 PLC启动选择开关 电动机驱动器驱动总线扩展接口端 数控系统数据控制总线接口端 数控系统程序储存卡插槽(X173)	1) X101。操作面板接口端,该端口通过电缆与 MMC 及机床操作面板连接 2) X102。RS485 通信接口端,该端口主要是满足西门子通信协议的要求 3) X111。PLCS7 - 300 输入/输出接口端,该端口提供了与 PLC 连接的通道 4) X112。RS232 通信接口端,实现与外部的通信,如要由数个数控机床构成 DNC 系统,实现系统的协调控制,则各个数控机床均要通过该端口与主控计算机通信 5) X121。多路输入/输出接口端,通过该端口数控系统可与多种外设连接,端口与控制进给运动的手轮、CNC 输入/输出的连接 6) X122。PLC 编程器 PG 接口端,通过该端口与西门子 PLC 编程器 PG 连接,以此传输 PG 中的 PLC 程序到 NC 模块,或从 NC 模块将 PLC 程序拷贝到 PG 中,另外还可在线实时监测 PLC 程序的运行状态 7) X103A、X103B。电动机驱动器 611D 的输入输出扩展端口,通过扁平电缆将驱动总线与各个驱动模块连接起来,对各个伺服电动机进行控制 8) X172。数控系统数据控制总线端口,通过扁平电缆与各相关模块的系统数据控制总线联系起来 9) X173。数控系统控制程序储存卡插槽

表 3-18 电源模块接口端及主要接口端的意义

示 图	主要接口端的意义
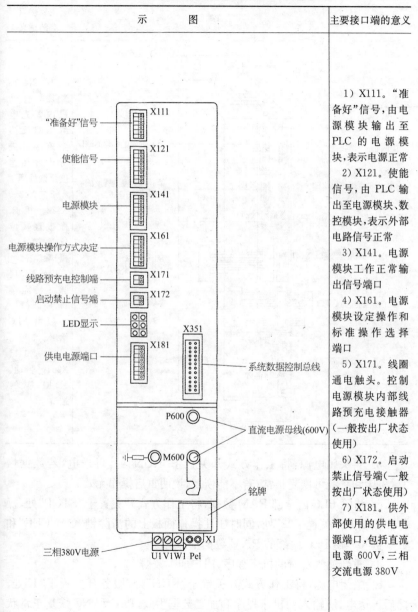	1) X111。"准备好"信号,由电源模块输出至PLC的电源模块,表示电源正常 2) X121。使能信号,由PLC输出至电源模块、数控模块,表示外部电路信号正常 3) X141。电源模块工作正常输出信号端口 4) X161。电源模块设定操作和标准操作选择端口 5) X171。线圈通电触头。控制电源模块内部线路预充电接触器(一般按出厂状态使用) 6) X172。启动禁止信号端(一般按出厂状态使用) 7) X181。供外部使用的供电电源端口,包括直流电源 600V,三相交流电源 380V

图中标注:
X111 "准备好"信号
X121 使能信号
X141 电源模块
X161 电源模块操作方式决定
X171 线路预充电控制端
X172 启动禁止信号端
LED显示
X181 供电电源端口
X351 系统数据控制总线
P600 直流电源母线(600V)
M600
铭牌
U1 V1 W1 Pe1 X1
三相380V电源

表 3-19　双轴伺服驱动模块接口端及主要接口端的意义

示　　　图	主要接口端的意义
第 I 轴光电编码器端口 X411　X412 第 II 轴光电编码器端口 第 I 轴直接位置反馈(光栅)端口 X421　X422 第 II 轴直接位置反馈(光栅)端口 使能端口 X431　X432 高速输入输出接口端 X341 驱动总线端口(连接上一模块) X141 驱动总线端口(连接下一模块) X151 系统数据控制总线端口(连接上一模块) X351 系统数据控制总线端口(连接下一模块) P600 直流电源母线(600V) M600 铭牌	1) X411、X412。电动机内置光电编码器反馈至该端口进行位置和速度反馈处理 2) X421、X422。机床拖板直接位置反馈(光栅)端口 3) X431。脉冲使能端口,使能信号一般由 PLC 给出 4) X341、X351。驱动、数据总线端口

　　b. 再关闭电源,将工作方式开关置于"RUN"处,再送电,若数据恢复,机床和系统可恢复正常;若不能恢复,说明重启操作无效。

　　c. 清除 PLC 内全部 RAM 数据,将工作方式开关置于"STOP"处,操作面板服务开关置于"2"处,同时压住操作面板上的清除键"CANCEL"和数字键"0",使 PLC 内部的 RAM 数据全部清除。

　　d. 重新输入备份的机床程序、用户加工数据。

　　e. 关闭电源,将工作方式开关置于"RUN"处,服务开关置于"1"处,然后再送电,所输入的机床程序和加工数据生效,PLC 和 NC 恢复正常状态,机床可以启动。

②　牵连故障:机床重新启动后,CRT 上显示出工作界面。但是又出现了 NC711 报警,操作面板仍被锁死。怀疑 NC 中 MS140 电源板上的电池电量不足,取下电池组测量,电压为 3.6V,在正常范围,但是找不到其他问题。

③　电池检查:测量电池的内阻,接近 20Ω,远远大于正常值。万用表所测出的 3.6V 是断路电压,因内阻增大,电池输出电流不足,所以造成 NC 报警。

④　故障处理:试更换电池组后,故障排除。

(4)　维修经验归纳和积累　数据丢失是系统不能启动的主要原因,数据丢失的主要原因是系统电源有故障。例如另有一台捷克 TOS 公司制造的 WHNIIOQ 型数控加工中心,使用 SINUMERIK 840C 数控系统。通电开机后,PLC 处于停止状态,不能执行任何程序。检查其工作电源正常,分析是储存在内存中的机床参数和 PLC 程序发生了变化。应用 Load 功能,将储存在 840C 硬盘中的参数和 PLC 程序重新安装到内存中去,机床立即恢复正常工作。

【实例 3-41】

(1)　故障现象　某 SINUMERIK 840D 系统车削加工中心,机床在启动时,电网突然断电。来电后重新启动,系统在引导 Start Win95. . .后,CRT 呈现蓝屏,没有出现启动界面,也没有任何数据,完全不能执行加工程序,处于"死机"状态。

(2)　故障原因分析　常见原因是系统模块故障。

(3)　故障诊断和排除

①　组成分析:SINUMERIK 840D 是一个多微处理器的数控系统,由三个部分组成,分别是 NCU(NC 部分)、MMC(人机通信部分)和 PLC(可编程逻辑控制部分)。要找出"死机"的根源在哪一部分。

②　模块检查:对故障现象进行观察,NCU 上的指示灯处于正常状态,表示可以运行。PLC 输入、输出模块状态也完全正常。但是 MMC 部分没有任何反应,问题可能就在其中。

③　据实推断:分析故障原因是突然断电造成 MMC 中的某些文件被破坏。

④　比照检查:重新启动数控系统,进入 DOS 界面,观察 MMC 中的文件,并和车间里另一台机床 840D 系统的文件进行对比,发现缺少了两个文件,一个是 MMC. INI,另一个是 MMC COLOR. INI。

⑤ 故障处理:将正常机床中的这两个文件复制到故障机床上。重新启动后,出现了数据引导界面,但是还有一些数据文件找不到。

⑥ 深入检查:经过仔细检查,找到了问题的症结:两个 840D 系统所用的版本不同。故障车削中心用的是标准的 4.4 版本,正常机床所用的是 V5.3 版本,两者加载数据的文件存在差异。

⑦ 故障排除:取得供应商的技术支持后,重新装载 4.4 版本中的两个对应文件,故障排除。

(4) 维修经验归纳和积累 西门子系统有多种系列,各种系列又有不同的版本,在进行文件装载中,应注意核对。

【实例 3-42】

(1) 故障现象 某 SINUMERIK 810M 系统立式加工中心,机床在进行自动加工时,到达软件所设定的限位位置后,不能停止下来,继续向前运动。

(2) 故障原因分析 机床到达设定位置后不停止,常见原因是参数设置有问题。

(3) 故障诊断和排除

① 系统分析:经了解,这台加工中心原来所用的系统软件版本是 1223,更改为 1232 之后,在执行同样的加工程序时,出现了这种故障。分析认为,故障可能与更换软件版本有关。

② 参数分析:在 810M 数控系统中,对应于不同的版本,"加工区域限制设定参数"的格式如下:

a. 在版本 1223 中,"加工区域限制设定参数"的单位为 μm;假设位置值为 $-200mm$,应输入 -200000。

b. 在版本 1232 中,"加工区域限制设定参数"的单位为 mm;假设位置值为 $-200mm$,应输入 -200。

③ 故障处理:按照 1232 版本,进行正确地设置后,故障排除。

(4) 维修经验归纳和积累 版本不同,参数的设置单位不同,在维修过程中应引起注意。

【实例 3-43】

(1) 故障现象 SINUMERIK 810D 系统 DMC 103 V 型加工中心,出现加工尺寸有较大的误差故障。

(2) 故障原因分析 常见原因是机床数据或伺服系统有问题。

(3) 故障诊断和排除

① 现象追溯:机床原来的故障是不能通过自检,系统无法启动。清除机床原来的数据,进行系统初始化后,再将从机床制造厂家带来的 3 张软盘中的数据重新输入。通电试机后,加工尺寸出现较大的误差。

② 系统检查:检查数控系统的所有连接电缆和插接件,在完好状态。

③ 伺服检查:检查 611D 数字伺服系统的连接,也没有问题。

④ 据实推断:初步判断故障是由于数据错误而造成,但反复检查没有找到原因。

⑤ 维修反思:冷静分析发现,所输入的数据可能不是本机床的。

⑥ 据理推断:现场这种型号的机床一共有 4 台,故障机床的编号是 2 号,4 台机床的光盘都放在一起,有可能会拿错。若拿错,虽然 4 台机床的系统参数基本相同,即使输入了其他几台机床的数据,数控系统也可以恢复,机床可以加工。但是不同机床各轴的伺服参数、螺距误差补偿参数、反向间隙补偿参数等肯定有差别,如果输错了就会影响机床精度。

⑦ 故障处理:核对后发现错用了其他机床的光盘,使用 2 号机床的光盘,重新输入系统后再试机,故障排除。

(4) 维修经验归纳和积累　此故障是因为技术资料管理出现差错,导致机床数据出错。值得注意的是,型号相同的机床基本参数是相同的,但因机床的安装和使用情况不同,因此具有补偿作用的参数是有差异的,若错用其他机床的参数,会引发加工尺寸误差大的故障。

【实例 3 - 44】

(1) 故障现象　某 SINUMERIK 810D 系统加工中心,机床通电后,通过计算机和通信线,向机床实时传送加工程序和工艺数据,此时 CRT 上显示"RS - 232 传输错误",通信不能进行。

(2) 故障原因分析　显示"RS - 232 传输错误"的常见原因是系统相关参数设置有误。

(3) 故障诊断和排除

① 硬件分析:SINUMERIK 810D 系统不带硬盘,所以如果遇到容量较大的加工程序,需要采用实时传输模式,将程序输入到 RAM 中进行缓存,达到 25436B 后,就暂停传送程序。

② 报警原因:如果从计算机送出的程序到达 RAM 后不能缓存,则发送的数据只能被丢弃,这时系统就会报警,提示 RS - 232 传输故障。

③ 排除检查:更换 RS - 232 通信线,故障现象不变。分析认为可能是通信设置方面存在问题,某些设置与 810D 数控系统不兼容。

④ 故障处理：更改 RS-232 参数设置，以确保数据的正常传输。经过多次探索试验后，总结出一组稳定的通信数据，操作如下：

a. 将"数据位 8 位"更改为"数据位 7 位"。

b. 将"奇偶校验无"更改为"偶校验"。

c. 将"停止位 1 位"更改为"停止位 2 位"。

在 810D 操作显示屏、数据传送软件、设备管理器中，同时进行这些参数的更改，并保存设置。经过以上处理后，文件传送恢复正常。

(4) 维修经验归纳和积累　对没有硬盘的数控系统，应注意输入输出接口 RS-232 的参数设置和接插部位的维护。RS-232 是目前数控机床应用最广泛的通信接口元件。通常信号大小在 3~15V 之间，外形都是一个 D 形对接的两个接口分为针式和孔式两种。RS 代表推荐标准，232 是标识号，完整的 232 接口有 22 根线，采用标准的 25 芯插座，广泛应用的是一种 9 芯的 RS232 接口。

【实例 3-45】

(1) 故障现象　某 SINUMERIK 840C 系统进口立式加工中心，板卡清洗后出现 43 报警。

(2) 故障原因分析　CRT 上出现 43 报警，提示"PLC-CPU 未准备就绪，不能工作"，常见原因是存储器有故障。

(3) 故障诊断和排除

① 现象回顾：机床使用几年后，数控系统的板卡上聚积了很多灰尘，维护时，曾经将 NC-CPU、PLC-CPU、CSB 等板卡拔下，清洗后重新插上。通电后，PLC-CPU 的报警灯亮起。

② 直观检查：怀疑在清洗板卡时将元器件损坏，对这几个板卡进行直观检查，没有发现疑点。

③ 诊断检查：进入"DIAGNOSIS"诊断界面，发现有故障码 002A，提示"机床数据丢失"。

④ 跟踪排除：从计算机中找到有关的 ANW-PROG 文件，将其中 S5 的 PLC 程序下载到 PLC 的存储器中，报警依旧。

⑤ 资料查阅：查阅 SINUMERIK 840C 数控系统的技术资料，了解到在下载 PLC 程序之前，要通过系统的 Format NCK AWS 功能，将 NCK 中的用户存储器格式化。

⑥ 故障处理：将存储器格式化后，再向 PLC 存储器传送有关的程序，故障排除。

(4) 维修经验归纳和积累 系统技术资料有各种系统规定的技术要求,在进行数据恢复等维修中,应首先查阅有关技术资料,以减少维修诊断的误判错判。

【实例 3 - 46】

(1) 故障现象 某 SINUMERIK 6M 系统进口立式加工中心,机床在调试过程中,不能正常启动。

(2) 故障原因分析 加工中心不能启动的常见原因有电源、互锁启动、数据丢失等。

(3) 故障诊断和排除

① 原理分析:根据电气原理图分析和测量,判断是输入单元 ON/OFF 控制电路的外部触点 COM - EOF 没有闭合。

② 跟踪检查:在 COM - EOF 触点闭合的条件中,有一个是 PLC 的输出信号 S5 - 130WB,检查发现 PLC 未能输出此信号,致使 COM - EOF 的触点处于断开状态。

③ 查看 PLC 的运行开关,发现将运行开关置于"STOP"位置时,可导致整个 PLC 未进入运行状态。

④ 故障处理:需要重新启动 PLC,完成重新启动操作后,PLC 进入运行状态,COM - EOF 的触点闭合,故障排除。

(4) 维修经验归纳和积累 维修时,PLC 启动步骤如下:

① 按住 PLC 的"Restart"键,将 PLC 的运行开关拨至 RUN 位,使 PLC 的 RUN、STOP 灯同时亮;几秒钟后指示灯 RUN 熄灭,STOP 灯则保持亮的状态。

② 松开"Restart"键,将 PLC 的运行开关拨至 STOP,然后再拨至 RUN,此时 PLC 的 RUN、STOP 再次同时亮,等待数秒后,只有 STOP 亮。

③ 再次将运行开关拨至 STOP,然后再拨至 RUN,PLC 的 RUN、STOP 第三次同时亮,等待数秒后,PLC 上的 STOP 灯灭,RUN 灯亮,PLC 完成重新启动过程。

【实例 3 - 47】

(1) 故障现象 某 SINUMERIK 840C 系统进口立式加工中心,在加工过程中,CRT 上出现 43 报警,同时 PLC - CPU 板上的红色报警灯亮。

(2) 故障原因分析 在 SINUMERIK 840C 数控系统中,43 报警的含义是"PLC - CPU NOT READY OPERATION",即"PLC - CPU 未准备就绪,不能工作"。根据 840C 系统的维修资料,出现 43 报警有以下几种

原因:

① PLC 硬件或软件错误,或数据接口错误。

② 机床 PLC 数据与使用者程序不相符。

③ 译码选择错误。

(3) 故障诊断和排除方法

① 程序检查:通过"PLC general rest"操作,将机床的 PLC 程序从存储器中删除,并将计算机硬盘中备份的 PLC 程序重新下载到 PLC 存储器中,但是故障现象不变。

② 电气检查:对电气部分的硬件进行检查,发现 PLC 输出模块上的所有指示灯都不亮。怀疑输出端口中存在短路故障,于是将 8 个输出模块一个一个地拔掉,结果证明没有短路点。

③ 诊断提示:进入系统的"诊断"界面,发现有一个故障码:00A0 0004 00E0 0064。根据 840C 对附加故障码的说明,最后查明与 PLC - CPU 相连接的键盘接口板损坏。

④ 故障处理:更换键盘接口板,故障排除。

(4) 维修经验归纳和积累 在本例中,如果首先使用系统的"诊断"功能进行查找,就可以缩短诊断分析的过程。

任务二 加工中心数控系统电源与控制部分故障维修

【实例 3 - 48】

(1) 故障现象 某西门子系统 VF2 型立式加工中心,机床在加工过程中,出现 161 报警。

(2) 故障原因分析 加工中出现 161 报警,其内容是:"X - AXIS OVER CURRENT OR DRIVE FAULT",即 X 轴存在过电流或驱动故障。常见原因是数控单元和伺服单元等有问题。

(3) 故障诊断和排除

① 现象观察:故障偶然发生,使用"RESET"键可以将报警清除,使机床恢复运行,但是故障又会不定期地出现。有时,其他进给轴也出现类似的报警。

② 故障分析:由于故障在几个伺服轴之间转移,分析可能是伺服轴的公共环节出了问题。这包括数控单元的位置控制板、伺服单元的电源组件板等。

③ 经验推断:根据检修经验,电源组件板出现故障的概率比较高,所以决定先把伺服电源组件板作为检修的重点。

④ 电源检查:这台机床的伺服电源分为两个部分,第一部分输出±12V 直流电压,而实测电压分别是+11.73V、−11.98V。分析此结果,+12V 电压降低了 2.3%。虽然降低的幅度不大,但是在找不到其他问题的情况下,可先设定为故障源。

⑤ 替换检查:找来一台 WYJ 型双路晶体管直流稳压器,将两路输出电压都调节到 12V,使正、负电压完全对称。开机后,机床可以正常工作。

⑥ 跟踪观察:在接下来的一个月内,故障不再出现。证实了故障根源就是伺服电源组件损坏。

⑦ 故障处理:用一台±12V 国产开关电源代替损坏的部件,故障排除。

(4) 维修经验归纳和积累 在集成电路的运算放大器和比较器中,有的采用单电源供电,有的则采用双电源供电。单电源供电时,如果电源出现误差,在一定的范围内还可以正常工作;而采用双电源的运放,如果其不具备调节功能,则要求正负供电对称,其差值不能大于 0.2 V,否则将不能正常工作。而在本例的电源中,两路输出电压相差了 0.25V,超过了规定的误差范围,从而导致了故障的发生。

【实例 3−49】

(1) 故障现象 SINUMERIK 810M GA3 数控系统加工中心,机床通电后不能启动,CRT 上显示 ALM2000 报警。

(2) 故障原因分析 在 SINUMERIK 810M GA3 数控系统中,ALM2000 报警提示机床"急停"。常见的原因是机床出现故障自保护。

(3) 故障诊断和排除

① 现场位置检查:经检查,发现在 Z 轴方向上,"超极限"开关触点断开,使保护动作,观察 Z 轴工作台,确实到达"超极限"位置。

② 故障处理方法:这台机床的 Z 轴为垂直进给轴,伺服电动机带有制动器,不能直接利用手动操作退出 Z 轴。可按下述步骤进行处理:

a. 断开机床电源;

b. 临时将机床 Z 轴的"超极限"信号进行短接,以取消"超极限"保护;

c. 手动移动机床 Z 轴,退出"超极限"保护位置;

d. 去掉跨接线,恢复 Z 轴"超极限"开关的功能。

处理后,故障得以排除。

(4) 维修经验归纳和积累 在处理保护性急停故障时,应首先通过技术资料搞清楚保护的方式和原理,在短路保护信号时,需要注意出现牵连故障。

【实例 3 - 50】

(1) 故障现象 某西门子系统加工中心,通电开机启动后,显示屏上就出现报警,提示"跟踪误差过大"。

(2) 故障原因分析 常见原因有伺服驱动、反馈环节和机械负载增大等。

(3) 故障诊断和排除

① 电气检查:检查电气部分,发现伺服驱动器上的故障指示灯亮。检查伺服电动机和反馈环节,都在完好状态。

② 伺服驱动检查:拆开伺服驱动器,检查其主电路,没有发现问题。再检查"故障检测及显示"电路±17.5V、±15V 电源都在正常状态。进一步检测时,±7.5V 和±15V 电源突然全部消失,由此怀疑开关电源不正常。

③ 驱动电源检查:检查伺服驱动器的开关电源,发现其中的它激振荡器已经停振。这个振荡器由两个非门、电阻、电容等元器件构成,经过仔细查找,发现故障根源是其中的一只正反馈电阻阻值变大。

④ 故障处理:更换损坏的电阻,故障排除。

(4) 维修经验归纳和积累 反馈环节和机械负载增大也是此类报警的常见原因。

① 例如另有一次,这台机床也出现"跟踪误差过大"的报警,伺服电动机运转时还有异常的响声。经过一系列的检查,问题出在速度反馈环节,其中的 4052 型芯片输出信号很不稳定,更换后故障不再出现。

② 又如另一台加工中心,当 Z 轴以 F500 以上的速度移动时,频繁地出现"跟随误差超限"报警。修改参数表中的跟随误差极限值,也可以消除报警,但是定位精度下降。全面检查后,发现润滑系统中的分油器堵塞,造成 Z 轴导轨润滑不良,运动阻尼过大。修复分油器后,故障排除。

【实例 3 - 51】

(1) 故障现象 某 SINUMERIK 8ME 系统加工中心,X 轴快速移动时停机。自动进给时,机床出现 NC - 103 报警,有时还出现 NC - 101 报警。

(2) 故障原因分析 机床出现 NC - 103 报警,有时还出现 NC - 101 报警,其原因是某轴的位置环或速度环发生问题,故障范围涉及机械传动、位置监测、伺服驱动等部位。

(3) 故障诊断和排除

①故障重演:用手动方式使 X 轴慢速或中速移动时,机床工作正常。改用快速时,工作台严重抖动。自动进给时,机床出现 NC-103 报警,有时还出现 NC-101 报警。

② 检查分析:故障现象表明,某轴在驱动过程中超出了 N346 所设定的公差带。

a. 电机机械检查:检查伺服电动机、滚珠丝杠及联轴器等,均在正常状态。

b. 检测装置检查:检查光栅尺和其他部位,都没有发现明显的问题。

③ 故障机理分析:本例加工中心已经使用了多年,机械部件有较大的磨损,整个驱动环节的机电性能均有变化。所以应该对 X 轴位置环和速度环的参数进行检查,并重新进行优化调整。

④ 故障处理:

a. 对原来的参数进行检查,没有发生变化。

b. 对位置环的参数进行优化调整,但效果并不明显。

c. 将 X 轴速度环的比例系数适当减小,积分时间常数适当加大,并综合调整 NC 系统的增益系数,保证既有足够的快速性,又有必需的跟踪误差和轮廓公差带。

经过以上处理,故障消除,机床工作完全正常。

(4) 维修经验归纳和积累 本例的故障报警属于提示性的报警,实质原因是机械部分磨损后,需要进行相关参数的适度调整。

【实例 3-52】

(1) 故障现象 SINUMERIK 810 系统 DZ12W 型铣削加工中心,机床在加工过程中,经常出现 7013 报警,同时面板上红色的报警指示灯连续闪烁,此后机床不再执行任何加工程序。

(2) 故障原因分析 在 SINUMERIK 810 数控系统中,7013 报警提示主轴 SP1 的速度控制单元中存在故障。

(3) 故障诊断和排除

① 现象观察:仔细观察后故障现象有以下发现。

a. 主轴 SP1 转速不稳,且低于给定的速度。手动方式下也是如此。

b. 转速越高,波动值越大。对于加工所需要的 6 000r/min,波动值约为 10%。

c. 另一主轴 SP2 没有出现这种故障。

② 全面检查:对 SP1 的电气和机械部分进行全面检查,并对速度控制部分进行重点检查,没有发现明显的问题。

③ 据实分析:这台加工中心已经使用十余年,近年来这种故障呈渐进式发展,产生这种故障的原因可能是主轴驱动单元老化,电子元器件的性能下降。

④ 故障处理:更换同一型号的主轴驱动单元,或对原有的驱动单元进行参数配套修改。

(4) 维修经验归纳和积累　本例故障处理最简单的办法是更换主轴驱动单元,但花费大。若驱动电路板已经淘汰,很难采购。此时可通过技术人员查阅有关技术资料后,对系统和驱动单元的设计参数重新进行配套修改,特别注意对主轴速度允差 MD4440 进行调整。调整后需试机保证达到原有驱动器的性能,此法也可以解决此类难度较大的维修技术问题。

【实例 3 - 53】

(1) 故障现象　某 SINUMERIK 840C 系统数控加工中心,机床通电后不能启动,CRT 上出现 ♯1 报警。

(2) 故障原因分析　在 SINUMERIK 840C 数控系统中,♯1 报警信息的具体内容是"BAT - TERY ALARM POWER SUPPLY",提示数控系统断电保护的电池电压不足,提示用户及时更换电池。

(3) 故障诊断和排除

① 针对检查:继电保护正常电压为 9V,测量电池实际电压,不足 5V。

② 更换检查:更换电池后,机床恢复正常工作。但是几天之后,同样的故障再次出现。检查电池电压,再次下降到 5V 以下。

③ 负载检查:在机床断电时,测量电池的输出电流,接近 100mA,远超过正常电流($2\sim10\mu A$)。这说明电池的负载中有漏电现象,一旦机床断电,电池就会很快耗尽。

④ 排除检查:更换 PLC 模块,故障现象不变,推断是 CPU 模块中有漏电元器件。

⑤ 故障处理:更换 CPU 模块后,电池的电流下降到 $5\mu A$。再次更换电池后,故障不再出现。

(4) 维修经验归纳和积累　电池电压的下降,通常是负载的电流过大引起的,保护系统的电流是 μA 级的,远大于额定电流的负载电流会导致保护电池电压不足,从而会导致报警。

【实例 3 - 54】

(1) 故障现象　某 SINUMERIK 810M 系统立式加工中心,主轴在定位时,连续不断振荡,始终不能完成定位。

(2) 故障原因分析　常见原因是反馈信号有故障。

(3) 故障诊断和排除

① 检查分析:这台机床刚刚进行过维修,更换了主轴编码器,观察发现,机床在执行主轴定位时,减速动作正确无误。

② 推断分析:推断故障与主轴位置反馈极性有关。如果编码器的输出信号线接错,就会出现正反馈,产生振荡和不能定位的故障现象。

③ 故障处理:

a. 对编码器的输出信号 Ua1/Ua2、*Ua1/*Ua2 进行交换,以改变主轴编码器的极性。

b. 当主轴的定位由 CNC 控制时,也可以通过修改 SINUMERIK 810M 系统的参数来实现定位。主轴位置反馈极性参数是 MD5200bit10。

本例修改 MD5200bit10 参数后,故障排除。

(4) 维修经验归纳和积累

① 反馈极性错误是产生振荡的主要原因,排除此类故障的方法比较多,可根据不同的系统结构采用不同的方法。

② 电源纹波幅度大也是产生振荡的原因之一,例如另有一台加工中心,主轴在旋转时出现振荡现象。检查主轴电动机、主轴箱均正常。测量主轴驱动装置的工作电压时,发现±20V 直流电压的纹波竟然达到 4V。怀疑是滤波电容容量下降,更换直流电源板中的 $100\mu F$ 和 $1\,000\mu F$ 的滤波电容后,振荡现象得以消除。

【实例 3 - 55】

(1) 故障现象　某 SINUMERIK 8ME 系统加工中心,当系统发出"M19"主轴定向指令时,主轴以极慢的速度不停地转动,无法完成定向。

(2) 故障原因分析　主轴不能完成定向的常见原因是定向检测装置、电路控制或机械部分有故障。

(3) 故障诊断和排除

① 原理分析:进行定向时,主轴缓慢转动。定向完成时,PLC 输出口 EW2.4 的状态应该为"1",它所控制的继电器 M3 - N3 吸合。电磁阀 SOL4 得电,驱动定位销插入槽口,此时主轴便停止转动,定向完成。

② 现象观察:故障现象显示,主轴以极慢的速度转动而不能停止,分

析是定位销没有插入到槽口中。

③ 状态检查:检查 PLC 输出口 EW2.4,其状态为"1",它所控制的继电器 M3 - N3 已经吸合。

④ 元件检查:检查电磁阀 SOL4,其线圈也是好的,但是 SOL4 却没有得电,因而不能动作。

⑤ 电气检查:测量 M3 - N3 的上端,电压是正常的,但是下端没有电压。取下 M3 - N3 检查,发现其常开触点已经严重烧损,造成接触不良。

⑥ 故障处理:更换继电器 M3 - N3。若没有现成的备件,可将烧损的触点打磨,使其恢复到比较光滑的状态,暂时使用一段时间,待购回备件后再更换。

(4) 维修经验归纳和积累　另有一台 TH5640 型加工中心,在加工过程中执行 Z0 M19 程序时,机床呈"死机"状态。仔细观察后,发现机床执行程序的顺序是先 M19,后 Z0。M19 使主轴定位后,接近开关没有发出定位信号,计算机则一直等待着这个定位信号,而不继续执行 Z0,因此机床停止工作。检查接近开关和感应块,发现感应块错位,调整其位置后故障排除。

【实例 3 - 56】

(1) 故障现象　某西门子系统加工中心,机床通电后,主轴不能旋转。

(2) 故障原因分析　加工中心主轴不旋转的常见原因是主轴伺服部分有故障,包括控制电器和参数设置等。

(3) 故障诊断和排除

① 现象观察:对 X、Y、Z 三个进给轴进行检查,动作完全正常,并且能够准确无误地返回参考点,推断故障仅在主轴部分。

② 主轴检查:手动旋转主轴机械部分,没有卡阻现象;主轴刀具的松开和夹紧动作都正常,输出的信号也正确;主轴的传动带没有断裂。

③ 试验检查:在手动数据输入(MDI)方式下,给主轴施加一个 M03 S100 的旋转指令,主轴不能旋转。观察 CRT 界面,主轴坐标值也没有任何变化。用万用表测量主轴放大器的输出端,没有电压输出。

④ 状态检查:对机床的 PLC 梯形图进行监控,发现在主轴旋转所必需的条件中,有一个输入点没有满足。

⑤ 元件检查:该输入点是辅助继电器的一对触点。根据电路图进行检查,发现这个继电器在主轴放大器内部。将主轴放大器电路板取出,发现这对触点接触不良。

⑥ 故障处理:更换辅助继电器后,故障彻底排除,主轴运转正常。

(4) 维修经验归纳和积累　除了控制电器故障原因外,参数设置不当也可能引发故障。例如另有一台加工中心,主轴不能启动,主轴是由变频器控制的。检查变频器的参数设置,发现加、减速时间比较短,在规定的时间内,主轴电动机不能完成启动和停止,还导致过电压报警。将加、减速时间加长后,主轴恢复正常工作。

任务三　加工中心主轴伺服系统故障维修

1. 西门子主轴交流伺服系统简介

(1) 西门子数控系统及 650 系列特点　常用的主轴交流伺服驱动系统包括 611 系列和 650 系列。650 系列交流主轴驱动系统与 1PH5/6 系列三相感应式主轴电机配套,可组成完整的数控机床的主轴驱动系统,实现自动变速。通过附加选择,可以实现主轴的"定向准停"控制和 C 轴控制功能。如图 3-26 所示为 650 系列主轴驱动的工作原理框图,在数控机床上,驱动主回路一般都与三相 380V、50Hz/60Hz 电源连接。直流母线的整流回路由 6 只晶闸管组成"三相全控桥式整流"电路,通过对"晶闸管导通角"的控制,既可以使直流回路工作在"整流"方式,向直流母线供电,也可工作于"逆变"方式,实现"再生制动",使得能量"回馈"到电网。驱动器正常工作时,直流母线电压调节在 575V±2%的范围内。

(2) 650 系列主轴驱动的结构组成与功能　650 系列交流主轴驱动器对于不同的规格,其主要组件(模块)基本相同,驱动器各模块安装在独立的框架上,驱动器具有自己的操作面板、外罩、机架与风机等组件,构成了相对独立的"单元",可以安装于机床的强电柜内。在总体结构上,根据功率大小可以分为两种形式,即小功率的(6502,6503 系列,输出电流 20A/30A)驱动器与大功率的(6504-6520 系列,输出电流 40～200A)驱动器。小功率驱动器的功率部件(整流管、逆变管、"斩波管"等)直接安装在功率模块 A1 上;大功率的驱动器功率部件则安装在与机架连为一体的散热器上,以增加功率部件的散热效果。对于常用规格,6504-6508 系列交流主轴驱动器的结构如图 3-27 所示。驱动器主要由以下模块构成。

① 控制模块 N1:控制模块是驱动器调节与控制的核心组件,用于对驱动器的数字化处理、调节与控制,模块主要包括 2 只 CPU (80186)及必要的控制软件(5 片 EPROM)。在驱动器中,控制器模块的作用主要是进行矢量变换计算,产生 PWM 调制信号。

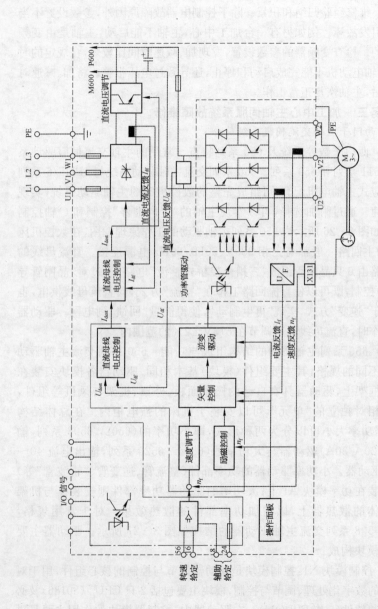

图 3 - 26 650 系列主轴驱动的工作原理框图

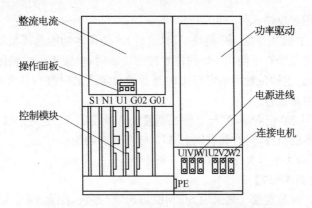

图 3-27 650 系列交流主轴驱动器的结构

② 输入/输出(I/O)模块 U1:此模块主要用于连接输入/输出信号,内部主要由"U/f 变换器"、光电耦合器件等接口器件组成。来自 CNC 的速度给定电压、来自电机的速度反馈电压在此模块进行必要的处理后,转换为数字控制所需要的信号。此外,来自驱动器外部的控制信号(如使能信号、变速挡控制信号等)均通过此模块进行输入输出控制。

③ 电源模块 G01 和电源控制模块 G02:电源模块 G01 主要用于对直流母线电压、电流的控制并产生驱动器控制电路所需的各种辅助电源电压。电源控制模块 G02 主要用于对电源模块的控制与输出驱动器内部的各种继电器信号(如超温、速度、监视等信号等),以便 NC 或 PLC 对驱动器进行控制。

④ 整流模块 A0:该模块安装在机架上,主要为主电路整流晶闸管及相应的阻容保护电路,用于驱动器直流母线电压的整流和调整。

⑤ 逆变驱动模块 A1(功率驱动):逆变驱动模块 A1 主要用于产生逆变晶体管 V2~V4,"斩波管"V1/V5 的驱动控制信号,以及对直流母线、交流主回路电流检测信号进行必要的处理。小功率驱动器的功率部件(整流管、逆变管等)及相应的阻容保护电路直接安装在功率模块 A1 上;大功率的驱动器功率部件则安装在机架上。

⑥ 功能选件模块 S1:根据机床实际需要配备,功能选件可以是以下模块。

a. C 轴控制模块 A73(选件)。通过"C 轴控制"选择功能模块,驱动器可以实现交流主轴电机在低速(0.01~375r/min)时的位置控制(C 轴控制)。但选择此功能时,主轴必须同时安装 18 000 脉冲/r 的位置检测编码器作为位置反馈元件。

b. 主轴"定向准停"模块 A74(选件)。使用本功能选择模块,可以使主轴驱动系统在不使用 NC 的位置控制功能时,单独进行主轴的"定向准停"控制。主轴位置的给定可由内部参数设定或通过接口从外部输入 16 位位置给定信号。

c. 主轴"定向准停"与 C 轴控制模块 A75(选件)。它是集成了 A73 与 A74 功能的组件,同时具有以上 A73 与 A74 的功能。

2. 加工中心常见故障维修实例

【实例 3-57】

(1) 故障现象 某采用 SIEMENS 810M 系统,配套 6502 主轴驱动器的加工中心,在机床运行过程时,出现主轴驱动器无显示故障。

(2) 故障原因分析 常见原因为驱动器电源或控制模块故障。

(3) 故障诊断和排除 显示器上所有数码管均不亮,可能的故障部位如下。

① 电路检查:主电路进线断路器未跳闸;主回路进线电源无缺相故障。

② 保护检查:检查驱动器输入熔断器未熔断;电源模块中的熔断器未熔断。

③ 连接检查:显示模块和控制器模块之间连接良好正常。

④ 控制检查:检查辅助控制电源,正常无故障;检查控制模块 N1 无故障。

⑤ 更换检查:通过更换备用板确认驱动器全部模块均正常,驱动器电源输入正确。

⑥ 检测推断:测量驱动器辅助控制电压,170V DC 正常,但 30V DC、5V DC 为"0",由于整个驱动器中的全部模块均已经互换进行确认,故障部位应是驱动器机架。

⑦ 故障处理:直接更换机架再次进行试验,故障排除,主轴工作正常。

(4) 维修经验归纳和积累 本例可进一步对机架进行故障原因确认,对拆下的机架进行认真检查,发现该机架上的总线板 30 脚(30V DC 总线)绝缘不良,对地电阻只有 20kΩ,从而引起了辅助电源的保护线路动作,使驱动器出现以上故障。

【实例 3-58】

(1) 故障现象 某采用 SIEMENS 810M 的立式加工中心,配套 6502 主轴驱动器,在开机调试时,发现主轴不能正常旋转,CNC 无报警。

（2）故障原因分析 由于系统为刚出厂的原装系统,因此系统内部不良的可能性较小,出现以上故障最可能的原因是系统的参数设定不当,即CNC设定错误引起故障;也可能是PLC系统I/O有故障。

（3）故障诊断和排除

① 输出测量:测量系统主轴模拟量输出,发现此值为"0",因此可以确定故障是由数控系统无模拟量输出引起的。

② 参数检查:仔细检查系统的机床参数设定,发现全部NC-MD参数与设定参数SD均正确无误。

③ 信号检查:由于故障现场无PLC编程器,无法通过动态检查PLC程序来确定故障原因,维修时只能根据一般的规律进行如下信号的重点检查。

a. "刀库"向后的"到位"信号,这是"无机械手换刀"加工中心主轴旋转的前提之一。

b. 主轴上刀具夹紧信号,这是主轴旋转的条件。

c. 主轴传动级交换完成信号,这也是主轴旋转的必要条件,本例无完成信号。

④ 故障确诊:根据以上条件,确认机床故障是由于主轴传动级交换未完成,主轴旋转缺少必要(信号)条件引起的。

⑤ 故障处理:排除主轴传动级的相关故障后,机床恢复正常。

（4）维修经验归纳和积累 加工中心主轴旋转的必要条件是通过PLC进行控制的,在没有PLC编程器的情况下,可根据逻辑控制的一般规律进行信号检查,以便确定故障的部位和故障具体原因。

【实例3-59】

（1）故障现象 某SIEMENS 810M数控系统,配套6502主轴驱动器的立式加工中心,每次开机时,主轴驱动器在显示状态"04"后,需要等待10min左右时间,主轴驱动器才能进入正常工作。

（2）故障原因分析 6502主轴驱动器显示状态"04"表明驱动器未准备好,常见的原因是控制端63未加入"使能"信号或驱动器预充电未完成。

（3）故障诊断和排除

① 信号检查:检查驱动器的输入信号,发现端子63信号正常,因此,可能的原因是驱动器预充电未完成。

② 参数检查:检查驱动器参数设定,发现该驱动器的P15参数被设定为"1",使得驱动器每次通电都必须进行预充电动作。

③ 参数设置:为了取消以上动作,根据650系列主轴驱动器的特点进

行了如下处理。

a. 拔下 AO 模块的插头 X13、X140。

b. 开机,将 P97 输入 00H,并进行如下的参数设定。

P95:输入驱动器代号。

P96:输入电机代号。

P98:输入脉冲编码器每转脉冲数(通常为 1024)。

c. 将 P97 输入 0001H,进行参数写入传送。

d. 设定下列参数,进行预充电准备。

P51 设置:0004H。

P75 设置:0001H。

P52 设置:0001H。

e. 当 P52 恢复 0000H 后,关机。

f. 连接 A0 模块的插头 X13、X140。

g. 开机,并使驱动器显示状态参数 P6,监视直流母线电压。

h. 当直流母线电压显示值 P6 上升到 520～540V 时,进行如下参数设定。

P51 设置:0004H。

P75 设置:0000H。

P52 设置:0001H。

i. 当 P-52 自动恢复到 0000H 后,切断驱动器电源,固定直流母线电压为 520～540V。经过以上处理后机床恢复正常工作。

(4) 维修经验归纳和积累 主轴驱动器的参数设定不适当,可能导致各种非必要的动作过程,继而会引起不符合操作要求的各种故障现象。

【实例 3－60】

(1) 故障现象 某 SINUMERIK 850M 系统卧式加工中心,主轴停机时,出现 F41 报警。

(2) 故障原因分析 查阅有关资料,报警内容释义为"中间电路过电压"。

(3) 故障诊断和排除

① 原理分析:机床主轴的交流变频系统为 6SC6508,它采用了较为先进的发电反馈制动单元。制动时以主轴电动机作为发电机,将电能回馈给电网。这种电路对制动部分的电气元件要求很高。

② 现象推断:由于故障出现在主轴停机时,应重点检查在制动时导通的大功率晶体管模块。

③ 模块检测:经检测,大功率晶体管模块 V1 损坏,在制动时无法导

通,从而引起电路中电容器组上的电压超过700V。

④ 故障处理:更换模块 V1,故障被排除。

(4) 维修经验归纳和积累　追溯故障的相关原因,据了解,这台机床在以前的检修过程中,方法不妥当,多次进行快速启动和停止试验,700V以上的过电压损坏了驱动板 A1 和其他一些元器件,由此可见,维修方法不适当也是引发故障的原因之一。

【实例 3-61】

(1) 故障现象　SINUMERIK 810D 系统 DMC103V 型加工中心,机床在加工过程中,CRT 上显示 300613 和 300614 报警。

(2) 故障原因分析　在 SINUMERIK 810D 数控系统中,300613 报警和 36014 报警都提示主轴电动机超温。300613 报警提示温度超出了 MD1607 参数所允许的数值;300614 报警则提示温度不仅超出了 MD1602 参数所允许的数值,也超出了 MD1603 参数所允许的时间。

(3) 故障诊断和排除

① 伺服检查:主轴采用 611D 数字伺服系统。测量主轴电动机的电流,在正常范围,电动机没有超温的迹象。

② 参数检查:查看 MD1602、MD1603、MD1607 参数,都在正常范围。

③ 传感器检查:温度传感器 KTY84 连接到电缆插头 X412 的 13 和 25 引脚,从这里测量 KTY84 的阻值,达到 $7k\Omega$,而正常阻值应该在 500Ω 左右。这说明温度传感器已经损坏,不能反映正常的电动机温度,并导致系统出现错误的报警信息。

④ 故障处理:由于温度传感器封装在电动机内部的,无法更换。只能进行应急处理:断开温度传感器,在 X412 的 13 和 25 引脚上并联一只 $1k\Omega$ 的多圈电位器。机床启动后,缓慢调整电位器的阻值,使得参数中显示的电动机温度在 50℃ 左右。

(4) 维修经验归纳和积累　采用临时应急处理方法应注意:从现象上可以消除报警,让机床继续工作,但是存在隐患,真正超温时不能进行保护。

【实例 3-62】

(1) 故障现象　一台配套 SIEMENS 6508 交流主轴驱动系统的卧式加工中心,主轴制动时,驱动器出现 F41 报警。

(2) 故障原因分析　SIEMENS 6508 交流主轴驱动系统 F41 报警的含义为"中间电路过电压"。由于机床在加工时工作正常,在本机床上引起报警可能的原因如下。

① 驱动器整流模块不良。

② 逆变晶体管模块不良。

③ 直流母线"斩波管"V5、V1 不良。

(3) 故障诊断和排除

① 现象观察：为了进一步判定故障原因，通过驱动器复位消除报警后，重新启动主轴，主轴电机加速、旋转动作均正常。但在试验几次后，驱动器又出现 F42(中间电路过电流)报警，驱动器内部有异常声。

② 直观检查：打开驱动器检查，发现逆变晶体管模块上有一组控制电路烧坏，对应的直流母线斩波管 V1 的 BE 极间电阻明显大于 V5，而且并联在模块两端的大功率电阻 R100(3.9Ω/50W)烧断，电容 C100，C101(22pF/1 000V)击穿，中间电路熔断器 F7(125A/660V)熔断。

③ 原理分析：根据 6508 主轴驱动系统的原理，驱动器主回路采用交流→直流→交流的变流形式，直流母线电压为 600V，制动采用回馈制动的形式，在制动时可以将能量回馈电网。"斩波管"V1 和 V5 的作用是在制动时控制直流母线的电流方向，实现能量的回馈。

④ 据理推断：如果 V1 和 V5 无法在制动时按照要求导通，制动能量就无法回馈电网，必然引起直流母线电容的电压超过允许的最大值，从而出现 F41 报警。同时，直流高压将使电容 C100、C101 击穿，导致中间电路短路，熔断器 F7 动作，限流电阻 R100 损坏。

⑤ 故障处理：根据以上分析和诊断结果，维修时更换损坏的"斩波管"V1，电容 C100、C101，电阻 R100，熔断器 F7 及驱动板 A1，调速器恢复正常。

⑥ 预防措施：为了防止故障再次发生，在维修完成后，将驱动器的启动和制动时间(参数 P16、P17)做了适当的延长，以减少对元件的冲击，经以上处理后故障不再发生。

(4) 维修经验归纳和积累　本例提示，在检测检查中应注意"斩波管"的性能检测和作用原理，掌握基本知识后可进行据理推断和分析，便于进行故障诊断。

【实例 3－63】

(1) 故障现象　某采用 SIEMENS 810M 系统，配套 611A 主轴驱动器的加工中心，开机调试时，输入 S＊＊＊＊ M03 指令，发现主轴无法旋转。

(2) 故障原因分析　常见原因是主轴驱动系统故障或参数设置有问题。

(3) 故障诊断和排除

① 状态检查：根据 611A 驱动器的特点，检查驱动器的状态显示，发

现主轴驱动器的启动条件的状态显示为"0",表明驱动器被"可定义的控制输入端"所禁止。

② 现场调研:根据现场了解,该机床的主轴驱动器参数曾经被修改。

③ 参数检查:检查驱动器参数 P81~P89 的设定存在错误。

④ 参数设定:重新驱动器参数 P81~P89 的设定,更改后故障排除。

(4) 维修经验归纳和积累　维修调整 611A 主轴驱动器可参见图 3-28 所示的连接端布置图和表 3-20,也可参见表 3-21、表 3-22 进行故障诊断和分析排除。

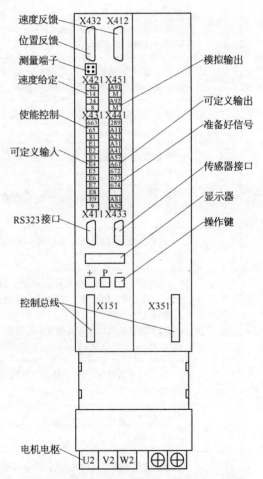

图 3-28　611A 系列主轴驱动模块连接端布置图

表 3-20 611A 系列主轴驱动的连接

端　子	脚号	用　　处	备　注
速度给定连接端子 X421	56/14	用于连接速度给定信号，一般为－10～10V 模拟量输入	该连接端子一般与来自 CNC 的"速度给定模拟量"输出以及"速度控制使能"信号连接
	24/8	用于连接辅助速度给定信号，一般为－10～10V 模拟量输入	
驱动"使能"与可定义输入连接端 X431		用　　处	
	9/663	驱动器"脉冲使能"信号输入，当 9/663 间的触点闭合，驱动模块控制回路开始工作	
	9/65	用于连接驱动器的"速度控制使能"触点输入信号，当 9/65 间的触点闭合，速度控制回路开始工作	
	9/81	用于连接驱动器的"急停"触点输入信号，当 9/81 间的触点开路，主轴电机紧急停止	
	E1～E9	可以通过参数定义的输入控制信号，信号意义取决于参数的设定	
模拟量输出连接端 X451	A91/M	可以定义的模拟量输出连接端 1，输出为－10～10V 模拟量	
	A92/M	可以定义的模拟量输出连接端 2，输出为－10～10V 模拟量	
驱动器触点输入/输出连接端 X441	AS1/AS2	AS1/AS2 为主轴驱动模块启动禁止信号输出端，AS1/AS2 一般与强电柜连接。当 AS1/AS2 断开时，表明驱动器内部的逆变主回路无法接通，主电机无"励磁"。在部分机床上，该输出端可以用于外部安全电路作为主轴的启动"互锁"控制，触点具有 250VAC/3A、50VDC/2A 的驱动能力	
	674/673	驱动器"准备好"信号触点输出，"常闭"触点，驱动能力为 30VDC/1A	
	672/673	驱动器"准备好"信号触点输出，"常开"触点，驱动能力为 30VDC/1A	
	A11～A61	可以通过参数定义的输出信号，信号意义取决于参数的设定，驱动能力为 30VDC/1A	

(续表)

端　子	脚号	用　处	备　注
		备　注	
测速反馈信号接口 X412	参见图 3-28	该接口一般与来自主轴电机的"速度反馈"编码器直接连接,采用可"插头"连接	
位置反馈信号接口 X432		该接口一般与来自主轴的位置反馈编码器连接(输入信号),也可以是电机内装编码器的输出信号或者是主轴传感器的输入,其连接取决于驱动器以及参数的设定	
RS232 接口 X411		该接口为 RS-232 标准接口,可以连接主轴驱动器调整用计算机	
传感器的输入接口 X433		该接口为传感器的输入接口,可以连接主轴位置传感器	

表 3-21　611A 系列主轴驱动器常见的故障及引起故障的原因

故　障	说　明
开机时显示器无任何显示	1) 输入电源至少有两相缺相 2) 电源模块至少有两相以上输入熔断器熔断 3) 电源模块的辅助控制电源故障 4) 驱动器设备母线连接不良 5) 主轴驱动模块不良 6) 主轴驱动模块的 EPROM/FEPROM 不良
电动机转速低(≤10r/min)	引起此故障的原因通常是由于主轴电动机相序接反引起的,应交换电动机与驱动器的连线
主轴驱动器正常显示	驱动器的报警可以通过 6 位液晶显示器的后 4 位进行显示。发生故障时,显示器的右边第 4 位显示"F",右边第 3 位、第 2 位为报警号,右边第 1 位显示"三"时,代表驱动器存在多个故障;通过操作驱动器上的"+"键,可以逐个显示存在的全部故障号。驱动器常见的报警号以及可能的原因见表 3-22

表 3 - 22 主轴驱动器常见的报警号及可能的原因

报警号	内　容	原　　因
F07	FEPROM 数据出错	1) 若报警在写入驱动器数据时发生,则表明 FEPROM 不良 2) 若开机时出现本报警,则表明上次关机前进行了数据修改,但修改的数据未存储;应通过设定参数 P52=1 进行参数的写入操作
F08	永久性数据丢失	FEPROM 不良,产生了 FEPROM 数据的永久性丢失,应更换驱动器控制模块
F09	编码器出错 1(电动机编码器)	1) 电动机编码器未连接 2) 电动机编码器电缆连接不良 3) 测量电路 1 故障,连接不良或使用了不正确的设备
F10	编码器出错 2(主轴编码器)	当使用主轴编码器定位时,测量电路 2 上的设备连接不良或参数 P150 设定不正确
F11	速度调节器输出达到极限值,转速实际值信号错误	1) 电动机编码器未连接 2) 电动机编码器电缆连接不良 3) 编码器故障 4) 电动机接地不良 5) 电动机编码器屏蔽连接不良 6) 电枢线连接错误或相序不正确 7) 电动机转子不良 8) 测量电路不良或测量电路模块连接不良
F14	电动机过热	1) 电动机过载 2) 电动机电流过大,或参数 P96 设定错误 3) 电动机温度检测器件不良 4) 电动机风机不良 5) 测量电路不良 6) 电枢绕组局部短路
F15	驱动器过热	1) 驱动器过载 2) 环境温度太高 3) 驱动器风机不良 4) 驱动器温度检测器件不良 5) 参见 F19 说明

(续表)

报警号	内　　容	原　　因
F17	空载电流过大	电动机与驱动器不匹配
F19	温度检测器件短路或断线	1) 电动机温度检测器件不良 2) 温度检测器件连线断 3) 测量电路 1 不良
F79	电动机参数设定错误	参数 P159～P176 或 P219～P236 设定错误
FP01	定位给定值大于编码器脉冲数	参数 P121～P125、P131 设定错误
FP02	零位脉冲监控出错	编码器或传感器无零脉冲
FP03	参数设定错误	参数 P130 的值大于 P131 设定的编码器脉冲数

【实例 3 - 64】

(1) 故障现象　某 SIEMENS 810M 系统,配套 6502 主轴驱动器的立式加工中心,在调试时,当主轴转速大于 200r/min 时,出现主轴不能定位的故障。

(2) 故障原因分析　常见原因是驱动器或检测装置有故障。

(3) 故障诊断和排除

① 运行试验:为了分析确认故障原因,维修时进行了如下运行试验。

a. 输入并依次执行:"S100 M03;"、"M19;"指令,机床定位正常。

b. 输入并依次执行:"S100 M04;"、"M19;"指令,机床定位正常。

c. 输入并依次执行:"S200 M03;"、"M05;"、"M19;"指令,机床定位正常。

d. 直接输入并依次执行:"S200 M03;"、"M19;",机床不能定位。

② 据实诊断:根据以上试验,可以确认系统、驱动器工作正常,根据试验结果,推断引起故障的原因可能是编码器高速特性不良或主轴实际定位速度过高。

③ 转速检测:检查主轴电机实际转速,发现该机床的主轴实际转速与指令值相差很大,当指令 S200 时,实际机床主轴转速为 300r/min。

④ 故障处理:调整主轴驱动器参数,使主轴实际转速与指令值相符

后,故障排除,机床恢复正常。

(4) 维修经验归纳和积累　主轴定位控制过程中,电气系统会使主轴处于最低转速,本例提示,若实际转速偏高,可能导致主轴实际定位速度过高,造成主轴不能定位的故障。

【实例 3 - 65】

(1) 故障现象　某 SINUMERIK 8ME 加工中心,主轴在低速挡旋转正常,切换到高速挡后不能旋转。

(2) 故障原因分析　主轴在高速挡不旋转的常见原因是主轴换挡部分有故障。

(3) 故障诊断和排除

① 了解换挡的原理和工作过程。查阅机床使用说明书并查看梯形图,当主轴切换到高速挡时,电磁阀 SOL1 得电动作。换挡完成时,集成接近开关 LS20 将换挡信号送至 PLC 输入口 EW4.0。此时 EW4.0 的状态为"1",而低速输入口 EW4.1 的状态为"0"。与此对应,在低速挡旋转时,电磁阀 SOL2 得电动作。换挡完成时,接近开关 LS21 将换挡信号送至输入口 EW4.1。此时 EW4.1 的状态为"1",而 EW4.0 的状态为"0"。

② 观察发现,在低速挡时,EW4.1 为"1",EW4.0 为"0",符合上述的规定。而在高速挡时,EW4.0 和 EW4.1 都是"1",即 EW4.1 的状态没有切换到"0"。

③ 据实推断:推断接近开关 LS21 不正常,向 PLC 传送了错误的信息。用万用表测量,LS21 处于常通状态。

④ 故障处理:更换接近开关,故障被排除。原接近开关是进口元件,也可以用相同类型的国产元件代替。

【实例 3 - 66】

(1) 故障现象　SIEMENS 810M 系统数控加工中心,机床出现故障,主轴转速不稳。

(2) 故障原因分析　主轴转速不稳故障原因可能是转速反馈系统有问题。

(3) 故障诊断和排除

① 驱动装置检查:这台机床的主轴控制系统采用西门子的 6SC650 交流模拟主轴驱动装置,检查主轴驱动装置的显示器有 F11 报警。查阅驱动装置手册,F11 报警的故障原因之一为转速反馈系统有问题。

② 伺服电机检查:这台机床的主轴采用西门子 1 PH6 系列交流主轴电机,用内置编码器检测转速,作为速度反馈元件,编码器轴和主轴电动机转轴用锥套连接,编码器外壳通过一弹簧固定在电动机的外壳上,以避免振动。

③ 拆卸检查:将主轴电动机后盖拆开,发现固定编码器的弹簧已断,造成转速反馈有波动。

④ 故障处理:更换弹簧固定编码器后,机床故障消除,恢复了正常运行。

(4) 维修经验归纳和积累 反馈系统检查时应注意检测装置与伺服电机等的连接和固定方式,并检查这些部位和元器件(零部件)是否处于正常和可靠的状态。

任务四 加工中心进给伺服系统故障维修

西门子 SIMODRIVE611D 系列伺服系统是数字化伺服系统,西门子810D、840D、802D 数控系统都采用 611D 数字化伺服系统。如图 3-29 所示为西门子 611D 数字伺服驱动系统的原理框图,驱动功率模块主要由 IGBT(绝缘栅双极型晶体管)、电流互感器及信号调节电路组成;控制模块由位置调节器、速度调节器和电流调节器组成;交流伺服电动机是永磁同步电动机,内置编码器作为转速反馈(在精度要求不太高的情况下也可作为位置反馈),并内置温度传感器检测伺服电机的温度。

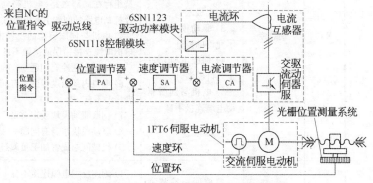

图 3-29 西门子 611D 数字驱动系统的原理

在西门子 611D 数字伺服驱动系统的电源模块和驱动模块上都有状态显示 LED,在伺服系统出现故障时,首先检查这些状态指示是否正常。

西门子 611D 电源模块报警灯含义见表 3-23，西门子 611D 进给驱动模块报警灯含义见表 3-24，西门子 611D 数字伺服驱动系统常见故障与维修见表 3-25。

表 3-23　西门子 611D 电源模块报警灯含义

指示灯代号	符号	颜色	含　义
1	Spp	红	辅助控制电源±15V 故障
2	5V	红	辅助控制电源 5V 故障
3	Ext	绿	电源模块未加使能
4	Unit》	黄	电源模块准备好
5	≈	红	电源模块电源输入故障
6	Uzk》	红	直流母线过电压

表 3-24　西门子 611D 进给驱动模块报警灯含义

序号	指示灯代号	功能	故障内容	故障原因
1	X35	轴故障	1) 启动数据丢失或没有装入 2) 速度调节器到达输出极限 3) 驱动模块超过了允许的温升 4) 伺服电机超过了允许的温升 5) 电机与伺服驱动电缆连接不良	1) 电机电源连接不正确，有"相序"错误 2) 伺服系统通风等问题引起模块超温 3) 伺服电机负载过重，电机内部绕组存在局部短路、电机制动器以及控制电路的问题引起电机"过热" 4) 电机与伺服驱动的反馈电缆、电枢电缆连接错误或接触不良 5) 电器柜制冷有问题 6) 电机内部温度传感器有问题或者接触不良 7) 伺服驱动模块设定有误 8) 驱动模块本身有问题 9) 机械问题或者加工负载过重
2	X34	电机/电缆连接故障	监控回路检测到来自伺服电机的故障	1) 测速反馈电缆连接不良 2) 伺服电机内置式测速发电机故障 3) 伺服电机内置式转子位置故障

表 3 - 25　西门子 611D 数字伺服系统常见故障与维修

序号	故障现象	故障原因	故障检查及处理
1	电源模块没准备,绿色 LED 灯亮	电源模块没有使能信号	1) 检查端子 48 与端子 9 之间是否有控制信号 2) 检查端子 63 与端子 9 之间是否有脉冲使能信号 3) 检查端子 64 与端子 9 之间是否有控制使能信号
2	驱动模块没准备	驱动模块缺少使能信号	检查驱动模块上端子 663 与端子 9 之间是否有使能信号,若没有根据 PLC 程序检查
3	进给轴不动	1) 没有使能信号 2) 外部使能正常,内部使能有问题 3) 驱动控制模块故障 4) 驱动功率模块故障	1) 检查外部使能信号 2) 检查 PLC 进给使能信号 I2.3 和 Q1.7 3) 检查 PLC 进给使能禁止信号 I2.2 和 Q1.6 4) 检查 PLC 进给脉冲使能信号 DB31. DBX21.7~DB61. DBX21.7 5) 检查 PLC 控制使能信号 DB31. DBX2.1~DB61. DBX2.1
4	主轴不转	1) 没有使能信号 2) 外部使能正常,内部使能有问题 3) 驱动控制模块故障 4) 驱动功率模块故障	1) 检查外部使能信号 2) 检查 PLC 进给使能信号 I2.5 和 Q2.1 3) 检查 PLC 进给使能禁止信号 I2.4 和 Q2.0 4) 检查 PLC 进给脉冲使能信号 DB31. DBX21.7~DB61. DBX21.7 5) 检查 PLC 控制使能信号 DB31. DBX2.1~DB61. DBX2.1
5	过压或欠压报警	系统的工作电压不正常	1) 检查供电状况 2) 检查电源及驱动模块
6	过流报警	1) 进给过载 2) 电流设定值太低 3) 伺服电机缺相 4) 驱动模块故障	1) 检查机床相应轴负载情况 2) 检查修改机床数据 3) 检查电机和驱动模块,检查连接电缆 4) 检查驱动模块,如果损坏,维修或更换

（续表）

序号	故障现象	故障原因	故障检查及处理
7	过载报警	1）机床负载不正常 2）进给传动系统有问题 3）伺服电机故障 4）驱动模块故障	1）检查机床相应轴负载情况 2）检查机械传动机构 3）维修或更换伺服电机 4）检查驱动模块，如果损坏，维修或更换

【实例 3 - 67】

（1）故障现象　一台 SIEMENS 810M 系统数控加工中心，机床在开机 Y 轴回参考点时出现 1121 报警。

（2）故障原因分析　Y 轴运动时出现 1121 报警"CLAMPING MONITORING"（卡紧监控）。

（3）故障诊断和排除

① 观察推断：在 Y 轴回参考点时，Y 轴滑台没有运动，Y 轴屏幕的坐标数值也没有变化，说明 Y 轴没有执行运动指令；X 轴和 Z 轴运动没有问题。此故障可能与数控系统、伺服系统、伺服电机与机械传动装置有关。

② 系统检查：这台机床的伺服系统采用西门子 6SC610 交流模拟伺服驱动装置，手动运动 Y 轴，在伺服控制模块上监视给定信号端子 56 与端子 14 之间的给定电压发生变化，监视端子 65 与端子 9 之间的使能信号也加上了。为此，排除数控系统有问题。

③ 伺服检查：因为 Y 轴没有运动，所以与伺服电机和机械传动装置的关系不大，问题可能出在伺服装置上，将 X 轴的功率模块与 Y 轴的功率模块进行对换，发现故障依旧。

④ 交换检查：与另一台机床的控制模块 N1 对换，这台机床恢复正常，而另一台机床出现此报警，说明伺服控制模块 N1 出现了问题。

⑤ 故障处理：对伺服控制模块 N1 进行检查，发现调节器内部使能信号连接存在虚焊现象，重新焊接后安装，机床通电恢复正常使用。

【实例 3 - 68】

（1）故障现象　某 SIEMENS 810M 数控系统龙门加工中心，在手动移动 X 轴时，CNC 出现 ALM1040 报警。

（2）故障原因分析　SIEMENS 810M 系统出现 ALM1040 报警的含义是"到达 DAC 输出极限"，常见原因是"使能"信号引起 ALM1040 报警。

（3）故障诊断和排除

① 报警分析:根据 810 系统的特点,以上报警的实质是 X 轴运动时的位置跟随误差超出了参数设定的允许误差范围,导致 DAC 转换的输出值超过了参数 NC - MD2680 设定的范围。在手动时出现此报警通常与伺服驱动系统的工作状态有关。

② 诊断检查:检查 CNC 与驱动器的连接,测量后确认在移动 X 轴时,驱动器的速度给定输入有电压,但实际 X 轴电机未转动,因此,确认故障是由于驱动器引起的。

③ 信号检查:经过进一步检查,发现驱动器的"使能"信号连接不良,使得驱动器未正常工作,引起了位置超差。

④ 故障处理:重新连接后故障排除,机床恢复正常工作。

【实例 3 - 69】

(1) 故障现象 某 SIEMENS 810M 数控系统的加工中心,在回参考点的过程中,发生"超程"报警。

(2) 故障原因分析 常见原因是零位脉冲引起"超程"的故障。

(3) 故障诊断和排除

① 现象观察:经检查,发现该机床的回参考点"减速挡块"放开后,机床有减速动作,但不管怎样调整"减速挡块",工作台总是运动到压上行程极限开关的位置,而且减速距离已经超过一个螺距。

② 推理诊断:以上证明,脉冲编码器的"零位脉冲"存在不良。经在电动机侧测量编码器电源(5V 电压),发现只有 4.5V 左右,但 CNC 上的 5V 电压正常,因此,判断故障可能的原因是线路压降过大而导致的编码器电压过低。

③ 信号检查:进一步检查发现,编码器连接电缆的连接不可靠。

④ 故障处理:重新连接编码器电缆,机床恢复正常。

【实例 3 - 70】

(1) 故障现象 SINUMERIK 850 数控系统卧式加工中心,在自动加工时,机床突然停止运转。再次通电后,面板上的"驱动故障"指示灯亮。

(2) 故障原因分析 常见原因是 Y 轴驱动系统出现故障。

(3) 故障诊断和排除

① 现象推断:这种故障现象说明 Y 轴伺服驱动部分存在问题,需要对伺服驱动器 6RA26 进行检查。

② 电压检测:结合机床电气原理图,测量 6RA26 * * 主电路的电源输入,只有 U 相有电压。另外两相的熔断器都熔断了。

③ 电源检查：从驱动器的进线端子上测量，1V、1W 内部的阻值接近于零。

④ 内部检查：在驱动器内部，三相电源的进线直接与 6 只晶闸管连接，分析认为晶闸管损坏。

⑤ 拆卸检查：拆开驱动器仔细进行检查，确认故障原因是晶闸管中的 V5 和 V6 已经击穿。

⑥ 故障处理：更换这两只晶闸管后，通电试机，故障没有再次出现，这说明可能是某种偶然因素损坏了晶闸管。

（4）维修经验归纳和积累　SIEMENS 进给伺服系统使用的 6RA26 直流伺服驱动器，主回路采用晶闸管三相全控反并联桥式整流电路，逻辑无环流双闭环调速，电流环为内环，速度环为外环。系统速度环与电流环均采用 P、I 独立可调的比例－积分（PI）调节器。改变比例系数 P 不会影响积分常数 I，反之亦然。驱动器设有较多的调整电位器，用于调节伺服驱动参数与动、静态性能。维修中，驱动器的调整、设定和检测可参见表 3 - 26、表 3 - 27。

表 3 - 26　6RA26 系列直流伺服驱动器电位器调整表

代　号	作　　　　用	安 装 位 置	通 常 调 整 值
R149	电流显示增益	A2	5 刻度
R85	最大电流给定值	A2	9 刻度
R218	电流限幅值调节 1	A2	9 刻度
R225	电流限幅值调节 2	A2	0 刻度
R41	速度调节器积分时间	A2	5 刻度
R27	速度调节器比例增益	A2	5 刻度
R28	速度反馈增益	A2	6 刻度
R31	速度调节器零点漂移调节	A2	5 刻度
R126	电流调节器积分时间	A2	4 刻度
R110	电流调节器比例增益	A2	4 刻度
R179	最低转速调节	A2	0 刻度
R231	加速度调节器零点漂移调节	A1	5 刻度

(续表)

代号	作　用	安 装 位 置	通 常 调 整 值
R8	加速度调节器加速时间调节	A1	0 刻度
R192	最大显示电流调节	A1	8.5 刻度
R62	速度显示增益调节	A1	5 刻度
R279	实际速度显示值调节	A1	0 刻度
R4	弱磁调速转换点调节	A01	6 刻度
R10	励磁调节器比例增益	A01	2 刻度
R13	最小励磁电流调节	A01	9 刻度
R77	最大励磁电流调节	A01	2 刻度

表 3-27　6RA26 系列直流伺服驱动器的调整与设定

	代　号	作　用	安装位置	通常调整值
设定端	R5、R6、R7	电源频率调整	A3	50Hz 时取消
	V-W 设定端		A01	50Hz 时短接
	CE-CF 设定端		A2	50Hz 时断开
	AA-AB 设定端	励磁电压调节	A02	220V 时短接
	AC-AB 设定端		A02	220V 时断开
	V-W 设定端	驱动器准备好/故障信号转换	A3	根据需要选择
	S1 转换开关	速度/电流调节器转换	A2	设定速度调节器
检测端	端子 26、28、30	驱动器控制电源输入	A3	380V(与 1U、1V、1W 同相位)
	端子 1U、1V、1W	主回路电源输入	功率板	380V(与 26、28、30 同相位)
	端子 31、32	励磁电源输入	A2	380V 或 220V
	端子 10	驱动器内部-24V 检测端	A3	-24V
	端子 7	驱动器内部+24V 检测端	A3	+24V
	端子 15	驱动器内部 0V 检测端	A3	0V
	端子 44	驱动器内部-15V 检测端	A3	-15V
	端子 45	驱动器内部+15V 检测端	A3	+15V
	端子 71	驱动器内部 0V 检测端	A3	0V

【实例 3 - 71】

(1) 故障现象　某 SINUMERIK 8ME 数控系统加工中心,对所加工的工件尺寸进行测量后,发现 Z 轴重复定位误差很大,而且每次误差的数值都有变化,也看不出变化的规律。

(2) 故障原因分析　Z 轴重复定位误差大的常见原因是伺服检测反馈系统有故障。

(3) 故障诊断和排除

① 原理分析:这台加工中心的进给轴 X、Y、Z 都是闭环控制,位置检测部件是光栅尺。光栅尺产生的电信号,经过位置反馈信号放大板 EXE 整形放大后,送到位置电路板 MS250。

② 据理推断:现在重复定位有误差,而且误差一直在变化,故障可能在位置检测、信号处理、信号放大部件当中。

③ 诊断检查:检查光栅尺没有问题。

④ 替换检查:将另一台同型号加工中心 Z 轴的位置电路板 MS250 板拿来试更换,重复定位误差很正常。这说明机床的 MS250 板存在着故障。

⑤ 故障处理:购买、更换 MS250 电路板,故障被排除。

【实例 3 - 72】

(1) 故障现象　某 SINUMERIK 850M 数控系统德国 SHW 型加工中心,在自动加工过程中,机床突然停机,CRT 上显示 1680 报警。

(2) 故障原因分析　加工中出现 1680 报警,提示 X 轴伺服电动机的驱动装置有故障。

(3) 故障诊断和排除

① 检查更换:经检查,发现在 X 轴伺服驱动装置中,功放板上有一只达林顿晶体管损坏。更换后,机床恢复正常。

② 故障重复:几天之后,又出现同样的报警,再次检查,发现在 Y 轴伺服驱动装置中,功放板上的达林顿晶体管又损坏了一只。

③ 据实推断:这种故障近一段时间经常发生,已经损坏了许多达林顿晶体管。几次检查交流电源和驱动装置中的直流电源,都是正常的,故怀疑触发电路板有问题。

④ 板级检查:将触发电路板取下,仔细检查板上的元器件,发现有一只功率电阻烧断,两只光耦合器损坏。

⑤ 故障处理:

a. 更换新的元器件后,在触发板输入端加上 1kHz 的方波,观察输出波形没有畸变,说明触发板已经修好。

b. 将触发板装回到驱动装置上,再开机一切正常,此后一直可靠地工作,彻底解决了驱动装置经常损坏的问题。

(4) 维修经验归纳和积累　对于元器件损坏类型的故障,不能只更换末级损坏的元器件,还要查明故障的根本原因。而对于片级修理,则可采用整体替换的方法进行诊断维修。例如一台德国制造的 SHW 型数控加工中心,使用的是 SINUMERIK 850M 数控系统。它所出现的故障现象与实例 3-72 故障基本相同。在加工叶片时,A 轴的最终尺寸与设置的尺寸数值有较大误差,造成所加工的叶片报废。将 A 轴的位置反馈信号放大板 EXE 与 X 轴对调后,故障便转移到 X 轴上,显然 A 轴的 EXE 板有问题。更换新板后,机床恢复正常工作。

【实例 3-73】

(1) 故障现象　某西门子系统加工中心,在加工过程中,机床突然停机。

(2) 故障原因分析　突然停机的原因比较复杂,主要是电源、驱动模块等发生故障。

(3) 故障诊断和排除

① 重新启动机床,电源指示灯不亮,打开控制柜,发现电源板上的熔丝熔断。

② 检查电源板,发现有一只二极管烧断和熔丝熔断,更换损坏的元器件后,脱机试验正常。但是上机后又发生同样的故障,仍然是二极管和熔丝熔断。由此推断故障是后级负载存在短路。

③ 电源板的负载是六台伺服控制器。更换二极管和熔管后,将控制器全部断开,然后通电对电源板进行测试,没有短路现象。再逐一通电测试各台伺服控制器,测试出究竟是哪一台不正常。当通电测试 D 控制器时,故障再次出现。

④ 拆开 D 控制器进行检查,功率模块已经烧毁。进一步检查,故障的起因是伺服电动机的绕组短路。

⑤ 更换伺服电动机、D 控制器、二极管、熔管,故障被排除。

(4) 维修经验归纳和积累　本例说明,如果熔丝熔断,一般都说明电路中存在短路性的故障,一定要找到故障的根源。

任务五　加工中心位置检测装置故障维修

1. 角度编码器的安装调试要点

(1) 角度编码器的安装方式　安装方式有三种,包括直接安装、压板安装和过渡法兰安装。图 3 - 30 所示为直接安装示意。

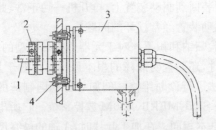

图 3 - 30 角度编码器安装示意

1—驱动器；2—联轴器；3—角度编码器；4—固定螺钉

(2) 安装部位的精度要求 角度编码器安装面与孔的要求见表 3 - 28。

表 3 - 28 角度编码器安装面与孔的精度要求

项目 \ 型式	普 通 型	精 密 型
端面垂直度(mm)	0.10	0.05
端面平面度(mm)	0.05	0.03
孔尺寸精度	H7	G6

(3) 选用附件 角度编码器安装需注意选择专用联轴器的型式，并注意按技术参数进行检查。波纹管型、膜片型联轴器的型式示例与技术参数见表 3 - 29。

(4) 安装调整要点

① 联轴器连接作业要点。

a. 两连接轴之间的位置误差应小于规定值。

b. 夹紧螺钉的转矩应符合规定值。

c. 夹紧螺钉紧固后用防松剂封固。

d. 装配前应检测驱动轴径尺寸精度：普通型(f7)；精密型(h6)。

e. 安装、拆卸编码器时，不能使转轴受力过大，以防变形。

② 齿轮、同步带传动连接作业要点。

a. 传动零件配合孔的尺寸精度为 F7，如带轮孔径、齿轮孔。

b. 注意调整同步带的张紧力，过紧与过松都会引发故障。

表 3-29　波纹管型、膜片型联轴器的型式示例与技术参数

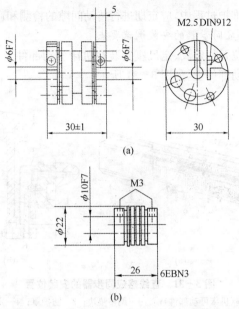

(a) K14 型联轴器；(b) 3EBN3 型联轴器

	K01	K14	K15	K16	K17	3EBN3	6EBN3
传递运动误差(s)	±1	±10	±0.5	±0.5	±10	±40	±20
角向滞后(s)	1	5	0.5	0.5		5	
允许扭矩(N·cm)	50	20	50	50		10	
允许径向跳动(mm)	±0.3	±0.2	±0.3	±0.3	±0.5	±0.2	±0.2
允许角向误差(°)	±0.5	±0.5	±0.2	±0.5	±1	±0.5	±0.5
允许轴向跳动(mm)	±0.2	±0.2	±0.1	±0.1	±0.5	±0.3	±0.3
允许转速(r·min⁻¹)	3 000	10 000	1 000	1 000		10 000	
夹紧螺钉(mm)	150	100	100	100		150	
质量(kg)	180	38	250	410		9	
孔径(F7)(mm)	14	6	14	14	6、10	6	10

c. 安装时注意调整、消除传动间隙,如齿轮侧隙、轴孔配合转矩传递处的间隙等。

d. 使用、维护过程中,应定期进行传动间隙的检测和调整。

2. 直线感应同步器的安装调试要点

(1) 安装位置 定尺、定尺座安装在机床不动部件上,滑尺和滑尺座安装在机床可动部件上,如图 3-31 所示。

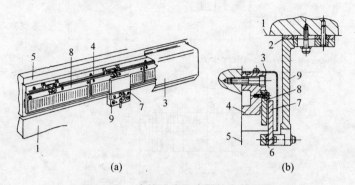

(a)   (b)

图 3-31 直线感应同步器的安装位置

1—滑座(机床可动部件);2,6—调整垫块;3—防护罩;4—定尺座;

5—床身(机床不动部件);7—滑尺;8—定尺;9—滑尺座

(2) 安装要求和方法 如图 3-32 所示,直线感应同步器的安装尺寸与要求如下:

① 定尺基准侧面 1 与机床导轨基准面 A 的平行度允差 0.10mm/全长。

② 定尺安装平面 2 与机床导轨基准面 B 的平行度允差 0.04mm/全长。

③ 滑尺基准侧面 3 与机床导轨基准面 A 的平行度允差 0.02mm/全长。

④ 定尺基准侧面 1 与滑尺基准侧面 3 的安装距离尺寸(88±0.10)mm。

⑤ 定、滑尺之间的间隙为(0.25±0.05)mm,间隙差≤0.05mm。

⑥ 定尺安装基准面 2 挠曲度<0.01mm/250mm。

⑦ 在切削机床上使用,为防止切屑等落入定、滑尺之间,应安装防护罩。

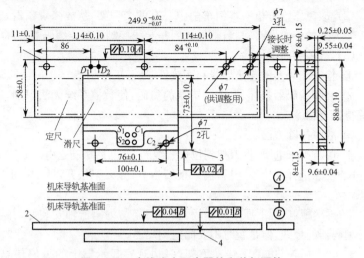

图 3 - 32　直线感应同步器的安装与调整

1—定尺基准侧面；2—定尺安装基准面；3—滑尺基准侧面；

4—滑尺安装基准面

（3）安装调整的作业步骤

① 检测导轨基准面平面度。

② 检测滑尺座架安装基准面与导轨基准面的平行度。

③ 安装定尺，检测安装后定尺挠曲度。

④ 检测、调整定尺基准侧面与导轨基准面的平行度。

⑤ 按①～④步骤接长安装定尺。

⑥ 安装滑尺，调整垫块厚度，保证定尺基准侧面与滑尺基准侧面的间距、位置精度要求。

⑦ 调整垫块厚度，保证定、滑尺之间的间隙要求，检测、调整并达到间隙差要求。

⑧ 安装防护罩。

⑨ 检查安装误差。

⑩ 检查测试测量系统功能。

3. 加工中心位置检测装置的装调维修实例

【实例 3 - 74】

（1）故障现象　某西门子系统车削加工中心，输入换刀指令时，1 号刀架原地不动，出现锁死现象。有时又处在自由转动状态，无法找到刀位。

(2) 故障原因分析　本例车削中心有两个刀架,从故障现象看,故障是 1 号刀架的编码器有问题,常见原因是导线接触不良或编码器损坏等。

(3) 故障诊断和排除

① 检查编码器的连接导线和插接件,处于正常状态。

② 判断编码器损坏,发出了错误的编码,使数控系统无法识别,一直在等待换刀指令。

③ 故障排除方法:

a. 切断机床电源,将刀架到位信号线断开,然后重新送电。

b. 任意选择一个刀号后,输入换刀指令,让刀架松开,处于自由转动状态。

c. 再次断电,拆下原来的编码器,将刀架与编码器轴安装好,并连接好新编码器的导线,但是暂时不要固定编码器。

d. 送电后,一边用手转动刀架,一边观察显示器上的编码信息,即 PLC 的输入刀号信息。

e. 1 号刀架有 12 个刀位,组成四位二进制的编码信号,输送到 PLC 的 8 个输入口。

f. 转动刀架后,首先使 1 号刀位对准工作位置,然后用手旋转编码器,使显示器上显示的刀号编码为 0001。

g. 再继续转动刀架,使 2 号刀位对准工作位置,显示器上显示的刀号编码为 0010。

h. 将 12 个刀位的编码一一校准后,再固定好编码器,故障得以排除。

【实例 3 - 75】

(1) 故障现象　某 SIEMENS 8 系统卧式加工中心,在工作过程中,机床突然停止运行,CRT 出现 NC 报警 104,关断电源重新启动,报警消除,机床恢复正常,但工作不久,又重复出现上述故障现象。

(2) 故障原因分析　查询 NC104 报警,释义内容为:

① X 轴测量闭环电缆折断短路,信号丢失;

② 不正确的门槛信号;

③ 不正确的频率信号。

(3) 故障诊断和排除

① 检测装置形式:对机床配置的检测装置和形式进行确认。本例机床的 X、Y、Z 轴采用光栅尺对机床位移进行位置检测,并进行反馈控制形成一个闭环系统。

② 报警追踪检查:根据故障现象和报警内容,检查读数头和光栅尺,光栅尺密封良好,里面洁净,读数头和光栅尺没有受到油污和灰尘污染,并且读数头和光栅尺正常。

③ 检测单元检查:检查检测系统的差动放大器和测量线路板,未发现不良现象。

④ 反馈电路检查:推断反馈电缆故障。重点检查反馈电缆,测量反馈端子,发现 13 号线(闭环电路检测信号线)电压不稳,停电后测量 13 号线,发现有较大电阻。

⑤ 故障原因确认:经仔细检查,发现 13 号线在 X 向随导轨运动的一段有一处将要折断,造成反馈值不稳,偏离其实际值,使电动机失步,导致控制轴的运行故障。

⑥ 故障排除方法:

a. 检查电缆断线,重新接线。

b. 检查、排除导致电缆线折断因素。

试车启动,机床运行正常,故障排除。

(4) 维修经验归纳和积累　随运动部件移动的电缆等应注意检查其完好状态,避免机械损伤造成闭环系统的信号丢失。

【实例 3 - 76】

(1) 故障现象　某 SINUMERIK 8MC 数控系统五坐标加工中心,测量系统配用 HADENHAN 公司 LS 107 型直线光栅编码器。Y 轴的快速移动速度在 3m/min 以下时工作正常,大于 5m/min 时出现 114 报警。

(2) 故障原因分析　按有关资料,报警释义内容是:Y 轴测量环节电缆损坏、短路、没有收到信号、不正确的门槛信号或不正确的频率。

(3) 故障诊断和排除

① 硬件检测:按西门子操作手册提示,对闭环测量插件硬件进行检测,检查故障信号电压。

② 电压检查:用修改机床数据的方法检查门槛电压的正确性。

③ 交换检查:加工中心的三个直线坐标系统是完全一样的,用交换插件或部件的方法确定故障部位。

④ 信号检查:将光栅编码器插座从外置式前置整形倍频放大器 EXE 上拆下,另置 5V 电源接到光源回路上,用双线示波器接到编码器正弦、余弦信号,其幅值固定,波形宽度随移动速度变化,移动速度越快其宽度越窄,所检测的二列信号互差 90°电角度,表明信号基本正常。

⑤ 原因推测：测试过程中，速度较快时信号幅值明显减小，由此推测故障是由于光栅编码器的信号弱所造成的。

⑥ 据理推断：对 LS107 型光栅编码器来说，造成信号弱的可能原因是光电池接收的光线弱，而造成光线弱的主要原因如下。

a. 遮光螺钉松脱。

b. 微型灯定位位置变化，如微型灯架弯曲造成定位位置变化而引起故障。

c. 硅光电池表面脏。

d. 控制光源的集成电路故障。

⑦ 故障原因确认：光栅编码器存在信号弱的故障。

⑧ 故障排除方法：修理时，先从光栅编码器一端轻轻抽出测量头，然后按下述顺序进行。

a. 检查玻璃表面和光电池表面是否洁净，如果肮脏可用无水酒精擦净。

b. 测量微型灯两端电压，使之符合额定值。

c. 接通 5V 电源，用示波器测量正弦、余弦信号幅值，调节至高电位，遮断光路用示波器测量幅值应为低电位。

d. 调整遮光螺钉，先退后进。调整时应随时观察波形幅值变化，最大时为最佳。

e. 调整微型灯定位位置，先左右，后前后。注意微型灯定位位置和遮光螺钉的调整互相影响，必须反复调整，才能达到最佳状态。

f. 重新安装光栅编码器，按要求调整编码器与移动轴的平行度。

g. 修改机床参数中的参考点设定，以免影响轴的位置和零点坐标位置。

经过以上调整，故障排除，达到使用要求。

(4) 维修经验归纳和积累　本例应用了多种诊断检测方法，闭环检测系统的故障原因与检测装置的精度调整有密切关系，维修中应仔细阅读有关资料，保证维修调整的作业质量。

【实例 3-77】

(1) 故障现象　SINUMERIK 802C 系统 WHN110Q 型加工中心，进行自动加工时，Y 轴进给速度不正常，有时快有时慢。重新启动后，用手动方式试验，Y 轴只能在一个方向进给，而且速度很快，但是 CRT 上显示的移动速度却很慢。

（2）故障原因分析　常见原因是伺服驱动和位置反馈部分有故障。

（3）故障诊断和排除

① 观察现象:进给速度很快,说明伺服电动机、机械部件都是正常的,因此要重点检查伺服驱动器和位置反馈部分。

② 替换检查:更换伺服驱动器,故障现象不变。

③ 连接检查:检查光栅尺的连接导线、插接件,都在完好状态。

④ 交换检查:将 Y 轴与 X 轴的光栅尺对换后,Y 轴运行恢复正常,而故障转移到 X 轴上。

⑤ 装置检查:检查后确认 Y 轴的光栅头 AE17 已经损坏,需要更换。

⑥ 故障处理:更换光栅头必须小心谨慎。先拆下 Y 轴光栅尺下部的端盖,取出塑料条,并记住两块永久磁铁(用于返回参考点)的位置,然后取出旧光栅头,仔细地装好新光栅头。再将塑料条和磁钢按原位置装入,盖好端盖。

（4）维修经验归纳和积累　更换光栅头应注意永久磁铁的位置,以免维修后产生新的故障。

【实例 3 - 78】

（1）故障现象　某 SIEMENS 数控系统卧式加工中心,主轴出现较大幅度的振荡,发出停止指令也不能停机,必须关断电源才能使主轴停止,但是 CRT 上没有出现报警。

（2）故障原因分析　常见原因有参数设置不当、位置检测装置或连接部位有故障。

（3）故障诊断和排除

① 现象观察:观察机床的振荡情况,振荡频率不高,也没有出现异常的声音。怀疑故障与数控系统的闭环参数有关,如积分时间常数过大、系统增益太高等。

② 参数检查:检查系统闭环参数的设置,伺服驱动器的增益、积分时间等,都在合适的范围,与故障发生之前的设置没有区别,这说明故障与闭环参数无关。记录好原来的参数后,试将这些参数进行调节,故障现象不变。

③ 连接检查:对伺服电动机与测量系统进行检查,发现伺服电动机轴与测速发电机转子铁心之间,是用胶黏结的。经过长期的加、减速运动和正反向旋转,使得黏结部分脱开,连接出现松动。其后果是:电动机的传动

轴与测速发电机的转子之间出现了相对运动,测速发电机不能准确地反馈速度信号,从而引发故障。

④ 故障处理:根据检查和诊断结果,重新连接松动部位后,主轴振荡现象不再出现,故障被排除。

(4) 维修经验归纳和积累 检测装置与检测部位的连接是位置检测装置故障引发的常见部位,在数控机床的维修中,应注意连接部位的状态,出现异常应进行及时的维修,以保证位置检测装置的检测精度。

【实例 3-79】

(1) 故障现象 SINUMERIK 880 数控系统 VMC-800 型立式加工中心,工作台定位时,CRT 出现 228 报警。

(2) 故障原因分析 228 报警的含义是 M19 选项无效,即 M19 定位程序没有完成。

(3) 故障诊断和排除

① 现象观察:观察工作台的定位情况,发现工作台不能正确地返回到参考点,每次都出现定位错误。不论是自动还是手动,总要相差 1°甚至 2°。但是如果工作台分别正转几个角度(如 30°、60°或 90°),再反转同样的角度,则定位准确无误。

② 程序检查:检查 NC 中有关的程序;没有发现任何问题。

③ 传动检查:检查同步齿型带和编码器联轴器,没有损坏情况。

④ 状态检查:检查有关部位的 PLC 梯形图。在输入模块 4A1-C8 上,E9.3、E9.4、E9.5、E9.6、E9.7 是与定位相关的输入点,在输出模块 4A1-C5 上,A2.2、A2.3、A2.4、A2.5、A2.6 是与定位相关的输出点。这些点的状态完全正常。

⑤ 信号检测:用示波器测量编码器的反馈信号,发现编码器异常。

⑥ 拆卸检查:拆下编码器,取下其外壳,发现光电盘与底部的指示光栅距离太近,旋转时产生摩擦,导致光电盘内圈不透光部分被擦成一个透光的圆环,它产生不正常的脉冲信号,干扰了定位程序。

⑦ 故障处理:更换编码器,并调节光电盘与指示光栅之间的距离,防止再发生摩擦。

(4) 维修经验归纳和积累 在这个故障中,报警系统并未显示编码器有问题,这是因为编码器的光盘没有完全损坏,数控系统还不能将它检测出来。所以,在处理故障时不能完全依赖报警,对具体问题要进行灵活地分析和处理。

项目五　刀具交换系统故障维修

1. 加工中心刀具交换装置

1) **刀具交换装置典型结构**　实现刀具交换动作的装置称为刀具交换装置,数控机床一般采用机械手实现刀具交换。加工中心通常采用机械手作为刀具交换装置,常见的机械手结构和动作过程有以下几种。

(1) **单臂单手机械手**　如图3-33所示,有两种典型结构形式。图3-33a所示是机械手转轴轴向移动的形式,通过刀库的转位、机械手的回转和轴向移动等配合运动,以完成刀具从主轴中轴向卸刀、装刀(Ⅱ);从轴向鼓盘式刀库中插刀、抓刀、拔刀(Ⅲ);返回(Ⅰ)等刀具交换过程。图3-33b所示是主轴轴向移动的形式,动作过程与上述形式机械手基本类似。

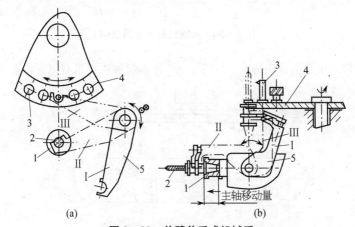

图3-33　单臂单手式机械手

(a) 机械手轴向移动式; (b) 主轴轴向移动式

1—机床主轴;2—待卸刀具;3—待装刀具;4—刀库;5—机械手

(2) **双臂机械手**　如图3-34所示,有四种结构形式:图3-34a是钩手形式,图3-34b是抱手形式,图3-34c是伸缩手形式,图3-34d是插手形式。这几种机械手能够完成抓刀→拔刀→回转→插刀→返回等一系列动作,为了防止刀具脱落,机械手的活动爪都带有自锁机构。

2) **机械手的手爪结构特点**　用于刀具交换的机械手,除了手臂的运动外,还有手爪的动作过程,典型机械手手爪的结构和工作原理示例如下。

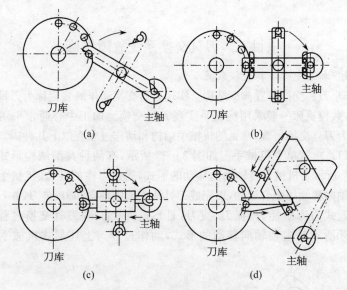

图 3-34 双臂机械手常用结构

（1）手爪的结构特点　如图 3-35 所示机械手手爪有以下特点：

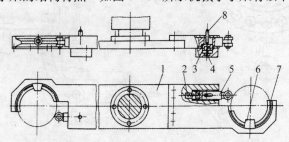

图 3-35 机械手手爪结构示例

1—手臂；2,4—弹簧；3—锁紧销；5—活动销；6—锥销；
7—手爪；8—长销

① 抓刀部分的结构主要由手臂 1 和固定其两端的结构完全相同的两个手爪 7 组成。

② 采用齿轮齿条传动结构，将液压缸的直线运动转换为机械手手臂的回转运动。

③ 机械手手爪上握刀的圆弧部分有一个锥销 6，机械手抓刀时，该锥销插入刀柄的键槽中。

④ 机械手抓紧和松开刀具是由长销 8 与锁紧销 3 控制活动销 5 实现的。

(2) 动作过程

① 当机械手由原位转 75°抓住刀具时,两手爪上的长销 8 分别被主轴前端面和刀库上的挡块压下,使轴向开有长槽的活动销 5 在弹簧 2 的作用下右移顶住刀具。

② 机械手拔刀时,长销 8 与挡块脱离接触,锁紧销 3 被弹簧 4 弹起,使活动销顶住刀具不能后退,这样机械手在回转 180°时,刀具不会被甩出。

③ 当机械手上升插刀时,两长销 8 又分别被两挡块压下,锁紧销从活动销的孔中退出,松开刀具,机械手便可反转 75°复位。

2. 换刀机械手和刀具夹紧装置的常见故障及其排除方法

(1) 换刀机械手常见故障与维修方法　数控机床常见的刀具交换装置是机械手,换刀机械手和刀具夹紧装置的常见故障诊断及其排除见表3-30。

表 3-30　换刀机械手与刀具夹紧装置的常见故障诊断及排除

故障现象	故 障 原 因	排 除 方 法
刀具不能夹紧	1) 空压泵气压不足 2) 刀具卡紧液压缸漏油 3) 碟形弹簧位移量小 4) 刀具松卡弹簧上的螺母松动	1) 调整空压泵气压至规定范围 2) 更换卡紧液压缸密封装置 3) 调整碟形弹簧行程长度 4) 旋紧螺母使其最大工作载荷不超过 13kN
刀具夹紧后不能松开	1) 松开、锁紧刀具的弹簧压力过大 2) 液压力和活塞行程不够	1) 调节弹簧上的螺母,使其最大载荷不超过额定数值 13kN 2) 调整液压力和活塞行程开关
刀具从机械手脱落	1) 刀具超重 2) 机械手卡紧销损坏或没有弹出	1) 按刀具重量规定值重选刀 2) 更换机械手卡紧销或弹簧
机械手换刀速度过快或过慢	1) 系统气压太高或太低 2) 换刀气阀节流开口过大或过小	1) 调整气泵的压力和流量 2) 调整节流阀至合适的换刀速度
找不到待装刀	识别刀位编码用组合行程开关、接近开关等元件损坏、接触不好或灵敏度降低	更换损坏元件

（续表）

故障现象	故 障 原 因	排 除 方 法
刀具交换时掉刀	1）换刀时主轴箱没有回到换刀点 2）换刀点漂移 3）机械手抓刀时没有到位，就开始拔刀	1）重新操作主轴箱运动，使其回到换刀点位置 2）重新设定换刀点 3）调整机械手手臂转角，使手臂抓紧刀柄后拔刀

（2）刀库的常见故障诊断及其排除方法（表3-31）

表3-31 数控机床刀库、刀套的常见故障诊断及排除

故障现象	故 障 原 因	排 除 方 法
刀库转动不到位	1）电动机故障 2）传动机构误差	1）检测电动机输出功率和工作电流 2）检查传动机构各环节的误差予以调整或更换排除
刀库不能转动	1）连接电动机轴与蜗杆轴的联轴器松动 2）机械连接过紧或黄油黏涩 3）PLC 无控制输出，可指示接口板中的继电器失效 4）变频器有故障 5）电网电压过低（低于370V）	1）修复、调整或更换联轴器 2）调整和清洗相关部位 3）更换继电器 4）检查变频器的输入、输出电压，修复或更换 5）控制机床使用电压
刀库刀套不能夹紧刀具	1）刀套调整螺母松动 2）弹簧失效 3）刀具超重	1）顺时针旋转刀套两端的调节螺母，压紧弹簧，顶紧卡紧销 2）更换夹紧弹簧 3）按规定重量换选刀具
刀库刀套上、下不到位	1）拨叉位置调整不正确 2）装置装配位置调整不到位 3）限位开关安装调整位置不正确 4）驱动导套移位的气阀松动 5）气动系统压力不足 6）刀套转轴锈蚀	1）调节拨叉限位螺钉和限位开关位置 2）调整与导套相关的传动环节 3）根据导套功能要求调整限位开关位置 4）修复或更换气阀 5）检查泄漏、调整系统压力 6）检查刀套转轴的磨损和润滑，必要时更换转轴

任务一 加工中心不能换刀故障维修

【实例 3 - 80】

(1) 故障现象 西门子 880 数控系统 UFZ6 加工中心,机械手不能手动换刀。

(2) 故障原因分析 常见原因是机械手控制系统有故障。

(3) 故障诊断和排除

① 结构分析:该机床刀库配有 120 把刀位,刀具的人工装卸是通过脚踏开关控制气阀的动作来夹紧和松开刀具。

② 现象观察:此故障发生时,气阀不动作,根据维修经验,对于局部的可直接控制的动作利用 PLC 程序来判断故障是最有效的方法。

③ 控制分析:由电路图可见气阀是由 N - K8 控制,N - K8 继电器由 A27.6 的输出来控制。

④ 程序检查:根据机床制造厂家提供的机床 PLC 程序手册,查出 PB156 - 1 为控制输出 A27.6 程序,内容如下:

```
U   M    123.3
U   M    165.3
U   E    26.0
U   E    26.7
=   A    27.6
```

注:程序中字母为德文

⑤ 控制过程:由 PLC 程序可知,M123.3 和 M165.3 为 PLC 内部的程序中间继电器,输入 E26.0 由脚踏开关 N - 506 控制,输入 E26.7 是一套由机械和电气连锁装置组成的刀库门控制信号,上述 4 部分内容组成一个与门电路关系,控制输出 A27.6。

⑥ 状态检查:从 PLC 输入状态下检查 E26.0 和 E26.7 的状态。其中 E26.0 为 1,满足条件;E26.7 为 0,条件不满足,因此断定刀库门控制盒内部为故障部位。

⑦ 拆卸检查:拆开刀库门控制盒后发现盒内连接刀库门的插杆滑动块错位,致使刀库门打开时,盒内连锁开关状态不变化,输出信号 E27.6 始终不变。

⑧ 故障排除:将插杆滑块位置复原后,打开刀库门时,E26.7 为 1,输出 A27.6 也为 1,气阀动作,手动换刀正常,故障排除。

(4) 维修经验归纳和积累 PLC 是机械手换刀装置的控制系统,了解所维修机床与故障相关的 PLC 控制信号状态和控制过程,有利于机械手换刀装置的故障诊断和排除。

【实例 3 – 81】

(1) 故障现象 某西门子系统立式加工中心,主轴定向后,ATC 无定向指示,机械手无换刀动作。该故障发生后,机床无任何报警产生,除机械手不能正常工作外,机床各部分都工作正常。用人工换刀后机床也能进行正常工作。

(2) 故障原因分析 根据故障现象分析,推断主轴定向完成信号未送到 PLC,致使 PLC 中没有得到换刀指令。

(3) 故障诊断与排除

① 检查机床连接图:在 CN1 插座 22 号、23 号上测到主轴定向完成信号,该信号是在主轴定向完成后送至刀库电动机的一个信号,信号电压为 +24V。这说明主轴定向信号已经送出。

② 查阅在 PLC 梯形图:ATC 指示灯亮的条件为:

a. AINI(机械手原位)ON;

b. ATCP(换刀条件满足)ON。

③ 检查 ATCP 换刀条件是否满足:查 PLC 梯形图,换刀满足的条件为:

a. OREND(主轴定向完成)ON;

b. INPI(刀库伺服定位正常)ON;

c. ZPZ(Z 轴零点)ON。

以上三个条件均已满足,说明 ATCP 已经 ON。

④ 检查 AINI 条件是否满足:从 PLC 梯形图上看,AINI 满足的条件为:

a. A75RLS(机械手 75°回行程开关)ON;

b. INPI(刀库伺服定位正常)ON;

c. 180RLS(机械手 180°回行程开关)ON;

d. AUPLS(机械手向上行程开关)ON。

检查以上三个行程开关,发现 A75RLS 未压到位。

⑤ 故障部位及其排除方法:根据检查和诊断结果,调整 A75RLS 行程开关挡块,使之恰好将该行程开关压合。此时,ATC 指示灯亮,机械手恢复正常工作,故障被排除。

【实例 3 – 82】

(1) 故障现象 西门子系统 JCS – 018 型立式加工中心,机床进行自动换刀时,显示器上出现报警。

(2) 故障原因分析　查阅机床维修说明书,报警提示机械手 75°回转行程开关存在故障。

(3) 故障诊断和排除

① 对机械手 75°回转的两只行程开关进行检查,两只开关都完好无损。

② 用刀库中的极限开关 SQ4 和 SQ5、操作面板上的旋钮开关 SA 14 代替 75°回转行程开关进行控制,故障现象不变,这进一步说明故障不是由行程开关所引起的。

③ 查看电气原理图,两只行程开关通过 37 号、38 号、41 号、42 号导线和插接件连接到 PLC 的输入模块。检查连接导线和插接件,都在完好状态。

④ 推断 PLC 输入模块不正常。

⑤ 根据检查和诊断结果,更换 PLC 输入模块后,自动换刀时报警消失,故障被排除。

【实例 3 - 83】

(1) 故障现象　某 SINUMERIK 802S 数控系统专用加工中心机床,在加工过程中,CRT 上出现报警,提示"刀位信号丢失"。

(2) 故障原因分析　报警说明系统没有检测到从刀架侧送来的高电平信号。

(3) 故障诊断和排除

① 检测装置分析:在这台机床中,使用常见的四方电动刀架,并用霍尔元件检测刀位信号。

② 状态检查:刀位信号输入点连接到 PLC 输入模块中的 11.0～11.5,用万用表检测这几个输入点,都没有高电平输入信号。

③ 电源检测:测量 24V 直流电源,在正常状态。

④ 连接检查:检查刀位信号传输电缆和插接件,没有损坏现象。

⑤ 元件检测:检查霍尔元件的上拉电阻,在完好状态。推断霍尔元件本身已经损坏,不能传送刀架侧的高电平信号。

⑥ 故障处理:试更换霍尔元件后,报警消除,机床恢复正常工作。

(4) 维修经验归纳和积累　在检修数控机床的刀架等故障中,首先应对监测装置的检测元件进行检测,以便迅速找到故障的部位和元器件。

任务二　加工中心换刀动作不到位故障维修

【实例 3 - 84】

(1) 故障现象　某西门子数控卧式加工中心采用链式刀库自动换刀装置,出现换刀动作不能到位故障。

（2）故障原因分析　本例机床属于新安装的机床,按维修档案记录,没有正式使用。因此判断可能为安装调整不符合要求。

（3）故障诊断和排除　按检测要求进行试车,刀库功能动作失调。查阅链式刀库的有关资料如下：

① 换刀装置组成、各部分作用和动作循环。

a. 组成。如图3－36所示为链式刀库自动换刀装置的外形与组成,该链式装置位于机床主轴箱立柱的左侧,X向坐标工作台的后面。

b. 各组成部分的作用。此类装置的各部分的作用见表3－32。

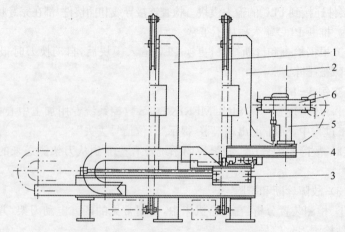

图3－36　卧式加工中心自动换刀装置

1—刀库Ⅰ；2—刀库Ⅱ；3—T向滑台；4—D向滑台；5—回转立柱；6—机械手

表3－32　链式刀库自动换刀装置各部分作用

组成部件	作　用　说　明
链式刀库	1) 刀库形式与容量:刀库为双排链式刀库,刀库容量50×2 2) 链传动组成与运动:刀库刀座(套)通过内外链片连成整根链条,随主动链轮和从动链轮形成的链传动运动,刀座链条可以正反、快慢运行,完成库内刀具选刀换位运动 3) 刀库驱动与刀座识别:主、从动链轮分别位于刀库下部和上部,通过位于刀库下部的电动机和减速箱驱动,减速箱另一端输出通过齿轮副带动刀座编码器旋转,识别刀座编码 4) 导向与定位:刀库中的刀具装入刀座(套),在刀库的内外侧,设有手动装刀区和程序换刀区。如图3－37所示,进入换刀区的刀座具有导向装置,使刀座链条得到导向和定位,并承受插、拔刀的轴向载荷

（续表）

组成部件	作 用 说 明
链式刀库	5）装刀与换刀：如图 3-37 所示，手动装刀区设有液压缸用来顶出刀座中的刀柄；程序换刀区设有反射光电子检测器检测刀位是否空缺，定位检测器用于精确定位
T 向传输滑台	1）在刀库与主轴之间传递刀具 2）完成在刀库上的装(插)刀、拔刀 3）机床主轴抓刀及退回
D 向滑台	1）完成在主轴上的装(插)刀、拔刀动作 2）刀库抓刀及退回
回转立柱	完成水平回转 90°运动，使机械手面向刀库或面向机床主轴
机械手	1）手臂在垂直面内回转 180°，实现刀具交换动作 2）手抓夹持部分张开与夹紧，实现对刀柄的夹紧和松开动作

c. 自动换刀装置的换刀循环为：机床进入换刀位置→发出刀具交换指令→机械手进入加工区的门打开→T 滑台移动使机械手臂靠向主轴→机械手左卡爪夹持待装刀具，右卡爪张开引入刀柄夹持部→右卡爪合拢夹持主轴上待卸刀具→主轴刀柄(刀具)松夹→压缩空气接通→D 滑台移动 240mm 机械手拔刀→机械手回转 180°交换刀具→D 滑台移动机械手装刀→切断压缩空气，主轴夹紧刀柄(刀具)→T 滑台移动机械手退出复位→关闭加工区门，机床可进入加工程序。

② 调试要点，参见图 3-36、图 3-37。

a. 部件安装调整：

安装机床和立柱，粗调水平；

安装刀库，调整刀库与机床立柱的距离，两刀库之间的间距，注意防振可调垫块的高度与机床下部的垫块基本一致；

安装滑台组件，用圆柱销和螺栓进行定位、连接；

用刀库床座连接板把整个换刀装置与立柱床座连接；

粗调自动换刀装置的水平。

b. 位置调整要求：

调整精度控制在 0.1~0.2mm；

机床应完成"通电试车"；

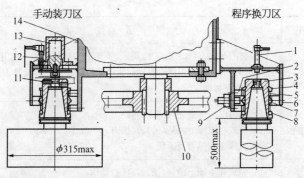

图 3 - 37　链式刀库的刀座结构

1—反射光电子检测器；2—导向条；3—刀座；4—外链片；5—隔套；6—V 形导
向条；7—V 形环；8—内链片；9—定位检测器；10—主动链轮；11—弹簧、滚珠；
12—接近开关；13—液压缸；14—刀座支架

机床完成水平、几何精度初步调整；

采用手动换刀操作方式进行。

c. 位置调整作业：

输入指令，机床位移至刀具交换位置；

机械手爪夹持中心与主轴的等高度调整：机械手夹持校对心棒，机床
主轴安装校对心棒，测量等高度偏差，通过调整垫块使高度一致；

机械手爪端面基准与主轴端面的相对位置调整：T 滑台移动，使机械
手爪移至主轴端面前，测量位置偏差，通过调整刀库底座 Z 向位置达到相
对位置要求；

T 滑台导轨与 X 向机床导轨的平行度调整：通过水平调整和垫块、螺
栓的调整达到 0.05mm/300mm 的要求；

按规定尺寸检测、调整刀库刀座端面与机床主轴轴线的相对位置；

按规定尺寸检测、调整两个刀库之间的距离。

d. 换刀装置调整：

机械手臂的水平度调整：机械手回转通过液压缸推动齿条齿轮机构
实现，因此可通过液压缸的行程死点和调整齿条行程控制垫块的厚度进
行调整。调整时注意在两个工作位置进行调整；

机械手爪端面基准与滑台运动的平行度调整：立柱回转 90°由液压缸
推动转接盘实现，因此可通过液压缸的行程死点和行程调整块调整，达到
与 D 向滑台运动的平行度，与 T 向滑台运动的平行度要求；

机械手爪夹持中心与刀库刀座轴线的重合度调整：水平面内通过 D 向滑台靠向主轴终端位置的调节螺钉进行调整；垂直面内利用定位检测器进行调整；

D 向行程 240mm 调整：通过 D 向滑台退离主轴的行程终点调节螺钉调整。

e. 换刀调试：

机床主轴换刀位置调试：通过换刀位置参数的设定修正，达到精确调整 Y、Z 坐标位置的目的，同时应设定 T 滑台 X 向换刀位置；

刀库取刀位置调试：设定 T 滑台在Ⅰ、Ⅱ号刀库取刀的 X 向坐标位置；

刀库插、拔刀行程调试：设定 T 滑台在Ⅰ、Ⅱ号刀库拔刀的 X 向坐标行程；

换刀空运行调试：以手动方式对换刀系统进行空运行，并进一步对各限位块位置进行调整，要求达到动作准确无误；

换刀试运行调试：在刀库上装数把接近规定重量的刀柄，进行多次从刀库到主轴的往复自动交换，调整好各相关部分，达到自动换刀循环过程所有动作准确无误、无碰撞、不掉刀。

【实例 3-85】

（1）故障现象　某西门子加工中心，在加工过程中进行自动换刀时，出现"掉刀"现象。故障发生时没有出现任何报警。

（2）故障原因分析　常见原因是换刀有关的机械部分和电气元件故障。

（3）故障诊断和排除

① 现场询问和查阅机床维修的档案，本例故障初期偶尔发生，两三个月发生一次；后来呈渐进式发展；当前故障发生频次是一个班次出现几次。

② 观察发现，加工过程中换刀顺序完全正常，动作均已执行，没有任何报警，所以对"掉刀"没有察觉。当操作者进行检查或听到"掉刀"所发出的异常声音后，才会知道发生"掉刀"故障。

③ 从 PLC 梯形图上看，这台机床的换刀程序有 900 多步，纵横交错，很难分析其工作原理。

④ 根据自动换刀的基本原理，决定执行下述故障诊断步骤：

a. 检查机械手。把机械手停止在垂直极限位置，检查机械手手臂上的两个量爪，以及支持量爪的弹簧等附件，没有变形、松动等情况。

b. 检查主轴内孔刀具卡持情况。拆开主轴进行检查，发现其内部有部分碟形弹簧已经破碎，主轴内孔中碟形弹簧的作用是对刀具卡持紧固，如果碟形弹簧损坏会引起刀具不到位甚至装不上刀。更换全部碟形弹簧,试运行时没有发生问题,工作一段时间后故障又出现了。

⑤ 推断分析,这种故障仅出现在换刀动作过程中,与其他动作无关,编辑一个自动换刀重复执行程序,对换刀动作过程进行仔细观察:

```
O0200;
S500;
M03;
G04 X3.0;
M06;
M99;
%
```

在运行此程序时,发现主轴刀具夹紧动作还没有到位,甚至还没有进行夹紧动作时,机械手就转动起来了,从而引起"掉刀"故障。

⑥ 据理推断,故障原因很可能是主轴刀具夹紧到位的行程开关误动作,引起机械手回转,导致没夹紧的刀具出现掉刀故障。

⑦ 主轴刀具夹紧刀位的行程开关连接到 PLC 上的输入点 X2.5。查阅梯形图,反复按下并监视 X2.5 的工作情况,发现在 20 多次的压合中,有 3 次出现误动作,判断行程开关性能不良。

⑧ 拆卸行程开关进行检测,确认该行程开关有故障。根据检查结果更换同规格型号的行程开关,机床"掉刀"的故障被排除。

【实例 3-86】

(1) 故障现象 SINUMERIK 880 数控系统 UFZ6 型加工中心,换刀程序中途停止。

(2) 故障原因分析 常见故障原因是信号传递、输入输出元件、检测装置等有故障。

(3) 故障诊断和排除

① 现象观察:机床在换刀过程中,当机械手进入刀座后,换刀动作自动中止。

② 动作分析:本例是一台大型机床,机械手由液压装置驱动,沿着导轨滑动并传送刀具。换刀动作共有 28 个步骤,在各个部位都安装有接近开关,由它们检测机械手的动作是否到位。

③ 机械检查:检查换刀部分的机械装置,没有异常现象。

④ 连接检查:检查有关的电缆和插接件,没有断线和接触不良的故障

现象。

⑤ 现象分析:故障是在机械手进入刀座后出现的,由接近开关 S07 检测这个动作是否到位。观察 PLC 输入单元上的 LED 指示灯,输入点 E24.6 已亮,这说明接近开关 S07 动作,机械手已经到达刀库。

⑥ 动作检查:下一步的动作是将刀具夹持,经检查,刀具夹持的动作没有出现。

⑦ 输入分析:与刀具夹持动作有关的接近开关是 S17,它连接到 PLC 的输入点 E25.5。S17 应该在机械手距离刀库约 300mm 时动作。

⑧ 状态检查:从 PLC 的输入单元上看,输入点 E25.5 未亮,这说明接近开关 S17 确实没有动作。

⑨ 故障确认:进一步检查,是感应铁块挪位引发故障。

⑩ 故障处理:将感应铁块调整到正确的位置,故障排除。

(4) 维修经验归纳和积累 在维修动作自动中断的故障时,应实现熟悉动作的全过程和动作的步骤,随后经过现象观察,判断某一步骤的动作故障,以便围绕该故障进行诊断和排除。

任务三 加工中心刀架、刀库故障维修

【实例 3-87】

(1) 故障现象 某 SIEMENS 810M 系统的立式加工中心,在自动运行如下指令时:

T×× M06;

S×× M03;

G00Z-100;

出现有时主轴不转,但 Z 轴继续向下运动的情况。"刀库互锁"引起的 M03 不能执行的故障。

(2) 故障原因分析 由于故障偶然出现,分析故障原因,它应与机床的换刀与主轴间的互锁有关。

(3) 故障诊断和排除

① 原理分析:本机床采用的是无机械手换刀方式,换刀动作通过气动系统控制刀库的前后、上下运动实现的。

② 条件分析:仔细检查机床的 PLC 程序设计,发现该机床的换刀动作与主轴间存在互锁,即只有当刀库在后位时,主轴才能旋转;一旦刀库离开后位,主轴必须立即停止。

③ 现象观察:现场观察刀库的动作过程,发现该刀库运动存在明显的

冲击,刀库到达后位时存在振动现象。

④ 系统诊断:通过系统诊断功能,可以明显发现刀库的"后位"信号有多次通断的情况。而程序中的"换刀完成"信号(M06 执行完成)为刀库的"后位到达"信号。

⑤ 故障机理:当刀库后退时在第一次发出到位信号后,系统就认为换刀已经完成,并开始执行 S×× M03 指令。但 M03 执行过程中(或执行完成后),由于振动,刀库后位信号再次消失,引起了主轴的互锁,从而出现了主轴停止转动而 Z 轴继续向下的现象。

⑥ 故障处理:通过调节气动回路,使得刀库振动消除,并适当减少无触点开关的检测距离,避免出现后位信号的多次通断现象。在以上调节不能解决时,可以通过增加 PLC 程序中的延时或加工程序中的延时解决。

(4) 维修经验归纳和积累　偶发性故障与各种因素有关,常与振荡、振动有关,而振荡、振动又与某种动作的反复循环有关。

【实例 3 - 88】

(1) 故障现象　某 SINUMERIK 8ME 数控系统加工中心,进行自动换刀时,刀库转位有时不准确。

(2) 故障原因分析　刀库转位有时不准确,常见原因有信号传递环节不稳定、检测元件渐变故障等。

(3) 故障诊断和排除

① 动作分析:查看机床电气图样,本例加工中心的刀库共有 5 只传感器(集成接近开关),它们的代号和用途分别是:LS49 用于检测参考点,LS70 和 LS71 分别用于左、右方向计数,LS72 和 LS73 分别用于正转、反转定位。

② 信号分析:传感器所采集的信号,分别送至 PLC 的输入口 EW4.3、EW4.4、EW11.3、EW11.4、EW4.5,以执行计数功能,并进行定位等操作。

③ 状态检查:对 PLC 的状态进行观察,发现在刀库转位时,正反转定位信号没有进入到 PLC 对应的输入点中。

④ 元件检查:用螺钉旋具靠近各个接近开关的感应部位,反应都很灵敏,说明接近开关完好无损。

⑤ 连接检查:检查接近开关的线路,也都在完好状态。

⑥ 位置检查:仔细观察,发现 LS72 和 LS73 的位置挪动,处于临界状态,推断有时能感应到定位信号,有时则不能感应到。

⑦ 故障处理:仔细调整 LS72 和 LS73 的位置,使其处于最佳位置,机

床故障排除。

(4) 维修经验归纳和积累 本例属于偶发性故障,常见的原因可寻找功能或性能不稳定的部位或元器件

【实例3-89】

(1) 故障现象 SINUMERIK 880 数控系统 UFZ6 型加工中心,机床在调试过程中,机械手不能执行手动换刀动作。

(2) 故障原因分析 刀库不能执行换刀动作的常见原因有换刀使能条件不满足、换刀机械装置有故障等。

(3) 故障诊断和排除

① 现象观察:这台机床的刀库配有 120 个刀位,人工装卸刀具时,通过脚踏开关控制气阀的动作,以夹紧和松开刀具。故障发生时,发现气阀不能动作。

② 原理分析:查阅电气原理图,可知气阀受继电器 N-K8 控制,N-K8 则由梯形图中的输出点 A26.7 控制。

③ 状态分析:手动换刀梯形图如图 3-38 所示。在梯形图中,手动换刀只是一个局部动作,此时利用程序来判断故障,是很有效的方法。

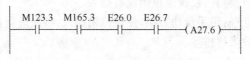

图 3-38 手动换刀梯形图

④ 输出点 A26.7 受控于四个元件,其中 M123.3 和 M165.3 为内部程序的中间继电器,输入点 E26.0 由脚踏开关 N-S06 控制,输入点 E26.7 是一套由机械和电气联锁装置组成的刀库门控制信号,这四个输入点组成一个与门电路。

⑤ 元件检查:检查这几个元件的状态,其中 E26.0 为"1",这是正确的。而 E26.7 为"0"是错误的,说明刀库门控制盒内部有问题。

⑥ 拆卸检查:拆开刀库门控制盒,发现连接刀库门的插杆滑动块损坏,致使刀库门打开时,盒内联锁开关状态不能变化,输出信号 E26.7 始终为"0"。

⑦ 故障处理:更换插杆滑动块,并调整到正确的位置,故障排除。

(4) 维修经验归纳和积累 在维修动作故障中,应借助梯形图和相关状态进行诊断和检查,在释读梯形图中应注意输入点的逻辑关系,以便正

确地检查核对输入状态。

【实例 3-90】

(1) 故障现象　西门子系统 TNC 200 型车削加工中心,在 MDI/MEM/HANDLE 三种方式下换刀时,刀架都可以转动,但是不能锁紧。

(2) 故障原因分析　常见原因是定位机构、编码器等有故障。如刀架转动没有到位,这可能是刀架偏离定位销,也可能是编码器不正常等。

(3) 故障诊断和排除

① 动作核定:查阅有关资料,本例机床所设计的换刀步骤如下:

a. NC 系统根据刀号发出换刀指令;

b. 确定旋转方向,刀架开始旋转;

c. 编码器输出刀码;

d. 待换的刀具进入指定位置后,PMC 发出指令,刀架定位销插入;

e. 刀架夹紧。

② 状态检查:检查 NC 已经发出换刀指令,刀架已经旋转。因此怀疑故障原因是刀架定位有故障。

③ 连接检查:将刀架驱动电动机与编码器之间的连接齿轮脱开,拔出刀架定位销进行检查,发现定位销没有插入。

④ 故障处理:用手盘动刀架,使定位销插入,再次进行自动加工时,换刀动作正常,故障被排除。

【实例 3-91】

(1) 故障现象　某西门子系统立式加工中心,在使用过程中出现刀库不能锁紧的故障。

(2) 故障原因分析　常见原因是刀库传动链、液压系统、检测装置有故障。

(3) 故障诊断和排除

① 资料查阅:查阅有关技术资料,本例刀库安装了 30 把刀具,刀库由液压马达和传动链驱动,到位检测由旋转编码器完成。

② 信号检测:对旋转编码器进行检测,信号没有问题。

③ 传动检查:对链传动机构进行检查检测,链轮中心距及机械结构也很正常。

④ 驱动检查:对相关的液压单元进行检查,发现液压阀杆没有插入到液压马达中。

⑤ 故障处理:重新安装液压阀杆后,机床恢复正常工作。

(4) 维修经验归纳和积累　液压马达是液压系统的执行元件,在维修时应熟悉其结构和作用原理。液压马达的特点见表3-33。

表3-33　叶片式液压马达的主要特点

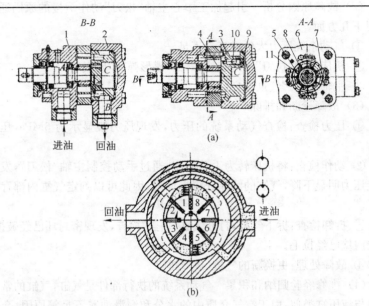

(a)

回油　　　　　　　　　　　　进油

(b)

(a) 结构　1—壳体;2—后盖;3—配油盘;4—弹簧;5—转子;
6—定子;7—叶片;8—扭力弹簧;9—阀座;10—钢球

(b) 工作原理　1,2,3,4,5,6,7,8—叶片

组成	主要由叶片、定子、转子、配油盘、弹簧等组成。其职能符号见图b右上方
特点	1) 液压马达的输出转矩和转速是脉动的,一般用于高转速、低转矩、传动精度要求不高,但动作要求灵敏和换向频繁的场合 2) 从工作原理看,液压马达和液压泵是可逆的,互为使用的,但实际上两者在结构上存在着差异,所以液压泵一般不可作为液压马达来使用 3) 双向液压马达可以改变进出油口改变马达的转向
工作原理	液压马达的工作原理如图b所示。图示状态下通入压力油后,位于压油腔中的叶片2、6,因两侧所受液体压力平衡不会产生转矩,若叶片1、3和5、7的一个侧面作用有压力油,而另一个侧面是回油,由于叶片1、5的伸出部分面积大于叶片3、7,因而能产生转矩使转子按顺时针方向旋转,输出转矩和转速。为了使液压马达通入压力油后马上能旋转,必须在叶片底部设置预紧弹簧,并将压力油通入叶片底部,使叶片紧贴定子内表面,以保证良好的密封

【实例 3 - 92】

（1）故障现象 某西门子立式加工中心,在"自动换刀"时发现主轴"松刀"动作缓慢,影响了机床的加工效率。

（2）故障原因分析 引起加工中心主轴"松刀"动作缓慢的原因通常有以下几方面。

① 气动系统压力太低或流量不足。

② 机床主轴"拉刀"系统有故障,如"碟形弹簧"破损等。

③ 主轴"松刀"气缸不良。

（3）故障诊断和排除

① 压力检查:检查气动系统的压力,发现压力表显示为 6MPa,压力正常。

② 动作检查:将机床转为手动操作,通过手动控制主轴"松刀",发现系统压力明显下降,气缸的活塞杆缓慢伸出,因此可以判定气缸内部存在"漏气"。

③ 拆卸检查:拆下气缸,打开气缸"端盖"检查,发现密封环已经破损,气缸内壁已经拉毛。

④ 故障处理:更换新的气缸,故障排除。

（4）维修经验归纳和积累 气动系统的执行部件是气缸,气缸的常见故障与液压缸类似,由于空气介质中的水分和润滑油雾不足等原因,会导致气缸损坏。

【实例 3 - 93】

（1）故障现象 某 SINUMERIK 8ME 数控系统加工中心,机床进行自动换刀时,刀库不能旋转。

（2）故障原因分析 加工中心刀库不能旋转的常见故障原因是驱动部分有故障。

（3）故障诊断和排除

① 原理分析:查看机床电气原理图可知,带动刀库旋转的是异步电动机(M9,2.2kW),由变频器 KS - A1 驱动,而变频器由 PLC 控制。

② 控制方法:在 PLC 输出端与变频器的控制端之间有一块接口电路板 Mo - Als,板上有 4 只固态继电器 K1、K2、K3、K4,它们分别受控于 PLC 输出的 4 个信号 AW2.1、AW2.2、AW2.3、AW2.4。各个继电器的作用是:K2 吸合时,正向快速;K3 吸合时,正向慢速;K1 和 K2 同时吸合时,反向快速;K1 和 K3 同时吸合时,反向慢速;K4 吸合时,变频器才能通电。

但是变频器能否启动,还取决于 K1~K3 能否吸合。

③ 原因确认:经检查,刀库不能旋转的原因是变频器没有启动。而 PLC 输出的 4 个信号 AW2.1、AW2.2、AW2.3、AW2.4 均正常,变频器的电源已经接通,但是不能启动。

④ 元件检查:进一步检查发现,继电器 K2 和 K3 同时损坏。

⑤ 故障处理:换上两只同型号的继电器故障排除,刀库转动正常。

(4) 维修经验归纳和积累　变频器接口端的控制模块应注意控制方式的查阅和检查,以便确认故障的元器件。

【实例 3 - 94】

(1) 故障现象　某西门子系统加工中心,在加工过程中,机械手被卡住,换刀动作中断,但是没有出现任何报警。

(2) 故障原因分析　常见的原因是与机械手和换刀动作有关的机械部分有故障。

(3) 故障诊断和排除

① 现象观察:对故障发生的过程进行仔细观察,在主轴前端面上,有一个定位凸键。由于主轴定向不准,造成机械手(即换刀臂)的扣爪与凸键的相对位置不正确,导致换刀失败。

② 原理分析:本例机床的主轴定向是通过位置编码器来实现的,数控系统发出定向指令信号后,再检测主轴驱动器反馈回来的定向完成信号,以及定向参考位置,主轴转过一定的角度,到达定向参考位置后,就停止并锁定在这个位置上。然后控制主轴电动机转过主轴电动机所转过的角度,可以通过(主轴定向停止时的偏移量)参数进行设置。

③ 故障处理:根据检查和诊断结果,采用以下方法进行故障维修:

a. 用扳手把主轴转动一个角度,使主轴端面上的定位键插入到机械手的扣爪定位槽内,然后按照单步换刀步骤,使换刀动作完成一个循环。

b. 让主轴多次运转定向,仔细观察定向停止时的偏差,并通过有关参数进行调整。当调整到−95°后,主轴定向准确,换刀动作恢复正常。

【实例 3 - 95】

(1) 故障现象　西门子系统 VMC - 600 型加工中心,系统发出刀库旋转指令后,刀库不能旋转。

(2) 故障原因分析　常见的原因是刀库相关的机械部分和电源部分有故障。

(3) 故障诊断和排除

① 原理分析:查阅有关技术资料,本例加工中心具有车、镗、铣、磨、钻等多项功能。刀库正、反转部分的工作原理是:刀库发出正转指令 I96 后,刀库正转预备信号 A41 准备就绪,PLC 输出点 O14 的状态为"1",发出刀库正转指令,接触器 K1 吸合,刀库执行正向旋转动作。同理,刀库发出反转指令 I97 后,刀库反转预备信号 A42 准备就绪,PLC 输出点 O15 的状态为"1",发出刀库反转指令,接触器 K2 吸合,刀库执行反向旋转动作。

② 机械检查:检查刀库的机械部分,没有特殊的阻力,状态完全正常。

③ 状态检查:检查 PLC 的工作状态。当 I96 端子有正转输入信号时,输出端子 O14 的状态为"1",送出了刀库正转指令;当 I97 端子有反转输入信号时,输出端子 O15 的状态为"1",送出了刀库反转指令。这说明 PLC 的工作完全正常。

④ 元件检查:检查接触器 K1 和 K2,都没有损坏。当 PLC 送出正、反转指令时,它们都能正常地吸合。

⑤ 诊断确认:进一步检查,是供电的断路器损坏,导致电源缺少一相。

⑥ 故障处理:根据检查和诊断结果,更换损坏的断路器,故障得以排除。

(4) 维修经验归纳和积累　低压断路器是电源部分的重要电器元件,断路器的结构如图 3-39 所示,常见故障及其原因见表 3-34。

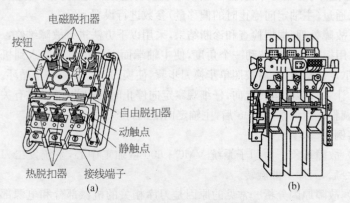

图 3-39　低压断路器的结构

(a) DZ5 型断路器内部结构;(b) DW16 系列断路器外形

表 3 - 34　低压断路器的常见故障及其原因

故　障　现　象		故　障　原　因
动作故障	手动操作时不能闭合 (不能接通或不能启动)	1) 热脱扣器的双金属片(热控制元件)尚未冷却复原 2) 触点接触不良 3) 储能弹簧失效变形,导致闭合力减小 4) 锁键和搭钩因长期使用而磨损 5) 欠压脱扣器线圈损坏
	欠压脱扣器不能分断	1) 拉力弹簧失效、断裂或卡住 2) 欠压脱扣器线圈损坏
	电动机启动时立即分断	1) 过电流脱扣器瞬时整定值太小 2) 弹簧失效
	闭合后自动分断	1) 过电流脱扣器延时整定值不符合要求 2) 热元件失灵
	动作延时过长	1) 传动机构阻力过大 2) 弹簧失效
其他故障	温升大	触点阻抗大,具体原因 1) 触点过分磨损或接触不良 2) 两个导电零件连接螺钉松动
	噪声大	1) 脱扣器弹簧失效 2) 铁心工作面有油污或短路环断裂
	机壳带电	漏电保护断路器失效

项目六　辅助装置故障维修

　　加工中心的辅助装置维修与数控车床、数控铣(镗)床的辅助装置维修基本类似,包括排屑装置、润滑装置和防护装置等。在 SIEMENS 系统中切削液控制、导轨润滑控制都由 PLC 控制完成。切削液控制(COOLING 子程序)通过调用子程序实现,控制子程序的流程如图 3 - 40所示。导轨润滑控制(LUBRICATION 子程序),其控制流程如图 3 - 41 所示。比较特殊的是一些加工中心具有交换工作台,以适应生产线和 FMC的需要。

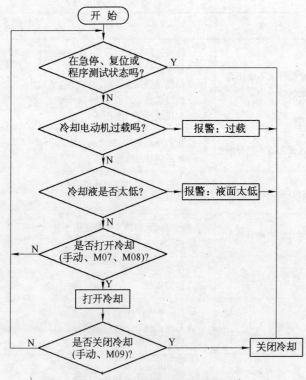

图3-40 冷却控制子程序流程图

任务一 加工中心排屑装置故障维修

【实例3-96】

(1) 故障现象 SIEMENS系统MH800型卧式加工中心,在加工过程中突然停机,操作面板上报警指示灯"OL"亮。

(2) 故障原因分析 "OL"报警灯亮,说明电气主电路中存在着过载现象。

(3) 故障诊断和排除

① 状态检查:从CRT显示器上查看PLC的各个输入点,发现X2.2不正常。X2.2连接的是排屑电动机热继电器OL.5和OL.6的辅助常闭点。在正常情况下,OL.5和OL.6的辅助常闭点都应在闭合状态,X2.2的状态为"1"。现在其状态为"0",这说明热继电器动作,辅助常闭点断开。用万用表测量后得以证实。

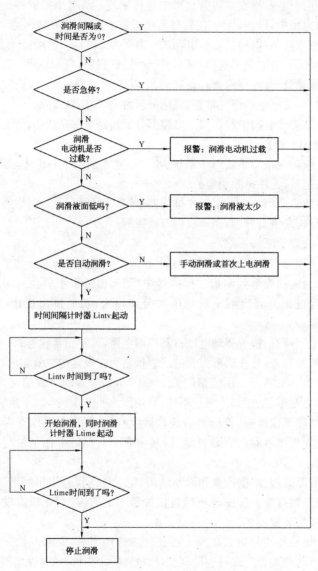

图 3 - 41 导轨润滑控制子程序流程图

② 动力检查:检查排屑电动机,三相绕组完全对称,绝缘层也没有问题。检查排屑的机械装置,在完好状态,没有卡阻现象。

③ 连接检查:检查排屑电动机的连接电缆。从交流接触器到电动机的这一段电缆中,U、V、W 三相只有两相正常,另外一相导线断路。

④ 据理推断:电动机输入电源的一相导线断路后,电动机缺相运行,电流显著增大,引起热继电器动作,并产生过载报警,机床停止工作。

⑤ 故障处理:根据检查和诊断结果,更换这断路的电缆,恢复电动机的正常供电,热继电器恢复常态,机床报警解除,故障被排除。

(4) 维修经验归纳和积累　电缆部分的断路是常见故障原因。

【实例 3 - 97】

(1) 故障现象　某西门子系统 MC320 立式加工中心机床,其刮板式排屑器不运转,无法排除切屑。

(2) 故障原因分析　刮板式排屑器不运转的原因可能有:摩擦片的压紧力不足;传动链有异物;驱动机构有故障等。

(3) 故障诊断和排除

① 过程分析:MC320 立式加工中心采用刮板式排屑器。加工中的切屑沿着床身的斜面落到刮板式排屑器中,刮板由链带牵引在封闭箱中运转,切屑经过提升将废屑中的切削液分离出来,切屑排出机床,落入集屑车。

② 电气检查:检查驱动电动机和控制电路,处于正常状态。

③ 机械检查:检查碟形弹簧的压缩量是否在规定的数值之内,碟形弹簧自由高度为 8.5mrn,压缩量应为 2.6～3mm,若在这个数值之内,则说明压紧力已足够了;如果压缩量不够,可均衡地调整 3 只 M8 压紧螺钉。

④ 故障部位检查:若压紧后还是继续打滑,则应全面检查卡住的原因。检查发现排屑器内有数只螺钉,其中有一只螺钉卡在刮板与排屑器体之间。

⑤ 故障处理:根据检查和诊断结果,将卡住的螺钉取出后,排屑器不运转的故障被排除。仔细分析螺钉松脱落下的原因,发现螺钉没有防松装置,或防松装置损坏。

(4) 维修经验归纳和积累　在建立维修档案时,要求点检有关的螺钉,对没有防松装置的螺钉连接部位,增设防松结构件,如弹性垫圈等。

任务二　加工中心防护装置故障维修

【实例 3 - 98】

(1) 故障现象　某西门子数控系统加工中心,防护门不能关闭,以致无法进行加工。

(2) 故障原因分析　防护门不能关闭的常见原因是机床侧故障。

(3) 故障诊断和排除

① 原理分析:本例机床中,由 PLC 的输出端子 Q2.0 控制继电器 KA2.0,KA2.0 控制电磁阀 YV2.0,YV2.0 控制气缸动作,完成防护门的关闭。与防护门有关的接线如图 3-42 所示。

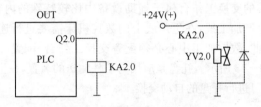

图 3-42　与防护门有关的接线

② 状态检查:检查 Q2.0,其状态为"1",KA2.0 也吸合了,但是防护门没有动作。

③ 控制检查:检查电磁阀 YV2.0,24V 直流电压已经加上,但是其线圈电阻为无穷大,即处于断路状态,得电后无法吸合。

④ 故障处理:更换电磁阀 YV2.0 后,故障排除。

(4) 维修经验归纳和积累　电磁阀的线圈是 PLC 的输出控制部位之一,常见线圈断路等故障。电磁阀线圈的阻值一般在 10kΩ 之间。

【实例 3-99】

(1) 故障现象　西门子系统 TH5640 立式加工中心,在执行换刀程序时,Y 轴与立柱防护罩相撞。

(2) 故障原因分析　常见的原因是刀具交换动作相关的机械、电气控制、电源和 PMC 信号传递等有故障。

(3) 故障诊断和排除

① 状态检查:检查 PMC 信号传递状态,处于正常状态。

② 机械检查:检查机械手和液压系统,没有故障迹象。

③ 电路检查:检查相关电路控制元件,没有故障迹象。

④ 档案查阅:查阅机床维修档案,本例机床工作一直正常,在更换了动力配电柜后,出现换刀动作故障。

⑤ 原因推断:推断动力配电柜内的电源等接线有连接故障。检查发现,有两只 RTO-200 A 型熔断器的熔断器座与母线连接不紧。

⑥ 故障处理:根据检查和诊断结果,紧固相关的接线部位后机床工作

正常,故障被排除。

(4) 维修经验归纳和积累 了解故障前后的机床设施的变动情况十分重要,本例机床在更换动力配电箱后发生故障,而更换前工作是正常的,因此检查的重点应在动力配电柜。

任务三 工作台、托盘交换装置故障维修

加工中心的交换工作台属于辅助设备中比较特殊的内容,由于数控机床应用于生产加工线,在生产线上的数控机床需要进行连续的加工和节拍生产,因此,数控加工中心必须配置交换工作台,配置交换工作台的加工中如图 3-43 所示。托盘是应用与工件输送的装置,在生产线的数控加工中心中,可进行托盘的自动交换。

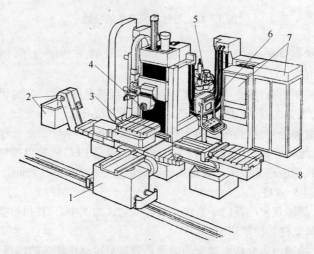

图 3-43 带有两个交换工作台的加工中心

1—工作台输送轨道车;2—切屑存放与输送装置;3—机床工作台;4—加工中心机床主轴;5—刀库;6—操纵台和显示器;7—驱动电源柜和数控柜;8—待装工作台输送装置

【实例 3-100】

(1) 故障现象 某西门子系统 XH755 型加工中心,有一次在执行工作台交换指令时,工作台在 X 轴方向移动,还没有到达交换位置,防护门正在开启但没有完全打开,工作台就被传送链传送进去,造成防护门撞坏。工作台被强行拉动后,又造成滑板歪斜。

(2) 故障原因分析 工作台交换动作失调的常见原因是电源、控制电

路、信号传递及传送机构有故障。

(3) 故障诊断和排除

① 常规检查:进行工作台交换机构的常规检查,没有发现不正常的情况。

② 指令检查:推断数控系统的操作指令不对,但核对后没有发现问题。

③ 故障观察:试机有时交换动作正常,有时发生同样的故障现象,故障有偶然性和间断性。

④ 据理推断:机床能正常进行工作台交换,说明系统和交换有关的机构都是完好的,故障的偶然性,启发诊断思路,若电源部分有偶尔发生的故障,也会造成机床动作失控。

⑤ 电源检查:对配电柜内的电源进行检查,发现在 L3 相 RTO 熔断器中,熔座与导线的连接螺钉松动,烧蚀严重,引起了 L3 相电压大幅降低,导致工作台交换动作失调故障。

⑥ 故障处理:根据检查和诊断结果,更换这只熔断器座,对配电柜内的其他接线螺钉全部紧固一遍,以防止再次出现类似故障。试车,故障被排除,以后也没有再发生类似的工作台交换动作失调的故障。

(4) 维修经验归纳和积累　注意维修中相关和类似部位的维护维修可减少同类的故障。

【实例 3－101】

(1) 故障现象　某西门子系统 CW500 型加工中心,机床在加工过程中,当 X 方向工作台沿负向运动,到达托盘交换位置时,自动托盘不能交换。

(2) 故障原因分析　常见原因是信号检测和传递相关部位等有故障。

(3) 故障诊断和排除

① 过程分析:正常情况下,当工作台到达托盘交换位置时,工作台下部的撞块会压到一个限位开关,使其常闭触点脱开,PLC 中对应的输入信号 I5.0 由"1"变成"0",表明工作台已经到达托盘交换位置,可以执行交换动作。

② 动作检查:现在托盘不能交换,检修要围绕这一部分进行检查。观察 X 轴工作台的位置,确实已到达了交换位置,但是从 CRT 的诊断界面上看,PLC 上中 I5.0 的状态没有转换,仍然是"1"。拆开机床侧罩壳检查,限位开关也确实按下了。

③ 状态检查：从 PLC 的输入模块上，观察 I5.0 旁边的绿色 LED 指示灯。粗略一看它是亮着的，它说明限位开关的状态没有转换。但是与其他输入点的 LED 指示灯仔细比较，发现它的亮度要暗一些。

④ 元件检测：从端子排上检测限位开关常闭触点之间的电阻。当限位开关被按下时，常闭触点断开，电阻值应是无穷大，实测时电阻值在 1kΩ 左右，此时流过 PLC 输入端的电流达到 20mA 以上，从而使 LED 发出亮光，显然限位开关的常闭触点通断功能失效。

⑤ 拆卸检查：拆下限位开关进行检查，内部充满了切削液。

⑥ 故障机理：在长期的使用中，工作台上含有金属粉末的残余切削液，会逐步渗入限位开关内部。限位开关内部的常闭触点虽然已经断开，但是触点之间的切削液还可以导电。当漏电流形成的电平达到 PLC 输入端的阈值电平时，PLC 便将它视为"1"，即常闭触点还在接通位置，从而引发上述故障。

⑦ 故障处理：清理限位开关内部的切削液，并进行干燥处理后，故障排除。

(4) 维修经验归纳和积累　本例提示，当导电液体渗入开关内部后，触点的通断状态会有所改变，继而影响 PLC 的状态控制，导致各种故障。因此应注意有关部位的防护性维护，同时应会操作人员，注意切削液冲注过程中，相关部位的防护，如增加遮拦板引导切削液流向等。

模块四 其他数控机床装调维修

内 容 导 读

常用的其他数控机床有数控磨床、数控电加工机床和数控专用机床,如数控线切割机床、数控淬火机床、数控冲床、数控弯管机/数控折弯机等。维修数控其他机床时,可按照系统的故障特点和机床的机械液压结构特点,分析和诊断故障原因,然后按 SIEMENS 系统常见故障和机械机构及零部件的维修方法进行维修维护,排除故障。

项目一 数控磨床故障维修

数控磨床有立式磨床、卧式磨床;外圆磨床、内圆磨床、滚道磨床等多种类型,如图 4-1 所示为数控磨床示例。适用于数控磨床的西门子系统有 3G、3M、10M、805、810G、810M、840D 等。数控磨床的常见故障有回参考点故障、系统故障和主轴故障等,常见故障的诊断和维修可参见下述维修实例。

(a)   (b)

图 4-1 数控磨床示例

(a) MKE1320/H 数控卧式外圆磨床; (b) H206 数控立式万能外圆磨床

任务一　数控磨床回参考点故障维修

数控机床一般都采用增量式旋转编码器或增量式光栅尺作为位置反馈元件，因而机床在每次开机后都必须首先进行回参考点的操作，以确定机床的坐标原点。寻找参考点主要与零点开关、编码器或者光栅尺的零点脉冲有关，一般有两种方式。

① 轴向预定方向快速运动，压下零点开关后减速向前继续运动，直到数控系统接收到第一个零点脉冲，轴停止运动，数控系统自动设定坐标值。在这种方式下，停机时轴恰好压在零点开关上。如果采用自动回参考点，轴的运行方向与上述的预定方向相反，离开零点后，轴再反向运行，当又压上零点开关后，PLC 产生减速信号，使数控系统准备接收第一个零点脉冲，以确定参考点。如果手动进行，脱离零点开关，然后再回参考点。

② 轴快速按预定方向运动，压上零点开关后，反向减速运动，当又脱离零点开关后，数控系统接收到第一个零点脉冲，确定参考点。在这种方式下，停机时轴恰好压在零点开关上，当自动回参考点时，轴的运动方向与上述的预定方向相反，离开零点开关后，PLC 产生减速信号，使数控系统在接收到第一个零点脉冲时确定参考点。如果手动回参考点，应先将轴手动运行，脱离零点开关，然后再回参考点。

采用何种方式或如何运行，系统都是通过 PLC 的程序编制和数控系统的机床参数设定来决定，轴的运动速度也是在机床参数中设定的。数控系统回参考点的过程是 PLC 系统与数控系统配合完成的，由数控系统给出回参考点的命令，然后轴按预定的方向运动，压上零点开关（或离开零点开关）后，PLC 向数控系统发出减速信号，数控系统按照预定的方向减速运动，由测量系统接收零点脉冲，接收到第一个脉冲后，设定坐标值。所有的轴都找到参考点后，回参考点的过程结束。

数控机床开机后回不了参考点的故障一般有以下几种情况：一是由于零点开关出现问题，PLC 没有产生减速信号；二是编码器或者光栅尺的零点脉冲出现了问题；三是数控系统的测量板出现了问题，没有接收到零点脉冲。数控磨床开机后不能回参考点是常见故障之一，数控磨床开机回参考点故障维修可借鉴以下维修实例。

【实例 4-1】

（1）故障现象　SIEMENS 10M 系统的数控磨床，X2 轴找不到参考点。

（2）故障原因分析　常见原因是零点开关、检测装置或数控系统测量板有故障。

(3) 故障诊断和排除

① 现象观察:观察回参考点时故障的发生过程:

a. 观察 X1 轴回参考点,没有问题。

b. 观察 X2 轴回参考点,这时 X2 轴一直正向运动,没有减速过程,直至运动到压下上限位开关,产生超限位报警。

② 据理推断:根据故障现象和工作原理进行分析,可能是零点开关有问题。

③ 状态检查:应用数控系统的诊断功能检查 PLC 的 X2 零点开关的输入状态,发现其状态为"0",在回参考点的过程中一直没有变化,进一步证明零点开关出现了问题。

④ 元件检查:检查零点开关却没有问题,推断线路有问题。

⑤ 连接检查:检查其电气连接线路,发现这个开关的电源线折断,使 PLC 得不到零点开关的变化信号而没有产生减速信号。

⑥ 故障处理:根据检查结果,重新连接线路,故障消除。

(4) 维修经验归纳和积累　本例的 X2 轴找不到参考点的故障,诊断的结果是零点开关的接线有故障,接线故障包括断路、接线端松脱松动、绝缘层失效等,使用电缆接线的,需要注意检查接线的接地性能,防止干扰影响信号的传递。

【实例 4-2】

(1) 故障现象　一台采用 SIEMENS 3M 系统的数控磨床,开机后 Z 轴找不到参考点。

(2) 故障原因分析　常见原因是零点开关、编码器等有故障。

(3) 故障诊断和排除

① 现象观察:观察发生故障的过程,Z 轴首先快速负向运动,然后减速正向运动,说明零点开关没有问题。

② 据理推断:推断零点脉冲有问题。用示波器检查编码器的零点脉冲,确实没有发现脉冲,初步判断是编码器出现故障。

③ 拆卸检查:从轴上拆下编码器检查,发现编码器内有很多油。

④ 故障机理:检查诊断原因,由于机床磨削工件时采用了冷却油,油污进入编码器,沉淀下来将编码器的零点标记遮挡住,零点脉冲不能发出,从而找不到参考点。

⑤ 故障处理:将编码器清洗干净并进行密封,重新安装后故障被

消除。

（4）维修经验归纳和积累　光电脉冲编码器的结构如图4-2所示，编码器的输出信号有：两个相位信号输出，用于辨相；一个零标志信号（又称一转信号），用于机床回参考点的控制。此外还有＋5V电源和接地端。清洗编码器时应注意伺服电动机与编码器的连接和调整，如图4-3所示为伺服电动机与编码器连接安装结构示意。

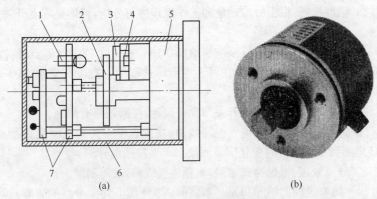

(a)　　　　　　　　　　(b)

图4-2　光电脉冲编码器的结构

(a) 结构图；(b) 实物图

1—光源；2—圆光栅；3—指示光栅；4—光电池组；5—机械部件；
6—护罩；7—印刷电路板

【实例4-3】

（1）故障现象　SIEMENS 3M系统的数控磨床，开机后出现Y轴回不到参考点。

（2）故障原因分析　常见原因是零点开关、零点脉冲或测量板有故障。

（3）故障诊断和排除

① 现象观察：观察故障现象，发现当X轴回到参考点后，Y轴开始运动，但减速后一直运动，直到压下上限位开关。观察表明零点开关无故障。

② 据理推断：排除零点开关故障后，推断是零点脉冲出现了问题。

③ 系统分析：数控系统是通过测量板接收零点脉冲和位置反馈信号的，由于位置反馈采用的是光栅尺，所以测量板上X、Y轴各加一块脉冲整形及放大电路EXE板。

④ 交换检查：由于X轴没有问题，可能是Y轴的EXE板出现问题，

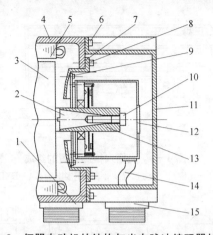

图 4-3 伺服电动机的结构与光电脉冲编码器的安装

1—电枢线插座；2—连接轴；3—转子；4—外壳；5—绕组；6—后
盖连接螺钉；7—安装座；8—安装座连接螺钉；9—编码器固定螺钉；
10—编码器连接螺钉；11—后盖；12—橡胶盖；13—编码器轴；
14—编码器电缆；15—编码器插座

将 X 轴与 Y 轴的 EXE 板对换，开机测试，故障转移到 X 轴上，说明确实是 Y 轴的 EXE 板出现了问题。

⑤ 故障处理：根据检查和诊断结果，更换新的 EXE 板后故障被排除。

（4）维修经验归纳和积累 本例故障是由于数控系统的测量板出现了问题而导致 Y 轴回不了参考点。正弦输出型的光栅尺由光栅尺、脉冲整形插值器（EXE）、电缆及接插件等部件组成，如图 4-4 所示。脉冲整形插值器（EXE）的作用是将光栅尺或编码器输出的增量信号进行放大、整形、倍频和报警处理。EXE 信号的处理如图 4-5 所示。EXE 由基本电路和细分电路、同步电路组成，基本电路包含通道放大器、整形电路、报警电路；细分电路包含单选功能，同步电路的目的是为了获得与两路方波信号前后精确对应的方波参考脉冲。

任务二 数控磨床系统报警故障维修

数控磨床的 SIEMENS 系统报警故障一般可参考操作手册，对报警号进行分析，然后判断故障的具体原因和部位，最后确认引起故障的参数或故障的元器件，然后进行排除调整和维修。数控磨床系统报警故障维修可借鉴以下实例。

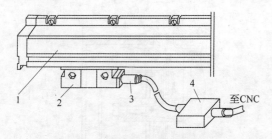

图 4 - 4 光栅尺检测装置的组成

1—光栅尺；2—扫描头；3—连接电缆；4—EXE

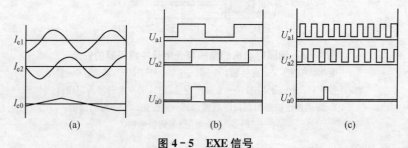

(a)   (b)   (c)

图 4 - 5   EXE 信号

（a）正弦测量信号；（b）数字化后的测量信号；（c）5 倍频后的测量信号

【实例 4 - 4】

（1）故障现象 某 SIEMENS 3M 系统数控磨床，当 Y 轴正向运动时，工作正常，而反向运动时却出现 113 报警"CONTOUR MONITORING"和 222 报警"POSITION CONTROL LOOP NOT READY"，并停止进给。

（2）故障原因分析 常见原因是速度控制环的参数、速度环增益 KV 系数设置不合理；伺服系统有故障。

（3）故障诊断和排除

① 报警分析：根据操作手册对报警进行分析，确认后者报警是由于出现前者报警引起的。伺服系统其他故障也可引发这个报警。根据操作手册说明，113"CONTOUR MONITORING"报警是由于速度控制环没有达到最优化，速度环增益 KV 系数对特定机床来说太高。对这个解释进行分析，导致这种故障有以下原因：

a. 速度控制环参数设定不合理。但这台机床已运行多年，从未发生这种现象，为慎重起见，对有关的机床参数进行核对，没有发现任何异常，这种可能被排除了。

b. 当加速或减速时,在规定时间内没有达到设定的速度,也会出现这个故障,这个时间是由 KV 系数决定的。为此对 NC 系统相关的线路进行了检查,且更换了数控系统的伺服控制板和伺服单元,均未能排除此故障。

② 更换检查:推断若伺服反馈系统出现问题也会引起这一故障。为此更换 NC 系统伺服反馈板,但没能解决问题。

③ 元件检查:推断用于位置反馈的旋转编码器工作不正常或脉冲丢失都会引起这一故障。为此检查编码器是否损坏。

④ 拆卸检查:当把编码器从伺服电动机上拆下时,发现联轴器在径向上有一斜裂纹。

⑤ 故障机理:当电动机正向旋转时,联轴器上的裂纹不受力,编码器工作正常,机床正常运行不出故障;而电动机反向旋转时,裂纹受力张开,致使编码器不正常,导致系统出现 113"CONTOUR MONITORING"报警。

⑥ 故障处理:根据检查结果,更换新的联轴器,机床故障被排除。

(4) 维修经验归纳和积累　联轴器是机械传动的主要零件之一,出现故障会引发各种信号传递故障。

【实例 4 - 5】

(1) 故障现象　SIEMENS 810M 系统轴颈端面磨床,系统的 CRT 显示:7021"ALLARM EPOSITIONAR"报警。

(2) 故障原因分析　根据其报警信息,7021 报警为 PLC 操作信息报警。

(3) 故障诊断和排除

① 逻辑检查:查阅机床 PLC 语句表,输入点 E7.5 和状态标志字 M170.3 为"或"关系,当其中之一为"1"时,状态标志字 M110.5 就为"1"。于是产生操作信息报警。

② 状态检查:利用机床状态信息进行检查,在 CRT 上调出 PLC 输入/输出状态参数,发现 E7.5 为"1",M110.5 为"1"。因而有相应的报警产生。

③ 现象提示:根据机床电气原理图,在其连接插座 A1 上查阅到 E7.5 为砂轮平衡检测仪的限位开关,指示砂轮平衡检测仪超出范围。

④ 元件检查:检查该指示表,发现表针处于极限位置。

⑤ 仪表检查:检查砂轮平衡检测仪,发现监测仪表有故障。

⑥ 故障机理:根据检查结果,本例是由于仪表故障,导致限位开关发

出信号,从而引发 PLC 操作信息报警。

⑦ 故障处理:根据诊断结果,将该仪表修复后,机床警报解除,故障被排除。

(4) 维修经验归纳和积累　本例是由平衡检测仪的故障引发的 PLC 操作信息报警。磨床的数控系统中设置了一些安全报警的内容。砂轮平衡检测是数控磨床加工操作中必须要控制的安全监测信息。发出报警后,应首先查阅有关资料,并利用机床状态信息进行检查,对不正常的状态查找故障原因和部位,直至故障元器件,然后对故障部位或元器件进行维修操作。

【实例 4 - 6】

(1) 故障现象　SIEMENS 802C 系统无心磨床 203 报警,机床不能进入正常加工状态。

(2) 故障原因分析　查阅机床技术资料,203 报警 NEIRONG 内容为"未返回参考点"。

(3) 故障诊断和排除

① 现象观察:观察故障过程,在选择开关处于"自动"方式下,启动机床后就产生报警,系统即进入加工画面,而未按正常情况进入自动返回参考点画面,因而机床不能进行正常工作。

② 操作检查:按上位键可进入该画面,也能进行自动返回参考点操作,此后,机床能进行正常操作。

③ 试机检查:重新启动机床后又会产生该项报警,重复上述故障。

④ 据理推断:根据以上检查,推断该报警的产生可能是系统参数设置错误。

⑤ 故障机理:在"自动"方式下首先进入加工画面,选择"OPERAT MODE"软键,进入系统设置菜单画面,发现"CYCLE WITHOUT WORK PIECES"项参数由"0"变为了"1",使系统每次启动后都在工作区外循环,从而造成机床报警。

⑥ 现场调查:经询问了解,在该故障发生前,曾因车间电工安装新机床电源时,造成全车间电源短路跳闸,从而影响了正在工作的该机床,致使其系统参数改变。

⑦ 故障处理:根据检查和诊断结果,将该参数由"1"改为"0"后,重新启动机床,报警解除,故障被排除。

(4) 维修经验归纳和积累　本例报警故障的引发是电源突然切断,引起系统参数改变。值得注意的是,系统起保护作用的参数状态改变,经常会导致机床不能进入正常加工状态。因此,在机床经历突然断电后出现故障,可对一些起保护作用的参数进行状态检查。

任务三 数控磨床主轴故障维修

数控磨床主轴的故障一般由电气和机械故障引发,常见的故障与维修可借鉴以下实例。

【实例 4－7】

(1) 故障现象 SIEMENS 3M 系统 B4015750 高精度 CNC 数控轴颈端面磨床,出现磨头主轴测速电动机启动即发生熔断器熔断故障。

(2) 故障原因分析 常见原因是电路负载有短路故障。

(3) 故障诊断和排除

① 现象观察:磨头主轴电动机能够启动,主电路无故障。

② 故障部位:启动其测速电动机即发生熔断器熔断,故障熔断器号为 F2。

③ 原理分析:检查其测速电动机控制电路。从电气原理图(图 4－6)可知:磨头主轴测速电动机 M1 由电动机控制器 N71 控制,其控制回路的电源经 F2 的两只快速熔断器输入,输出信号由熔断器 F3 以及电流表送入 M1 电动机。

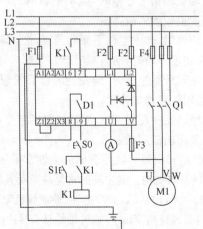

图 4－6 磨头主轴电动机控制原理图

④ 排除检查:检查熔断器 F3 完好,说明 M1 电动机无故障。

⑤ 诊断确认:熔断器 F2 熔断,说明故障在 N71 电动机控制器中。

⑥ 拆卸检查:拆开 N71 进行检查,发现跨接于 L1 与晶闸管之间的二极管被击穿。

⑦ 故障机理:据理分析,当其电动机启动时,晶闸管导通后,输入电源 L1、L2 产生短路,将熔断器熔断。

⑧ 故障处理:根据检查和诊断结果,更换二极管,故障被排除,机床恢复正常。

(4) 维修经验归纳和积累　熔断器熔断是属于保护性现象,故障大多是负载电路的短路故障。本例跨接电源输入线和晶闸管之间的二极管被击穿,电动机启动时晶闸管导通,致使电源线短路,属于条件短路现象,在故障分析和诊断中具有值得注意和借鉴的价值。

【实例 4 - 8】

(1) 故障现象　某西门子系统数控磨床,零件孔加工的表面粗糙度值太大,无法使用。

(2) 故障原因分析　常见原因是主轴轴承精度下降或失调。

(3) 故障诊断和排除

① 经验推断:孔的表面粗糙度值太大主要原因是主轴轴承的精度降低或间隙增大。

② 结构分析:主轴的轴承是一对双联(背对背)向心推力球轴承,当主轴温升过高或主轴旋转精度过差时,应调整轴承的预加载荷,否则容易产生加工表面粗糙度值较大的故障。

③ 调整检查:调整时,卸下主轴下面的盖板,松开调整螺母的螺钉,当轴承间隙过大,旋转精度不高时,向右顺时针旋紧螺母,使轴向间隙缩小。

④ 温升控制:主轴升温过高时,向左逆时针旋松螺母,使其轴向间隙放大。调好后,将紧固螺钉均匀拧紧。

⑤ 故障处理:经过几次反复调试,主轴恢复了精度,控制了主轴温升,加工的孔也达到了表面粗糙度的要求。

(4) 维修经验归纳和积累　数控磨床的主轴常采用电主轴结构,如图 4-7 所示为电主轴的基本结构。电主轴的常见故障及其原因见表 4-1。电主轴是一种高速主轴单元,包括动力源、主轴、轴承和机架等组成部分。高速主轴的核心支承部件是高速精密轴承,这种轴承具有高速性能好、动载荷承载能力强、润滑性能好、发热量小等特点。高速主轴的维护应注意以下要点:

① 了解和熟悉电主轴的润滑方式,保证滚动轴承在高速运转时给予正确的润滑,否则会造成轴承因过热而烧坏。

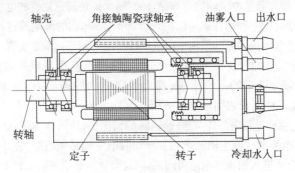

轴壳　　角接触陶瓷球轴承　　油雾入口　出水口

转轴

定子　　　　　转子　　　冷却水入口

图 4 - 7　电主轴的结构

表 4 - 1　电主轴的常见故障及其原因

故　障	原　因	
	HSK - A63	SK40
刀具没有正确夹紧	1) 调整尺寸错误 2) 锁紧被松开 3) 刀具内部轮廓有错误 4) 弹簧断裂(行程过小) 5) 夹紧组件磨损 6) 刀具引导不足 7) 清洁空气从更换位置挤压刀具	1) 调整尺寸错误 2) 锁紧被松开 3) 安装错误的夹紧钳(刀具标准) 4) 弹簧断裂(行程过小) 5) 传动机构中有大量污染物 6) 刀具拧紧销错误或者有故障 7) 刀具引导不足 8) 清洁空气从更换位置挤压刀具 9) 夹紧力损失
刀具不能松开	1) 柱塞密封件损坏 2) 回转接头不密封 3) 松开压力不足 4) 定心上配合部分锈蚀 5) 弹簧腔注满机油	1) 柱塞密封件损坏 2) 回转接头不密封 3) 松开压力不足 4) 立锥上配合部分锈蚀 5) 弹簧腔注满机油
刀具在工作过程中脱落或者松开	1) 夹紧钳、夹紧锥或者拉杆断裂 2) 刀具杆断裂 3) 弹簧断裂 4) 拧紧力过小	1) 夹紧钳、夹紧锥或者拉杆断裂 2) 拧紧销或者立锥杆断裂 3) 刀具过长/过短 4) 弹簧断裂 5) 拧紧力过小,变速器不在工作范围内
夹紧力损失	1) 夹紧组件在干燥条件下工作 2) 建议测量夹紧力	1) 夹紧组件在干燥条件下工作 2) 建议测量夹紧力

② 了解和熟悉电主轴的冷却循环系统,保证使高速运行的电主轴尽快地散热。通常对电主轴的外壁通以循环冷却剂,冷却剂的温度通过冷却装置来保持。高速电主轴的冷却系统主要依靠冷却液的循环流动来实现。

③ 电主轴的转速在 10 000r/min 以上,因此应保证电主轴的动平衡,主轴运转部分微小的不平衡量,都会引起巨大的离心力,造成机床的振动,导致加工精度和表面质量的下降。

④ 电主轴是精密部件,在高速运转的情况下,任何微尘进入主轴轴承都可能引起振动,甚至使主轴轴承咬死。同时电主轴必须防潮、防止冷却液、冷却和润滑介质进入轴承和电动机内部,因此必须做好主轴的密封工作。

项目二 数控电加工机床故障维修

西门子系统适用于各类特种加工机床,如数控电火花切割机床、数控电火花成型加工机床、数控激光切割机等,如图 4 - 8 所示。

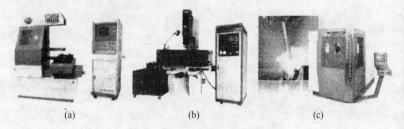

(a)   (b)   (c)

图 4 - 8   数控特种加工机床

(a) 数控电火花线切割机床;(b) 数控电火花成型加工机床;(c) 数控激光切割机

数控线切割机床是数控电加工机床的典型机床之一,机床的电气系统主要分为数控系统、高频脉冲电源和机床电器三大部分。在数控系统中又分为微处理机、接口电路、步进驱动电路等等。数控线切割机的典型控制原理如图 4 - 9 所示,控制系统由微机根据用户输入的加工程序进行运算,并发出相应的信号通过接口电路传送至步进驱动电路,经放大后驱动步进电动机使机床按程序设定的轨迹进行运动。微机同时发出信号,通过接口电路打开脉冲电源,为工件和电极丝之间提供放电加工用的电源。另外变频电路将加工中检测到的间隙平均电压转换成频率信号,通过接口电路反馈给微型计算机,调节加工进给的速度。机床电器则是控制机床运丝、液压泵、上丝等电动机的工作。数控线切割机床的工作原理、特点及其应用见表 4 - 2。

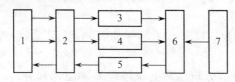

图 4 - 9 数控线切割机床框图

1—微处理机；2—接口电路；3—步进驱动电路；4—脉冲

电源；5—变频电路；6—机床；7—机床电器

表 4 - 2 数控电火花切割的工作原理、特点及其应用

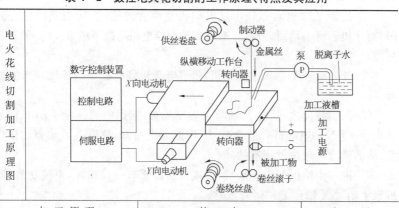

加 工 原 理	特 点	应 用
电火花线切割加工是利用电极丝与高频脉冲电源的负极相接，零件与电源的正极相接。加工中，在线电极与加工零件之间产生火花放电而切割出零件的一种加工方法。如果使电极丝按照图纸要求的形状运动，便可切割出与图纸一样形状及尺寸的零件 　　加工形状的控制，通常是使安装零件的工作台以一定规律作 X、Y 方向的运动。控制方法有靠模仿形法、光电跟踪法、数字程序控制法等	电火花线切割加工与电火花成型加工相比，具有以下特点 　　不需要制作成型电极，工件预加工量少 　　能方便地切割工件的复杂轮廓以及微型孔和窄缝等 　　可直接选用精加工或半精加工一次加工成型，一般不需要中途转换规准 　　采用较长（200m 以上）电极丝进行往复加工，单位长度电极丝的损耗较小。因此，对加工精度影响较小。采用慢速走丝方式，电极丝一次性使用，加工精度较高 　　切割的余料还可利用 　　自动化程度高，电脑控制可实现无人化操作	应用范围广：能加工出 0.05 ～ 0.07mm 窄缝，$R \leqslant$ 0.03mm 的圆角 　　能加工淬硬整体凹模，不受热处理变形影响 　　能加工硬质合金材料等

任务一 数控线切割机床 CNC 系统故障维修

【实例 4-9】

（1）故障现象 机床无自动，手动 X 轴运行正常，手动 Y 轴电动机振动，但不走。

（2）故障原因分析 常见原因是 Y 轴驱动部分、高频取样电路或 CNC 装置有故障。

（3）故障诊断和排除

① 观察故障特征：手动时 X 轴运转正常，而 Y 轴运转不正常，可排除公共部分有故障的可能。

② 推断 Y 轴驱动部分步进电动机及两者的连线、插头或插座有故障，对于机床有手动而无自动，推断高频取样电路有故障或者 CNC 装置有故障。

③ 首先检查 Y 轴步进电动机，步进电动机到电器柜的连线均未发现异常。

④ 采用替代法，互换 X 轴与 Y 轴驱动板，接通电源试验手动 Y 轴运转正常，而 X 轴电动机有振动声，并不走，由此可知，故障随 Y 轴驱动板转移，从而确诊 Y 轴驱动板有故障。

⑤ 进一步检查 Y 轴驱动板，发现其功放管有一只损坏，更换功放管，机床手动时 X 轴和 Y 轴运转正常。

⑥ 检查高频取样电路，用示波器检查高频电源内插头 32CZ 的 0 脚对地，有脉冲信号。而自动时，用示波器测手动/自动的公共线，无脉冲信号。

⑦ 进一步检查连线时，发现在机床内部有一根线被压断，查此断线为信号的零线，将其接好，再通电，运行正常。

（4）维修经验归纳和积累 通过本例的故障诊断分析，以及从检查到排除的过程可看出，故障原因有主次之分，排除时要分清主次，先解决一个，后解决哪一个。诊断故障部位的步骤是解剖，隔离法，分成若干小单元，如：电源部分、驱动部分、CNC 装置等，然后根据故障现象，推断分析，确诊故障发生的某一部分，从而重点检查，找出故障的部位和元器件。

【实例 4-10】

（1）故障现象 DK7725E 数控电火花线切割机床，系统采用 TP801 单板机进行控制。X 轴工作时抖动，同时伴有机械噪声。

（2）故障原因分析 X 轴电动机和机械传动部位有故障；机床电气部分有故障。

（3）故障诊断和排除

① 本例机床的伺服驱动部分采用步进电动机。该故障发生后,初步推断是机械故障所引起,根据"先机械后电气"的原则,首先将 X 轴电动机与其机械部分脱离,故障仍然存在,这表明故障源在电气部分。

② 该机床电气部分大致可分为:

a. 计算机主机电路,该电路为典型的单板机标准电路;

b. 接口电路,计算机与控制电路的信号传输电路;

c. 步进驱动电路,机床的主要输出电路;

d. 其他辅助电路,包括电源电路、变频电路等。

③ 与该故障有关的电路为计算机主机电路、接口电路和步进驱动电路。

④ 检查步进驱动电路。应用"替换法"用 Y 轴驱动电路去驱动 X 轴电动机,则 X 轴故障消除;用 X 轴驱动电路去驱动 Y 轴电动机,故障发生在 Y 轴。由此,可判断是 X 轴驱动电路发生了故障。

⑤ 根据该机床驱动电路原理图(如图 4-10 所示),检查 X 轴驱动电路各晶体管元件,发现一只大功率晶体管 3DD101B 断路,从而造成步进电动机输入 A、B、C 三相缺相运行,进而造成故障发生。更换大功率晶体管后,故障排除。

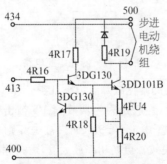

图 4-10 数控线切割机床驱动电路原理

（4）维修经验归纳和积累 在开环控制系统的线切割数控机床中,步进驱动电路的大功率晶体管是故障率较高的元件。当机床在加工的过程中,由于某种原因发生过载或过流,其开环系统无法检测到这种过载或过流信号,使控制步进驱动电路停止工作,而是继续执行其控制指令,驱使大功率晶体管在过载或过流状态下工作,因此,常会烧毁晶体管。这是数控开环控制系统一个重要的故障原因。

任务二　数控线切割机床脉冲电源故障维修

【实例 4 - 11】

（1）故障现象　三光牌系列产品之一的线切割机床,脉冲电源输出有故障。

（2）故障原因分析　常见原因是控制电路、接口电路及其相关元器件有故障。

（3）故障诊断和排除

① 查阅有关资料,脉冲电源电路如图 4 - 11 所示,由多谐振荡器产生相应的脉冲宽度和间隔,经过三极管 V1 倒相放大,当控制机发出开脉冲电源信号时,继电器 K2 吸合,使脉冲波形信号通过射极输出器 V2 传送至功放电路,经放大后供机床放电加工。S1 是调试开关,在控制机无开脉冲信号时,可按下 S1 强制输出脉冲电源。当运丝电动机换向时,继电器 K1 吸合,使三极管 V3 导通而关掉脉冲电源信号。

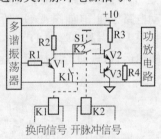

图 4 - 11　脉冲电源电路

② 脉冲电源输出的常见故障有以下几类:

a. 输出电流过大,一般是因为功放管 V5 被击穿。正常脉冲电源的短路电流为每一功放管 0.6～0.8A,如果被击穿则大于 3A。造成 V5 击穿的原因多数是 V6 失效。更换功率放大管,可排除故障。

b. 打开控制机上的脉冲电源开关,并且按了切割键以后,脉冲电源无输出,这多为 V1 的集电极与 V2 的基极未接通引起的。此时可测量继电器 K2 线圈两端是否有 6V 电压,有 6V 电压,说明是继电器损坏,如果无 6V 电压则说明控制机未发出开脉冲的信号,应检查控制机的接口电路。更换继电器、检修或替换接口电路可排除故障。

c. 运丝电动机换向时不切断脉冲电源输出,这种现象一般是由于继电器 K1 发生故障引起的,这时应更换继电器排除故障。

③ 本例经故障现象观察,发现运丝电动机换向时不切断脉冲电源输出,按故障规律检查继电器 K1,发现继电器有故障。

④ 根据检查结果,更换继电器 K1,机床恢复正常,脉冲电源输出的故障被排除。

(4) 维修经验归纳和积累 晶体管和继电器是脉冲电源常见故障元件。

【实例 4 - 12】

(1) 故障现象 DK7732 数控钼丝切割机床高频脉冲电源工作不正常,在加工走丝过程中,切削火花时大时小,短路时不回退,也不停机,造成断丝。

(2) 故障原因分析 该机床系 DK7732 数控钼丝切割机床,控制框图如图 4 - 12 所示。切削火花时大时小,常见原因是脉冲电源工作不正常。

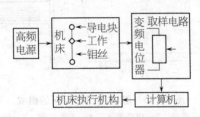

图 4 - 12 数控钼丝切割机床控制框图

(3) 故障诊断和排除

① 检查发现电压指示正常,切削电流指示不正常。

② 短路时,短路处仍有火花产生,且间隙电压也不为零。

③ 检查脉冲电源各部分的波形及电位也都正常,可确定脉冲电源输出正常。

④ 推断短路时不回退,不停机是计算机控制回路不正常。

⑤ 检查时发现,调节变频电位器时有时正常,判断是电位器内部不良,更换一个后故障现象依旧。

⑥ 继续检查高频电源输出部分以及计算机信号馈给部分,发现线架上的导电块已严重磨损。

⑦ 导电块磨损可造成钼丝与之接触不良,产生切削火花时大时小,断丝等故障现象。

⑧ 根据检查和诊断结果,修磨导电块后,重新调整机床,机床恢复正常,故障被排除。

任务三　数控线切割机床伺服装置故障维修

数控线切割机床的组成如图 4-13 所示,主要组成部分如下:

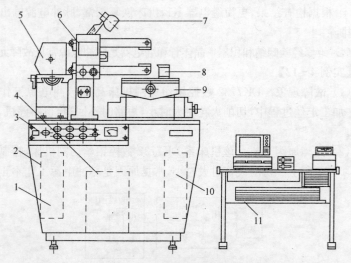

图 4-13　数控线切割机床的组成

1—机床电路;2—机身;3—机床面板;4—工作液箱;5—储丝筒;6—丝架;

7—机床灯;8—工件安装台;9—滑板;10—高频电源;11—微型计算机编程操作台

① 机床本体:包括工作台部分、电极丝驱动部分和其他部分。

② 加工电源:采用晶体管放电电器组成的脉冲电源。

③ 控制装置:采用电脑数控,自动控制电极丝偏置、镜像、断丝处理、加工条件自动变换、自动定位、自动穿丝等。

④ 自动编程装置:按工件形状轮廓编制加工程序。

⑤ 加工液供给装置:恢复极间绝缘产生放电爆炸压力、冷却电加工产物。

伺服装置的维修必须熟悉机床的基本组成和加工原理,具体作业中可借鉴以下维修实例。

【实例 4-13】

(1) 故障现象　某数控电加工机床,运丝电动机运行不正常,运丝不正常。

(2) 故障原因分析　机床运丝电动机控制电路如图 4-14 所示。启动运丝电动机时,接触器 K1 的常开触点接通,X1、Y1、Z1 得电,由于继电

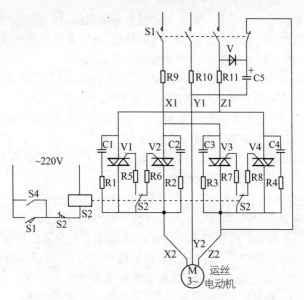

图 4 - 14　数控线切割机床运丝电动机控制电路

器 K2 的常闭触点接通,换向电路中的晶闸管 V2 和 V4 导通,Xl 和 Z1 分别通过 V2、V4 对电动机的 X2 和 Z2 供电,Y1 与 Y2 为直通,电动机正转,当运丝拖板运行到限位块压到换向开关 S1 时,继电器 K2 得电动作,其常开触点闭合而常闭触点断开,这样换向电路中的 V2、V4 关断,V1 和 V3 导通,运丝电动机的供电也就变为 X1 对 Z2,而 Z1 对 X2,也就是交换了三相供电中两相的相位,所以电动机反转。当滑板反向运行到限位块压到换向开关 S2 时,继电器 K2 失电释放,晶闸管又恢复到 V2、V4 导通,再使电动机正转,运丝电动机就这样周而复始的工作。

由于晶闸管 V2 导通后,当交流电源未过零是不会自动关断的,而继电器 K2 动作后又使 V1 导通,这样有可能使 V1 和 V2 同时导通,同理 V3 和 V4 也有可能同时导通,造成 Xl 与 Z1 之间短路,电路中的 R9、R10、R11 这时就起限流作用。在运丝电动机工作的同时由于接触器 K1 的常闭触点断开,通过二极管 V5 对电容 C5 进行充电,一旦接触器的常开触点断开停止运丝电动机工作,此时 K1 的常闭触点接通,电容 C5 则迅速放电,起到制动的作用。

根据以上工作过程分析,常见的原因是晶闸管有故障,或相关的元器件有故障。

（3）故障诊断和排除　运丝电动机电路常见故障的处理方法：

① 电动机不运转，一般是晶闸管开路引起的，可重点检查晶闸管的性能，若检查结果晶闸管损坏，应更换有故障的晶闸管。

② X1、Z1 相线中的限流电阻 R9 和 R11 烧焦，原因是晶闸管的阴极和阳极之间有漏电现象，应更换漏电的晶闸管。

③ Y1、Z1 相线中的限流电阻 R10 和 R11 烧焦，主要是充电二极管 V5 击穿短路，应更换该二极管。

④ 停机时制动失效，这是因为充电二极管 V5 开路损坏或者电容 C5 失效引起的，应检查更换二极管或电容。

⑤ 本例机床经检查限流电阻烧焦，按故障规律，检查充电二极管，发现充电二极管击穿，更换充电二极管，机床恢复正常，故障被排除。

（4）维修经验归纳和积累　如前述，运丝电动机及其控制电路的常见故障原因有一定的规律，掌握控制电路的原理和过程，按基本规律进行诊断，可切实提高运丝电动机常见故障的诊断维修效率。

【实例 4 - 14】

（1）故障现象　DK77328D 线切割机床丝筒电动机不能换向，撞终点开关而停止。

（2）故障原因分析　DK77328D 线切割机床丝筒是用三相交流电动机传动的，其行程是靠接近开关控制接触器来实现正反转达到循环工作的。从电器方面分析，可能是换向的接近开关有问题或接触器铁心有粘连的现象。

（3）故障诊断和排除

① 通电后用铁片检查接近开关，接触器动作正常，开动丝筒电动机，观察发现在换向时电动机已减速，但丝筒仍向前滑行，而终点限位与换向限位又较近，马上压终点限位而停止丝筒电动机，从电器方面来分析没有发现问题。

② 检查电动机轴与丝筒的连接，发现电动机轴与丝筒旋转不同步，有打滑的现象。

③ 将丝筒与电动机轴的锥度连接部分拆开，发现内部的 10 个自动调节弹簧漏装。

④ 根据检查结果，推断漏装自动调节弹簧后，丝筒与电动机同步失调，影响丝筒换向。

⑤ 根据诊断结果，用合适的弹簧配上后，启动丝筒电动机，机床运转

正常,故障被排除。

(4) 维修经验归纳和积累 在维修过程中,需要按拆卸的逆序进行安装和调整,若在维修中漏装、错装零件,或装配的顺序有错,调整不当,都可能造成新的故障隐患。

项目三 数控专用机床故障维修

任务一 数控专用加工中心故障维修

【实例 4–15】

(1) 故障现象 某西门子 880 系统双工作台加工中心,出现定位错误时,CRT 出现 NC 报警显示。

(2) 故障原因分析 查询报警内容为:M19 选择无效,即 M19 定位程序在运行时没有完成,当时认为是 M19 定位程序和有关的 NCMD 有错,但是检查程序和数据正常,经分析有可能是下面几种原因引起工作台定位错误:

① 同步齿形带损坏,导致工作台实际转速与检测到的数值不符。

② 编码器联轴器损坏。

③ 测量电路不良导致定位错误。

④ 脉冲编码器光电盘划分有误,导致工作台定位不准。

(3) 故障诊断和排除

① 查阅有关技术资料,本例立式加工中心有以下结构特点:

a. 机床工作台为双工作台,通过交换工作台完成两工件加工。

b. 工作台用鼠牙盘定位,鼠牙盘等分 360 个齿,每个齿对应 1°。

c. 工作台靠液压缸上下运动实现工作台的离合。

d. 通过伺服电动机拉动同步齿形带,带动工作台旋转。

e. 通过脉冲编码器来检测工作台的旋转角度和定位。

② 观察故障特点,工作台出现定位故障,工作台不能正确回参考点,每次定位错误不管自动还是手动都相差几个角度,角度有时为 1°,有时为 2°,但是工作台如果分别正转几个角度如 30°、60°、90°,再相应的反转 30°、60°、90°时,定位准确。

③ 根据以上原因,对同步齿形带和编码器联轴器进行检查,发现一切正常。

④ 推断有可能是测量电路不良引起的故障。本机床是由 RAC2:

2-200 驱动模块,驱动交流伺服电动机构成 S1 轴,由 6FX1 121-4BA 测量模块与一个 1024 脉冲的光电脉冲编码器组成 NC 测量电路,在工作台定位出现故障时,检查工作台定位 PLC 图,PLC 输入板 4A1-C8 上输入点 E9.3、E9.4、E9.5、E9.6、E9.7 是工作台在旋转连接定位的相关点,输出板 4A1-C5 上 A2.2、A2.3、A2.4、A2.5、A2.6 是相应的输出点,检查这几个点,工作状态正常,从 PLC 图上无法判断故障原因。

⑤ 检查测量电路模块 6FX1 121-4BA 无报警,显示正常。

⑥ 在工作台定位的过程中,用示波器测量编码器的反馈信号,判定编码器出现故障。

⑦ 拆下编码器,拆开其外壳,发现其光电盘与底下的指示光栅距离太近,旋转时产生摩擦,光电盘里圈不透光部分被摩擦划了一个透光圆环,导致产生不良脉冲信号。

⑧ 根据检查诊断结果,更换编码器后,机床报警解除,故障被排除。

(4) 维修经验归纳和积累　本例机床的报警没有显示测量电路故障,是因为编码器光电盘还没有完全损坏,产生故障是一个随机性的故障,CNC 无法真实地显示真正的报警内容。因此数控设备的报警并不一定能准确地表明故障的原因,尤其是一些随机性的故障,需要更加深入地进行推断分析,才能找出故障的引发部位。

【实例 4-16】

(1) 故障现象　某西门子系统车削中心 1 号刀架出现了偶尔找不到刀的故障。

(2) 故障原因分析　常见原因是编码器及有关连接部位有故障。

(3) 故障诊断和排除

① 仔细观察故障发生过程,刀架处在自由转动状态,有时输入换刀指令时,出现刀架没有动,而且发生刀架锁死现象,CRT 显示刀号编码错误信息;刀架锁死后,更换任何刀都没动作。不管断电还是带电,都无法转动刀架。只有在拆除刀架到位信号线后,再通电才能转动刀架。

② 从上述现象看,可能由两种情况所致,一种是编码器接线接触不良,另一种是编码器损坏。

③ 通过检查编码器连线,没发现接线松动现象,接线良好,排除接触不良因素。

④ 结合刀架卡死现象推断,由于刀架夹紧之后,编码器出现故障,发出了错误的二进制编码,即计算机不能识别的代码。所以,计算机处在等

待换刀指令状态,而且刀架到位信号一直有效,刀架被锁死。至此,可以诊断是编码器损坏引发故障。

⑤ 根据检查结果,采用以下维修方法:

a. 在刀架锁死的情况下,在机床断电后把刀架到位信号线断开。

b. 机床再通电,任意选一刀号,输入换刀指令,让刀架松开,此时刀架处在自由转动状态。

c. 再次断电,拆下原来的编码器,按原来的接法把新编码器与机床的连线接好,刀架与编码器轴连接好,不要固定编码器。

d. 机床送电,一边观察 CRT 显示的编码器编码,即 PLC 的输入刀号信息,一边用手转动刀架。查阅有关技术资料,此机床上有两个刀架,每个刀架有 12 个刀位。对应的编码由 4 位二进制组成,且有一个 8 位 PLC 输入口,如下所示:

7	6	5	4	3	2	1	0

第 7 位:刀架旋转准备好信号;第 6 位:刀架锁位信号;第 5 位:在位信号;第 3、2、1、0 位:为 12 个刀号编码,1 号编码为 0001,2 号编码为 0010,以此类推。

e. 在转动刀架时,手握住编码器,只让刀架带动编码器轴转动,使 1 号刀对准工作位置,然后用手旋转编码器直到 CRT 显示刀号编码为 0001。

f. 按同样方式再转动刀架,让 2 号刀对准工作位置,使 CRT 显示编码为 0010,至此,其余 10 把刀与其编码一一对应。

g. 最后固定编码器。

⑥ 更换编码器工作结束后通电试车,机床故障被排除。

(4) 维修经验归纳和积累　刀架编码器更换需要对应刀架刀位与编码器的编号。实际维修中,可参照本例的维修方法和操作步骤。

任务二　数控专用孔加工机床故障维修

【实例 4-17】

(1) 故障现象　西门子 3T 系统 742MCNC 多孔精密镗床,机床主轴不动,CRT 故障显示"$n < n_x$"。

(2) 故障原因分析　常见原因是主轴伺服系统及其相关的机械部分有故障,也可能是系统参数紊乱。

(3) 故障诊断和排除

① 该镗头电动机采用直流伺服驱动系统。

② 由维修资料可知：n 为给定值，n_x 为实际转速值。

③ 在机床主轴启动或停止的控制中，根据预选的方向接触器 D2 或 D3 工作，接通相应的主接触器，启动信号使继电器 D01 接通，并同时使 $n < n_{min}$ 最小的触头（119‑117）接通，此触头在调节器释放电路中。

④ 当启动信号消失后，D01 保持自锁，调节器释放电路因为 "$n < n_{min}$" 的触头而得以保持。

⑤ "$n < n_{min}$" 的触头在机床停止时是打开的，在约 $20 \sim 30 r/min$ 时闭合。

⑥ 在发出停止信号后，给定 $n = 0$，D01 断开，调节器释放电路先仍保持接通，直到运转在 $n = n_{min}$ 时才断开。

⑦ 当转速调节器的输出极性改变时，相应的接触器 D2 或 D3 打开或接通。

⑧ 根据维修资料检查，发现当系统启动信号发出后，在系统的调节器线路中，50 号、14 号线没有指令电压（$\pm 10V$），213 号没有 24V 工作电压。

⑨ 根据系统原理推断：机床主轴系统当无指令电压和工作电压时，其调节封闭装置将起作用。使 104 号、105 号线接通，产生一个封闭信号，封锁主轴的启动，同时，在 CRT 上显示出主轴转速小于额定转速的故障报警。

⑩ 检查故障的部位，按钮开关无故障，各控制线路无故障。

⑪ 通过操作人员了解到：在该故障发生之前，曾因变电站事故造成该机床在加工过程中突然停电，致使快速熔断器熔断现象。

⑫ 由此判断是因突然停电事故使 CNC 内部数据、参数发生紊乱而造成上述报警。

⑬ 将机床 NC 数据清零后，重新输入参数，故障排除，机床恢复正常。

【实例 4‑18】

（1）故障现象　某数控孔加工机床，当加工一排等距孔的零件，出现了严重孔距误差（达 0.16mm），且误差为"加"误差（正向误差），连续多次试验故障现象相同。

（2）故障原因分析　常见原因是进给伺服系统、机械传动机构有故障。

（3）故障诊断和排除

① 按常规进行检查诊断：

a. X 坐标轴的伺服电动机和丝杠传动齿轮间隙过大。调整电动机前端的偏心轮调整盘，使齿轮间隙合适。

b. 固定电动机、机械齿轮的紧固锥环松动，造成齿轮运动时产生间隙。检查并紧固锥环的压紧螺钉。

c. X 导轨镶条的锁紧螺钉脱落或松动，造成工作台在运动中出现间隙。重新调整导轨镶条，使工作台在运动中不出现过紧或过松现象。

d. X 坐标导轨和镶条出现不均匀磨损，丝杠局部螺距不均匀，丝杠螺母之间间隙增大。检查并修研调整，使导轨的接触面积（斑点）达到 60% 以上，用 0.04mm 塞尺不得塞入；检查丝杠精度应为正常，测量螺母和丝杠的轴向间隙应在 0.01mm 以内，否则就重新预紧螺母和丝杠。

e. X 坐标的位置检测元件"脉冲编码器"的联轴器磨损及编码器的固定螺钉松动都会造成误差出现；编码器进油后也会造成"丢脉冲"现象。打开编码器用无水酒精清洗，检查电动机和编码器的联轴器，要求 0.01mm 的塞尺不得塞入其传动键侧面，紧固编码器螺钉。

f. 滚珠丝杠螺母座和上工作台之间的固定连接松动，或螺母座端面和结合面不垂直。检查结合面有无严重磨损，并将螺母座和上工作台的紧固螺钉重新紧固一遍。

g. 因丝杠两端控制轴向窜动的推力圆柱滚子轴承（9108，P4 级）严重研损，造成间隙增大。或轴承座上用以消除轴承间隙的法兰压盖松动，及调节丝杠轴向间隙的调节螺母松动，都会造成间隙增大。卸下丝杠两端时四套轴承（9108），发现轴承内外环已经出现研损，轴承已经失效。重换轴承并重配法兰盘压垫的尺寸，使法兰盘压紧时对轴承有 0.01mm 左右的过盈量，这样才能保证轴承的运转精度和平稳性，使机床在强力切削时不会产生抖动。装上轴承座并调整锁紧螺母，用扳手转动丝杠使工作台运动，应使用不大的力量就能使其运动，并且没有忽轻忽重的感觉。

按故障引发的常见原因，逐一进行了检查和处理，故障却仍然存在。

② 按原理进行检查诊断：

a. 机械所能带给的误差，在坐标轴上的反应一般都是位移距离偏少，对孔距来说就是减误差，孔距的尺寸是减小的，而现在是坐标的实际位移距离比指令值给出的位移量偏多了 0.16mm，由此判断问题出在电气方面。

b. 从实际位移大于指令位移来看，问题可能出在 X 轴的位置反馈环节上,即当运动指令值 0.16mm 后,反馈脉冲才进入数控系统中,由此初步判断是反馈环路中某些部分性能不良所致。

c. 将系统控制单元和 X 轴速度控制单元换到另一台机床上,经测试出现同样现象。

d. 经检查,确认控制单元故障。

e. 将控制单元送厂家检修后,机床加工精度恢复,故障被排除。

任务三 数控专用车床、铣床故障维修

【实例 4-19】

(1) 故障现象 SIEMENS 810T 系统双工位数控车床,机床工作了 2~3h 之后,进行自动加工换刀时,刀架转动不到位,这时手动找刀,也不到位。后来在开机确定零号刀时,就出现故障,找不到零号刀,确定不了刀号。

(2) 故障原因分析 常见原因是刀架计数检测开关,卡紧检测开关,定位检测开关有故障。

(3) 故障诊断和排除

① 检查上述可能引起故障的开关,没有发现问题。

② 调整这些开关的位置也没能排除故障。

③ 推断刀架控制器出现问题也会引起这个故障,替换刀架控制器仍没有排除故障。

④ 仔细观察发生故障的过程,发现在出现故障时,NC 系统产生报警 "SLIDE POWER PACK NO OPERATION"。该报警指示伺服电源没有准备好。

⑤ 分析刀架的工作原理,刀架的转动是由伺服电动机驱动的,而刀架转动不到位就停止,并显示伺服电源不能工作的报警,显然是伺服系统有故障。按系统手册,该报警为 PLC 报警,通过分析 PLC 的梯形图,利用 NC 系统 DIAGNOSIS 功能,发现 PLC 输入 E3.6 为 "0",使 F102.0 变 "1",从而产生了 "SLIDE POWER PACK NO OPERATION" 报警。

⑥ PLC 的输入 E3.6 接的是伺服系统 GO 板的 "READY FOR OPERATION" 信号,即伺服系统准备操作信号,该输入信号变为 "0",表示伺服系统有问题,不能工作。

⑦ 检查伺服系统,在出现故障时,N2 板上口 $[I_{max}]t$ 报警灯亮,指示过载。

a. 引起伺服系统过载的第一种可能为机械装置出现问题,但检查机

械部分并没有发现问题；

b. 引起伺服系统过载的第二种可能为伺服功率板出现问题，但更换伺服功率板，也未能排除故障；

c. 引起伺服系统过载的第三种可能为伺服电动机出现问题，对伺服电动机进行测量并没有发现明显问题，但与另一工位刀架的伺服电动机交换，这个工位的刀架故障转移到另一工位上。

⑧ 由此，诊断确认伺服电动机的问题是导致刀架不到位的根本原因。

⑨ 根据诊断结果，用备用电动机更换故障电动机，机床恢复正常运行，故障被排除。

【实例 4－20】

(1) 故障现象　SIEMENS 810 数控系统的双工位、双主轴铣削加工数控机床，机床在 AUTOMATIC 方式下运行，工件在 1 工位加工完，2 工位主轴还没有退到位且旋转工作台，正要旋转时，2 工位主轴停转，自动循环中断，并出现报警。

(2) 故障原因分析　报警内容显示 2 工位主轴速度不正常。

(3) 故障诊断和排除

① 两个主轴分别由 B1、B2 传感器来检测转速，通过对主轴传动系统的检查，没发现问题，用机外编程器观察梯形图的状态。F112.0 为 2 工位主轴启动标志位，F111.7 为 2 工位主轴启动条件，Q32.0 为 2 工位主轴启动输出，I21.1 为 2 工位主轴刀具卡紧检测输入，F115.1 为 2 工位刀具卡紧标志位。

② 在编程器上观察梯形图的状态，出现故障时，F112.0 和 Q32.0 状态都为"0"，因此主轴停转，而 F112.0 为"0"是由于 B1、B2 检测主轴速度不正常所致。

③ 动态观察 Q32.0 的变化，发现故障没有出现时，F112.0 和 F111.7 都闭合，而当出现故障时，F111.7 瞬间断开，之后又马上闭合，Q32.0 随 F111.7 瞬间断开其状态变为"0"。

④ 在 F111.7 闭合的同时，F112.0 的状态也变成了"0"，这样 Q32.0 的状态保持为"0"，主轴停转。

⑤ B1、B2 由于 Q32.0 随 F111.7 瞬间断开测得速度不正常而使 F112.0 状态变为"0"，主轴启动的条件 F111.7 受多方面因素的制约。

⑥ 从梯形图上观察，发现 F111.6 的瞬间变"0"引起 F111.7 的变化，向下检查梯形图 PB8.3，发现刀具卡紧标志 F115.1 瞬间变"0"，促使

F111.6 发生变化。

⑦ 继续跟踪梯形图 PB13.7,观察发现,在出故障时 I21.1 瞬间断开,使 F115.1 瞬间变"0",最后使主轴停转。

⑧ I21.1 是刀具液压卡紧压力检测开关信号,它的断开指示刀具卡紧力不够。

⑨ 根据诊断结果,刀具液压卡紧力波动,调整液压系统的压力控制,使系统压力稳定正常,机床故障被排除。

(4) **维修经验归纳和积累** 本例诊断和维修过程中,PLC 故障诊断的关键是:

① 要了解数控机床各组成部分检测开关的安装位置,如加工中心的刀库、机械手和回转工作台,数控车床的旋转刀架和尾架,机床的气、液压系统中的限位开关、接近开关和压力开关等,弄清检测开关作为 PLC 输入信号的标志。

② 了解执行机构的动作顺序,如液压缸、气缸的电磁换向阀等,弄清对应的 PLC 输出信号标志。

③ 了解各种条件标志,如启动、停止、限位、夹紧和放松等标志信号,借助必要的诊断功能,必要时用编程器跟踪梯形图的动态变化,搞清故障的原因,根据机床的工作原理做出诊断。

④ 作为用户来讲,要注意资料的保存,作好故障现象及诊断的记录,为以后的故障诊断提供数据,提高故障诊断的效率。当然,故障诊断的方法不是单一的,有时要用几种方法综合诊断,才能获得正确的诊断结果。

【实例 4 - 21】

(1) **故障现象** GPM900B - 2 型数控曲轴铣床一次出现自动运行中工件主轴一启动就发生过负荷报警。

(2) **故障原因分析** 常见原因是引发主轴旋转阻力增大的各种原因,如工件超重、工件定位部位不同轴等。

(3) **故障诊断和排除**

① 重演故障,不装工件实验,工件主轴运行正常。

② 装上工件后,不进行切削,工件回转启动就报警停机。

③ 卸下工件,检查装夹部位精度,检验发现机床上两个夹头不同轴,造成装夹应力,工件主轴回转时阻力太大。

④ 检查工件长度,发现工件过长,大于两夹头间的装夹距离。

⑤ 据理推断,由于夹头不同轴,工件一旦夹紧即因两夹头不同轴造成

主轴偏载,主轴旋转阻力增加,导致工件启动旋转就出现过负荷的报警故障现象。

⑥ 根据检查和诊断结果,调整机床两夹头位置精度,机床报警解除,工件回转启动即停机的故障被排除。

(4) 维修经验归纳和积累 专用数控机床的使用应在机床规定的参数范围内。对超规范使用机床加工时,可能引发各种故障。因此,检修专用数控机床的故障,应注意对工件的重量、尺寸进行检查,防止超过机床的规范。对于接近或略超过极限使用规范的工件,应通过工件、机床的检验预防故障产生。

任务四 数控组合机床故障维修

数控组合机床是具有标准部件的典型专用机床。如图 4-15 所示为组合机床的组成示例。

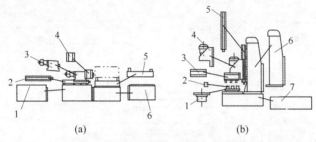

(a)   (b)

图 4-15 组合机床的基本组成示例

(a) 卧式组合机床

1—床身;2—滑座;3—动力头;4—主轴箱;5—夹具;6—中间底座

(b) 立式组合机床

1—回转工作台;2—夹具;3—主轴箱;4—动力头;5—滑座;6—立柱;7—底座

【实例 4-22】

(1) 故障现象 WY203 型自动换箱数控组合机床,圆形回转台控制系统为位置半闭环,一次运行中突然出现电动机不能启动故障。

(2) 故障原因分析 常见原因是电动机、位置检测反馈元件、检测装置等有故障。

(3) 故障诊断和排除 按常见故障原因检查各部分。

① 查阅有关资料,系统由 PLC 的程序构成位置调节器,模拟输出插件输出模拟量转速设定电压,数字输入插件输入位置反馈,交流转速调节器控制交流电机,电机内装转速传感器,位置反馈元件为脉冲编码器。

② 在诊断中拆除系统引向转速调节器的设定和允许信号,拆除转速调节器到电机的引线,对调节器补加设定和允许信号,发现调节器无输出,诊断出调节器自身有故障。

③ 更换转速调节器,机床恢复正常,故障被排除。

(4) 维修经验归纳和积累 组合机床是一种具有标准部件的专用机床,具有加工效率高的特点。机床适用于大批量生产,数控的系统一般比较简单,如本例采用位置半闭环控制。维修此类机床,应熟悉组合机床的结构,工作过程和性能特点。如图 4-16 所示为组合机床常用的进给循环过程。

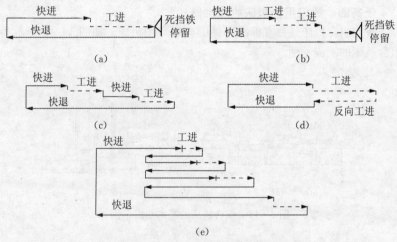

图 4-16 组合机床的典型进给方式

(a) 一次工作进给循环; (b) 二次工作进给循环; (c) 超越进给循环;

(d) 反向进给循环; (e) 分级进给循环

【实例 4-23】

(1) 故障现象 数控铣钻组合机床,在加工过程中,主控面板上的夹紧到位指示灯一直闪烁,但是分控单元 14B 工位不能夹紧。

(2) 故障原因分析 常见原因是机床夹紧液压系统、位置信号传递、检测反馈装置有故障。

(3) 故障诊断和排除

① 检查液压系统,缸体位置和压力都正确。

② 检查与 14B 工位有关的连接导线和插接件都在正常状态。

③ 在 PLC 的 I/O 框架上,观察 14B 也未见其他问题。

④ 进一步检查,发现夹紧信号 125/16 和松开信号 125/17 指示灯同时亮着。工位的夹紧和松开指示灯是一对状态相反的信号,两只指示灯不能同时都亮。

⑤ 进一步检查,发现接近开关 125/17 处于正常状态,而 125/16 已经损坏。接近开关的检测方法可参见表 2-18。

⑥ 根据检查和诊断结果,更换损坏的接近开关后,夹紧动作正常,机床故障被排除。

【实例 4-24】

(1) 故障现象　数控深孔加工组合机床,在进行切削加工时,液压系统突然停止。

(2) 故障原因分析　常见原因是控制模块中有关元器件有故障。

(3) 故障诊断和排除

① 观察各个 V0 框架上的适配器,发现其中一个框架上的适配器红灯亮起,换上新的适配器后,不能排除故障。

② 这个框架上共有 16 个 I/O 模块,应用置换法分别置换,每换一块后,都要启动机床进行试验,根据机床故障是否排除来判断模块是否有故障。

③ 当试换到第 5 个 I/O 模块时,故障被排除,确认该模块有故障。

④ 对换下的模块进行仔细检查,发现其中 SN7438 芯片的第 3 引脚电阻值不正常。

⑤ 对该模块进行维修,更换模块上损坏的芯片后,将这个模块再接插到系统框架,机床工作正常,故障没有再次出现。

(4) 维修经验归纳和积累　本例应用的置换诊断法,需要预先对置换的模块进行测试,以便通过置换和试车判断故障模块。值得注意的是若同时有几个模块有故障,此法可能需要重新进行置换步骤的设计和确定。

项目四　数控冲床和弯形机床故障维修

西门子系统适用于各种成型加工加床,如图 4-17 所示为各种数控成型加工机床示例。

任务一　数控冲压机床故障维修

【实例 4-25】

(1) 故障现象　NNS3-16 冲槽机,工作台 X 轴方向运动时,正向工

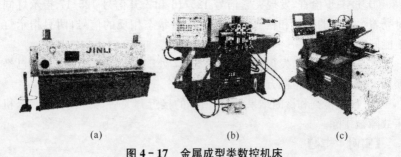

图 4 - 17 金属成型类数控机床

(a) 数控折弯机；(b) 数控弯管机；(c) 数控旋压机

作正常,负方向有连续响声,其声音类似液压波动引起冲击造成的,且有时工作台处于停止状态有轴向抖动现象,而移动时没有抖动现象。

(2) 故障原因分析　对故障现象及该机构分析认为造成故障原因有3个方面：

① 由于负载过大造成响声；

② 液压油压力波动产生的冲击；

③ 伺服系统工作不稳定造成液压冲击。

(3) 故障诊断和排除

① 查阅技术资料：该机床 X 轴采用是 SFM 转矩放大机构作为驱动装置(图 4 - 18)。其工作原理是先导电动机转动丝杠作轴向移动,丝杠带动阀芯运动开启液压油通道让液压油进入液压马达。液压马达旋转反馈丝杠、开口螺母保证阀芯的开口恒定、轴向移动量由弹性联轴器张开和压扁来得到。其作用原理如图 4 - 19 所示。

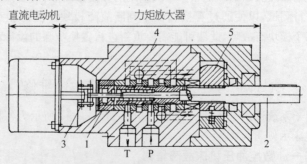

图 4 - 18 转矩放大机构原理图

1—丝杠；2—输出轴；3—弹性联轴器；4—伺服阀；5—液压马达

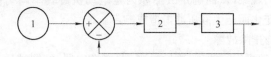

图 4-19　液压工作原理图

1—先导电动机；2—伺服阀；3—液压马达

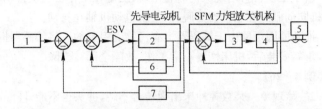

图 4-20　X 轴控制系统原理图

1—控制系统；2—DC 电动机；3—伺服阀；4—液压马达；

5—工作台；6—测速发电机；7—编码器

② 推断故障部位：深入对 X 轴整个控制系统(如图 4-20)进行分析，推断故障可能发生在下面 5 个部位：

a. 工作台传动滚珠丝杠与双螺母和滑动导轨；

b. 液压系统；

c. 先导电动机同力矩放大机构的弹性联轴器；

d. 先导电动机工作不正常；

e. 控制系统及测量反馈系统。

③ 检查诊断分析：由于拆卸滚珠丝杠、开口螺母及导轨比较困难，且其精度较高，拆卸后不易恢复精度。因此查找过程中遵照先易后难原则，按推断的几个部位逐一进行诊断检查，并采用分段分步方法来确定故障区域。

a. 检查液压系统，检查油质、油量、油温、油的供应压力，均正常，液压系统没有波动。

b. 对弹性联轴节进行调整，仍然不能改变故障现象。

c. 在机床处于工作状态下，将先导电动机同液压伺服阀脱开，用手旋转伺服阀丝杠来控制进出油路，发现正负两方向运动均无响声，工作台移动平稳正常。

d. 剩下的部位属于不易拆卸和诊断的部位。由此判定其故障产生在先导电动机部分。

e. 将电动机卸下进行专门测试，发现转动时一个方向正常，另一方向有轻微不均匀现象,从而确定故障原因是电动机旋转不均匀使伺服阀进出油口频繁变化而产生液压冲击造成响声。

(4) 维修排除故障

① 对电动机进行清理,更换电刷,调整换向器,经测试后达到技术要求,重新装上后,该轴运行时有异常响声故障被排除。

② 由于工作台抖动现象仍时有出现,决定在工作台发生抖动时,同样将电动机同伺服阀在联轴器处脱开,发现电动机轴在抖动。

③ 推断原因可能由于编码器上有污物而引起的。将编码器拆卸后进行擦拭,重新安装后,机床恢复正常工作,故障全部被排除。

【实例 4 - 26】

(1) 故障现象 某数控冲床出现转台不转,冲头也不能升降故障。

(2) 故障原因分析 常见原因是 PLC 及信号传递部分有故障。

(3) 故障诊断和排除

① 从故障现象来看,机床数控装置锁定了输出,输出禁止的原因是输入信号出现异常,故首先应从机床状态指示灯和信号来分析。

② 观察机床操作面板上的故障指示灯,在亮的状态,这表示操作失误或 NC 单元有故障。

③ 观察指示灯 POS. READY 在亮的状态,这表示定位挡板已经完成了定位工作;观察指示灯 INDEX PIN IN,在亮的状态,这表示分度销已经正确地插进了转盘;观察指示灯 TURRENT NOT READY X. Y,在不亮的状态,这表示定位挡板行程和转台行程正常。

④ 观察指示灯 RAM TOP POS,在不亮的状态,这表示冲头上极限开关所检测到的信号异常。

⑤ 起用诊断键,进入 PLC 地址和状态指示界面中,找到冲头上极限开关地址 X25,检查其状态为 11011,说明这只开关的信号出错。

⑥ 找到机床冲头处极限开关,经检测发现极限开关已经损坏。

⑦ 根据诊断结果,更换冲头上的极限开关,故障被排除。

(4) 维修经验归纳和积累 冲床冲头处的极限开关等安装电气元件的部位,是一个易发故障部位,电气元件的损坏也比较常见,因此在维修维护中,可将此部位及其有关的电器元件作为点检部位。

任务二 数控弯形机床故障维修

【实例 4 - 27】

(1) 故障现象 WE67 K - 63/2500 型数控液压板料折弯机,系统液压泵不能启动。

（2）故障原因分析　常见原因是液压系统及其动力部分有故障。

（3）故障诊断和排除

① 仔细观察故障现象，按下液压泵启动按钮，滑块没有按要求快速向上抬起，而是停在下面不动。液压泵和管路发出"嗡—嗡—嗡"的声音，而CRT上没有出现报警。

② 检查同步控制块中的比例换向阀 4Y5（左、右液压缸中各有一个），动作正常，从液压泵出的油已经进入液压缸的下腔。

③ 检查液压泵控制部分的比例溢流阀 1Y1，这时数控系统已经对 1Y1 发出了动作信号，但手摸阀芯感觉到动作迟钝乏力，判断是有异物将阀芯卡住，使其动作不能完全到位，提供给液压缸的压力不足，难以驱动滑块。

④ 根据诊断结果，将 1Y1 拆下，取出阀芯和其他工件，在汽油中浸泡清洗几次。装上后重新通电启动，机床工作正常，故障被排除。

【实例 4 - 28】

（1）故障现象　WPE800/80 7 型电液数控折弯机，机床通电后，显示器出现"白屏"，没有字符、图像和任何信息，无法进行加工。

（2）故障原因分析　本例数控折弯机使用透射型液晶显示器，其正常工作必须满足两个条件：一是要有背光源，二是液晶电极两端要加上由图像信号所调制的交流驱动电压。显示器出现"白屏"，说明故障不在背光源电路，而是交流调制信号没有加到液晶电极上。此时液晶晶体前后自动偏转 $90°$，刚好与偏振片方向一致，处于透光状态，背光源穿过呈透明状态的液晶屏后，肉眼所看到的就是纯粹的"白屏"。因此原因可能是显示器的主板单元电路及其相关接插件、连接线有故障。

（3）故障诊断和排除　重点检查显示器的主板单元电路，以及相关的插接件、连接线。

① 断电停机，打开显示器机壳，检查主板单元电路，未发现有明显的故障。

② 用万用表检测各个插接件和连接线，都是正常的。

③ 通电开机进行观察，发现主板上指示 5V 直流电源的发光二极管不亮。

④ 进一步检查发现，在 12～5V 的直流电压变换模块上，12V 输入电压完全正常，但是没有 5V 输出电压。判断该模块有故障。

⑤ 根据检查结果,更换损坏的直流电压变换模块,故障被排除。

【实例 4 - 29】

(1) 故障现象　某数控弯板机,在加工过程中,机床的 Y 轴出现振动现象,时大时小,时有时无,没有显示任何报警。

(2) 故障原因分析　本例机床的 Y 轴使用直流永磁式伺服电动机,由直流伺服系统驱动。常见原因是 Y 轴伺服系统、检测装置和相关电路有故障。

(3) 故障诊断和排除

① 在 Y 轴运动未发生抖动时,用手挪动一下位置反馈编码器的电缆,电动机随即发出振动的响声。推断问题出在接线上,于是在断电后打开位置编码器的插头,发现其屏蔽层未接地。做好接地后再试机,反复挪动该电缆,电动机再未发出振动声,便以为故障已经排除。

② 反复操作 Y 轴运行来进行验证,十几分钟后电动机再次发出振动声,通过传动轮可以明显地看到,这台电动机正在进行频繁的动态校正状态。推断故障原因是伺服驱动器的参数没有设置好,于是对伺服单元进行反复的检测和调整,包括改变偏置值和增益、调整零点漂移等,但是没有任何效果。

③ 检查相关机构,伺服电动机通过蜗杆副驱动滑块,以进行上、下方向的运行。拆下蜗杆副中的蜗轮,这时电动机不带负载。再次通电试验,电动机仍然在不停地抖动。分析认为,电动机的旋转是靠指令来进行的,而此时 NC 没有发出任何指令,电动机应该完全静止。它能够转动,一定是有不正常的指令电压施加在伺服驱动器上。电动机转动后,位置编码器立即对其进行校正,令其向反方向转动,看起来好像是在振动。显然,故障出在伺服驱动器的指令电路上。

④ 从伺服驱动器的插接端子上,将传送 Y 轴伺服单元指令信号的电缆拔掉,再通电后电动机果然静止下来。分析故障原因是伺服系统受到了外界的干扰。进一步检查发现,传送 Y 轴指令的电缆没有接地。

⑤ 按照有关的技术要求,对 Y 轴和其他所有需要接地的电缆进行检查和整改,做好接地屏蔽,其后再没有发生类似故障。

(4) 维修经验归纳和积累　本例故障由多项因素引发,第一次维修是反馈编码器连接电缆接线松动引起的,第二次检查,发现振动故障与外界的干扰有关,而干扰是由于连接电缆没有可靠接地导致的。振动的原因应是 Y 轴伺服电动机的频繁误动作及其校正动作形成的,因此,本例维修诊断实例值得借鉴的：一是同一种故障现象可有多种因素引发；二是振动的原因不仅仅是机械故障，还可能是误动作与校正动作的频繁启动造成的。

【实例 4-30】

（1）故障现象　BEYELER 型数控折弯机，机床使用几年后，加工的工件尺寸误差太大，以致完全报废。

（2）故障原因分析　常见原因是伺服系统及其机械传动部分有故障。

（3）故障诊断和排除

① 检查伺服电动机的控制电路和驱动器，都在正常状态。

② 对折弯机的加工过程进行观察，发现其后部挡位块位置偏高。挡位块由一个半闭环的伺服驱动轴进行驱动，其定位取决于伺服电动机。

③ 打开伺服电动机与滚珠丝杠的传动箱盖，电动机与丝杠由一条同步齿型带相连接，其中间有一个凸轮，用以调节同步齿型带的张紧程度。检查发现，同步齿型带已经严重变形，长度增加，凸轮已经无法调节同步齿型带的张紧程度。

④ 据理推断，伺服电动机转动时，齿形带有时会错位，从而导致挡位块偏离正常位置，并导致轴定位出现偏差。在这种情况下，轻则使加工工件报废，重则导致意外事故。

⑤ 根据检查和诊断结果，更换齿型带，并重新调整其张紧程度，故障被排除。

（4）维修经验归纳和积累　同步齿形带（图 4-21）是数控机床传动机构中的易损故障构件之一。更换同步带，调节同步带的作业应注意以下事项。

① 安装注意事项：

a. 带轮的轴线必须平行，带轮齿向应与同步带的运动方向垂直。

b. 调整同步带轮的中心距时，应先松开张紧轮，装上同步带后进行中心距调整。

c. 对固定中心距的传动机构，应先拆下带轮，将带装上带轮后，再将带轮装到轴上固定。不能使用工具把同步带撬入带轮，以免损伤抗拉层。

d. 不能将同步带存放于不正常的弯曲状态，应存放在阴凉处。

② 同步带的失效形式：同步带使用中会出现故障、失效，主要的失效形式如下：

a. 同步带体疲劳断裂。

  b. 同步带齿剪断、压溃。

  c. 同步带齿、带侧边磨损、包布脱落。

  d. 承载层伸长、节距增大,形成齿的干涉、错位。

  e. 过载、冲击造成带体断裂。

  ③ 同步带维修安装的注意事项:

  a. 按失效的形式进行故障原因分析,若是正常磨损,应进行带的更换、安装和调整;若是随机性的故障,应及时进行诊断,分析原因后找出引发故障的部位予以排除,然后进行更换、安装和调整。

  b. 更换带时,应根据技术文件规定的规格进行核对,并进行必要的检测,如检测带的长度、宽度和齿形尺寸(表 4 - 3)等。对带轮的齿形、带轮的中心距、张紧装置的完好程度都应进行检查检测,以保证更换安装后的传动精度。

表 4 - 3   同步带的齿形尺寸

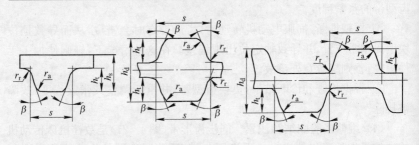

单面同步带   对称齿双面同步带 DA 型   交错齿双面同步带 DB 型

型号	节距 p_b (mm)	2β (°)	s (mm)	h_t (mm)	r_r (mm)	r_a (mm)	h_d (mm)	h_s (mm)	b_s (mm)	标准宽度代号	宽度极限偏差		
											≤ 838.2*	838.2~ 1 676.4*	≥ 1 676.4*
MXL	2.032	40	1.14	0.51	0.13	0.13	1.53	1.14	3.2 4.8 6.4	012 019 025	+0.5 −0.8	—	—
XL	5.080	50	2.57	1.27	0.38	0.38	3.05	2.3	6.4 7.9 9.5	025 031 037	+0.5 −0.8	—	—
L	9.525	40	4.65	1.91	0.51	0.51	4.58	3.6	12.7 19.1 25.4	050 075 100	+0.8 −0.8	—	—

（续表）

型号	节距 p_b (mm)	2β (°)	s (mm)	h_t (mm)	r_r (mm)	r_a (mm)	h_d (mm)	h_s (mm)	b_s (mm)	标准宽度代号	宽度极限偏差		
											小于 838.2*	838.2～1 676.4*	大于 1 676.4*
H	12.700	40	6.12	2.29	1.02	1.02	5.95	4.3	19.1	075	+0.8 −0.8	+0.8 −1.3	+0.8 −1.3
										25.4	100			
										38.1	150			
										50.8	200	+0.8 −1.3	+0.8 −1.3	+0.8 −1.3
										76.2	300	+1.3 −1.5	+1.5 −1.5	+1.5 −2
XH	22.225	40	12.57	6.35	1.57	1.19	15.49	11.2	50.8	200	—	+4.8 −4.8	+4.8 −4.8
										76.2	300			
										101.6	400			
XXH	31.750	40	19.05	9.53	2.29	1.52	22.11	15.7	50.8	200		+4.8 −4.8	—
										76.2	300			
										101.6	400			
										127	500			
XXL	3.175	50	1.73	0.76	0.2	0.3		1.52	3.2	3.2	+0.5 −0.8		
										4.8	4.8			
										6.4	6.4			

注：* 指节线长，单位为 mm。

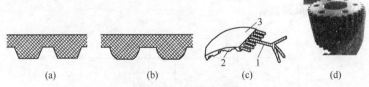

图 4 - 21 同步齿形带

（a）梯形齿；（b）圆弧齿；（c）齿形带的结构；（d）实物图
1—强力层；2—带齿；3—带背

项目五 数控淬火机床故障维修

任务一 数控淬火机床报警故障维修

【实例 4 - 31】

（1）故障现象 一台 SIEMENS 810T 系统数控淬火机床，修改加工程序时出现 22 报警"TIME MONITORING(V. 24)"。

(2) 故障原因分析　22 报警"TIME MONITORING(V. 24)"提示 RS232 接口监控超时。

(3) 故障诊断和排除

① 现象观察:这台机床在修改工件程序时,将数据程序保护钥匙开关打开,当输入修改的程序时,出现 22 报警,不能输入数据。

② 提示分析:SIEMENS 810T 系统的 22 报警指示通信口超时。系统报警手册对此报警的解释为:在通信口启动之后,数控系统在 60s 内没有接收到信息或没能发出信息时产生此报警。引起此故障的原因可能是通信双方数据设置不一致、通信电缆有问题或接触不良等。

③ 据实分析:本例机床在出现报警时并没有进行通信操作,找到通信菜单,按软键"STOP"可消除报警,但当再一次输入程序时,重复出现此报警,无法修改程序。当将数据程序保护钥匙开关关闭后,系统正常没有问题,但修改不了程序。

④ 状态检查:检查机床数据没有发现问题,对 PLC 程序梯形图进行检查,有关钥匙开关输入控制的梯形图如图 4－22 所示。钥匙开关接入 PLC 的输入 11.0,在数据钥匙保护开关打开后,PLC 输入 11.0 变成"1", 这时将允许数据输入的标志 Q78.6 置"1",同时也画蛇添足地将通信口 1 的启动数据输入的 PLC 输出 Q78.4 和通信口 2 的启动数据输入的 PLC 输出 Q78.5 置"1",启动了 RS232V24 接口,因为根本没有进行通信操作, 所以出现 22＃报警。

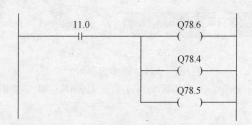

图 4－22　有关钥匙开关输入控制的梯形图

⑤ 故障处理:经过分析研究,有两个办法可以解决这个问题,一种办法是修改 PLC 程序,在打开钥匙开关时不启动通信;另一种办法是将 NC 系统 RS232 V24 通信设置改为 PLC 接口。后一种办法简单易行,只需修改通信口设置,系统就不产生此报警。

（4）维修经验归纳和积累　应用通信接口时，可能会出现本例故障，此时可采用故障处理中的两种方法进行排除。

【实例 4 - 32】

（1）故障现象　SIEMENS 8106 系统数控淬火机床，经常出现 ♯3 报警"PLC STOP"（PLC 停止）。

（2）故障原因分析　常见故障为 PLC 程序有问题。

（3）故障诊断和排除

① 现象观察：本例机床在正常加工过程中经常出现 3 号报警，关机再开还可以正常工作。

② 故障重演：每次出现故障停机时，都是在一工位淬火能量过低时发生的，如果不出现 PLC 停止的报警，应该出现一工位能量低的报警，并且出现 ♯3 报警时还有 6105"MISSING MC5 BLOCK"（MC5 块丢失）的 PLC 报警信息，指示控制程序调用的程序块不可用。

③ 原理分析：根据电气原理图，一工位能量低信号连接到 PLC 的输入 I5.1，如图 4 - 23 所示。检查 PLC 关于输入 I5.1 的控制程序，这部分程序在 PB12 块 5 段中，具体如下。

　A　I5.1
　JC　PB21
　BE

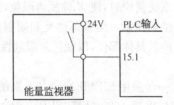

图 4 - 23　PLC 输入 I5.1 连接图

④ 原因诊断：在检测到一工位能量低的输入 I5.1 为"1"时，跳转到程序块 PB21，但检查控制程序根本没有此程序块，所以出现了 3 号报警，说明程序设计有问题。

⑤ 故障处理：因为是 PLC 用户程序设计有问题，对 PLC 程序进行如下修改。

　A　I5.1
　S　F106.0

A I6.4

R F106.0

BE

⑥ 处理机理：在 I5.1 为"1"时，把产生一工位能量低的报警标志 F106.0 置为"1"，产生 6048 能量低报警，而不跳转到 PB21，从而将机床故障排除。

（4）维修经验归纳和积累　此类故障是由于用户程序编制有问题，需要针对性地进行修改。

【实例 4-33】

（1）故障现象　某采用 SIEMENS 810T 系统的淬火机床，出现 1121 报警"CLAMPING MONITORING"（卡紧监视）。按系统复位按键，不能启动伺服系统，G 轴下滑一段距离，又出现此报警。

（2）故障原因分析　常见原因是伺服系统等有故障。

（3）故障诊断和排除

① 伺服检查：检查伺服系统没有发现故障，在调用系统报警故障信息时，发现有 PLC 报警 6000"AXES X+ LIMIT SWITCH"（X 轴正向超限位）。

② 故障机理：由于 X 轴压上限位开关，使系统伺服条件取消，复位时 Z 轴抱闸打开，但伺服使能没有加上，所以下滑。

③ 故障处理：在系统复位时，使 X 轴脱离限位，系统恢复正常。

（4）维修经验归纳和积累　伺服条件受到限制后，系统会报警，此时需要仔细检查限制使能的具体部位，以便排除限制性故障原因。

【实例 4-34】

（1）故障现象　一台采用 SIEMENS 810T 系统的数控淬火机床，在开机 X 轴回参考点时，出现 1680 报警"SERVO ENABLE TRAV. AXIS X"（X 轴伺服使能），指示 X 轴伺服使能信号被撤消，手动操作 X 轴运动时也出现这个报警。

（2）故障原因分析　常见原因是伺服系统、驱动或机械传动部分有故障。

（3）故障诊断和排除

① 系统核定：这台机床的伺服控制器采用西门子的 SIMODRIVE 611A 系统，检测伺服装置发现 X 轴伺服放大器有过载报警。

② 先机后电：根据先机械后电气的原则，首先检查 X 轴滑台，手动盘

动 X 轴滑台,发现它非常沉,盘不动,肯定是机械部分出现了问题。

③ 拆卸检查:将 X 轴滚珠丝杠拆下检查,发现滚珠丝杠锈蚀严重,由此分析判断是滚珠丝杠密封不好,淬火液进入滚珠丝杠,造成滚珠丝杠锈蚀。

④ 故障处理:更换滚珠丝杠,并采取防护措施,这时重新开机,机床正常运行。

(4) 维修经验归纳和积累　对具有腐蚀性液体的数控机床,维护中应特别注意防止液体的渗漏渗入。

任务二　数控淬火机床无报警故障维修

【实例 4 - 35】

(1) 故障现象　某采用 SIEMENS 810M 系统的数控淬火机床,在机床开机后,不能启动淬火液泵,但没有报警信息。

(2) 故障原因分析　常见原因是液泵的控制环节有问题。

(3) 故障诊断和排除

① 原理分析:分析机床的工作原理,淬火液泵的控制原理如图 4 - 24 所示,淬火液泵受接触器 K1 控制,SL9 是淬火液液位开关,液面没有问题,而 KA73 受 PLC 输出 Q7.3 控制。

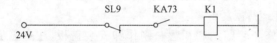

图 4 - 24　淬火液泵接触器控制图

② 状态检查:首先检查 Q7.3 的状态,当淬火液泵启动按钮按下时,为"1"没有问题,继电器触点 KA73 也闭合,说明 PLC 部分没有问题。

③ 元件检查:推断是液位开关 SL9 出现问题,接着检查 SL9 的闭合状态,发现其已断开,说明液位开关损坏。

④ 故障处理:更换新的开关后故障消除。

(4) 维修经验归纳和积累　没有报警信息的可从控制原理和 PLC 状态入手进行诊断排除。

【实例 4 - 36】

(1) 故障现象　SIEMENS 810M 系统数控淬火机床,系统不能启动。

(2) 故障原因分析　常见原因是系统电源和模块有故障。

(3) 故障诊断和排除

① 现象观察:这台机床由于工作环境比较恶劣,控制板上沾满油污,在对各控制板模块进行清洗重新安装到系统框架后,通电开机,但屏幕显示混乱,不能进行任何操作。

② 据实分析:根据故障产生的过程进行分析,因为原先系统工作正常,只是清洁后出现问题,是节外生枝,推断硬件损坏可能性较小。

③ 模块检查:推断模块接触不好,将所有模块重新插接没有解决问题。

④ 设定检查:检查各模块的设定开关正常,没有故障现象。

⑤ 互换检查:采用互换法,将这台机床的模块插接到其他机床上,最后确定是主 CPU 模板出现了问题。

⑥ 针对检查:对主 CPU 模板进行检查时,发现主 CPU 模板上 CPU 集成电路模块的机械锁扣没有锁定,造成 CPU 集成电路没有正常连接。

⑦ 追踪检查:再仔细检查发现,正常 CPU 模板上的 CPU 集成电路上都有金属冷却导热盖板盖压在 CPU 集成电路上,并由机械锁扣锁定,而这块模板上 CPU 模块也没有发现有导热盖板,冷却导热盖板可能是在清洁过程中丢失了。

⑧ 故障处理:用铝板制作冷却导热盖板,盖压在 CPU 模板上,然后用机械锁扣锁紧,此时通电启动系统,机床恢复正常显示,输入机床数据和程序后,机床运行恢复正常。

(4) 维修经验归纳和积累 制作和安装盖板,注意盖板与模块的绝缘。

【实例 4 - 37】

(1) 故障现象 SIEMENS 810T 系统淬火机床,开机后自动断电关机。

(2) 故障原因分析 常见原因是伺服系统和控制部分有故障。

(3) 故障诊断和排除

① 现象观察:当按下 NC 启动按钮时,系统开始自检,但当显示器刚出现基本画面时,数控系统马上掉电自动关机。再按 NC 启动按钮,出现同样故障现象。

② 经验推断:这个故障可能是 810T 系统 24V 供电电源或 NC 系统出现问题造成的。

③ 试验检查:为确定是否为 NC 系统的问题,做如下试验。24V 直流电源除供给 NC 系统外,还为 PLC 的输入、输出和其他部分供电,为此首

先切断 PLC 的输入、输出所用的电源,这时启动 NC 系统,NC 系统正常,证明 NC 系统无故障。

④ 系统检查:当 24V 直流电源电压幅值下降到一定数值时,NC 系统采取保护措施,自动切断系统电源。根据故障现象判断,可能由于负载漏电,使直流电源幅值下降。为此,在不通电时测量负载电路,没有发现短路或漏电现象。

⑤ 隔离检查:然后根据电气图纸,逐段断开负载的 24V 电源线,以确定故障点。当断开 X、Z 轴四个限位开关共用的电源线时,系统启动后恢复主常。但检查这四个开关并没有发现对地短路或漏电现象。

⑥ 确认诊断:为进一步确认故障,将四个开关的电源线逐个接到电源上,当最后一根 X 轴的正极限开关 S60 的电源线接上时,NC 系统不能启动。

⑦ 状态检查:因为这几个开关直接连接到 PLC 的输入口上,所以首先怀疑可能是 PLC 的输入接口出现问题,用机外编程器将 PLC 程序中有关 S60 的输入,即 PLC 的输入点 I6.0 全部改为备用输入点 I7.0,并将 S60 接到 PLC 的输入 I7.0 上,重新开机试验,但系统还是不能启动,因此排除 PLC 输入点的问题。

⑧ 重新试验:实验结果表明,当 X 轴的两个限位开关只要全接上电源,系统就不能启动,而接上任意一个,系统都可以启动。据此分析认为可能与 X 轴伺服系统有关,因为两个限位开关都接上电源,并没被压上,这时伺服系统就应准备工作。但检查图纸伺服系统与 24V 电源没有关系。

⑨ 机理分析:进一步分析发现,因为 X、Z 轴都是垂直轴,为防止断电后 X、Z 轴滑台靠自重下滑,X、Z 轴伺服电机都采用了带有抱闸的伺服电机,而电磁抱闸是由 24V 电源供电的,如图 4-25 所示。当 X 轴伺服条件满足后,包括两个限位开关没被压上,PLC 输出 Q3.4 的状态变为"1",输出高电平 24V,这时 KA34 的触点闭合,抱闸线圈接通 24V,抱闸释放。由此推断是抱闸线圈出现故障。

⑩ 元件测量:测量抱闸线圈,发现其与地短路。由于 NC 系统保护灵敏,伺服系统准备好后,抱闸通电,24V 接地,NC 系统马上断电,KA34 继电器触点及时断开,没有使自动开关和保护产生动作。

⑪ 故障处理:因伺服电机和抱闸是一体的,更换新的 X 轴伺服电机后,机床恢复正常。

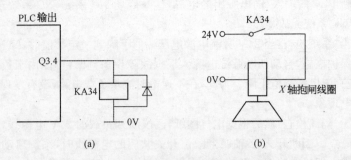

图 4 - 25　X 轴伺服电机抱闸控制原理图

（4）维修经验归纳和积累　在数控系统中，由于某一环节出现故障，系统会产生各种保护措施，本例特殊的是，在保护措施动作前已经使系统处于电源接地的状态，因而使机床断电关机。